포트폴리오와 다이어그램

포트폴리오와 다이어그램

배형민 지음　　박정현 옮김

마티

열정의 긴 항해를 하고 있는 규성에게

차례

새롭게 한국어판을 펴내며

『포트폴리오와 다이어그램』은 반세기의 인연을 담고 있는 책이다. 1993년 MIT 박사학위 논문, 2002년 MIT 대학출판부판, 2013년 동녘 한국어판, 그리고 2026년 마티의 재판까지 30년, 여기에 책의 동인기 되었던 어린 건축학도의 경험까지 50여 년간 이어진 생명력이다. 이번 『포트폴리오와 다이어그램』의 재출간은 긴 인연들의 결실이라는 점에서 큰 기쁨이 함께 한다. 우선 한국어판을 번역한 박정현이 오랫동안 편집장으로 재직했던 마티에서 출간한다는 점에서 그렇다. 동녘의 번역본이 절판된 이후 이 책의 국내 독자층이 새로워졌다는 판단을 한 것이 박정현이다. 진화하는 한국 건축계와 소통의 다리를 새로 놓아주었고 작은 통로가 조금씩 지평을 넓혀갈 것이라는 기대감이 함께 한다. 박정현과 함께 독자들과 좋은 만남이 되도록 세심한 편집 작업을 한 마티의 서성진 편집장에게 감사드린다. 오래된 책에 또 새로운 기운을 불어넣은 디자이너 슬기와 민에게도 깊은 감사를 전한다. 슬기와 민은 베니스 비엔날레 한국관의 Crow's Eye View: The Korean Peninsula, "매스스터디스 건축하기 전후", 서울도시건축비엔날레, 『의심이 힘이다』 등 여러 프로젝트에서 함께하며 책의 모습과 책의 내용이 가질 수 있는 놀라운 가능성을 보여주었다. 책에 대한 책, 『포트폴리오와 다이어그램』을 그들이 디자인했다는 것은 인연의 흐름이 주는 깊은 즐거움이다.

기쁨에는 언제나 슬픔이 동반한다는 것이 세상의 이치이기도 하다. 한국어판이 출간된 지 3년이 지난 2016년, MIT의 지도 교수였던 스탠퍼드 앤더슨이 작고했다. 앤더슨은 건축 기율의 중요성을 이론과 역사를 통해 가장 체계적으로 설파했던 학자였다. 또 역사학자의 기율, 선생의 자세를 실천적으로 보여주었던 분이다. 스탠퍼드 앤더슨에서 저자로, 다시 저자에서 박정현에 이르는 지성의 순환은 이 책을 탄생시킨 서울과 케임브리지와는 또 다른 커뮤니티가 만들어지고 있음을 알린다.

이렇게 지탱되고 있는 『포트폴리오와 다이어그램』의 생명력은 어디에 기반을 두는 것일까? 기후 변화, 인공 지능, 개발 불균형의 시대, 건축의 역할이 근본적으로 흔들리고 있는 상황에서 근대적인 건축 기율에 대한 책이 무슨 의미가 있을까? 서문을 쓰고 있는 이 순간, 미국의 교육부가 건축을 전문 분야로 인정하지 않을 것이라는 뉴스를 접했다. 이런 정책이 집행되면 건축 지망생들이 급격하게 줄어드는 파장이 있을 것이다. "탈건축"의 양상은 이처럼 한국 건축계에 국한된 것이 아니다. 『포트폴리오와 다이어그램』은 다음 문장으로 끝을 맺는다.

건축의 형태에 내재하는 불변의 아이디어가 없다면, 건축가들이 『아키텍추럴 그래픽 스탠더드』와 오토캐드의 메뉴를 사용해야 한다면, 생명력이 있는 건축 기율을 어떻게 만들 것인가? 건축이 도구라면 가치 있는 기율을 어떻게 만들 것인가? 이것이 다이어그램 담론의 도전이다.

『아키텍추럴 그래픽 스탠더드』와 오토캐드에 더해 생성형 AI 프로그램을 더하더라도 건축이 도구라는 테제, 사회와 함께 변하는 도구라는 테제는 여전히 유효하다고 생각한다. 역사적인 전환기에 『포트폴리오와 다이어그램』이 현재성을 가질 수 있는 까닭일 것이다. 보자르 체제가 와해되고 근대 건축의 기율이 형성되었던 것처럼 건축의 직능과 기율이 변하고 있다. 시대의 변화와 함께 "생명력이 있는 건축 기율을 어떻게 만들 것인가?"의 도전에 직면하고 있다. 『포트폴리오와 다이어그램』을 읽을 새로운 독자와 함께 이 과제를 풀어갈 수 있기를 기대한다.

2025년 겨울,
서울 아차산 기슭에서
배형민

한국어판을 내며

케임브리지와 서울, 10년 전 이 책을 마무리하면서 썼던 서문은 두 도시 사이의 거리감에 대한 이야기로 시작했다. 케임브리지와 서울은 너무 다른 곳이다. 케임브리지는 MIT와 하버드가 위치한 보스턴 근교의 대학 도시이다. 도서관과 서점이 술집보다 더 늦게 문을 닫는 곳, 세상의 모든 책이 손에 닿을 것만 같은 도시이다. 여기서 필자는 오랜 건축 학문의 전통과 방대한 아카이브와 부대끼며 학자로서의 자세를 익혔다. 1993년 이곳 MIT에서 "From the Portfolio to the Diagram"이라는 제목의 박사학위 논문을 완성했고 이를 발전시켜 2002년 MIT프레스에서 제목을 살짝 바꾸어 *The Portfolio and the Diagram*을 출간했다. 케임브리지의 학문적 풍토 속에서 논문을 썼지만 논문의 주제는 서울에서 건축 공부를 하고 싶었던 어린 학생의 경험에서 나왔다. 학위 논문을 책으로 만든 2년간의 집필 작업도 주로 서울에서 이루어졌다. 서로 다른 세계가 교차하고 소통하는 지적 세계에 대한 희망을 갖고 이 책을 탈고했다.

1980년대 초반 서울대학교에서 건축 공부를 처음 시작했을 무렵, 건축에 대해 품었던 갈망이 지금도 생생하다. 아는 것이 없어도 건축 공부가 재미있었다. 하지만 건축을 어떻게 해야 하는지, 무엇을, 왜 해야 하는지 대답을 찾을 수 없었다. 도시를 공부하면 건축을 알 수 있지 않을까 하는 막연한 생각으로 환경대학원에 진학했지만 건축에 대한 회의는 여전했다. 그렇지만 그 시간을 통해 건축과 도시의 영역에서도 지적인 통찰과 학문이 가능하다는 것을 처음 감지할 수 있었다. 당시 환경대학원에서 환경계획연구소를 이끌던 강홍빈 박사님의 추천과 풀브라이트 재단의 후원으로 MIT의 박사 과정에 입학하게 되었다.

　박사 과정을 시작한 지 3년쯤 되었던 것으로 기억한다. 당시 MIT에서 교편을 잡고 있었던 프란체스코 파산티 교수의 루이스 칸 세미나를 청강했다. 루이스 칸의 교육 배경을 공부하면서 수백 년 동안 서양 건축 교육의 중심에 있었던 에콜데보자르를 처음 접하게 되었다. 칸이 수학했던 펜실베이니아 대학은 19세기와 20세기 초에 설립된 대부분의 미국 건축 학교처럼 보자르 시스템에 따라 건축을 가르쳤다. 보자르를 공부하면서 건축이 가르치고 배울 수 있는 기율(discipline)이라는 사실, 즉 건축이 하나의 지식 체계이자 실천 양식이라는 사실을 깨달았다. 서울에서 건축 공부를 하면서 맞닥뜨렸던 많은 문제들이 왜 그렇게 막막했었는지 깨닫게 되었다. 건축과 초년생 시절, 설계실에서 반복했던 "선 긋기"의 목적이 무엇인지, "평면을 잘 짰다"는 말이 무슨 뜻인지, 입면도에 그림자를 넣는 이유는 무엇인지, 어린 건축학도로서 품었던 수많은 질문들을 "포트폴리오"의 담론을 접하면서 비로소 이해할 수 있게 되었다. 필자가 포트폴리오에 대응시킨 "다이어그램" 또한 비슷한 과정을 통해 접하게 되었다. 지도 교수가 이끌었던 현대 건축 세미나에서 1920년대 독일에서 유행했던 아메리카니스무스(Amerikanismus)를 공부했다. 이 당시 독일 건축가들이 도입했던 미국 과학 관리론과 가정 경제학의 다이어그램을 접하면서 1980년대 서울의 설계 스튜디오에서 사용했던 다이어그램들이 바로 떠올랐다. "동선"과 "기능"을 표현하는 각종 화살과 버블 다이어그램에서부터 설계를 출발하라는 주문은 당시의 중요한 설계 방법론이자 교육 방법론이었다. 이렇게 무미건조하게 보이는 다이어그램에도 구체적인 역사가 있다는 것이 놀라웠다.

　　서양고전의 건축 담론을 대표하는 포트폴리오와 근대적인 기능주의를 대변하는 다이어그램, 말하자면 보자르 체제의 기율과 20세기 초에 등장한 건축 다이어그램의 연결 고리를 재구성하는 것이 『포트폴리오와 다이어그램』의 가장 중요한 주제이다. 학위 논문을 제출할 때만 하더라도 전례의 모사에 기반을 둔 포트폴리오의 세계와 아무런 선입견 없이 프로그램으로부터 형태를 도출하려는 다이어그램의 세계가 서로 별개의 것이라고 생각했다. "포트폴리오에서 다이어그램으로"라는 박사학위 논문의 제목이 말해주듯 필자는 다이어그램을 포트폴리오의 쇠락을 잇는 새로운 담론 체계로 이해했다. 그러나 학위 논문을 책으로 수정·확장하는 과정에서 포트폴리오에 이미 다이어그램이 내재하고 있었다는 사실을 깨닫게 되었다. 과학적 관리의 담론이 건축 안으로 침투하면서 다이어그램의 담론이 형성되었다는 것이 학위 논문의 초점이었다면 "포트폴리오와 다이어그램"으로 제목이 바뀐 이 책은 건축 내부의 담론에서 다이어그램이 생성되는 과정을 추가, 보완한 것이다. 또한 학위 논문에서 다루지 못했던 건축 사진과 매체, 건축 평면과 타이폴로지 등의 문제를 다루게 되었다. 다이어그램의 담론은 다이어그램 자체를 디자인 기법으로 사용한다는 사실을 넘어 건축의 인식과 건축의 사회적 역할과 깊이 연루되어 있는 문제라는 것을 폭넓게 거론할 수 있었다.

　　『포트폴리오와 다이어그램』의 근간을 이루는 연구 작업은 이제 20년 전의 일이 되었다. 이 책의 주제를 처음 발상하게 되었던 문제의식이 무색해질 정도로 한국의 건축과 교육 환경이 바뀌었다. 서울에서든 케임브리지에서든 평면과 입면으로 건축하려는 학생을 찾기 어려워졌다. 건축 기율의 지배적인 패러다임이 달라졌기 때문이다. 실시간 정보의 시대에 20년이 지난 연구를 우리말로 바꾸어 세상에 다시 내보이는 것이 의미 있는 일일까 반문할 수 있다. 그러나 시간이 흐르고 세상이 변한다는 것이 모든 것을 낡은 것으로 만드는 것이 아니다. 자신과 시대에 충실한 글은 시간이 지나도 퇴색되지 않는다. 『포트폴리오와 다이어그램』의 주제는 세상의 변화 때문에 집필 당시보다 오히려 더 관심을 받고 있다. 학위 논문이 나왔던 1993년 국내외 건축계는 다이어그램과 매체에 관심이 없었다. 하지만 논문을 책으로 고쳐 쓰고 있었던 1990년대 말 매체의 시대 속에서 건축의 위상, 다이어그램의 철학적·방법론적·실용적 의미가 이미 세계 건축계의 가장 중요한 화두가 되었다. 2010년 다이어그램에 대한 주요 글을 모은 *The Diagrams of Architecture* (London, AD Reader)에 졸저의 7장 "과학적 관리론과 다이어그램의 담론"을 비롯하여 전반적인 내용이 축약되어 수록되기도 했다. 『포트폴리오와 다이어그램』은 현재 AA 스쿨, 하버드, 컬럼비아, 토론토 대학 등 여러 대학에서 교재로 사용되고 있다. 이제 『포트폴리오와 다이어그램』은 다이어그램뿐만 아니라 보자르 체계, 미국 현대 건축의 형성 과정, 건축과 매체, 건축과 사진, 미셸 푸코와 건축 담론 등 다양한 주제에 관심을 가진 미국과 유럽의 학자, 건축가, 학생 들이 찾는 책이 되었다. 오늘날 세계적으로 건축의 기율이 새롭게 정의되어야 한다는 위기 의식이 첨예하다. 건축으로 무엇을 어떻게 해야 하는지 불분명한 상황 속에서, 졸저가 건축의 기율을 숙고할 수 있는 근간을 제공한다고 감히 말하겠다.

안타까운 것은 2000년대에 들어서 국내 건축계가 다이어그램에 관심을 가질 당시에도 이 책에 별 관심을 주지 않았다는 것이다. 책의 존재 자체를 몰랐던 탓도 있겠지만, 그 핵심 개념들이 생소했기 때문이라고 생각한다. 직능과 기율, 여전히 번역이 어색한

profession과 discipline이 우리나라의 건축계에 자리를 잡지 못하고 있다. 본문에서도 강조하지만 직능과 기율은 건축이 무엇인지를 건축계 안팎으로 소통할 수 있게 해주는 근간이다. 예나 지금이나 한국 건축에서 소통과 비판의 부재는 우리가 넘어서야 할 어려운 문제이다. 왜 건축을 하는지, 어떻게 건축을 하는지, 많은 일들을 빠른 속도로 해결해야 하는 서울에서의 문제 의식은 길고 깊은 사유의 시간을 갖게 해준 케임브리지에서 그 실마리를 풀기 시작했다. 30년 전 건축에 대한 필자의 갈구는 서울과 케임브리지 사이에 연결되지 않은 시간과 지식의 고리 속에서 재구성되어 이 책 속으로 스며들었고 필자의 작업에 지속적인 동력원이 되고 있다. 필자가 한국 현대 건축을 다루기 시작한 지 10년이 채 안 되었지만 기율에 대한 관심이 여전히 필자의 역사·비평 작업의 중심에 있다. 아직 서울과 케임브리지를 연결하는 고리가 꿰어지지 않았지만 이 간극에서부터 그 역사의 출발점이 태동했다. 서울과 케임브리지의 간극은 건널 수 없는 심연이 아니다. 두 도시를 오가는 과정에서 어디서도 보지 못했던 새로운 건축과 생각이 싹트기를 바란다. 한국어판의 출간을 통해 국내에서도 이러한 문제 의식을 함께 공유하는 지적 동지들이 생겨나기를 기대한다.

『포트폴리오와 다이어그램』은 도서출판 동녘, 번역 사업을 후원해준 정암재단, 그리고 번역자인 박정현 씨, 편집자인 방유경 씨와 이상희 씨의 노고로 세상의 빛을 보게 되었다. 오래전에 번역 계약을 하고 정암재단의 후원을 받았지만 수년간 진척이 없었던 상황에서도 이 책에 대한 믿음을 잃지 않은 동녘의 이건복 사장님, 그리고 이 책의 초기 편집자로서 정성을 다한 방유경 씨, 그리고 편집을 세심하게 마무리해준 이상희 씨에게 깊은 감사를 전한다. 이 책을 번역한 박정현 씨는 이미 자신의 폭넓은 학문 세계를 가진 학자이며 도서출판 마티를 이끄는 전문 편집자이다. 석사 과정부터 인연을 맺기 시작해 이제는 가르침을 주기보다 더 많은 것을 배우고 있다. 학문의 동지가 된 제자들과 함께 책을 만드는 것만큼 학자가 누릴 수 있는 큰 기쁨은 없을 것이다. MIT의 지도교수였던 스탠퍼드 앤더슨과 같은 스승이 있었기 때문에, 그리고 함께 공부하는 제자들이 있어, 이 책이 존재할 수 있다. 앞서 MIT프레스를 통해 원서가 출간될 수 있게 해주었던 모든 분께 감사를 드리며, 지면상 일일이 이름을 거론하지 못함에 양해를 구한다. 마지막으로 나의 가족에게 감사를 전하고 싶다. 런던 윔블던에서 국문 번역을 감수했던 안식년 내내 힘이 되어주었던 아내에게 내 마음을 전한다. 학위 논문을 마치던 20년 전, MIT 프레스의 책이 출간된 10년 전, 그리고 한국어 번역본이 나오는 지금, 내 곁에 있는 사람이다. 이 책을 낳은 긴 세월, 나를 지켜봐 주시는 부모님께 깊은 감사를 드린다. 그들의 사랑이 만든 책이다.

2013년 여름,
서울 아차산 기슭에서
저자 배형민

들어가며

자 여기 우리 눈앞에 뚜렷한 검은색으로 깔끔하게 복제된 제1제정기 시대 도판의 근사한 선들이 펼쳐져 있다. 물론 호사스러운 리넨지(紙)의 매력을 찾을 수는 없다. 선의 느낌이 너무 딱딱하다. 하지만 광택 나는 종이 위로 디바이더는 얼마나 매끄럽게 움직이는지, 트레이싱지 아래로 도면은 얼마나 또렷하게 보이는지!

로이드 워런, 뒤랑의
『고대와 근대, 모든 종류의 건축 사례』
(*Recueil et parallele des edifices de tout genre*)
미국판 재판 서문, 1915

사진은 언제나 페이지를 압도했다. 모든 건축 잡지에서, 사진이 '도판'이던 시절, 사진 한 장이 페이지 전체를 차지했고 그 효과를 높이기 위해 종종 옆면을 완전히 비우던 시절이 있었다. 그 시절에는 글이 있다 하더라도 사진과 따로 떨어져 있었다. 지금 우리에게 익숙한 사진 잡지는 요즘에 나타난 경향이다(사실상 완전히 자리를 잡았다고 할 수 없을는지도 모른다). 사진·평면·단면·캡션·텍스트가 통합되어 소통이 이루어지도록 해야 한다. 이때 이런 요소들은 반복되기보다 다른 요소를 보완한다.

『아키텍추럴 레코드』(*Architectural Record*)의
편집자 에머슨 고블이 잡지의 75주년을
기념하며 쓴 글, 1966

글은 프로젝트 사이의 접착제가 아니라 독자적인 에피소드로 끼워져 있다. 우리는 모순을 피하지 않는다. 이 책은 어떤 방식으로든 읽을 수 있다.

렘 콜하스·브루스 마우의 『S, M, L, XL』, 1995

『아키텍추럴 레코드』나 『엘크로키』(*El Croquis*) 최신호를 훑어보거나 『S, M, L, XL』를 뒤적거릴 때, 무엇을 보고 무엇을 읽는가? 어쩌면 더 중요한 질문은 이 글과 이미지 들을 어떻게 이용하느냐는 문제일 것이다. 두말할 필요 없이 건축 잡지와 책에 실리는 건물들은 20세기 초에 결정적으로 변했다. 너무나 명백하지만 제대로 인식하지 못하고 있는 또 하나의 사실은 우리가 보고 읽고 사용하는 책 자체도 변했다는 것이다. 19세기의 건축가가 로마 대상 수상 작품의 평면을 이용했던 방식과 20세기 말의 건축가가 프랭크 게리 미술관의 매끄러운 사진이나 폼지(form-Z) 도면을 이용하는 방식이 같을 수 없다. 도면과 사진 위에 트레이싱지를 깔고 윤곽선을 따라 그리면서, 디테일을 분석하고 고민하며, 다음 프로젝트의 “유형”으로 이용하는 건축가가 지금도 있을까? 때로는 설계 과정을 드러내기도 하지만 대부분 숨겨둔 채, 프로젝트의 “콘셉트”를 만들어내려고 한다. 그리고 이제는 건축 책을 내키는 대로 짜깁기할 수 있는 콜라주처럼 취급하지 않는가? 40여 년 전 에머슨 고블이 지적한 대로, 건축 그림이 “도판”이었던 시대가 저물면서 독자와 글의 관계가 바뀌었다. 말하자면, 건축가와 그들이 사용하는 이미지의 관계가 근본적으로 변한 것이다. 바로 이런 건축 담론의 변화, 특히 20세기 전반 미국 건축 담론의 변화가 이 책의 주제이다.

　　이 책은 근대 건축이 담론적 실천 행위(discursive practice)라는 생각에서 출발한다. 이는 곧 사회 속에서 건축의 역할, 즉 건축의 정의, 건축의 작동 방식, 건축을 바라보는 방식이 특정한 담론의 집합에 따라 조건 지어지고 매개된다는 뜻이다. 건축계 내부에서 생산되는 도면·책·잡지·시방서·계약서 등이 바로 이런 담론의 집합이다. 건물이 단지 시대의 거울이 아니듯, 잡지나 책 역시 새로운 건축, 새로운 생산 양식과 사상을 단순히 반영하는 것이 아니다. 그들은 기념비적인 건축 작품들과 함께 그 자체로 건축의 근대성을 이룬다. 이 책은 건축의 직능, 또는 프로페션(profession)과 기율(discipline)* 의 담론 체계(discursive formation)에 대해 말하고자 한다. 건축가와 학자, 선생과 학생 등 여러 저자들이 기존의 장르 안에서 작업하면서, 또는 새로운 장르를 만들어내며 개념과 사물을 엮어내는 제도에 대해 말하고자 한다.[1]

　　담론에 대한 관심은 단순히 텍스트를 기념비로 만들겠다는 것이 아니다. 이는 건축의 제도, 즉 직능과 기율로서의 건축에 관심을 기울인다는 뜻이다.[2] 직능과 기율은 근대적인 사회에서 건축의 가치를 파악하는 데 필수적인 개념들이다. 직능과 기율은 온전히 근대적인 개념이지만, 서로 구분할 필요가 있다. 직능은 19세기에 들어 조직된 전문가 집단뿐만 아니라, 사회가 인정하는 적법한 건축 행위를 실천할 수 있도록 하는 제도적인 측면을 말한다. 건축가들은 보다 넓은 사회 조직에 참여하게 되면서 그만큼 사회의 제약을 더 받는다. 건축 제도를 구성하는 직능과 기율은 떼어놓을 수 없을 정도로 엮여 있지만, 서로 같은 것은 아니다. 건축 기율도 건축 직능처럼 사회적 틀 안에서 형성되지만 상대적으로 자율적인 실천 영역을 가지고 있다. 스탠퍼드 앤더슨은 기율을 "다른 영역의 구성체로 환원될 수 없는" 지식과 기술의 집합체라고 정의한다. 기율은 프로페션이 만들어낸 모든 개별 작업들을 추적하지 않더라도 알 수 있으며 "프로페션보다 더 폭넓은 주체들이 소유할 수 있다"[3]라고 말한다. 기율은 열린 체계이면서 동시에 닫힌 체계이다. 가르치고 배우며 전수할 수 있다는

---

* [옮긴이] discipline은 과목, 학문으로 번역되기도 한다. 실제로 『담론의 질서』(미셸 푸코, 이정우 옮김, 서강대학교 출판부, 1998)에서 이정우는 "과목"이라는 번역어를 선택했다. 하지만 이 책에서는 저자가 학회 논문과 여러 기고문에서 사용하고 있는 "기율"(紀律)로 번역한다. 푸코에 따르면, discipline은 주석(note), 저자(author)와 함께 담론을 통제하는 내부적 방식이다. discipline은 과목, 더 정확히는 하나의 분과학문을 다른 학문과 구별되게 만들어주는 구심적인 실천-지식 체계를 말한다. 따라서 과목이란 번역어는 discipline이 작동해서 만들어진 제도적 결과에만 초점을 맞추게 할 우려가 있다. 건축이 조경·도시·미술과 구별되는 하나의 분과학문으로서 건축으로 작동할 수 있게 만드는 것이 무엇인지 묻는 것이 이 책의 주제이다.

점에서 열려 있으며, 관습적인 지식과 실천의 체계에 대해 투신해야 한다는 점에서 닫혀 있다. 이 책은 건축의 직능을 다루기도 하지만, 그 관심의 초점은 직능보다 기율에 있다.

　건축 기율이란 건축가들이 (그 기율 없이는 할 수 없는) 무언가 중요한 일을 할 수 있도록 하는 경험·지식·기술의 집합체다. 그것은 바로 건물을 설계하는 일이다. 좋은 건축가가 있으면 나쁜 건축가도 있고, 의미 있는 작업을 하는 특출한 인물도 있다. 그러나 개인의 재능 못지않게, 개별 주체가 건축가로서 작업을 할 수 있게 하는 근본적인 기율이 있다. 하지만 엄격한 건축 훈련을 받은 이들이나 건축주를 설득시키고자 애써본 이들에게조차 이런 이야기는 낯설 수 있다. 건축 기율은 학교에서 배우고 실무를 통해 발휘되지만, 이를 정의하기란 매우 어렵다. 그런 것이 어디 있냐고 도리어 반문할 수도 있다. 건축 기율을 묻는 것은 역사와 철학의 질문일 뿐 아니라, 건축가들이 일상적인 실무에서 맞닥뜨리는 문제이기도 하다. 기율은 시작과 과정의 문제이며, 보고 읽고 그리는 것에 관한 질문이다.

　보자르(Beaux-Arts)의 기율이 종언을 고하고 근대 건축이 형성되면서 건축의 기율을 규정하는 것이 매우 어려워졌다. 보자르의 기율은 특정 건축 디자인 체계가 서구 세계 전체에서 통용되었던 마지막 사례다. 미국의 경우, 19세기 말 프랑스의 보자르 체계가 건축 교육을 확고하게 지배하고 있었다. 이 체계의 영향력은 19세기 말과 20세기 초에 정점에 달했다. 제1차 세계대전은 건축의 직능과 기율에 근본적인 변화를 촉발시켰다. 격변의 시대였다. 1930년대 말에 아카데미 체계는 큰 변화를 겪으며 궁극적으로 와해되었다. 양차 세계대전 사이 미국 건축에서 서로 다른 두 종류의 근대적인 담론이 교차했다. 이것이 바로 포트폴리오(portfolio) 담론과 다이어그램

(diagram) 담론이다. 이런 담론 체계의 변화가 이 책의 주제다. 포트폴리오가 보자르 기율의 담론에서 핵심이었다면, 다이어그램은 흔히 모더니스트들의 기능주의라고 불리는 모호한 교의와 동일시된다. 하지만 통념과는 달리 건축 담론의 변화 과정은 포트폴리오가 종언을 고하고 다이어그램이 탄생한 것으로 단순하게 말할 수 없다. 또 저무는 아카데미즘에 나란히 때맞추어 모더니즘이 부상했다고 이해해서도 안 된다.

분명 우리는 보자르를 모더니즘의 적으로 보았던 입장을 버린 지 오래다. 19세기 미국 보자르 체계를 거론할 때 '포스트-뒤랑'의 시대, 즉 낭만적인 프랑스 역사주의자들의 시대를 지나 완전히 세속화되고 합리화된 고전주의 전통 속에 있음을 깨달아야 한다. 보자르에서 훈련받은 건축가들이 병원·기차역·오피스와 박물관 등 매우 복잡하고 어려우며 온전히 근대적인 건축 프로그램을 풀어냈다는 사실에 주목해야 한다. 필자는 19세기 아카데미의 전통이 "쇠퇴기의 종말이 아니라 혁명의 시작"[4]이었다고 말한 앨런 콜훈의 견해에 동의한다. 하지만 일련의 관습적인 형태를 받아들이는 기율과 그렇지 않은 기율은 근원적으로 다르다는 사실도 동시에 인정해야 한다. 20세기 근대 건축은 아카데미 전통이 죽고 난 후 그를 뒤이은 필연적인 계승자도 아니며, 19세기에 운명처럼 부여된 실증주의 패러다임이 그대로 이어진 것도 아니다. 근대 건축의 발생은 아카데미 기율의 종언 속에 내재되어 있는 역사적 과정이다. 근대 건축의 상당 부분은 독자적으로 형성된 것이 아니라 아카데미 체계의 폐허 위에서 탄생했다. 근대 건축의 기본 조건을 명확하게 간파하려면, 이 과정에서 무엇을 잃어버렸는지, 무엇이 남아 있는지, 무엇이 바뀌었는지를 주의 깊게 살펴보아야 한다.

보자르 체계는 널리 공유되던 관습을 건축 기율로 유지했던 마지막 사례였다. 반면에 근대 건축은 한 종류의 기율로만 설명할 수 없다. 우리는 근대 건축에 대한 여러 접근 방식들이 어떻게 형성되었는지 확인하고, 토론하고 비판할 수 있다. 이러한 입장은 기율이 개별 저자와는 반대 방식으로 형성된다는 미셸 푸코의 주장과 맥을 같이한다. 푸코에 따르면, 기율은 "익명의 체계"를 이루고 있는 "대상들의 집합·방법·진리라고 간주되는 명제의 총체·규칙과 정의의 상호 작용, 도구와 기술의 상호 작용으로 정의된다"[5] 익명성이 강한 담론 체계의 경계를 명확히 규정한다는 것은 사실상 힘들다. 특히 체계의 지적인 구성이 건축계 바깥에서 생산된 광범위한 텍스트를 포함할 때는 더욱 그렇다. 그 담론의 장은 건축가가 직접 생산한 텍스트보다 언제나 더 넓기 때문에, 결코 균질할 수가 없다. 예컨대 특정한 분야의 업무 때문에, 또는 특정한 건축주를 상대하기 위해, 건축가는 자신의 기율과는 거리가 먼 일련의 텍스트를 숙지해야 할 때도 있다. 다른 한편 건축가가 갖추어야 할 기본 소양이라 하더라도, 기율의 바깥에 있다고 볼 수 있는 것이 있으며, 그것이 사회가 건축가를 정의하는 것과는 무관한 지식일 수도 있다. 바꾸어 말해, 건축 담론의 장에 중심 텍스트와 주변 텍스트를 구분하는 위계를 설정할 수 있다. 필자는 모든 종류의 텍스트를 섭렵할 의도는 없으며, 건축 담론 장의 핵심적인 장르를 다루고자 한다.

되풀이해서 말하자면, 이러한 텍스트는 실천을 위한 단순한 도구가 아니며 그 최종 결과물도 아니다. 그것은 바로 실천 자체를 구현하는 것이다. 이 책의 주제어로 표상·텍스트·기호 같은 용어들보다 담론을 선택한 까닭도 바로 이 때문이다. 간단히 정의해서, 담론은 사용되고 있는 언어와 기호이다. 건축의 표상을 담론으로 접근한다는 것은 표상을 의식의 반영이나 객관적인 조건으로 대하는 것이 아니라, 사물로서 그것의 기능과 힘을 탐구한다는 뜻이다. 건축과 인접 분야 간의 생산적인 관계 안에서, 우리는 문서(document)를 읽을 뿐만 아니라 그것을 물건처럼 사용한다. 그리고 그 과정에서 한 표상 양식에서 다른 양식으로 변형이 수반되기 마련이다. 담론이라는 개념이 특히 건축에서 중요한 이유는, 건축 분야 문서와 도면의 기호는 사회적·생산적 시스템 속에서 사용되기 때문이다. 그러므로 건축 기율의 변화는 담론적 실천의 역사이자 지식 양태의 역사로서 이해해야 한다.

이런 종류의 역사는 근대 건축의 "발전적" 역사관과 분명하게 대조된다.[6] 발전적 역사는 선별된 건축가·기념비·텍스트를 체계적으로 엮어, 미리 정해진 "필연적 시나리오"에 따라 진행하는 역사이다. 아마도 이런 목적론적 역사서 가운데 가장 유명한 책은 니콜라우스 페브스너의 『근대 건축 운동의 선구자』(*Pioneers of the Modern Movement*)일 것이다. 페브스너는 근대를 근대성의 주관적인 조건과 객관적인 조건이 합치하는 진화 과정의 결과라고 보았다.[7] 근대 건축은 이 총합의 결과물이자 기계 문명을 진정으로 반영해주는 건축의 정전으로 간주되었다. 페브스너식 역사를 뒤집어놓은 것이 만프레도 타푸리의 『건축과 유토피아』(*Architecture and Utopia*)의 "부정 변증법"이다. 타푸리는 자본주의가 발전하면서 건축이 빼앗긴 기능에 대한 보상으로 고안된 일련의 프로젝트에 주목한다.[8] 페브스너와 타푸리 양자에게 역사는 대립을 해소하기 위해 존재한다. 페브스너의 경우, 대립이 해소됨으로써 일관된 건축 양식이 만들어진다. 타푸리의 경우, 대립을 해결하려는 모든 시도는 자본주의의 실상을 드러내는 만큼 궁극적으로 거짓이다. 결국 부정하고 종합하려는 시도에 대하여 이데올로기적 비판을 하는 것이 타푸리의 역사관이 되었다. 이런 종류의 역사의 주된 사료는 역사적 상황의 반영체로 간주되는 건물 계획안과 도면이다. 페브스너의 경우 갈등이 해소된 문화 형식이 반영되는 것이며, 타푸리의 경우 이데올로기의 층위에서 갈등이 거짓으로 해소된 상황이 반영되는 것이다. 프레드릭 제임슨이 타푸리에 대해 평했듯이, 변증법적 역사 서술의 특징은 "예술의 역사가 일련의 상황·딜레마·모순들로 재구성되어 있다는 것이다. 이 관점에서 개별 작품·양식·형식은 여러 가지 반응이나 일정한 상징적 행위로 취급되는 것이다".9 결과적으로 발전론적 역사는 일상적인 실무에서 생산되는 문서보다는 상징적인 기능을 위해 생산된 텍스트들, 즉 특정한 파장을 불러오는 프로젝트나 아방가르드적 제스처에 초점을 맞추게 마련이다. 더 중요한 점은, 그러한 문서들을 선별할 때, 미리 정해진 발전적 서사에 맞추어 의식·경험·객관적 조건을 진정으로 표상하는 것과 거짓으로 표상하는 것을 구분해야 한다는 점이다. 결국 근대는 근대의 조건을 진정으로 표상한다고 인정되는 것들로 만들어진다.

보자르의 건축 그림, 아방가르드 계획안, 표준 생산품의 카탈로그는 20세기의 참된 표상도 거짓된 표상도 아니다. 필자는 표준 생산품들이 무엇을 상징하는지, 시대를 진정으로 상징하는지 아닌지를 묻기보다는 그것들이 어떻게 사용되는지에 관심을 갖고 있다. 담론에 관한 관심은 해석학적 진리를 추구하는 데서 나오는 것이 아니며, 반대로 텍스트의 비결정적인 유희에서 나오는 것도 아니다. 건축적 재현은 그것이 지어질 것이라는 가정, 또는 지어질 수도 있다는 특유의 가능성을 보여준다는 간단한 사실을 잊어서는 안 된다. 우리가 어떻게 텍스트를 보고 읽고 변형하느냐에 따라 우리가 현대 건축을 이해하고 실천하는 방식이 명백하게 달라진다. 나아가 현대 건축의 담론이 도구적인 성격을 가졌다고 해서 건축이 시적인 가치나 그 밖의 특정한 가치를 상실하게 되는 것이 아니다. 그림의 건축이 결코 지어질 수 없고 지어질 가능성이 없다 하더라도, 투사라는 기본적인 성격 때문에 그 그림은 고유한 힘을 갖고 있다. 건축 담론의 이러한 성격 때문에 우리는 담론의 물질성에 주목해야 한다. 즉, 담론은 새로운 세계를 만들어내고, 다른 세계들을 대체하고 연결시키는 힘을 갖는다. 담론이 작가의 의도와 개념을 벗어난 고집 센 힘을 갖고 있다는 사실에 관심을 기울여야 한다. 거울에 반사된 이미지뿐만 아니라 거울 그 자체가 표상이며 재현인 것이다.

　담론이 기능을 갖고 있다는 것이 담론의 가장 중요한 속성이듯, 다이어그램의 담론을 탐구하는 데 있어서도 그 도구적인 성격이 핵심이라 할 수 있다.[10] 차차 밝히겠지만, 도구적이라는 말은 다이어그램의 담론이 곧 합리주의적인 이데올로기나 좁은 의미의 기능주의의 영역에 국한되어 있다는 뜻은 아니다. 기능이라는 개념이 어떻게 성립되는지 그 과정을 밝히고 건축이 도구적이라는 말의 의미를 비판적으로 이해하는 것이 이 책의 목표다. 다이어그램의 담론은 다이어그램 그 자체보다 훨씬 광범위한 것이다. 다이어그램이 핵심 요소이긴 하지만, 그 담론은 훨씬 더 폭넓게 형성된 것이며 이를 근간으로 건축가는 다양한 방식으로 기율을 구성한다. 보자르식 훈련을 받은 건축가가 포트폴리오를 통해서 건축 기율을 설정했다면, 다이어그램의 담론은 건축가가 말·이미지·건물과 관계를 맺는 새로운 가능성을 열어준다.

　이 책은 현대 건축이 만들어지게 된 기본적인 조건에 관해 질문을 던지는 역사서이다. 이 책을 이렇게 규정하는 이유는, 이 책이 역사가들이 어려워했던 시대와 개념, 바로 1920-30년대 미국 건축의 근대성을 다루고 있기 때문이다. 눈에 띄는 아방가르드의 활동이 없으며, 현대 건축의 규범을 따르는 건물도 없고, 논란을 불러일으킨 글이 거의 없기 때문에 미국 현대 건축의 역사를 서술하기란 쉽지 않다. 이 주제에 대해서는 두 가지 극단적인 태도가 있다. 한쪽 끝에는 근대 건축의 창조 주체로서 건축가를 중심으로 기술한 승자와 패자의 역사가 있다. 다른 끝에는 미국에 근대화는 있었지만 근대주의는 없었다는 인식이 있다. 대형 곡물 창고·엔지니어·포드 자동차로 이루어진 의식 없는 근대성의 이미지만 있는 것이다. 배타적인 주체 중심의 틀, 발전론적인 틀을 수정하고 어떻게든 모더니즘의 개념을 살려두기 위해서 미국 현대 건축사의 흐름에 보다 다양한 주체들을 설정해줄 수 있을 것이다. 이로써 다른 종류의 모더니즘을 제시하고 그 차이를 구분할 수도 있다. 또 대중문화와 일상문화의 영역으로 관심을 확장할 수도 있을 것이다. 그러나 그렇게 확장된 담론은 초월적 주체의 작품이나 건축의 자율적인 영역에 국한되기 일쑤다. 필자는 숨어 있던 아방가르드를 발굴하려는 것도, 근대성을 순수한 객관적 조건으로 제시하려는 것도 아니다. 대신 담론과 담론적 실천의 변화를 통해 근대 건축을 이해하는 첫 발걸음을 내딛고자 한다. 이를 위해서는 발전론적 역사의 작가 중심주의와 재현 중심주의에서 벗어나 주체와 대상이 모두 역사성을 갖고 있다는 사실을 받아들여야 한다.

즉, 다이어그램의 담론은 주체의 발명품이 아니라 주체가 처한 역사적 조건이다. 다이어그램의 역사를 살필 때, 건축 다이어그램을 고안한 이가 발터 그로피우스인지 릴리언 길브레스인지는 중요한 문제가 아니다. 필자는 근대 건축에서 "주체의 다양한 위치를 위한 규칙성(regularity)의 장"을 만들고자 한다.[11] 미셸 푸코가 "실천 체계"(practical system)의 탐구라고 불렀던 그런 종류의 역사 말이다.

> 여기서 다루는 균질한 참조의 영역은 인간이 스스로에 대해 갖는 표상이나 부지불식간에 그들을 규정하는 조건이 아니라, 인간이 무엇을 하며, 어떻게 하느냐의 문제를 다루고 있는 것이다. 다시 말해, 인간의 행동을 조직하는 합리적인 형식 …… 그리고 실천적 체계 안에서 인간이 타인의 행동에 반응하고 게임의 규칙을 수정하면서 행동하는 자유가 우리의 연구 대상이다.[12]

근대 건축은 단지 기념비·관념 또는 표현 양식의 총합이 아니다. 건축은 사회 구조에 편입되어 있으면서도 그것을 변화시키는 힘을 가진 준(準)자율적인 기율이다. 이런 역사적 구도에서 모더니즘은 근대 건축의 원동력이라는 특별한 지위를 상당 부분 상실한다. 그렇다고 개별 건축 작품의 중요성을 폄하하려는 것은 아니다. 종종 오해받는 것처럼, 이것은 주체의 의도·이데올로기·개인의 활동을 무시하는 입장이 아니다. 지식의 체계 안에서 텍스트의 위치를 설정하려고 하는 만큼, 주체의 역할, 즉 푸코의 표현을 따르면 "저자의 기능"[13]에 관해 끊임없이 묻는 것이다. 다시 말해서, 가능한 것의 조건과 범주를 이해하고 싶은 것이다. 이런 조건은 건축 작업의 근간을 이루지만 건축가들이 무엇을 할 수 있는지를 결정하지는 않는다. 필자는 의미 있는 기율을 만들려는 근대 건축의 역사적 조건을 탐구하려는 것이다.

I

포트폴리오와 아카데미 담론:
형성과 위기

1

담론·대중 건축·
아카데믹 프로페션

조항 2. 협회의 목표는 미국의 건축가 단체를 통합하고, 건축 직능의 예술적·과학적·
실천적 효율성을 제고하기 위한 그들의 노력을 한데 모으는 것이다.

조항 3. 이 목표는 다음 방법으로 실현한다. 전문 분야의 주요 주제를 논하기 위한 회
원들의 정기 모임, 에세이 강독, 공통 관심사에 관한 강의, 건축 학교, 건축 그림 전시
회, 도서관, 설계안과 모델 컬렉션, 기타 등등.

미국건축가협회 정관, 1867년 수정

대중 건축과 아카데믹 프로페션의 담론 체계

제도로서 건축은 근본적으로 담론으로 구성되어 있다는 속성을 갖고 있다. 미국건축가협회(이하 AIA)의 1867년 정관이 보여주듯이 AIA와 미국 사회가 건축을 정의할 때, 그림과 책, 전시와 강연은 협회의 제도적인 장치와 행위를 구성하는 필수적인 요소들이었다. 목공이나 측량 같은 오래된 직능과 대조적으로 건축은 텍스트와 이미지를 배열하는 능력을 통해서 하나의 사회제도로 자리 잡았다. 19세기 후반 이후 반세기 동안 건축이 고급 예술의 지위를 주장했던 것에 발맞추어, 건축 그림과 역사·이론·비평 등 건축에 관한 글이 점차 늘어나고 복잡해졌다. 계약서·건설 도서·시방서 등을 통해 건축가와 건축주, 계약자 사이의 직능 관계를 성문화하고 체계화하는 것이 건축을 적법한 사회 활동으로 정의하는 데 반드시 필요하게 되었다. 미국에서 이런 건축 담론이 등장하게 된 역사적 과정은 아주 복잡하다. 왜냐하면 건축이 정체성을 확립하려고 애쓰는 상황에서, 건축의 사회적·물질적 조건이 동시에 바뀌고 있었기 때문이다. 기술 발전과 건설 산업의 변화에 발맞추어 담론이 생산되고 유통되는 방식도 급격하게 변했다. 철도 노선이 구석구석 깔리고 우편 요금이 저렴해지고 혁신적인 기계식 출판 기술이 도입되면서 인쇄 물량이 폭발적으로 늘어났다. 이런 대중적인 담론은 새로운 독자층, 즉 문화적 정체성을 갈망하는 교양 있는 중산층이 흡수하고 소비했다. 많은 경우 그들의 관심은 건축계와 겹쳤다. 그 결과 건축 담론이 발전하던 초창기부터 미국 건축은 집장사·실내장식·가사 담론의 홍수 속에서 어렵게 명분을 세워나가야만 했다.

　　미국 건축은 19세기 전반기의 이러한 어려운 시기를 지나 남북전쟁 이후에 위상이 공고해졌다. 프랑스 에콜데보자르나 보자르의 영향을 받은 건축 학교 출신의 건축가들이 교육 체제를 정비하고, 건축 잡지를 출간하며, 건축사면허제도를 마련하는 등 건축의 전문화를 이끌었다. 유럽의 명문 학교에서 공부했다는 사실만으로도 교양 있는 전문가라는 아우라를 가질 수 있게 되었다.[1] 19세기 말에서 1930년대 초까지, 미국의 건축 기율은 실제로 보자르의 교육 원칙과 동일시할 수 있다. 로마의 미국 아카데미(American Academy in Rome)와 보자르 소사이어티(Beaux-Arts Society of Architects, 후에 Beaux-Arts Institute of Design으로 개명) 같은 조직이나 건축가들의 활동을 통해서, 건축 디자인 실무와 건축 교육 사이에는 긴밀한 연결고리가 생겼다. 19세기 말에 이르러, 에콜데보자르는 분명한 건축 설계의 방법과 철학으로 인식된다. 이 시기 미국 건축의 "르네상스"는 "젊은 건축가들을 잘 길러낸 명확한 체계의 영향"[2]이라고 확신했다. 이러한 의미에서 필자는 이 당시 미국 건축의 제도적인 성격을 "아카데믹 프로페션"(academic profession)이라고 부르고자 한다.

　　19세기 미국 건축은 대중문화의 논리와 자율적인 예술의 논리 사이에서 변증법적인 과정을 거쳐 등장했다. 건축의 대중성을 논할 때면 대개 백화점·아케이드·박물관·철도역 같은 19세기의 새로운 건축 유형을 먼저 떠올리곤 한다. 발전된 자본주의 특유의 새로운 공간적·시간적·사회적 경험이 이러한 건축 환경 속에서 자리 잡았기 때문이다. 하지만 여기서 말하는 "대중 건축"은 "고급 건축"의 영역 안에서 구현되는 특정한 환경의 체험이 아니라 그 내적 논리, 사회적 전유 방식, 그리고 특정한 청중에 의해 규정되는 건축적인 제도이다. 이 책은 20세기 초엽까지 선명하게 나뉘어 있던 대중 건축의 담론과 아카데믹 프로페션 사이의 관계에 초점을 맞춘다. 대중 건축의 담론은 가사와 건축에 관련된 다양한 문제를 다루는 새로운 책·잡지·카탈로그 등이 유통되면서 탄생했다. 19세기 대중 건축의 담론은 크게 어드바이스 북(advice book)과 카탈로그라는 장르로 대별할 수 있다. 이러한 텍스트들은 건설 산업 안에서 사용되기보다는 점차 커가는 중산층을 독자층으로 설정했다.[3] 여성 독자의 계몽을 목표로 문학·과학·예술 등 광범위한 주제를 다룬 어드바이스 북은 건축과 관련된 내용을 다루면서, 중산층의 가사 규범을 세우는 데 초점을 맞추었다. 여기에는 가정 관리나 인테리어 장식, 정원 가꾸기를 비롯해 위생설비와 배관에 이르는 다양한 내용이 포함되어 있었다. 일반 독자뿐 아니라 건축가와 건설업자를 독자층으로 삼은 "하우스 패턴 북"은 이런 부류 중에서 건축적인 성격이 가장 강했다.[4]

카탈로그는 19세기 중엽에 이미 널리 사용되고 있었다. 카탈로그와 광고 책자는 대량 생산품의 유통과 광고를 수행하는 핵심 매체였다. 이제 막 생겨난 소비사회의 지배적인 담론 양식이었으며, 산업 생산과 대량 소비 사이의 중요한 연결고리였다. 집짓기와 관련해서 카탈로그는 주로 조립식 장식, 구조 부재, 기계 장치 등을 다루었다. 이러한 건축 재료와 부재를 고를 때, 건축가와 건설업자뿐만 아니라 집주인 역시 이런 카탈로그들을 참고했다.[5] 1870년대 말에는 "플랜 북"(plan book)이란 새로운 종류의 건축 카탈로그가 등장했다. 팰리저, 팰리저 앤드 컴퍼니(Palliser, Palliser and Company)나 로버트 쇼펠(Robert Shoppell) 같은 회사가 플랜 북을 출간하면서 미국에서 "통신주문 건축"과 "집장사/기성 평면" 사업이 탄생하게 된 것이다.[6] 집을 지으려는 사람은 먼저 싼값에[1887년판 쇼펠의 『현대 주택』(*Modern House*)은 한 부당 25센트였다] 주택 표준 평면도·

투시도·입면도가 수록된 카탈로그를 구입한다. 그런 다음 몇몇 디자인 항목을 선택하여 우편으로 주문한다. 그러면 건축가에게 지불해야 할 설계비의 5분의 1에 불과한 비용으로 청사진·시방서·계약서 세트를 배달받는다. 건축 양식, 개축, 마감과 가구에 대한 내용을 포함하고 있던 플랜 북은 어드바이스 북으로도 쓰였다.

　카탈로그와 패턴 북이 빌더즈 가이드(builder's guide)의 뒤를 이었다는 것은 일반적으로 잘 알려진 사실이다.[7] 19세기 전반에 널리 사용된 빌더즈 가이드는 주로 고전 오더와 기타 장식 상세도를 묘사한 도판으로 구성되어 있었다. 이 책에는 건축 평면이나 입면이 수록되는 경우가 드물었고, 글은 거의 없었다. 반면, 패턴 북은 대부분의 어드바이스 북과 마찬가지로 전원 단독 주택 평면이나 투시도가 딸린 글 위주의 책이었다. 이러한 텍스트를 통해 취향과 양식의 변화를 보려는 건축 역사학자들은 빌더즈 가이드에서 패턴 북으로의 이행을 그리스 복고주의의 쇠퇴와 픽처레스크의 유행으로 파악한다.[8] 이런 해석에 더해, 빌더즈 가이드와 패턴 북의 담론적인 실천이 근본

1.1 버펄로 이글 아이언 웍스 사의
주철 기둥, 『건축 설계 카탈로그』
(*Catalogue of Architectural Design*),
1859

Design 16.

Plate 6.

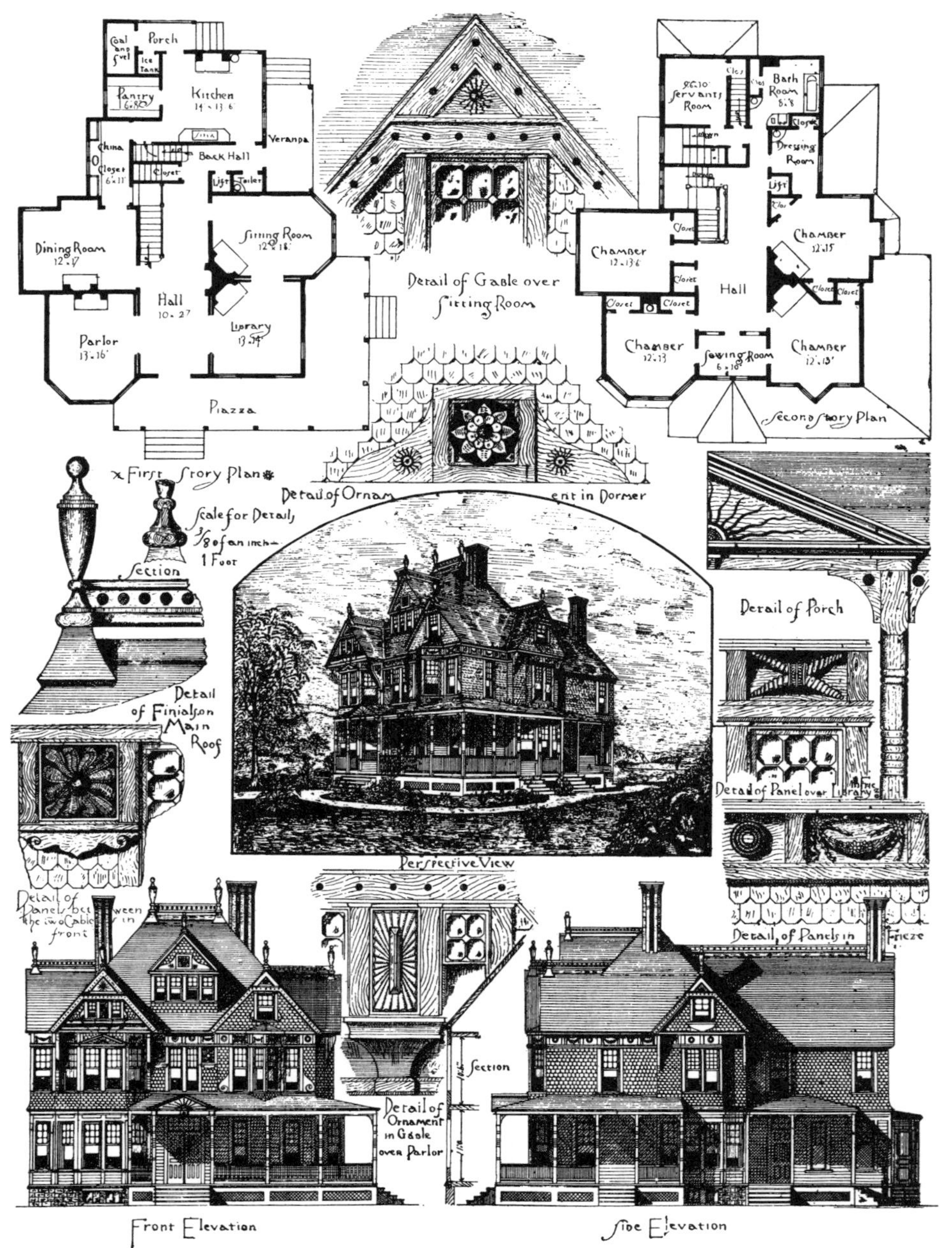

1.2 [왼쪽] 전원 주택 도판, "디자인 16", 『팰리저의 새로운 전원 주택과 상세』(*Palliser's New Cottage Home and Detcils*), 1876

1.3 애셔 벤저민의 토스카나 오더, 『아메리칸 빌더즈 컴패니언』(*The American Builder's Companion*), 1826

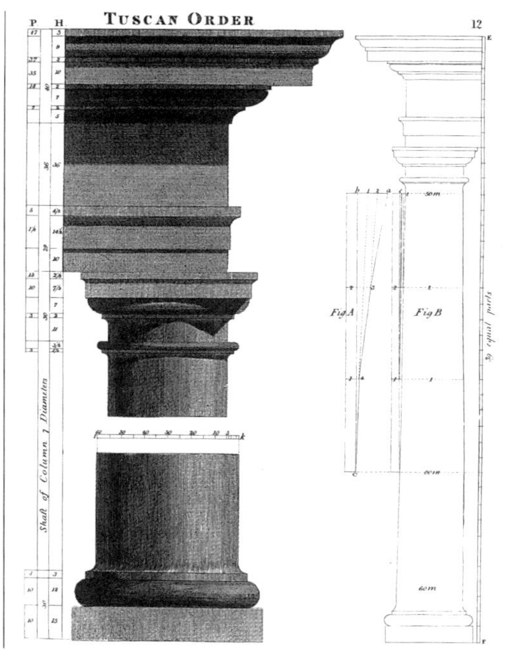

적으로 다르다는 사실을 강조하고 싶다. 빌더즈 가이드는 목수와 건축가가 수공예적인 과정을 이끄는 독자적인 설계자·시공자·감리자였던 산업 시대 이전의 책이었다면, 남북전쟁 이후에 지어진 대부분의 패턴 북 주택은 조립식 장식과 벌룬 프레임(balloon frame) 구조를 사용했다. 빌더즈 가이드는 목수·집장사·건축가를 구별하지 않았던 반면, 패턴 북은 훨씬 더 복잡하고 세분화된 산업 구조 속에서 등장했고 투기성 부동산 개발 사업과 연루되기도 했다. 미숙련 노동자들이 동원되었던 새로운 건설 프로세스에서는 계획가로서 동네 목수의 역할이 쇠퇴했으며, 건축가와 건설업자 간의 경쟁이 촉발되었다.[9]

패턴 북과 카탈로그라는 경제·문화·건축 매체를 통해 잠재적인 중산층 소비자들이 건축주가 될 수 있었던 것이다. 한편, 패턴 북은 권위 있는 문화와 건축 프로그램을 담았다. 그 주제는 아주 다양하면서도 반복적이었다. 퇴폐적이고 불확실한 산업자본주의 속에서도 빅토리아 시대의 도덕과 사회 개혁 이념이 일관된 주제였다. 대부분의 어드바이스 북과 마찬가지로, 물리적 환경을 통해 사회를 개혁할 수 있음을 강조한 패턴 북은 이 도덕적 프로그램을 고취시키고자 했다. 다른 한편, 카탈로그는 소비 행위를 통해 건축 서비스의 근간을 마련했다. 카탈로그는 "전형적인 미국 책"이다.[10] 이를 통해 대중들이 생각하는 산업 민주주의에 걸맞는 대중적인 건축 서비스 시스템이 확보되었다. 패턴 북이 프로그램을 제공했다면 카탈로그는 건축 도면을 제공했다. 건축 도면의 통신판매 사업은 패턴 북의 논리적인 귀결점이었으며 두 가지 상반된 실천 양식과 이념을 통합했다. 첫째, 수동적이며 감상적인 독서를 전제로 한 어드바이스 북과 소비라는 참여 행위를 유도하는 시각 매체인 카탈로그가 결합했다. 둘째, 주거 생활을 규정하는 권위적인 사회 규범과 선택과 조합이라는 민주적인 논리가 결합했다. 건축의 대중문화를 형성하는 데 카탈로그와 패턴 북은 떼려야 뗄 수 없는 상호보완적인 관계였으며, 건축 형태가 문화적 의미와 편안하게 결합할 수 있도록 했다.

전문성이라는 19세기 이념에 근거한 아카데믹 프로페션은 대중 산업 사회 속에서 자율성을 확보하려고 했다. 버턴 블레드스타인에 따르면, 빅토리아 시대 중엽의 전문가는 스스로를 "열린 사회에서, 탄탄한 훈련을 바탕으로 독자적인 판단을 내리는 개인"으로 규정했으며, "자율적인 개인주의, 독보적인 권위"를 갖고자 노력했다. "이는 미국의 생활 방식에서는 처음 있는 것이다."[11] 자율성은 건축 분

야와 관계된 모든 다양한 영역에 퍼져 있던 이념이었는데 전문 영역
에 대한 문제에서 가장 먼저 드러났다.[12] 1860년대에 전문화를 추구
하는 움직임이 심화하면서 건축을 자본주의의 정치적·경제적 제약
으로부터 독립된 문화적 제도로 보려는 생각이 대두했다. 이에 따라
건축 프로페션은 대중 건축을 타자로 배척했다. 도덕성·전문성·예
술성의 측면에서 건설업자들보다 우월하다고 주장하면서, 건축가들
은 건설 과정에 대한 독점적인 지위를 요구했다. 여기에 반발한 건설
업자와 오래된 건설 조직들은 건축가라는 호칭이 자기 것이라고 주
장하며 아카데믹 프로페션의 엘리트주의를 공격했다. 따라서 19세
기 내내 누구를 "건축가"라 부를 것인지가 문제가 되었다. 이질적인
문화가 서로 충돌하는 와중에 불안정하게 사용된 건축가라는 말은
문화 텍스트의 생산은 물론 설계·목수일·건설 투기·토지 조사와 같
은 다양한 활동에서 권위를 얻기 위해 동원되었다. 대중성에 호소했
음에도 불구하고, 대중 담론들은 여전히 문화적 권위에 의존했고, 당
연히 패턴 북과 플랜 북의 저자들은 건축가라는 호칭을 탐냈다. 결국

1.4 "디자인 20: 처마가 있는 전원
주택", 앤드루 잭슨 다우닝,
『전원주택의 건축』(*The Architecture
of Country Houses*), 1850

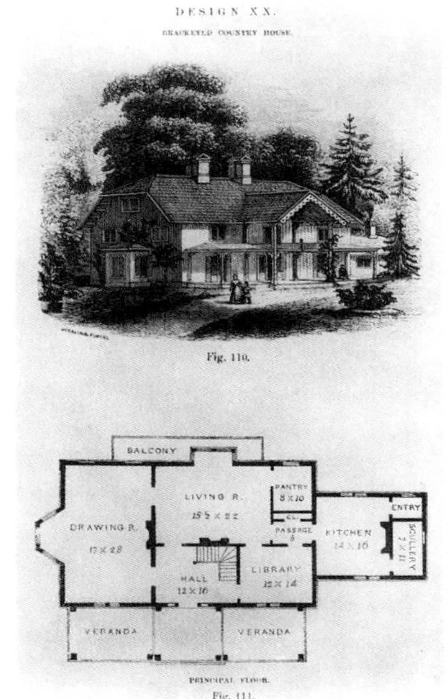

큰 논란과 분란이 따랐고, 건축 프로페션은 건설업자를 건축가라 부르는 것은 가당치 않다고 주장했다.[13]

건축과 건축가의 위상에 대한 독점적인 법적 권한을 확보하기 위해, 아카데믹 프로페션은 자신의 역할을 장인 조합이나 건설업자와 차별화할 필요가 있었다. 최초의 AIA 표준 계약서(1868)는 건축가가 건설을 관리하거나 "감리"하는 것을 당연하게 여겼다. 그러나 1884년의 개정 계약서는 감리(superintendence)를 관리(supervision)와 구분하기 시작했고, 최근까지 건축가가 직접 건설에 참여하는 것을 금하고 있다.[14] 같은 시기 널리 사용되기 시작한 또 다른 문서는 시방서(specification)다. 시방서의 역사가 명확하게 밝혀져 있지 않지만, 건설 사업의 규모가 커지고 복잡해지면서 시방서의 사용은 일반화되었다.[15] 계약서와 함께 시방서는 건설 현장의 숙련공에 대한 건축가의 우월한 지위를 규정했고 부분적으로 숙련공이 건설 노무자가 되는 데 일조했다. 1897년 일리노이주에서 건축가 면허법이 처음 통과되자, 건설업자·수공업자·엔지니어·하청업자·건축가 사이의 권한 논쟁은 법적인 합의를 보았다. 면허제가 도입되면서 건축가의 구체적 영역이 명확하게 정의되었다. 이 제도적 담론은 건축가를 건설의 물리적 과정으로부터 떼어놓는 결과를 가져왔다. 건축가가 비즈니스의 이해관계로부터 독립되어 있을 뿐만 아니라 윤리적으로나 문화적으로 더 뛰어나다는 뜻이었다.

건축가들은 미국 사회에서 고양된 위치를 확보하고 싶었던 만큼, 기념비적인 건물에 자율적인 가치를 불어넣고자 했다. 아카데믹 프로페션은 미국 최고의 이념을 표현하는 능력을 통해서 건축을 가장 잘 정의할 수 있다고 생각했다. 그들은 산업 사회의 다양한 문화를 인정하면서도, 보들레르식 표현을 빌리자면, "덧없고 일시적인" 모더니티가 모든 가치 체계를 평준화시켰다고 생각하지는 않았다. 분명한 문화적 위계를 세울 수 있다고 확신했으므로, 건축가는 미국 사회의 변덕스러움을 초월하여 "변하지 않고 영속하는 것"을 추구해야 한다고 믿었다.[16] 바꾸어 말하면, 건축과 기념비는 자본주의 사회의 세속적인 현실에 대한 안티테제로 정의되었다. 건축에 대한 이러한 정의의 가장 훌륭한 사례는 아니지만 가장 유명한 사례는 19세기 말에서 20세기 초에 개최된 여러 박람회, 즉 필라델피아 100주년 박람회에서부터 1893년 컬럼비아 세계 박람회를 거쳐 1915년 파나마 퍼시픽 박람회 등에서 찾아볼 수 있다. 컬럼비아 박람회는 로런스 러바인의 주장처럼 미국의 문화적 위계 질서가 탄생한 기점이었기 때문에 특히 중요하다. 고전주의 양식의 그랜드 베이신 수변지역과 놀이동산이 있었던 미드웨이 플레상스(Midway Plaisance)로 양분된 박람회의 공간 구조는 아카데믹 프로페션과 대중 건축 사이의 구분을 상징적으로 보여주었다. 앨런 트랙턴버그에 따르면, 박람회는 "현실은 고급 예술의 이상 안에서 추구되어야 한다"라고 선언되었다. "명예의 광장이 한가운데에 자리 잡았으며, 그 주변으로 백색 도시(White City)가 위계 질서에 따라 배치되었다."[17] 노골적인 소비와 이국적인 전시관이 자리한 미드웨이 플레상스는 중앙 광장에 통일된 건축 언어로 구현된 아카데믹 프로페션의 문화를 상대적으로 재확인해주었다. 미드웨이가 방만하게 절충된 이미지의 문화를 제시했다면, 중심부는 고전주의 전통에 기반한 건축 예술의 세계를 보여주었다. 수시로 변하는 패션과 부질없는 체험의 세계 속에서, 명예의 광장의 통일된 양식은 보자르 건축가들이 근대적인 시설의 디자인에 적용한 일관된 원칙을 선보였다. 중심부는 미국이 추구해야 할 비전을 담았고 그 비전이 실현되기 위해서는 오직 규율 잡힌 건축으로만 가능하다고 웅변했다. 박람회에서 자신의 역할이 무엇인지 명확하게 인식한 헨리 밴 브런트가 지적했듯이, "건축의 숭고한 기능은 물질주의의 승리를 치장하는 것일 뿐만 아니라, 그것을 속죄하고 설명하며 보완하는 것이다."[18]

치장되고 보완된 표상이라는 이 "숭고한 기능"은 도시미화운동(City Beautiful Movement)으로 확대되었다. 이 운동은 백색 도시의 이미지로부터 큰 영향을 받았다. 미국은 대외적으로 제국의 야망을 품고 있었고 대내적으로 시민사회의 질서를 추구했다. 도시 개조에 뛰어들려는 아카데믹 프로페셔널에게 이러한 상황은 정치적으로나 문화적으로나 그들의 명분과 완벽하게 맞아떨어졌다. 다시 말해, 기업가·정치가·계몽된 중산층에게 이념적으로 필요했던 것이 바로 통일된 건축이었다. 대니얼 버넘과 찰스 폴런 매킴의 전기를 쓴 찰스 무어에 따르면, 건축주들은 건축가들이 더 이상 "외국어를 한다"고 생각하지 않고 건축가를 받아들일 준비가 되어 있었다.[19] 시어도어 루스벨트 내각의 국무장관이었던 엘리후 루트가 1905년에 다음과 같이 말했다. "미국이 이제 처음으로 건축가들과 함께 있다."[20] 건축가는 박물관과 도서관 같은 공공시설을 기품 있게 꾸밀 수 있다. 통일된 시민 문화의 웅장한 비전을 제시하는 역할을 했다. 이런 건축가의 능력 덕분에 고급 건축은 대중 건설업자들의 직설적인 이미지와 차별화될 수 있었던 것이다. 컬럼비아 박람회에서 제1차 세계대전 발발까지 20여 년 동안 미국 건축의 지위는 정점에 달했다. 이 시기를 바로 "아메리카 르네상스"(American Renaissance)라고 부른다.

자율성은 건축 기율을 형성하는 지식과 기술의 중심 이념이었다. 앞서 설명했듯이 건축 기율의 범위와 실체는 간단명료하게 설정하기 어렵다. 건축의 범주가 넓게 설정되고 이에 대해 논란이 많았던

19세기에도 마찬가지다. 그러나 19세기 말부터 20세기 초까지 건축의 담론장을 이루었던 대표적인 장르를 짚어볼 수는 있다. 이 목록에는 역사서·이론서·백과사전·사전·잡지·스케치북·시공 참조서·건설 핸드북·시방서·카탈로그 등이 포함되어 있다.[21] 이 담론장은 핵심 장르와 주변 장르로 위계를 나눌 수 있다. 주변 장르의 한 예로 건설 핸드북을 들 수 있는데, 프랭크 키더의 『건축가와 시공업자의 포켓 북』(Architect's and Builder's Pocket-book)이 당시 가장 널리 사용되었다. 이 매뉴얼은 건축가뿐만 아니라 목수·기계공·토목엔지니어나 일반인까지도 참조하는 책이었다. 그러므로 건축가와 학생들이 이 책을 보았다 하더라도, 아카데믹 프로페션을 규정하는 데 필수적인 책이라고 볼 수는 없다. 키더의 『건축가와 시공업자의 포켓 북』은 현장에서 들고 다니면서 볼 수 있도록 작은 사륙판 크기로 출간되었다. 건설 과정과 거리를 두었던 아카데믹 프로페션은 이런 종류의 매뉴얼을 부차적인 건축 지식이라고 폄하했다.

카탈로그도 건축의 담론장에서 중요하지만 주변적인 장르로 취급되었다. 19세기 말 건축가들이 표준화된 건설 부재에 전적으로 의존했음에도, 카탈로그는 기율의 관점에서 중요하지 않았다. 건축가들은 "카탈로그 문제"를 해결하려고 애쓰면서도, 카탈로그가 통합된 설계 과정에 별 영향을 미치지 않는다고, 기껏해야 목적을 위한 수단 정도로만 여겼다. 당시 건축 사무실로 배송된 카탈로그의 크기와 판형은 제각각이었다. 포켓 크기에서 폴리오(2절판)까지, 얇은 리플릿에서 수백 쪽 두께의 양장본에 이르기까지 각양각색이었다. 건축가들에게 카탈로그 문제는 순전히 정보의 양과 다양성의 문제일 뿐이었다. 이 문제와 관련된 프로페션의 입장은 『스위트 건설 카탈로그 일람』("Sweet's" Indexed Catalogue of Building Construction)에 간결하게 표현되어 있다. 『스위트 건설 카탈로그 일람』은 1906년 처음 발간되었을 당시에 『아키텍추럴 레코드』, 『부동산 정보와 건설 가이드』(*Real Estate Record and Builder's Guide*), 『도지 리포트』(*Dodge Reports*) 등을 출판하는 아키텍추럴 레코드 사(1912년에 도지 사로 합병되었다)가 펴냈다. 『스위트 건설 카탈로그 일람』의 첫 단독 발간호 서문에서, 펜실베이니아 대학교 건축과 교수였던 토머스 놀런은 "카탈로그는 사전이나 전화번호부처럼 찾아보는 정보일 뿐 읽을거리가 못된다"고 거듭 강조했다. 카탈로그를 보는 원칙은 "참조"다. "뒤죽박죽된 정보를 정리하는 논리"가 있다는 것이다. 바꾸어 말해, 카탈로그에 있는 정보는 건축 설계에 필수적이지만, 기율의 통합적인 요소로 간주되지는 않았다. 문제는 어떻게 정보를 "간결하고 체계적인 방식"으로 조직하느냐는 것일 뿐이었다.[22] 카탈로그는 널리 사용되었지만 건축 실무의 성격을 바꿀 것이라는 인식은 없었다. 대신 "과학적인 표준 카탈로그와 건설 자재 일람표"를 만들어 직업 윤리를 강화할 수 있다고 생각했다. 자재 생산업자의 입장에서 카탈

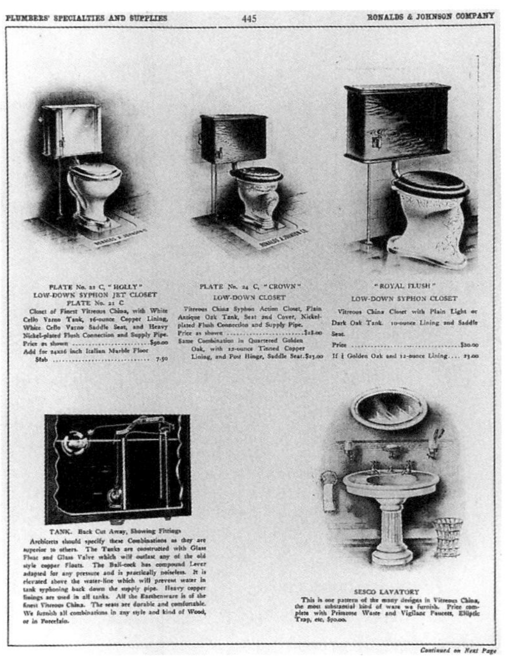

1.5 『스위트 건설 카탈로그 일람』의 "배관 제품 및 설비" 섹션, 1906

로그는 광고의 한 형태였다. 그러니 건축가는 생산자의 고압적인 상술에 영향을 받아서는 안 되며, 재료와 요소를 선정하는 데 엄격한 윤리와 건축 기준을 따라야 한다는 점을 분명히 했다. 산업화가 넓게 침투한 설계 과정에서 카탈로그가 중요한 역할을 했음에도, 건축가들은 자신의 기율을 재점검할 생각을 하지 않았다. 20세기에 들어선 지 10년이 지난 상황에서, 건축가가 대량 생산의 논리에 초연한 건축 생산의 주체라는 인식에는 변함이 없었다.

카탈로그가 건축의 주변 담론으로 마지못해 수용되었다면, 패턴 북과 플랜 북은 철저히 배척당했다. 앞서 언급했듯이, 패턴 북과 어드바이스 북들은 사회 개혁의 매개체로써 물리적인 생활 환경을 매우 중요하게 다루었다. 이 책들은 건축의 내적 원리에 관심이 없었다. 가장 유명한 패턴 북의 저자였던 앤드루 잭슨 다우닝의 경우에도 건축 설계의 원칙은 건축에 내재한 것이 아니라, 사회와 자연과의 관계에서 찾아야 한다고 믿었다. 역사학자 빈센트 스컬리는 다우닝과 그 문하생들의 패턴 북이 품고 있는 건축적 사고의 중요성과 깊이를 역설한 바 있었다. 하지만 다우닝이나 캘버트 보와 같이 자신의 디자인 원칙을 설명할 수 있는 수준의 저자는 극히 드물었다.[23]

카탈로그와 플랜 북의 입장에서 건축은 소비 상품으로서 가치가 있었다. 건축 설계와 그 결과물에 시장 논리가 적용되지 않는다고 믿었던 아카데믹 프로페션의 입장과는 정면으로 대치되었다. 아카데믹 프로페션은 문화와 건축을 상품으로 간주할 수 없었다. 『아키텍추럴 레코드』 창간호에서 바 페리는 "건축은 수요에 따라 생산되는 제품"이 아니라고 주장하기도 했다. "그것은 수요와 공급 원칙의 영향을 받지 않는 것이다."[24] 그러므로 다우닝의 패턴 북이 프랭크 로이드 라이트의 건축으로 이어지는 중요한 흐름의 원천이라고 스컬리가 올바르게 관찰했음에도 불구하고, 패턴 북과 플랜 북은 결코 아카데믹 프로페션과 공존할 수 없는 장르와 담론이었다. 건축의 상품화, 선택과 조합의 논리, 획일화된 프로그램, 이 모두는 아카데미 건축이 전문 분야로서, 그리고 기율로서 추구했던 이념과 대치되었다. 파편화된 디자인과 건설의 논리는 자율적이고 통합된 아카데미 건축의 기율에 위배되는 것으로 배척당했다.

포트폴리오와 건축 잡지

계약서와 설계도서가 건축과 외부세계의 관계를 규정했다면, 포트폴리오·이론서·역사서 등의 장르는 건축 내부의 인식론을 형성했다. 후자의 책들은 건축 고유의 지식 체계를 구성했다. 특히 건축 설계의 관점에서 포트폴리오는 아카데믹 프로페션의 가장 중요한 장르였다. 포트폴리오의 역사는 도판이 처음 삽입된 건축서들, 즉 팔라디오·세를리오·비뇰라의 저술로 거슬러 올라간다. 19세기 건축가와 학생에게 비뇰라의 『건축의 다섯 오더의 규칙』(*Regola delli cinque ordini d'architettura*), 르타루이의 『근대 로마의 건축』(*Édifices de Rome moderne*) 그리고 뒤랑의 『고대와 근대, 모든 종류의 건축 사례』 등이 설계 교과서였다. 카탈로그에 실린 그림들이 거칠고 산만하다면, 그라비어와 콜로타이프 기술로 인쇄한 근대 포트폴리오는 한 면이나 두 면 전체를 할애해 중요한 건물의 디테일까지 정교하게 보여주었다. 큰 판형의 폴리오 도집은 비싸서 구하기 힘들었지만, 저렴한 축소본과 학생 보급판은 쉽게 구입할 수 있었다. 이런 대형 교재의 출간과 함께, 당대 유럽의 주요 건축 작품을 실은 정기간행물도 널리 퍼졌다. 『건축 크로키』(*Croquis d'Architecture*, 1866-1898), 『건축 스케치북』(*Architektonisches Skizzenbuch*, 1852-1886), 『AA 스쿨 스케치북』(*Architectural Association Sketchbook*, 1867-1923) 등이 대표적인 예다. 『건축 스케치북』(*Architectural Sketchbook*)이나 『뉴욕 스케치북』(*New York Sketch Book*) 같은 미국의 초창기 건축 잡지들은 이러한 유럽의 포트폴리오들을 모델로 제작되었다.

　나중에 자세히 다루겠지만, 설계 전례를 분석하거나 디자인을 할 때 포트폴리오를 사용할 줄 아는 능력은 건축 기율의 핵심이었다. 포트폴리오의 기본적인 목적은 "건축 설계와 관련된 모든 것에 관하여, 절대적으로 정확하고 신뢰할 수 있는 복제된 그림을 건축가에게 제공해주는 것이다. 그래서 건축가이든 아니든 누구라도 굴뚝에서부터 문손잡이까지 주어진 대상을 재생산할 수 있게 하는 것이다"[25] 모든 그림이 분석 작업에 사용되도록 제작된 것은 아니지만, 포트폴리오나 정기간행물에 실린 "도판"은 묶인 책에서 떼어내 분석하거나 따라 그릴 수 있었다. 이런 도판들은 대부분 평면도·단면도·입면도였다. 특히 평면은 보자르 드로잉의 정수였다. 르타루이의 팔라초 파르네제 도판이 잘 보여주듯이, 정투영도는 가장 큰 단일 요소인 건물 전체를 비롯한 모든 건축 요소(고전주의 오더·현관·전실 등)를 명확한 오브제로 제시한다. 오브제 중심의 표상 체계가 포트폴리오의 모든 이미지를 지배한 것은 아니었지만, 포트폴리오의 가장 중요한 표상 방식이었다.

　평면이나 입면에 비하면 투시도는 아카데미 기율에서 그리 중요하지 않았다. 예를 들어, 1930년대 중반까지 매사추세츠 공과대학(이하 MIT) 설계 스튜디오의 프레젠테이션에 투시도가 필수인 경우는 거의 없었다.[26] 실무에서 투시도는 공모전이나 건축주를 위한 프

1.6 팔라초 파르네제의 투시도와
평면. 전체 3권으로 구성되어
있으며 355점의 동판화 도면이
실려 있다. 제2권에는 팔라초
파르네제의 도면 25개를 실었다.
르타루이의 『근대 로마의 건축』,
1825-60

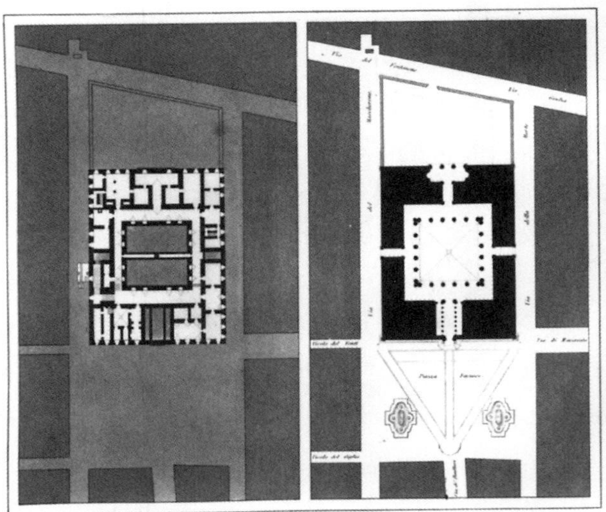

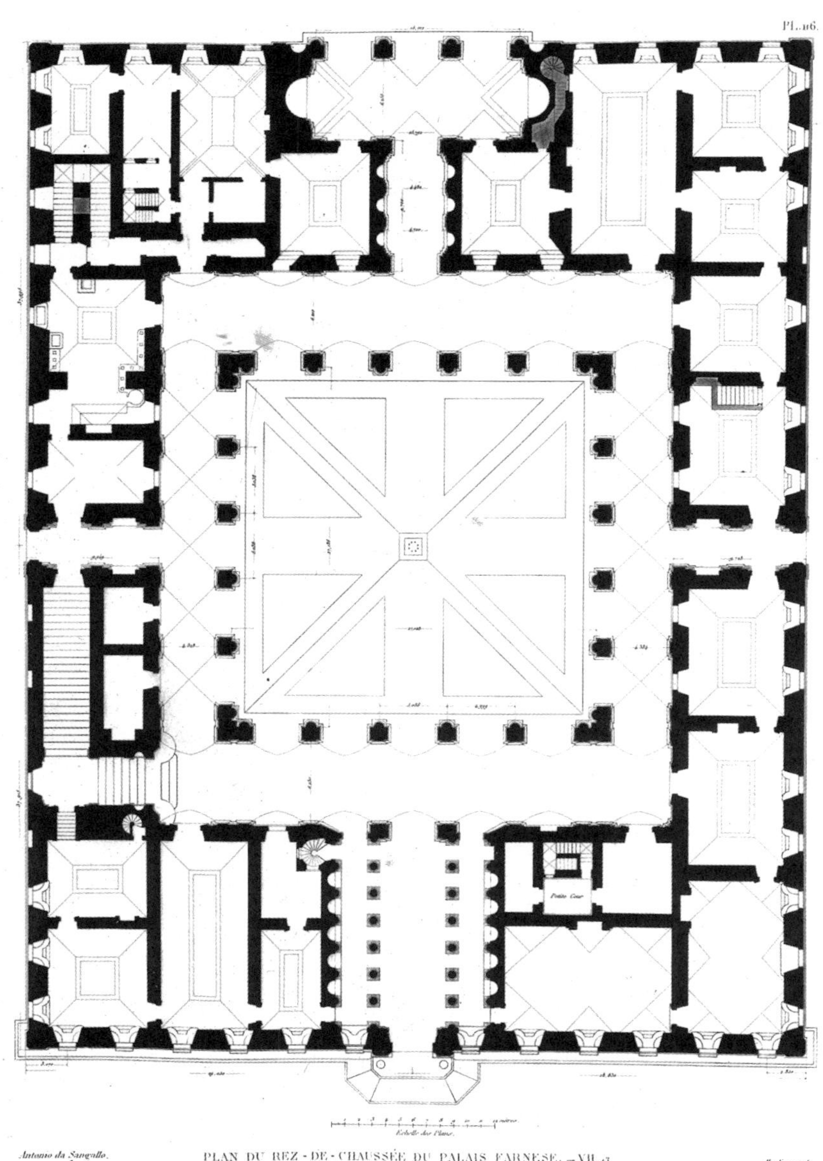

1.7 팔라초 파르네제의 1층 평면,
『근대 로마의 건축』

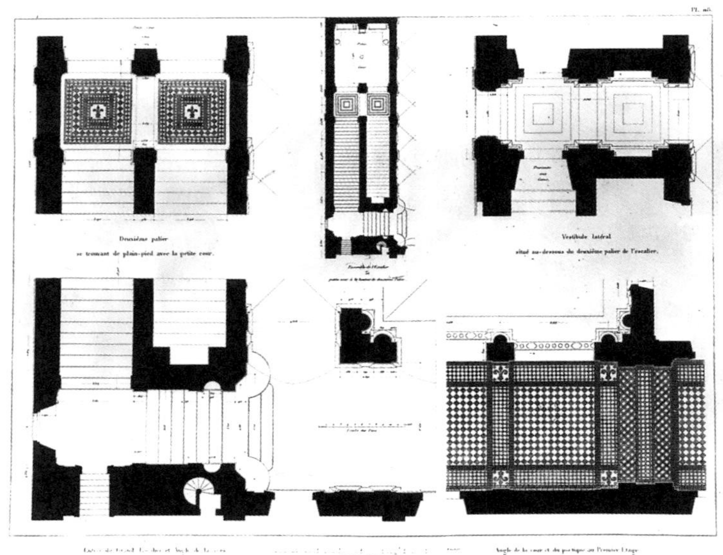

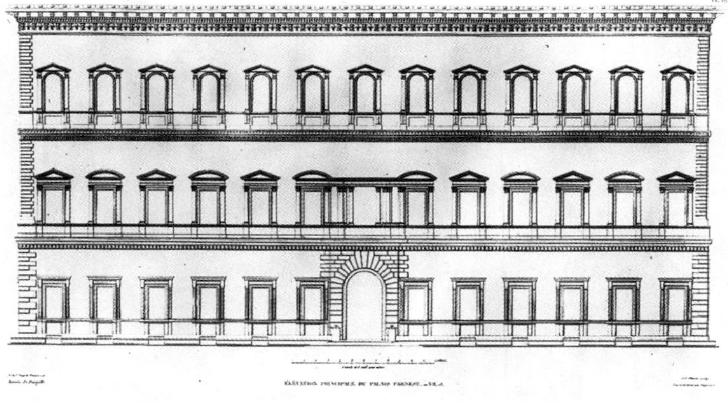

1.8 팔라초 파르네제의 평면 상세,
『근대 로마의 건축』

1.9 팔라초 파르네제의 정면 입면,
『근대 로마의 건축』

레젠테이션 도면으로 중요한 영업 도구로 인식되었다. 대개 제도사들이 그린 투시도는 철저한 훈련을 받은 건축가보다는 일반인에게 더 호소력이 있었다. "투시도로 건축이 만들어진 적도 없고 만들어질 수도 없다"는 시어도어 웰스 피치의 간단한 언명처럼, 투시도의 한계와 위험에 대한 경고는 당시에 무수히 많았다.[27] 보자르 체계에서 투시도는 건축의 기율을 다지는 데 필요한 매체라기보다는 외향적인 담론으로 간주되었다.

이러한 맥락에서 새로 등장한 사진의 역할에 대해 주목할 필요가 있다. 그림과 비교했을 때, 사진은 확실히 더 많은 건축 독자를 확보할 수 있었다. 메리 우즈가 보여주었듯이, H. H. 리처드슨 같이 통찰력이 있는 건축가들은 이미사진의 특별한 힘을 알고 있었다.[28] 그러나 사진이 널리 사용되기 시작한 1880년대 말에는 사진 고유의 성질을 살리기보다는 건축 도면을 흉내내는 데 머물러 있었다. 대상과 정확히 똑같은 이미지를 만드는 것이 사진의 기능이라 전제한다면, 역사적인 의미를 가진 건물의 변하지 않는 속성을 기록하는 사진의 힘에 대해서는 논란의 여지가 없었다. 카메라라는 새로운 기술 도구가 관찰자와 대상 사이의 관계에 영향을 미친다고 생각하지 않았다. 존 러스킨에서 외젠 비올레르뒤크까지 오브제 중심의 재현 양식이 전제되는 한, 측량과 고고학적인 기록의 수고를 덜어주고 정확한 복사를 가능케 한다는 측면에서 사진은 대환영을 받았다.[29] 사진이 측량도의 역할을 하던 시절에 중요한 것은 복제된 이미지의 품질이었다. 이 책의 후반부에서 거론하겠지만 20세기 전반 사진의 기능과 사진에 대한 인식이 급격하게 변한다.

19세기 건축 프로페션의 또 다른 주요 장르는 건축 잡지이다. 19세기 내내 성행했던 건설 관련 잡지와 달리, 고양된 전문가 의식을 추구하는 건축 잡지 발간은 수지타산이 맞지 않았다. 더욱이 조악한 인쇄술과 표절 위험 때문에, 건축가들은 자신의 작품을 새로운 매체에 싣는 것을 꺼렸다. 이런 어려움에도, 1900년 전후 무렵 몇몇 대형 출판사들이 건축 잡지를 창간했다. 미국 북동부 지역에서 발간된 『아메리칸 아키텍트 앤드 빌딩 뉴스』(*American Architect and Building News*, 이하 『*AABN*』으로 표기), 『아키텍추럴 레코드』, 『아키텍추럴 리뷰』(*Architectural Review*), 『브릭빌더』(*Brickbuilder*, 나중에 『아키텍추럴 포럼』[*Architectural Forum*]이 된다)와 중서부 지역에서 발간된 『인랜드 아키텍트』(*Inland Architect*)가 당시 대표적인 잡지들이

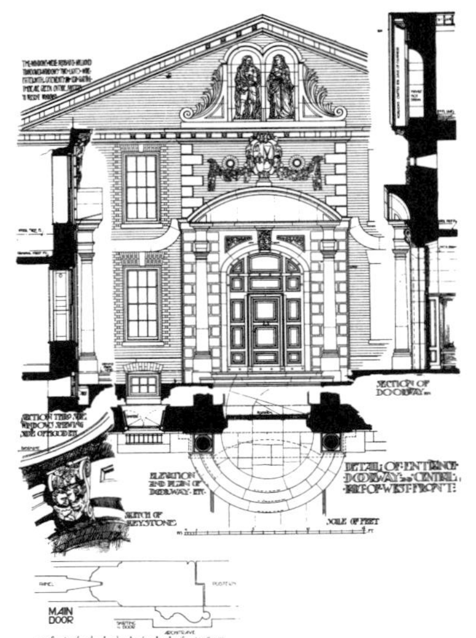

1.10 모든 칼리지 현관 사진 도판. 마빈 매카트니의 『건축 실용 사례』(*The Practical Exemplar of Architecture*), 1907. 사진은 그림 1.11의 입면도와 같은 기능과 재현 방식을 가지고 있다. 이 책의 원본에서는 모든 도판이 낱장으로 떨어져 있었으며, 표지는 도판을 담는 상자로 기능했다.

1.11 모든 칼리지 현관. 치수 도면, 『건축 실용 사례』. 입면·평면·단면·상세가 함께 실려 있다.

다. 이런 잡지들을 통해 건축계는 최근 작품과 이슈를 접할 수 있었다. 이제 미국의 건축 잡지는 건축 프로페션을 공고히 할 수 있는 중요한 매체로 자리 잡기 시작했다.[30] 좋은 포트폴리오를 구하는 것이 무척 어려웠기 때문에, 초창기 잡지의 가장 중요한 기능은 도판을 제공하는 것이었다. 메리 우즈는 『AABN』의 존재 이유가 도판이라고 정확하게 지적했는데, 이는 당시 대부분의 미국 잡지에도 해당되는 이야기다.[31] 예를 들어, 1901년에 창간해 아주 단명했던 『아키텍추럴 리프린트』(*Architectural Reprint*)는 외서들을 편집하여 "제도실에서 특히 유용한 자료들을 모아놓았다".[32] 글 중심이었다는 점에서 예외적이었던 『아키텍추럴 레코드』는 미국 건축계가 인문학을 접하는 데 중요한 역할을 했다. 하지만 이 당시 대부분의 잡지는 시각 담론인 포트폴리오의 구실을 했다.

이러한 잡지들은 이질적인 담론 양식을 섹션별로 분명하게 갈라놓은 포맷을 취했는데, 포트폴리오는 이런 정연한 포맷 안에서 한 섹션을 차지했다. 대체로 각 호에 포트폴리오·본문·광고라는 세 가지 섹션으로 이루어져 있었다. 당시 건축 잡지의 전형적인 구성 방식을 구체적으로 알아보기 위해 『AABN』 1900년 7월 7일자를 살펴보도록 하자. 첫 페이지는 건축계 소식과 연재 여행기로 시작한다. 「프로방스에서의 하루」라는 제목의 여행기에는 본문에 언급된 작은 건물 사진과 스케치가 있다. 포트폴리오는 이런 본문 섹션과 별도로 자리를 잡았다. 경우에 따라서 본문 내용과 아무런 연관 없이 기사 사이에 전면 도판이 삽입되기도 했다. 7월 7일자에는 여행기와 관련해서 아를 지방의 고건축을 주제로 한 포트폴리오가 실렸다. 또 양면에 걸친 "격리 병원"(그림 1.13), "하이드 주택" 사진(그림 1.14)을 비롯한 몇몇 도면과 사진이 본문과 무관하게 실려 있다. 게재된 작품에 대한 설명은 도판에 없고, 본문의 별도 섹션에 있었다. 설명문들은 대개 최소한의 수준이었는데, 이 호의 경우엔 이미 도판 페이지에 기재되어 있었던 건축가와 프로젝트 이름만 언급되었다. 말하자면 도판은 글의 도움 없이, 게재된 건물의 작품성, 그리고 수준 높은 사진과 도면에 의지하여 독자성을 유지했다.

광고는 일반적으로 두 종류의 포맷이 있었다. 광고 대상이 건축 환경의 한 부분으로 등장하는 전면 도판 광고와 업종별 목록 광고로 나뉘었다. 전자가 본문 안에 삽입되었던 반면, 후자는 차례 앞의 첫 쪽이나 7월 7일자처럼 잡지의 맨 끝에 자리했다. 1884년 이래로 『AABN』은 광고업체 목록을 만들면서 광고를 체계적인 별도 섹션으로 편성했다. 『아키텍추럴 레코드』의 경우엔 소유주인 도지 사의

1.12 1900년 7월 7일자
『AABN』의 본문 시작 페이지

1.13 양면에 실린 "격리 병원"
도면.『AABN』1900년 7월 7일자

1.14 "하이드 주택" 사진 도판.
『AABN』1900년 7월 7일자

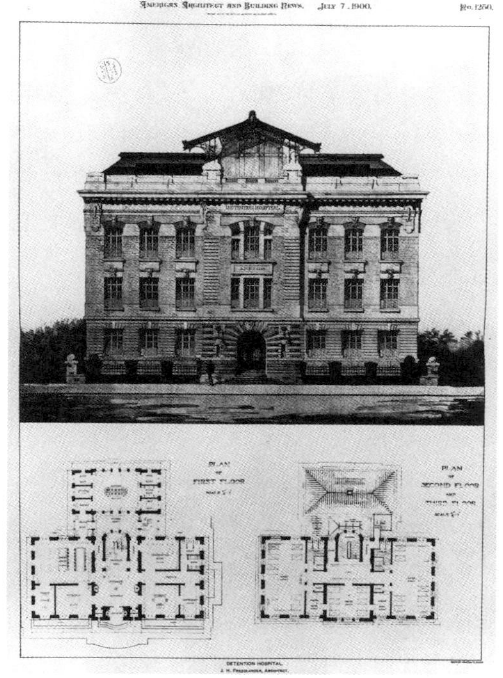

처음 의도대로 광고와 업체 소개를 하지 않았다. 대신 같은 도지 사에서 발행하는 『스위트 건설 카탈로그 일람』에 업체를 소개함으로써 『아키텍추럴 레코드』는 고상한 목표를 자유롭게 추구할 수 있었다.[33] 1920년대 말 이전 『AABN』과 『아키텍추럴 레코드』뿐만 아니라 거의 모든 건축 잡지의 광고는 본문과 따로 떨어져 별도의 섹션을 가졌다. 이 당시 건축 잡지는 포트폴리오·본문·광고가 각각 분리된 포맷으로 구성되었다.

물론 건축 잡지의 부상을 단지 전통적인 포트폴리오의 연장선상에서만 봐서는 안 된다. "그래픽과 사진을 무기로, 건축 잡지는 건축을 소비의 대상으로 바꾸어놓았다"[34]라는 베아트리스 콜로미나의 해석에 기본적으로 동의할 수 있을 것이다. 하지만 19세기 건축 잡

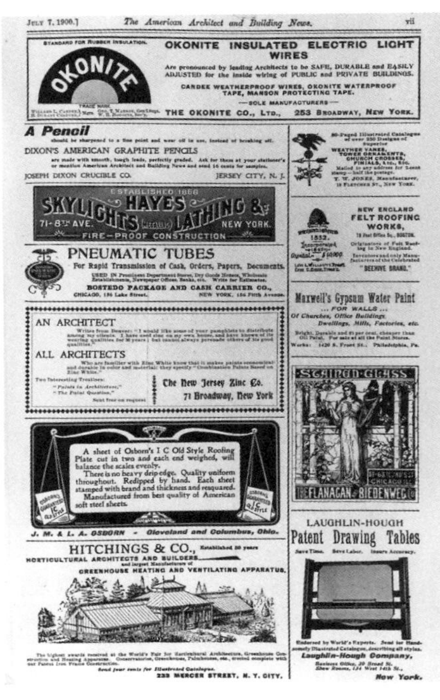

<table>
<tr><td>

1.15 "베네치아풍 롤 블라인드" 광고. 『AABN』 1878년 7월 20일자

</td><td>

1.16 업종별 목록 형식의 광고면, 『AABN』 1900년 7월 7일자 국제판

</td></tr>
</table>

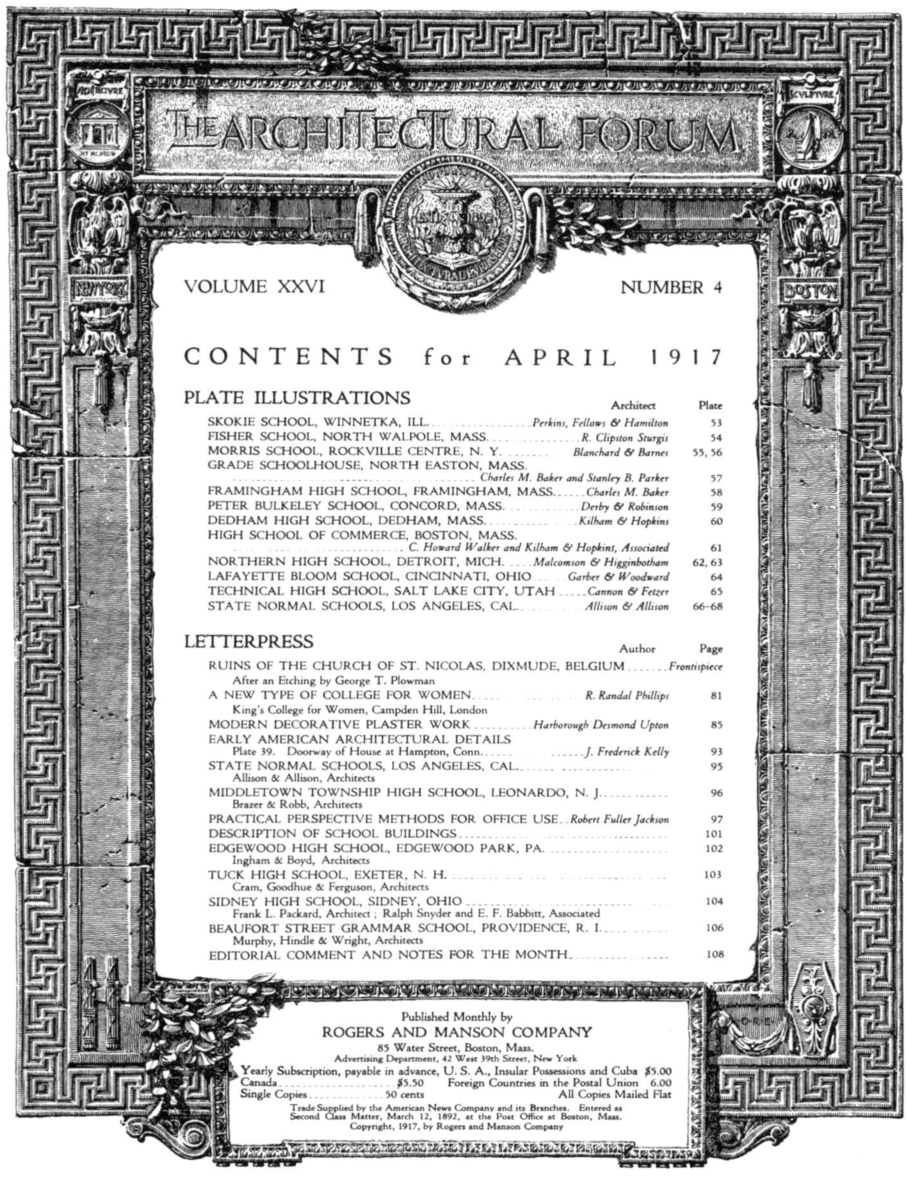

1.17 『아키텍추럴 포럼』 1917년
4월호의 차례. 도판과 본문의
명확한 구분을 보여준다.

지의 이중적인 성격을 잊어서는 안 된다. 이미지의 전파 속도를 가속시킨 새로운 테크놀로지들은 상업화를 주도하는 동시에 건축 전문 영역을 다지는 수단이기도 했다. 건축 잡지가 19세기 상업시장의 팽창과 불가분의 관계를 가졌지만, 이를 통해 상품화를 거부했던 건축의 프로페션과 기율을 공고히 다졌다. 잡지가 등장하기 전에는 건축 담론의 배분과 접근을 제어하는 장치가 없었고, 이 때문에 지식과 이해관계를 공유하는 커뮤니티를 형성하기가 쉽지 않았다. 미국에서 제대로 교육과 훈련을 받은 소수의 건축가들은 공통의 기율을 형성하기 위해서 건축 잡지가 반드시 필요하다고 믿었다. 리처드슨의 『뉴욕 스케치북 오브 아키텍처』의 편집자였던 찰스 폴런 매킴은 "동료 전문가들"에게 "자신들의 특별한 세계에서 무슨일이 일어나는지 정보를 공유하는 수단"이라고 이 잡지를 정의한 바 있다.[35] 당시 대부분의 건축가들은 이 말에 동의했을 것이다. 동시에 이들의 특별한 세계 외에 여러 다른 세계가 함께 공존하고 있었다. 건축이 전문 분야로 인정받기 위해 건축 밖의 세계와 경쟁해야만 했다는 것을 잊어서는 안 된다.

다양한 담론이 경쟁하는 복잡한 세계에서, 아카데믹 프로페션의 자율성을 담보하는 가장 중요한 매체는 포트폴리오였다. 건설 현장에서는 청사진과 매뉴얼이 중심에 있었지만 좀 더 폐쇄된 아틀리에와 도서관에는 포트폴리오가 자리 잡고 있었다. 오늘날의 디지털 스튜디오에서도 19세기 아틀리에의 정신을 여전히 감지할 수 있겠지만, 건축 도서관에 많은 변화가 있었다는 것을 이해해야 한다. 당시 건축 교육을 제대로 하기 위해서는 포트폴리오·이론서·잡지들을 완벽하게 구비한 건축 도서관을 갖추어야만 했다. 1900년 전후 컬럼비아 대학교의 건축 교육에 관한 다음 설명에서 볼 수 있듯이, 포트폴리오는 아틀리에와 도서관, 다시 말해서 디자인과 책을 끈끈하게 이어주는 연결고리였다.

> 프리핸드 수업을 하면서 트레이싱·모사·분석·디자인에 몰입하게 되는데, 이것은 건축 역사 공부와 함께 하는 것이다. 이 작업은 햄린 교수가 지도하는 장식 수업과 병행해서 4년 내내 이어진다. 여기에 완전히 몰두하는 것, 그리고 그렇게 할 수 있도록 장대한 도서관의 장서가 구비되어 있다는 점을 학교의 특징으로 꼽을 수 있다. 제도가 건축의 신전에 들어가는 문이라면, 역사 연구를 위한 도서관은 신전 내부의 성소나 지성소일 것이다.[36]

그림 1.18과 1.19는 아틀리에와 도서관이 19세기 아카데미 교육의 실현 현장으로써 서로 긴밀히 연결되어 있는 모습을 보여준다. 19세기에는 "기념비가 과거를 기억하게 해주고 미래를 연상할 수 있게 해주었다. 기념비는 건축적 의미의 역사적인 연속성이 만들어낸 사물"이라는 명제를 상기하자.[37] 포트폴리오는 옛 기념비의 저장고이자 도판을 따라 생성될 새로운 디자인의 원천이었다. 포트폴리오는 역사의 연속성을 재생산했다.

대부분의 건축 그림처럼, 포트폴리오는 그 자체가 예술 작품이 아니라 하나의 표기(notation) 형식이다. 다시 말해, 포트폴리오는 음악 악보처럼 다른 매체로 그 내용을 "실현"시키기 위한 것이다. 재현 방식을 자필 형식과 대필 형식으로 구분한 넬슨 굿맨의 기준을 따르면, 포트폴리오는 분명 후자의 성격을 띤다.[38] 그러나 시공 도면과 달리, 포트폴리오는 특별한 지위를 갖고 있다. 계약서와 시방서

1.18 MIT 피어스 빌딩의 건축
도서관, 19세기 말

1.19 MIT 피어스 빌딩의 아틀리에,
19세기 말. 각 아틀리에에서
도서관으로 바로 갈 수 있다.

같은 실무 문서는 건설 산업의 재현 방식을 공유함으로써 작동하지만, 포트폴리오는 건축 분야 밖으로 전이되는 담론이 아니다. 포트폴리오는 건축계 안에서만 순환하는 생산적인 담론 매체다. 따라서 건축 전시회는 "대중에게 호소하거나 대중을 위한 것이 아니라 건축가 자신을 위한 것"[39]이라는 폴 필립 크레의 말이 전혀 이상할 것이 없다. 다음 장에서 더 자세하게 다루겠지만, 포트폴리오는 자기참조적이면서도 생산적인 재현 체계를 갖추고 있었다. 브뤼노 라투르의 표현을 빌리면, "변하지 않는 유동체"(immutable mobile)인 셈이다.[40] 즉, 실용적인 규범으로서 오브제가 갖고 있는 힘을 잃지 않고 건축적 대상을 파리에서 뉴욕으로 옮길 수 있는 것이 바로 포트폴리오다. 적어도 몇십 년 동안, 건축의 자율적이고 내적인 역사가 포트폴리오의 근대적인 재생산 시스템에 의해 강화되었다.

2

포트폴리오와 아카데미

책과 선례에 의지하지 않는 자율·용기·생각의 힘. 시험장 안에서 스케치가 의미하는 것들이다. 바로 에콜 체제의 근간을 이루는 주춧돌이다. 한 사람 한 사람 고유의 품성 안에 살아 있는 이런 지식과 기예는 독립심과 상상력을 발휘할 수 있는 능력을 키워 낸다. …… 그리고 세심함과 끈기를 살펴보라. 개념의 유기적 성격에 대한 고집 말이다. 이것은 단지 외관의 문제가 아니다. 즉, 정신의 여성적인 속성이 많으냐 적으냐에 따라 아름다움을 판단하는 피상적인 문제가 아니다. 이러한 성질은 단지 겉으로 드러나는 아름다움일 뿐이다. 이것은 살과 피에 관한 질문이다. 건축 작품 속에 지속하는 실체와 살아 있는 흐름에 관한 것이다. 구조 자체에 내속한 아름다움이다. 모든 위대한 작품을 위대하게 만들며, 부분이 전체와 조화와 통일을 이루게 하는 품격에 관한 물음이다. 평면·단면·입면은 무엇인가? 이들은 사물 자체에 대한 기술적 상징일 뿐이다. 이들에 의해 사물이 윤곽으로 드러나고, 조화롭고 논리적이며 올바르게 보인다. 이것이 학교에서 끊임없이 가르치려고 하는 것이며, 오늘날 그리고 현재보다 과거에 많은 건축가들이 잊어버리고 심지어 부정하는 것이다.

존 갤런 하워드, 「에콜데보자르의 설계 정신」,
『아키텍추럴 리뷰』, 1898

보기·읽기·그리기: 포트폴리오 담론의 실천 양식

19세기 말과 20세기 초의 미국 건축가들은 에콜데보자르를 명문 학교라고 생각했을 뿐만 아니라, 특정한 건축 설계의 방법과 철학을 대변한다고 생각했다. 에콜데보자르는 화려한 역사주의와 정교한 표현 기법으로 널리 알려져 있지만, 특히 19세기 중반 이후에는 근대 건축의 복잡한 프로그램을 통일된 설계안으로 꿰어낼 수 있도록 학생들을 훈련시키는 것을 교육 목표로 삼았다. 점차 많은 미국의 유학생들이 "근대 프랑스의 방법"을 배우기 위해 파리로 갔으며, 돌아와서는 보자르 체계의 근본적인 교훈, 즉 건축 설계의 기율을 적용하고 확산시키는 데 열성이었다. 복잡한 보자르의 교육·이론·실천 체계를 이해하려면 그 두 가지 핵심적인 방법론인 아날리티크(ana-lytique)와 에스키스(esquisse)를 반드시 파악해야 한다. 아날리티크는 건축의 기본 요소를 다루는 정형화된 설계 과제로 모든 설계 교육의 기초가 된다. 문·발코니·로지아 같은 건축의 부분이나, 작은 파빌리온이나 의례용 아치와 같이 완결된 구조물을 대상으로 상대적으로 작은 건축 요소를 디자인하는 훈련이다. 보자르 체계에서 양식은 아날리티크의 문제였다. 즉, 건축 요소의 문제이며 이 요소를 통합된 설계안 속에 적절히 배치(disposition)하는 문제인 것이다. 뒤랑의 『건축 강의록』(*Précis des leçons d'architecture*)에서 보듯이, 19세기에 이르면 건축을 더 이상 양식의 잣대로 평가하지 않았다. 동시에, 오랫동안 미국에서 고전 건축에 관한 교과서였던 뒤랑의 『고대와 근대, 모든 종류의 건축 사례』(일명 "위대한 뒤랑")나 윌리엄 로버트 웨어의 『아메리칸 비뇰라』(*American Vignola*)를 얼핏 보기만 해도 양식이 여전히 건축 기율의 기초였다는 사실을 알 수 있다.[1] 고전 오

2.1 예콜데보자르 학생 시절에
그린 데지레 데프라델르의 현관
아날리티크, 1885

더를 요약한 『아메리칸 비뇰라』의 도판을 보면 오더의 비례와 모듈을 조율하는 능력이 스케일이 크든 작든 모든 디자인에서 핵심이었음을 알 수 있다.

아날리티크가 부분의 문제라면, 에스키스는 전체를 다루었다. 전체 디자인을 일컫는 콤포지션(composition)은 보자르 체계의 또 다른 핵심 개념으로 아날리티크의 대위선율로 간주될 수 있다.[2] 더욱이 에스키스야말로 전체 건축 구도를 관장하는 기율을 대표한다고 할 수 있다. 에스키스를 통해서 학생들은 아날리티크나 스케일이 더 큰 클래스 B와 A 과제의 "파르티"를 재빨리 그리는 훈련을 받았다. 파르티(parti)라는 용어는 '편을 들다, 결정하다'를 뜻하는 프랑스 숙어 'prendre parti'에서 나왔다. "파르티를 잘 '찾았다'(trouvé)"는 말은 전체를 잘 통합시킨 설계안을 칭찬하는 표현이다. 간단히 말해 에스키스는 설계 과제의 해법을 찾는 결정적인 행위다. 이 장 서두에 언급한 존 갤런 하워드의 말을 반복하자면, 에스키스는 "에콜 체계의 근간이 되는 주춧돌"이다. 참고 자료, 교수, 다른 학생들과 철저하게 차단된 채 짧은 시간 안에 홀로 완성해야 하는 에스키스는 보자르 교육에서 가장 어려운 훈련이었다. 게다가 더 큰 프로젝트의 경

2.2 "오더 비교", 고전 오더의 비례 규칙을 요약한 도판. 윌리엄 로버트 웨어, 『아메리칸 비뇰라』, 1904년 4판

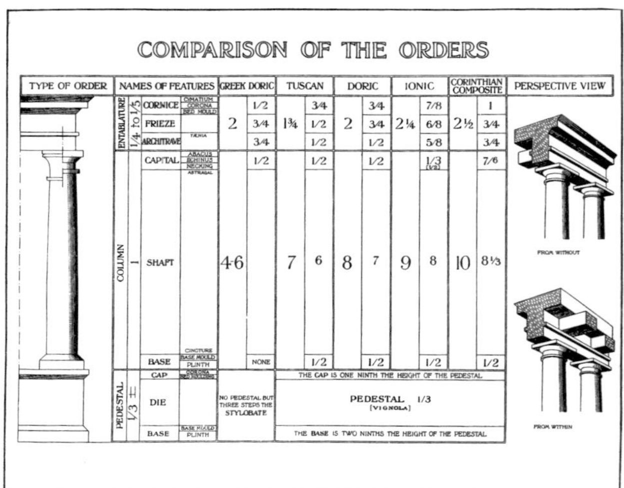

TYPE OF ORDER	NAMES OF FEATURES			GREEK DORIC	TUSCAN		DORIC		IONIC		CORINTHIAN COMPOSITE		PERSPECTIVE VIEW
	ENTABLATURE 1/4 to 1/5	CORNICE	CYMATIUM CORONA BED MOULD	2		1/2		3/4		3/4		7/8		1
		FRIEZE			1¾	3/4	2	1/2	2¼	3/4	2½	6/8		3/4
		ARCHITRAVE	TÆNIA			3/4		1/2		1/2		5/8		3/4
	COLUMN 1	CAPITAL	ABACUS ECHINUS NECKING ASTRAGAL			1/2		1/2		1/2		1/3 (1/2)		7/6
		SHAFT		4·6	7	6	8	7	9	8	10	8⅓		FROM WITHOUT
		BASE	CINCTURE BASE MOULD PLINTH	NONE		1/2		1/2		1/2		1/2		
	PEDESTAL 1/3	CAP	CORONA BED MOULDING		THE CAP IS ONE NINTH THE HEIGHT OF THE PEDESTAL									
		DIE		NO PEDESTAL BUT THREE STEPS THE STYLOBATE	PEDESTAL 1/3 [VIGNOLA]									FROM WITHIN
		BASE	BASE MOULD PLINTH		THE BASE IS TWO NINTHS THE HEIGHT OF THE PEDESTAL									

우, 첫 파르티를 프로그램의 요구 조건에 맞는 구체적인 설계안으로 발전시키면서, 처음 그렸던 스케치에서 벗어나면 안 된다. 프랑스식 콩쿠르(concours) 체제에서, 첫 스케치에서 벗어나면 "콩쿠르 탈락"(hors de concours)일 뿐 아니라, 상급 과정으로 진급하지 못한다. 콩쿠르에 제출할 수 있는 에스키스를 만드는 것 자체도 어려웠으며 상세한 설계안으로 완성할 수 있는 에스키스를 만드는 것은 상당한 실력이 필요했다. 대부분의 미국 건축 학교들은 콩쿠르 제도보다는 학위를 위한 학점 취득 방식으로 고정된 설계 교과 과정 프로그램을 운영했지만, 첫 에스키스에 몰두하는 기율은 이 틀 안에서 유지했다. 정규 설계 교과 과정에 경쟁 체제가 미비한 점을 보완하기 위해, 대부분의 학교는 에콜의 콩쿠르와 밀접하게 연결된 보자르 디자인 인스티튜트(Beaux-Arts Institute of Design)가 후원하는 공모전에 참여했다.[3]

에스키스의 논리는 설계 업무에서도 아주 중요했다. 아래에 소개된 스탠퍼드 화이트의 입장처럼 위계적으로 조직된 건축 사무실에서도 에스키스는 설계 작업의 토대였다.

화이트의 설계안은 직감적으로 떠올랐다. 그는 선례나 공식에 얽매이지 않았다. 제도사들에게 지시할 때, 화이트는 말 대신 연필로 자기의 생각을 전달했다. 때로 몇 미터에 달하는 트레이싱지 위에 진행 중인 프로젝트의 여러 대안을 그리곤 했다. 그러다가 가장 마음에 드는 두어 개만 남긴 뒤 이를 제도사에게 "무언가를 하라"며 넘겼다. 화이트는 이 "무언가"를 한눈에 버리거나 (쓸 만한 경우에) 나중에 더 연구할 거리로 사용했다.[4]

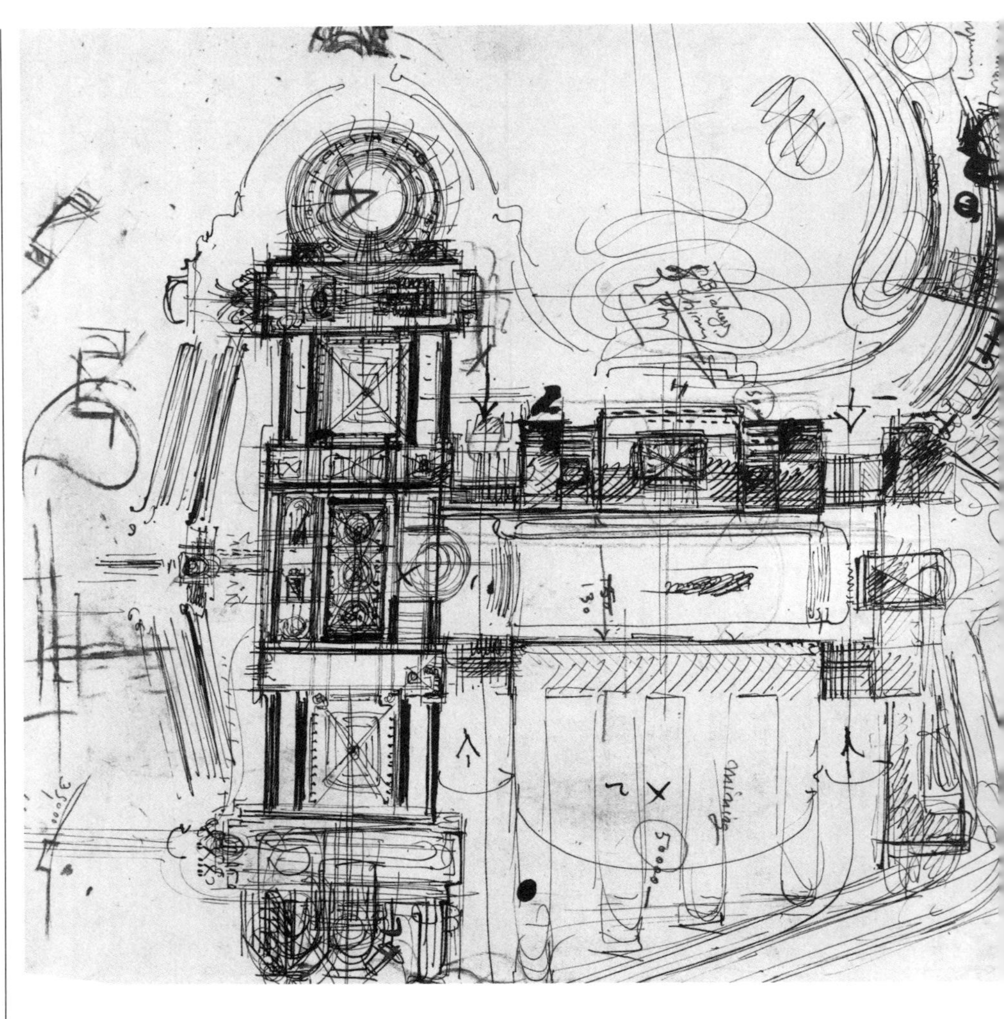

2.3 데지레 데프라델르의 MIT
새 캠퍼스 평면 배치 에스키스,
1911년경

파르티를 빠른 스케치로 그리는 스탠퍼드 화이트의 능력과 권한이야말로 그의 거친 구상안을 받아 단순히 그리기만 하는 부하 직원들과 구별되는 점이었다. 파르티의 위상을 보여주는 또 다른 사례를 보자. 역사가 몽고메리 스카일러는 "편리함뿐만 아니라 위엄과 감동의 견지에서 '파르티' 또는 레이아웃을 생산했다"는 점에서 조지 포스트가 건축가의 역할을 충실히 수행하고 있다고 말한 바 있다. 스카일러의 입장에서 건축가는 본질적으로 파르티의 기율에 의해 규정되었다. "당신이 그를 뭐라고 부르든 파르티를 만드는 사람이 건축가다. 설령 그가 모든 건물을 거친 상태로 놔두더라도 말이다."[5]

아날리티크와 에스키스를 기반으로 모든 부분들이 조화롭게 통일된 전체로서 건축이 인식될 수 있었다. A. D. F. 햄린이 간결하게 정리했듯이 "건물을 예술적 통일체로 …… 평면·구성·디테일에서 예술적으로 설계된 대상으로 생각"한다는 점이 보자르 교육의 정수였다.[6] 즉, 요소는 전체의 한 부분이며 전체는 다시 요소가 될 수 있다는 것이다. 마르코 프라스카리가 제시한 예를 들어본다면 "기둥은 부분일 뿐만 아니라 더 큰 전체이다. 원형의 고전 신전은 그 자체가 하나의 전체이지만 돔 위에 있는 랜턴으로 쓰일 때는 전체의 한 부분기 된다".[7] 보자르 시스템에서 새로운 설계안은 기존의 상황과 조화를 이룬 한 부분으로 인식되었다. 이를테면 아날리티크와 같이 콤포지션의 한 요소일 수 있고, 더 개념적인 예로 건축 유형이나 도시 조직의 한 부분일 수 있는 것이다. 아날리티크는 전체의 한 부분이기도 하지만 전체의 축소판이기도 하다. 즉, 아날리티크는 지속되어온 고전주의의 모사적(mimesis) 전통에 뿌리를 둔 유비적 체계의 한 모습이었다.

포트폴리오의 기능을 모사적 체계 안에서 이해해야만 하는 이유는 바로 여기에 있다. 앞서 말했듯이 보자르 교육은 평면·입면·단면 등 포트폴리오의 건축 그림을 다루는 엄격한 훈련으로 이루어졌다. 파리의 줄리앙 구아데 아틀리에의 견습생이었던 데이비드 배런이 1916년에 펴낸 『건축 설계 표시』(Indication in Architectural Design)를 보면 설계 과정에서 포트폴리오가 사용되었던 방법을 잘 알 수 있다. 이 책의 주요 개념인 표시(indication)는 "눈과 마음을 훈련"하는 데 필요한 그래픽과 시각 기술을 의미한다.[8] 테크닉으로 말한다면, 표시는 기둥·문·큰 건물의 평면 등 다양한 대상을 여러 단계로 추상화해 그리는 기술을 말한다. 간단한 선에서 시작해 자세한 건축물로 나아가는 형상화(figuration) 능력, 그리고 이와 보완적인 관계에서 마음속에 있는 생각을 간단한 선으로 표현하는 추상화(abstraction) 능력을 기르는 것이 아카데미 교수법의 핵심이었다. 드로잉이 아카데미 기율에서 불변의 정수였으며, 표시는 정적으로 대상을 다시 그리는 것이 아니라 형태를 바꾸고 고치는 메커니즘이었다. 이 때문에 사실은 드로잉 매뉴얼이었지만 배런의 책을 "실용적인 건축 이론서"[9]라고 부른 당대의 서평을 충분히 이해할 수 있다. 바꾸어 말하면, 표시는 단순히 그림을 그리는 테크닉이 아니라 보자르식 건축 창작 논리의 기저에 깔려 있는 보고 읽고 그리는 과정이었다. 표시라는 말에는 무엇인가 숨어 있고 한눈에 보이지 않는 것을 드러내는 행위로서의 드로잉이란 뜻이 포함되어 있다. 효과적인 드로잉은 기본적인 생각(파르티)을 드러내면서, 동시에 단면·입면과 디테일로 발전해갈 수 있도록 해준다. 도판 위에 트레이싱지를 펼치고 밑에 있는 평면의 선을 따라가는 것은 단순히 베끼는, 보자르식 속어로 "크리빙"(cribbing) 행위가 아니라, 도면에 이미 아로새겨져 있는 많은 선들을 추적하는 일이다.

2.4 "여신주상의 9단계 표시",
데이비드 배런,『건축 설계 표시』,
1916

2.5 아날리티크의 진행에 따른
표시의 단계. 어니스트 피커링,
『건축 설계』(*Architectural Design*),
1933

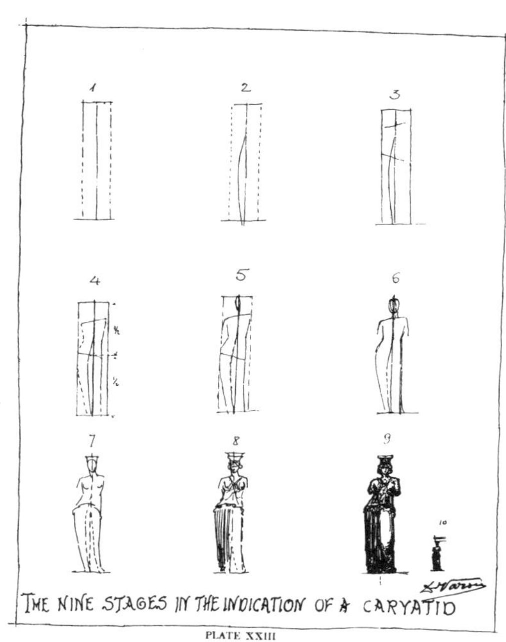

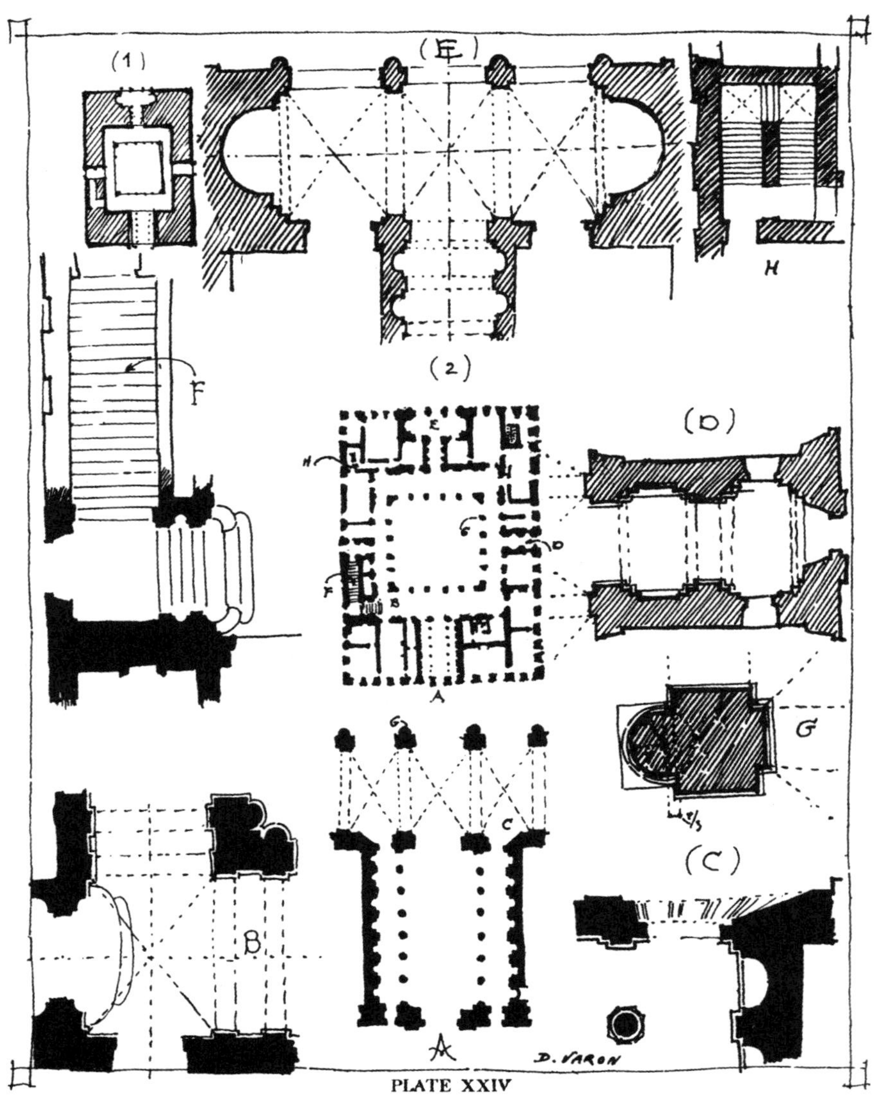

2.6 팔라초 파르네제의 분석 연구,
『건축 설계 표시』. 그림 1.6-1.8과
비교해보라.

배런의 이 책에서 팔라초 파르네제를 어떻게 분석하는지를 살펴
보면 이러한 추적 과정을 보다 정확히 알 수 있다. 배런이 르타루이
가 세세하게 그린 팔라초 평면(그림 1.6-1.8)을 사용하는 모습을 함
께 상상해보자.

당연히 평면에서 시작해야 한다. 매스들의 구성과 관계를 제
대로 파악하려면 학생은 사소한 디테일을 무시해야 한다. 참
조하고 있는 평면이 아무리 정교하더라도, 첫 번째 스케치는
그림 1, 도판 XXIV(이 책에서는 그림 2.6)과 같아야 한다. 블
록형 평면이라 부르는 이 그림에서 중정과 동선 부분은 하얗
게 비어 있고 나머지는 빗금이 쳐 있다. 학생은 건물의 후면이
측면보다 깊고, 전실도 마찬가지로 측면보다 후면에서 더 크
다는 사실을 볼 것이다. 적어도 부분과 부분, 부분과 전체에
관한 한 평면을 쉽게 읽을 수 있을 것이다. 학생은 평면 구성
에서 가장 중요한 부분인 장대한 입구(리셉션 홀과 갤러리가
있는)가 위치한 앞쪽 날개 부분의 깊이를 주시해야 한다. 반
면, 측면은 상대적으로 중요하지 않은 기능이 배치되어 있다.
양쪽 측면에 있는 동선의 폭이 방의 깊이에 맞추어 적절한 비
례를 이루고 있다는 점을 주목하자.[10]

이 구절에서 배런이 학생들에게 요구하는 것은 파르네제의 평면을
자세히 들여다보고 그 기본 파르티를 재구성하라는 것이다. 학생들
은 첫 번째 스케치에서 평면의 기본 윤곽, 동선 체계와 내외부 공간
의 배분을 읽고 그려야 한다. 심지어 파르티가 평면의 주요 부분에
서 기둥의 상대적인 크기까지 보여주고 있다. 배런은 이제 "분석적

인(analytical) 학생"에게 똑같은 평면을 꼼꼼히 들여다보라고 지시
한다.

> 1층이 가장 중요한데, 여전히 작은 스케일로 스케치를 한다.
> 여기서 학생은 기본적인 구성 요소를 지시하는 것 이상을 할
> 수는 없다. 하지만 학생이 익힌 섬세한 감각 때문에, 그림이
> 단순하고 스케일이 작더라도 평면의 생각을 온전히 전할 수
> 있다. 예컨대, 중정의 벽기둥은 점으로 표시되어 있지만 전실
> 의 기둥보다는 육중하다는 것을 알 수 있다. 이 재미있는 벽기
> 둥에 흥미를 갖게 된 학생은 그림 G처럼 자세한 평면을 그린
> 다. 이렇게 디테일을 만드는 과정은 관심 있는 모든 부분에 똑
> 같이 적용된다.[11]

다음 단계는 파르티와의 관계 속에서 요소들을 읽는 것이며 궁극적
으로 평면과 디테일을 통해 3차원 매스와 공간을 시각화하는 것이
다. 디테일로 관심을 옮겨 가면서, 계속 르타루이의 평면 요소 도판
(그림 1.8)을 참조한다. 배런이 제작한 도판 A–F에서 볼 수 있듯이,
장식과 벽체를 구분하지 않고 오더와 벽기둥에 빗금을 치거나 음영
을 준다. 구조와 장식을 구분하지 않으며, 표면이 피복이든 구조체
의 일부이든 상관이 없다. 마르코 프라스카리가 지적한 대로, "아날
리티크가 디테일을 시각적으로 분석한 것이라면, 건축의 디테일이
어떻게 구축되는지를 보여주는 시공 도면이 필요 없게 된 시점에 아
날리티크가 발전하기 시작했다"[12] 벽과 벽체 장식이 만드는 공간
(poché)은 구축된 물체(tectonic entity)가 아니라 시각적 인식 형태
(gestalt), 즉 단면을 통해 눈으로 보는 매스로 취급되었다.

예를 들어, 반기둥 단면 G를 보자. 오더의 윤곽선이 분명하게 표현되었을 뿐만 아니라 벽체 안으로 연장된 가상의 원통형 매스의 지름도 표시되어 있다. 이 구조체가 실제로 이렇게 지어지지는 않지만, 이런 방식으로 시각화되어야 하는 것이다. 입체 기하학의 원리에 따라 오더의 단면 윤곽선을 연장하면 내부 중정의 높이·입면·공간의 성격이 시각적으로 연상될 수 있다. 건축가들은 눈으로 평면을 세워 올리고 단면을 밀어넣을 수 있어야 하며 이를 통해 공간과 움직임의 윤곽을 결정할 수 있어야 한다. 존 갤런 하워드의 지적대로, 잘 훈련된 학생은 "무엇보다 사물을 입체적으로 볼 줄 안다. 말하자면, 종이에 그린 납작한 그림으로 보는 것이 아니라 객관적인 입체로 볼 수 있어야 한다."[13] 평면·단면·입면과 지붕 구조까지 한눈에 볼 수 있는 슈아지의 앙시도(worm's-eye view)는 시각적인 원리와 구축적인 원리를 동시에 보여주는 도면이다. 『건축사』에 실린 이 그림들은 입체 기하학의 원리를 바탕으로 수직 수평으로 시각을 연장시키는 도법을 보여준다.[14] 그러므로 보자르 체계에서는, 기하학적 매스와 보이드가 시각적인 대상으로 다루어진다. 비난하는 말이 될 수도 있고, 칭찬하는 말이 될 수도 있었지만 에콜데보자르 학생들은 "눈으로 계획하는 법을 배웠다"는 표현을 자주 썼다.[15]

건축가의 시선에 포착된 선들은 "앙상하고 가치 없는" 기하학적 형상이 아니다. 여기에는 관습에 기반을 둔 장식이 깊이 농축되어 있다. 다시 말해 이런 건축 그림들의 선에는, 특히 평면도와 단면도에는 건축의 역사를 통해 쌓인 깊이가 내재해 있다. 즉, 건물의 성품에 대한 해석, 정형화된 건축 과제에 대한 모범적인 설계안, 그리고 고전주의 규범 안에 선의 여러 변형안들이 담겨 있다. 더욱이 평면은 구조·공간·입면 등 프로젝트의 여러 양상과 연결된다. 구아데에 따

2.7 생트 준비에브 교회
엑소노메트릭. 슈아지의『건축사』
(*Histoire de l'architecture*) 2권,
1889

2.8 데지레 데프라델르의
캘리포니아 버클리 대학교 강당
평면, 피비 허스트 공모전,
1899년경

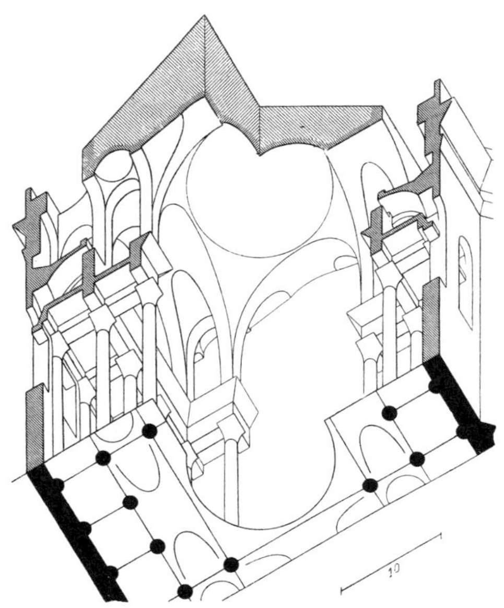

르면, 평면은 책이나 악보를 읽듯이 읽어야 한다. "그렇다. 아름다운 평면이 있고 나는 이것이 적절한 표현이라고 생각한다. 우리가 그 책을 읽기 때문에 좋은 책이 좋다. 그리고 악보가 그것이 담고 있는 음악 때문에 좋은 것이지 아라베스크 같은 모양 때문에 좋은 게 아니다. 평면도 마찬가지다."[16] 좋은 평면에는 앙투라주(entourage: 건축물 주변을 표현하는 기법), 벽 장식, 모자이크(mosaique) 같은 데생 테크닉으로 표현되는 투명함과 깊이가 있다. 이 그래픽 코드는 건축의 독자들이 평면을 읽을 수 있게 해준다. 평면을 악보에 비유한 구아데를 이어받아, 스튜어트 바니는 보자르 평면을 다음과 같이 평가했다.

> 프랑스식 가르침에 따르면, 평면은 상징적 표징의 조합으로 이루어져 있다. 음영·톤·명암 등의 규칙에 따라 그리면 오케스트라 지휘자들이 악보를 보듯 심사위원들은 평면을 완벽하게 이해한다. 평면은 심사위원과 학생 간의 완벽한 의사소통 수단이 된다. 평면의 예술을 통달하면, 학생은 심사위원들에게 즐거움·슬픔·빛·분위기가 있다는 것을, 또는 없다는 것을, 그리고 아름다운 경치나 울창한 숲을 전할 수 있다.[17]

음영·톤·명암 같은 농밀한 시각적 규칙이 없다면, 1920년대에 르 코르뷔지에나 미스 반 데어 로에가 보여준 것처럼, 평면이 입체가 되기 위한 다른 종류의 변수가 작용해야 한다.

보자르식 설계는 이런 분석적 비전을 수반할 뿐만 아니라 설계 자체도 농밀한 선과 문양을 따라 진행된다. 어느 보자르 건축가가 중앙에 큰 로툰다가 있는 프로젝트를 설계한다고 상상해보자. 카라칼

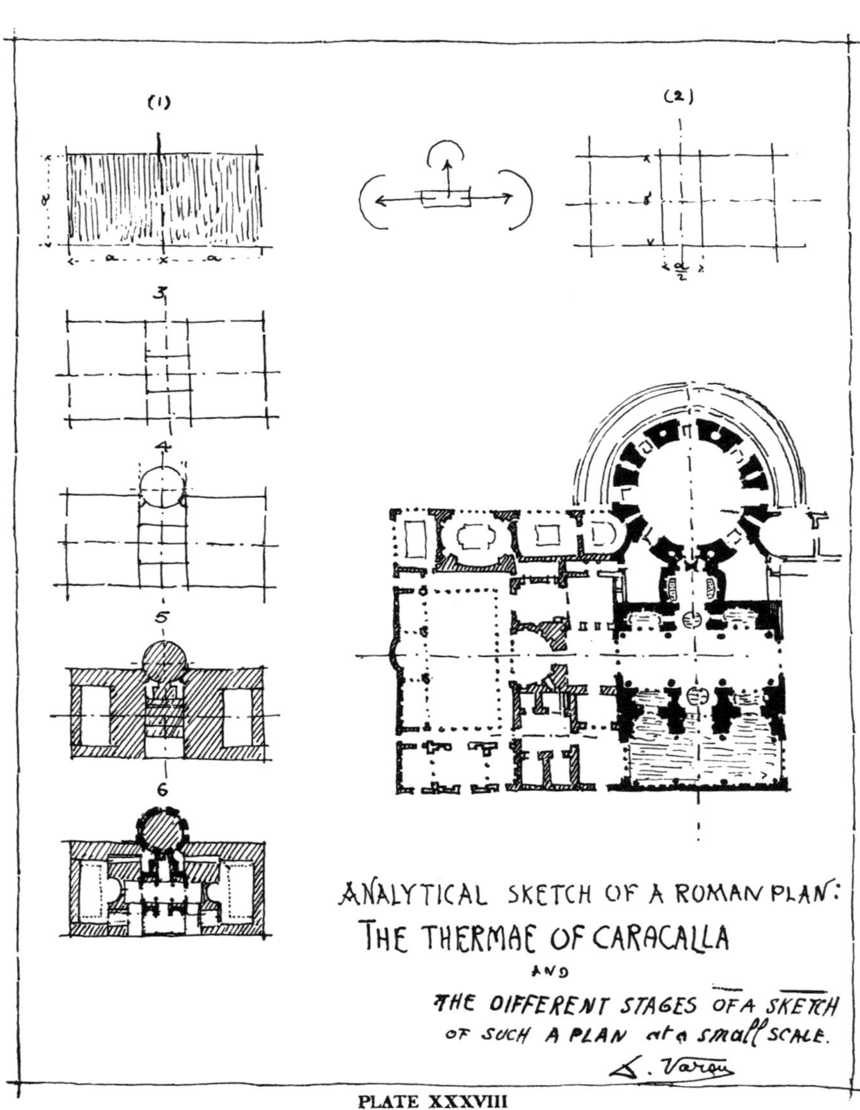

2.9 "고대 로마 평면의 분석
스케치: 카라칼라 욕장", 데이비드
배런, 『건축 설계 표시』, 1916

라 욕장을 주의 깊게 살펴보라는 구아데의 제안에 따라, 건축가는 욕장 평면을 분석하고 자신의 디자인 해법을 찾기 위해 뒤랑의 『건축 사례』를 펼쳐본다. 데이비드 배런의 다양한 분석도(그림 2.9)와 비슷한 그림을 만들어낼 것이다. 아마도 도판 위에 트레이싱지를 펼치고, 포트폴리오의 인쇄된 선 위에 진한 스케치를 할 것이다. 조심스레 시작하지만 점점 과감해진다. 결과적으로 새로운 설계안을 만드는 일은 뒤랑의 『건축 사례』의 도판에 또 다른 흔적을 묻어두는 것이 된다. 이 탐색의 결과가 건축계의 인정을 받으면 새 작품이 다른 포트폴리오에 수록될 것이다. 이 포트폴리오를 보게 될 또 다른 건축가는 이 새로운 작품의 선이 품고 있는 카라칼라 욕장을 발견할지도 모른다.

　음악의 기보 체계처럼 건축적인 표상도 똑같은 퍼포먼스를 반복하지 않는다. 악보를 매번 연주할 때마다 악보의 추상적인 "깊이"가 더해진다. 그러므로 건축적인 아이디어를 읽어내고 그려내는 설계 과정은 농밀한 흔적 안에서, 그리고 그 위에서 이루어지는 탐색 행위이다. 건축 그림의 선은 "섬세하고 멈칫거리며 가는 길을 느끼게 해준다. 말하자면 어떤 생각을 지켜나갈 수 있다. 말하자면, 다채롭고 복합적인 생각을 드러내주는 것이다".[18] 분석적인 동시에 통합적인 이 과정을 따라 설계의 모든 단계에서 프로젝트를 발전시켜나간다. 그렇기에 건축 설계는 담론적인 실천 양식이다. 여기서 평면은 해석과 전사가 포개진 과정을 작동시키는 시각적인 지렛대다. 이 과정에는 회화적인 지각 방식과는 다른 "평면 시각"(planar vision)이 작동한다. 전자는 우리가 마치 공간 안에 있는 것 같은 환영을 만들어내지만 그 시선은 고립되어 있고 정태적이다. 평면과 단면은 결코 직접 경험할 수 있는 것이 아니다. 그러나 시각의 대상으로서 갖는 특별한 지위를 통해 전체를 재현하며 전체를 생성한다. 현장에서 눈으로 직접 볼 수 없는 정보와 지식을 보이게 한다는 의미에서, 에른스트 곰브리치가 규정한 "지도"와 유사하다.[19] 평면은 다른 지도를 만들어 내는 지도이다. "단면은 전체 구성의 다이어그램이자 그 원천이어야 한다"[20]는 폴 필립 크레의 모범적인 정의를 상기하자. 보자르 평면은 다이어그램이다. 현실을 축약하고 환원시킨다는 점에서 그렇고, 무언가를 창조하는 도구라는 점에서 그렇다. 또 보자르 평면은 부분과 전체, 과거와 현재의 유비적 체계 안에 있는 다이어그램이다. 평면의 선과 점과 그림자는 아날로그로 읽어야 한다. 그것은 차이와 변화 가능성이 가득한 악보와도 같다. 존 갤런 하워드가 정확하게 말했듯이, 평면 시각을 익힌 보자르 학생들은 "설계 과제를 공간으로 풀고 다이어그램으로 해결안을 도출하는 법을 배웠다".[21] 다이어그램을 관계의 체계 안에서 도구적인 기능을 하는 도식이라고 정의한다면, 보자르 평면은 다이어그램의 진수라고 할 수 있다.

콤포지션과 아카데미 이론의 패러독스

포트폴리오의 담론, 즉 옛 기념비를 현재로 옮겨 오는 모사적인 디자인을 역사주의의 한 양상이라고 간단히 규정할 수도 있다. 건축의 역사와 포트폴리오가 서로 조화를 이루었다고 생각하는 것이 당연할지 모른다. 말하자면 포트폴리오가 그림으로 보여주는 것을 역사가 말로 정당화하는 것이다. 하지만 역사와 포트폴리오의 관계가 그리 간단치만은 않다. 보자르 전통에서 건축사는 건축 교육의 핵심으로 늘 강조되어왔다. 그러나 19세기 중엽 이후, 포트폴리오의 이론적 토대를 제공한 것은 건축사가 아니었다. 역사와 설계의 어려운 관계는 프랑스에서 가장 극적으로 드러난다. 역사학자 데이비드 반 잔텐과 베리 버그돌은 이를 아카데미 관념론에 대한 라브루스트·보두아예·뒤방·르뒤크 등이 던진 "역사주의의 도전"이라고 이야기한 바 있다. 이들에게 역사는 더 이상 "불변의 이상으로 복귀하는 순환 현상"이 아니다. 역사는 각기 "시대와 장소의 필요와 특성에 따라 형성된 독특한 문화" 현상이자 진보와 변화의 현상이었다.[22] 보자르는 이제 "비판적 역사"의 시대로 접어들었고 건축사 수업은 절대적인 규범을 추구하거나 정당화해주지 않았다.

역사는 포트폴리오의 사용 방법에 대한 이론을 제공해주지 않았으며, 포트폴리오는 역사를 이해하는 데 사용되지 않았다. 실제로 역사가 설계에 별 도움을 주지 않는다는 이유로 비난받기도 했다. 예를 들어, 크레는 "무척 흥미로운 학문이지만 새로운 예술 작품을 만드는 데에는 아무런 자극도 주지 못한다고" 역사를 폄훼했다.[23] 미국에서 설계와 역사의 갈등이 가장 노골적으로 드러난 사건은 컬럼비아 건축대학 초대 학장이었던 윌리엄 웨어의 사임 사건이다. 존 츄닝, 리처드 플런즈, 메리 우즈가 매킴, 웨어와 햄린에 관한 연구에서 잘 보여주었듯이, 이 사건은 서로의 역할·배경·목표가 달라 생긴 갈등이었다.[24] 우리의 관심에서 보면, 이 사건은 이론과 실천·역사와 설계 간의 충돌이다. 웨어는 보자르식 설계 방법의 형식주의를 온전히 받아들일 수가 없었다. "실제로 예술 작품을 만드는 데 도움을 주는 것이 아니라 납작한 건축 그림 그 자체가 즐거움을 준다는 생각"에 결코 동의할 수 없었다.[25] "중요한 것은 책에 무슨 내용이 있느냐가 아니라 책에서 무엇을 보느냐"라는 매킴의 말을 감안하면, 이 갈등이 글과 이미지의 충돌이었음을 알 수 있다.[26] 역사가 아니라면,

이토록 관습에 의지하고 옛 건축의 탁월함과 권위에 기대고 있는 설계 방식을 무엇으로 정당화할 수 있는가?

　　보자르식 건축의 이론적인 기반을 이해하려면, 콤포지션이라는 19세기 건축 담론의 핵심 개념을 살펴보아야 한다. 프랑스 아카데미 전통에서 콤포지션(composition)은 시대에 따라 의미가 다른 복잡하고 긴 역사를 가지고 있다. 19세기 후반에 콤포지션은 분배(distribution)와 배치(disposition)의 개념을 포함했으며, 반 잔텐에 따르면 "건축 설계의 본질적인 행위"라는 포괄적인 뜻으로 사용되었다. 콤포지션은 미학·역사·실무를 모두 아우르는, 최종 설계안뿐만 아니라 설계 과정까지 일컫는 말이었다.[27] 콤포지션에 관한 담론은 뒤랑부터 본격적으로 시작했다. 하지만 1901년에서 1904년 사이에 줄리앙 구아데가 네 권으로 엮은 강의록『건축의 이론과 요소』(*Éléments et théorie de l'architecture*)를 19세기 콤포지션 이론의 정점으로 보는 것이 정설이다. 구아데의『건축의 이론과 요소』는 벽·포티코·기둥·볼트·현관·계단 같은 건축의 기본 요소에 관한 책이자, 실질적이고 역사적인 측면에서 건축 유형을 다룬 책이다. 결국 구아데는 건축 요소와 건물 유형이라는 아카데미 기율의 기본적인 두 영역을 짚어준 것이다. 구아데는 콤포지션의 중요성을 강조하긴 했지만, 콤포지션을 설명하는 데 몰두하지는 않았다. 건물을 어떻게 조직하고 구축하느냐는 실질적이고 구체적인 문제들을 논하면서 산발적으로 콤포지션의 원칙에 대해 간결하게 언급했다. 실제로 1권 2부 중 짧은 세 장만이 콤포지션과 설계의 원리에 대한 일반론을 다루고 있다. 반 잔텐이 지적한 대로『건축의 이론과 요소』는 콤포지션의 원리보다는 건축 유형에 대한 책이다. 여기서 콤포지션은 새로운 유형을 만들어내는 것이 목적이 아니라 기존 유형을 다듬고 확인하는 것이었다. 반 잔텐이 말했듯이, 콤포지션은 "유형을 아름답고 명료한 건축으로 풀어내는 방법"이었다. 그러므로 프랑스에서는 유형에 관한 지식이 방법과 테크닉의 문제보다 훨씬 더 중요했다.[28] 구아데에게 콤포지션은 이론이라기보다는 실제 설계의 문제였다. 그의 말대로, 콤포지션은 "가르칠 수 없는 것이다. 그것은 여러 번의 시행착오를 거쳐, 사례 연구를 통해, 조언을 받아, 그리고 남의 경험을 바탕으로 스스로 체험을 통해 배우는 것이다."[29]

적어도 움브당스톡·그로모르·페랑까지 이어지는 프랑스의 전통에서 콤포지션은 이론적으로 설명할 필요가 없었다. 영미권 용례에서도 콤포지션은 비슷한 통합적인 의미를 갖고 있었다. 하지만 1900년을 전후해서 콤포지션이 이론적인 논의의 중심에 자리 잡기 시작하고 하나의 설계 방법으로 인식되기 시작하면서 상황이 달라졌다.[30] 1898년 존 베벌리 로빈슨은 『아키텍추럴 레코드』에 콤포지션에 관한 글을 연재했고, 이듬해 『건축 콤포지션의 원리』(*Principles of Architectural Composition*)로 펴냈다. 이 책은 컬럼비아 대학교에서 로빈슨 본인의 수업 교재로 사용되었고 1908년에 개정판이 나왔다. 존 반 펠트는 1902년 코넬 대학교에서의 강의안을 책으로 묶어 『콤포지션 이론』을 출간했다. 이로써 파리의 에콜데보자르에서 수학했던 로빈슨과 반 펠트는 콤포지션에 관한 일련의 담론을 촉발시켰고, 이는 미국과 영국에서 1930년대까지 이어졌다.[31] 구아데의 『건축의 이론과 요소』처럼, 콤포지션에 관한 미국의 책들은 이론서이자 학교 교재로서 이중의 기능을 갖고 있었다. 로빈슨 책의 부제, "이제까지 디자이너의 타고난 취향으로 경험한 아이디어를 정리하고 표현하려는 시도"가 암시하듯이, 반 펠트와 로빈슨은 건축 설계의 기본 개념, 특히 콤포지션의 개념을 명확히 설명하고자 했다.

미국에서 콤포지션에 관한 논의는 보자르 개념을 순수히 반영한 것이 아니라 여러 영향들이 복합된 것이다. 모호하면서도 강력한 영향력을 행사한 러스킨의 윤리적 강령이 두 책 모두, 특히 『콤포지션 이론』에 스며들어 있다. 반 펠트는 예술을 지배하는 두 가지 층위의 "법"(law)을 구분한다. 하나는 "예술적인" 것이고 다른 하나는 "기술적인" 것이다. 러스킨의 『건축의 일곱 등불』(*The Seven Lamps of Architecture*)에 의지하면서, 반 펠트는 콤포지션을 예술적 행위로 만드는 최우선의 법칙으로 성실함·진리·품성·솔직함·결단력·단순성·신중함과 사려 깊음을 꼽았다. 반 펠트에 따르면 균형·대조·양식·색·스케일 같은 콤포지션의 기술적 원리는 예술의 더 높은 목표에 도달하기 위한 수단일 뿐이다.[32] 로빈슨의 연구에서는, 빅토리아시대 건축의 픽처레스크한 양상을 콤포지션의 형식적인 틀 속에 동화시키려는 것을 볼 수 있다. 이는 건축이 회화나 문학과 유사한 "재현적 예술"인지, 음악과 궤를 같이하는 "순수한 예술"인지를 두고 벌어진 논쟁과 연관되어 있었다. 로빈슨은 단호히 후자의 편이었다.

2.10 헬름홀츠에서 차용한 시각적 효과와 그 응용 사례. 존 반 펠트, 『콤포지션 이론』(*A Discussion of Composition*), 1903

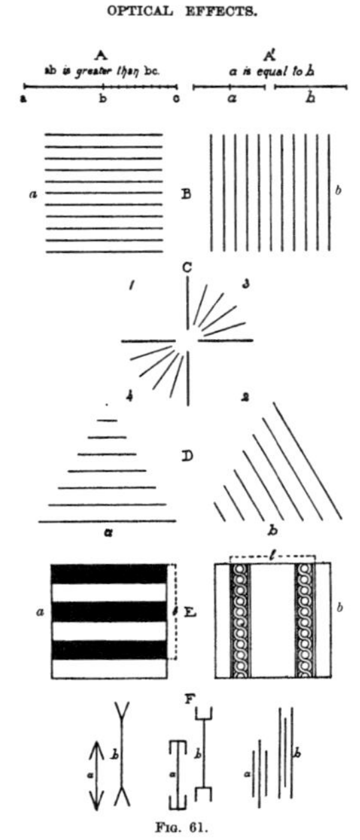

음악이 소리의 예술이듯, 건축은 형태의 예술이다. 그것은 재
현적인 형태도 아니며 갈란드나 메토프나 니치도 아니다. 건
축은 벽이고 지붕이며 기둥이다. …… 진정한 건축은 효율적
인 계획의 발전도 아니고, 구조의 표현도 아니며, 역사나 당
대의 선례에 얽매이지도 않는다. 거주하기 위해 지었든 개선
문·영묘·돔·탑이나 첨탑처럼 단지 바라보기 위해 지었든 간
에 가장 넓은 의미에서 건물을 포괄하여, 그 고유한 형태와 색
깔로 즐거움을 주는 대상을 만들고 구축하는 근원적인 예술
을 추구하는 그런 진정한 건축을 생각해야 한다.[33]

이 글이 보여주듯, 콤포지션에 대한 관심은 저자로 하여금 지각과 심
리학에 눈을 돌리게 했다. 비슷한 방식으로 반 펠트는 콤포지션에 대
한 "도덕적 판단"에 반대하고, 시각적이며 심리학적인 판단을 하기
위해서 당대의 헬름홀츠와 티치너의 이론을 끌어왔다. 그는 헬름홀
츠의 『물리 광학』(*Die physiologischen Optik*)에 실린 착시 효과의 예

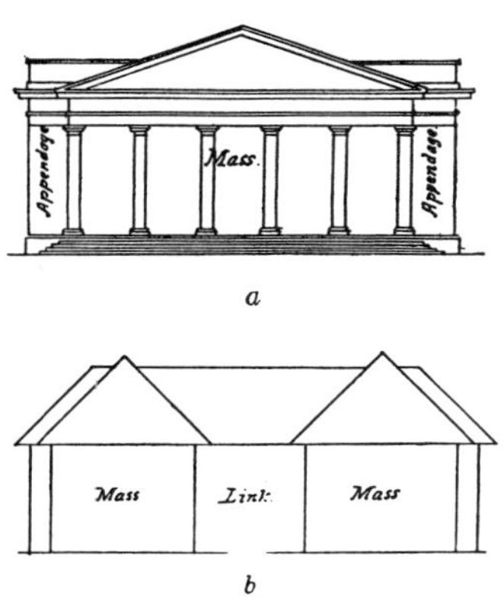

Fig. 32.
Single and double primary masses,
with connecting and attached remnants
of building.

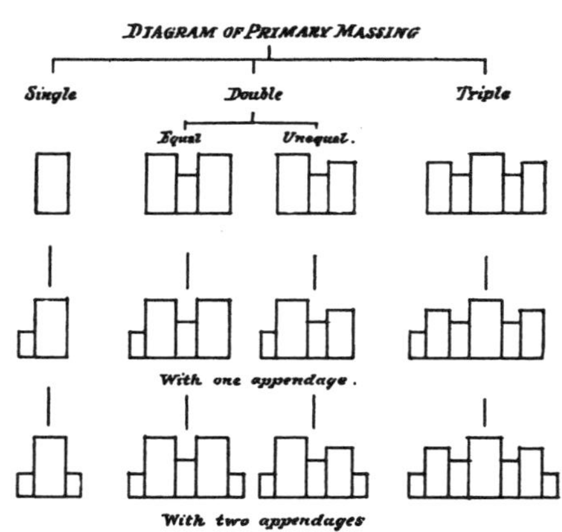

Fig. 58.
All buildings of any architectural pretension may be classed under one or
the other of these diagrams.

2.11 매스분석, 존 로빈슨,
『건축 콤포지션의 원리』, 1908

를 들면서, 건축 요소의 표현에는 배치와 조절의 패턴이 있다고 주장했다.

지각 이론이 실제로 적용된 것은 미미했지만, 반 펠트가 콤포지션에 관한 논의를 끌고 가려는 방향은 분명했다. "우리는 위대한 진리를 이야기하고 있다. 이른바 예술이 원하는 것은 인간의 지각을 만족시키는 것이지 수학적으로 계산된 선과 형태의 집적물을 만들려는 것이 아니다."[34] 반 펠트가 중요시한 것은 정확하고 올바른 수치와 비례가 아니라 이것의 지각이었다. 설계의 기본 구성을 파악하는 기법으로 건축 대상을 바라볼 때 초점을 일부러 흐리는 것을 제안했다. 눈에 보이는 "흐릿한 형상"은 바로 콤포지션의 "근본적인 요소"인 것이다.[35] 반 펠트는 콤포지션이 예술적 성취를 이루려면 "관찰자의 모든 기능이" 작동하는 시각적 경험에 기반을 두어야 한다고 보았다.[36] 이러한 형식주의 개념은 20세기 초에 널리 퍼져, 가장 평범한 학교 교과서에도 콤포지션이 "기원, 역사나 형태의 상징주의와는 무관"하며 오로지 "대상의 윤곽선과 디테일, 장식과 마감에 국한된 효과만을 다룬다"고 주장하기에 이른다.[37]

다시 강조하건대, 보자르 체계에서 건축 설계는 시각적인 실천 행위였다. 그런 측면에서 콤포지션에 관한 형식주의 이론은 얼핏 설계를 뒷받침해줄 수 있는 일관된 이론인 것처럼 보인다. 그러나 보자르적 시각의 정수는 겹쳐 있는 흔적들을 꿰뚫어서 읽고 보는 능력, 선과 표면 안에 있는 가능성을 파악하는 능력에 있다는 사실을 잊어서는 안 된다. 건축의 형태를 단순히 기하학적 형상으로 축소하는 로빈슨과 반 펠트의 환원적인 이론은 포트폴리오의 실천을 지탱해줄 수 없었다.

콤포지션 이론은 반드시 설계 행위와 구분되어야 한다. 그리고 이 설계 행위의 진수는 에스키스라는 창작 행위에 있는 것이다. 형식주의 개념의 콤포지션과는 대조적으로, 에스키스는 예술적 직관에 바탕을 두고 있다. 에스키스를 만들어내는 능력은 길고 고된 훈련을 통해 길러지는 것이지만, 창작의 순간은 짧고 직관적이며 마술과도 같은 것이다. 뒤랑이 콤포지션을 신중하고 논리적으로 요소를 차근차근 조합하는 설계 과정으로 규정했던 걸로 흔히 알고 있지만, 데지레 데프라델르의 스케치(그림 2.12)가 강력하게 보여주는 것처럼, 보자르의 설계 과정은 결코 그렇지 않았다. 베르너 욀슬린이 지적한 대로, 빠른 아이디어 스케치는 어떤 생각을 유지하고 마무리하는 것

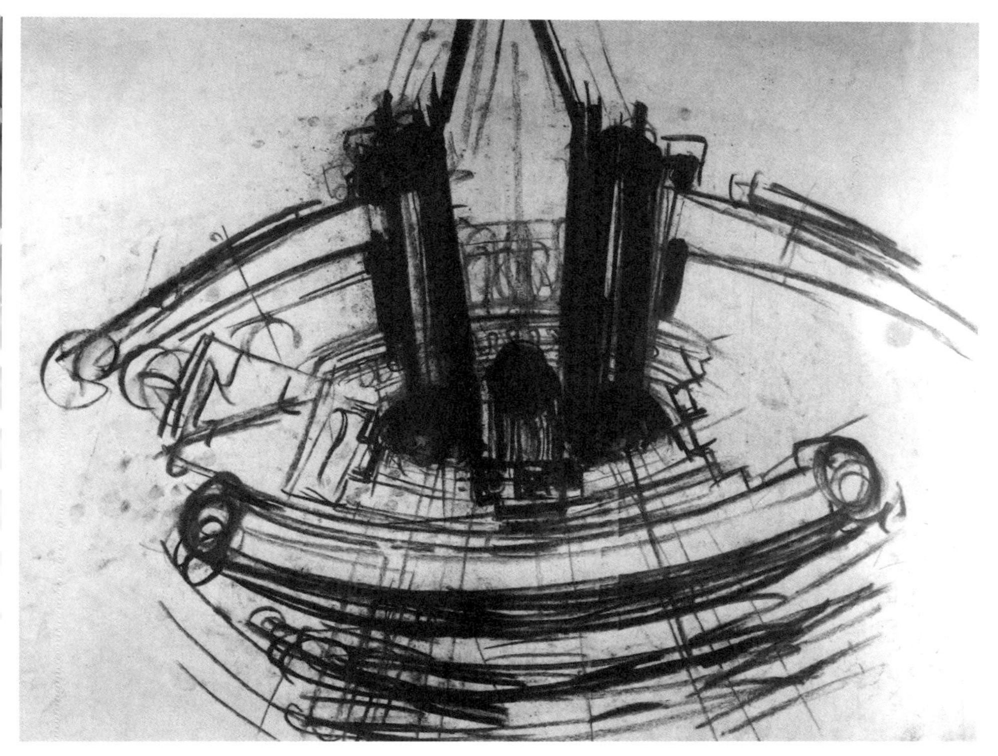

2.12 데지레 데프라델르의 스케치,
연도 미상

과는 성격이 전혀 다르기 때문에 "섬광처럼 지나가는 아이디어"를 붙잡는 "예술가의 불꽃"이 필요하다. 윅슬린은 라콩브를 인용하면서 스케치는 "최우선의 아이디어(première idée)이며 설계를 진행하기 위한 모델과 가이드……"로 기능한다고 정확하게 지적했다.[38] 라콩브의 생각을 이어받은 구아데는 파르티가 "논리적으로 도출된 요소를 차근히 쌓아 올려서" 만드는 것이 아니라 "대담하면서도 스쳐 지나가는 아이디어"로 만든다고 말했다. "아이디어는 마음에서 갑자기 완성되어 종합된다. 전통적인 이론이나 방법과 모순되며, 베이컨과 데카르트를 거부하는 이 창작 방식은 예술적인 아이디어의 기원인 직관(intuition)이다."[39] 구아데는 건축 창작이 자연의 모방이라는 고전적 개념에서 벗어나 개별 건축가의 "판단력"(conscience)에 있다고 주장하는 것이다. 그렇다면 에스키스에 전념하는 것이 디자인의 가장 중요한 "정신적 기율"이라고 생각한 것도 놀라운 일이 아니다.[40] 빠른 에스키스는 창작과 발명이라는 낭만적인 행위의 진수였다.

파노프스키, 비트코버 그리고 푸코는 각기 다른 방식으로 고전적 미메시스가 말과 사물의 유사성에 기반한다는 것을 설득력 있게 보여준 바 있다. 유사성의 세계 속에서 건축이 사람의 몸, 음악 그리고 자연과 닮았다는 믿음이 있었다. 보자르 건축의 세계는 이런 우주론과 이별한 지 오래되었지만, 아날리티크와 에스키스는 여전히 고전주의 건축이라는 오래된 모사적 전통에 기반을 두고 있었다. 앨런 콜훈의 통찰대로, 인간과 세계 사이의 옛 관계가 하나의 "문화 양식으로 살아남은 것"이 보자르 체계이다.[41] 반면에 예술과 건축이 마음의 피조물이며, 예술과 건축은 관념에서 출발하여 관념을 재현하는 것이라는 낭만주의적인 생각에 근거를 두었다. 그렇기 때문에 보자르 체계에서 고전적인 미메시스와 영감은 충돌할 수밖에 없었다. 더욱이 아카데미에서는 영감을 디자인의 창조적인 생각(idea)이라고 규정할 뿐 그 이상으로 논의를 확장하지 않았다. 창작 행위는 언제나 아름다움과 기원의 문제와 관계가 있지만, 너무 종합적이어서 합리적으로 설명할 수 없는 것이라고 믿었다. 영감은 모호해서 결코 그 내용을 알 수 없는 것이었다. 결국 보자르의 이론은 근본적으로 취약하고 모순이 내재되어 있었다. 그래서 20세기 초의 모더니스트들로부터 한갓 임의적인 방법에 불과하다는 비판을 받았던 것이다.

평면 계획과 "평면의 이론"

보자르 체제의 이론은 모호하고 불확실했지만, 보자르적 설계 작업의 중심에는 건축 평면이 확실하게 자리 잡고 있었다. 랜프 애덤스 크램처럼 보자르에 대해 부정적이던 비평가들조차 보자르는 "양식에 관한 이론이 아니라 논리적인 평면 계획(planning)과 모든 건축 설계안에서 통합과 통일을 이끌어내는" 장점을 지닌 기율이라고 인정했다.[42] 비슷한 입장에서 햄린은 디자인의 기본은 "역사주의적 양식과는 무관"하며 모든 디자인의 기초는 "평면 계획"에 있다고 결론지었다.[43] 두 비평가의 말에서 알 수 있듯이 이들에게 가장 중요한 개념이 "평면 계획"이다. "평면 계획"이라는 표현은 19세기 동안 영미권에서 다양하게 사용되었지만, 크램과 햄린처럼 건축 평면을 조작한다는 의미가 가장 중요했다.[44] 이 말은 "여럿으로 배분한다"는 뜻의 프랑스어 'distribuer'나 "질서를 가지고 사물을 놓고 배열한다"는 뜻의 프랑스어 'disposer'와 유사한 쓰임새를 갖고 있었다. 분배와 배열을 강조하는 것은 기본적인 평면 형태를 장악한다는 뜻이다(미국 건축가들은 이 평면 형태를 "파르티 유형"이나 "평면 유형"으로 부르곤 했다). 반 펠트가 『콤포지션 이론』의 짤막한 마지막 장에서 평면에 관해 이야기한다고 하고서는 실제로 건물 유형에 관한 논의를 했던 것도 이 때문이다. 반 펠트는 이 장이 구아데의 『건축의 이론과 요소』 2권과 3권을 따르는 것이라고 설명한 바 있다.

그러나 건물 유형에 대한 구아데의 논의는 20세기 초엽 미국의 상황과는 무관하다고 생각하는 사람들이 많았다. 평면 계획의 중요성을 강조한 같은 논문에서 햄린은 구아데의 책이 미국 학생들에게 "자극이 되고 시사하는 바"가 많지만 극장·도서관·병원·학교·교회 등의 평면 계획에 관한 구아데의 이야기들은 미국적인 생각이나 실무와는 동떨어져 있거나 너무 뒤처져서 미국인들에게는 이익보다는 해가 된다"고 했다.[45] 이것은 미국 건축의 규모가 크고 복잡하기 때문에 평면 계획에 관한 한 방대한 기술과 조직의 문제를 다루는 다른 종류의 담론이 필요하다는 믿음이 널리 퍼져 있었음을 보여준다.

이런 요구에 발맞추어, 평면 계획은 주로 프로그램의 실무적인 문제와 관련된 뜻을 갖게 되었다. 이런 용례에서 평면 계획은 일반론보다는 각각의 건물 유형이 요구하는 다양한 조건에 기대고 있는 행위로 인식되었다. 프로그램과 관계 있는 정보를 수집한다는 평면 계획의 개념에 바로 상응하는 프랑스어를 찾기가 어렵지만, 수동적인 뉘앙스의 에튀드(étude)가 가장 비슷한 단어일 것이다. 미국의 대도시를 중심으로 점점 커지고 복잡해지는 건축 프로그램의 기술적이고 실질적인 문제를 다루는 책들이 출간되기 시작하는데 이를 계획 매뉴얼(planning manual)이라고 부를 수 있다.[46] 콤포지션에 관한 논의가 활발하던 바로 그 시기에 학교·사무실·병원 등 제도화된 건축 유형에 대한 매뉴얼이 미국에서 널리 사용되기 시작했다. 계획 매뉴얼은 건축가와 전문 분야의 실무자들에게 필요한 기술적인 문제나 기관과 시설의 조직 문제를 다루었다. 반면, 구아데의 『건축의 이론과 요소』가 중점을 두었던 건물 유형의 역사적 발전에는 전혀 관심이 없었다.

이러한 매뉴얼은 평면 계획을 프로젝트의 실제 요구 사항을 충족시키는 과정으로 보았지만 이 과정을 구체적으로 어떻게 풀어야 하는지는 설명하지 않았다. 이런 맥락에서, 평면 계획은 극장의 음향, 병원의 채광과 위생 설비, 학교의 공조, 고층 건물에서 기계와 구조 엔지니어링 같은 특화된 지식을 요구했다. 건축가들이 이런 매뉴얼에 관여하기도 했지만, 대개는 엔지니어나 해당 분야의 전문가, 그리고 새롭게 주목을 끌기 시작한 "시설 전문가"가 저술했다. 계획 매뉴얼 이외에, 평면 계획과 건물 유형에 관한 정보는 미국박물관협회나 미국병원협회 같은 단체들의 출판물에서 끌어왔다. 예를 들어 병원 건축의 경우, 병리학이 빠르게 발전하고 있었기 때문에 병원 계획에 있어서 건축가들이 뒤로 물러서야 하는 경우가 많았다.[47] 이러한 측면에서 평면 계획은 설계 과정이라기보다는 건축 외부의 기율에서 갖고 온 지식을 수동적으로 수용했다. 건축가들은 건축계 바깥에서 생산된 지식의 인식론적 구조에는 관심이 없었다. 중요한 것은 그들이 제공받는 부분적인 정보였다. 건축가들에게 계획 매뉴얼은 단지 참고서일 뿐이었다.

평면 계획에 내포된 미묘하고 중요한 뉘앙스를 파악하려면 아카데미 건축의 프로그램을 이해해야 한다. 피터 콜린스는 18세기 중엽 프랑스의 로마 대상(Prix de Rome) 공모전에서 설계 요구 사항으로서 프로그램이 처음 등장했다고 주장했다.[48] 이것이 역사적으로 얼

2.13 어니스트 플래그, 세인트 루크 병원의 평면과 파르티 다이어그램, 『브릭빌더』, 1903년 6월호

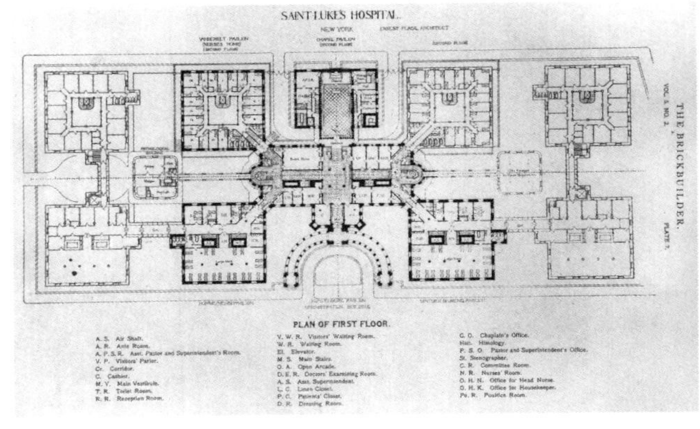

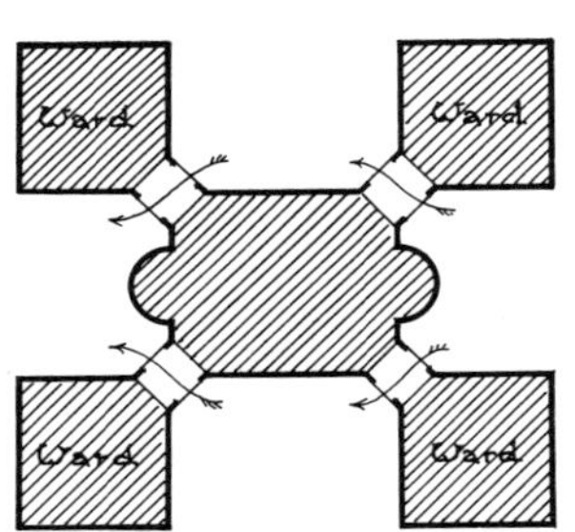

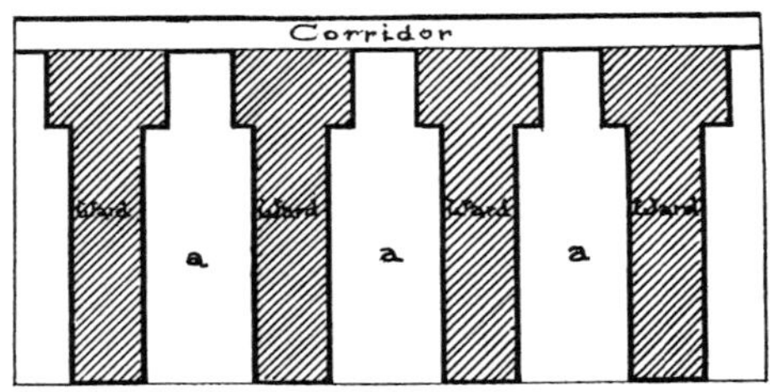

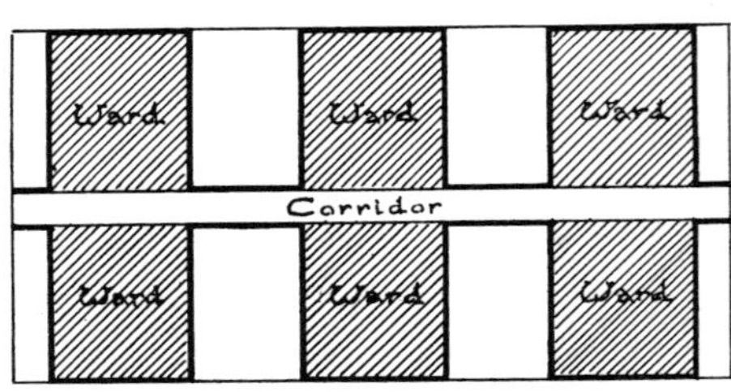

2.14 어니스트 플래그, 병원 파르티 다이어그램의 비교, 『브릭빌더』, 1903년 6월호

마나 정확한지는 차치하더라도, 특정한 담론 형식이 보자르의 설계 과정 내부로 제도화되었다는 것은 분명하다. 설계 교육의 측면에서 볼 때, 보자르 프로그램은 대개 시설의 종류나 크기를 아주 모호하게 지시했다. 미국 건축 학교의 설계 프로그램들은 프랑스 에콜데보자르처럼 거창하지는 않았지만 그 형식은 기본적으로 같았다. 예컨대, 1904년 보자르 디자인 인스티튜트가 주관한 최초의 파리 대상 프로그램에서 크기가 명시된 유일한 요구 조건은 가상의 대지와 대형 강의실의 수용 인원이었다.[49] 실들의 규모는 "큰", "작은" 또는 "충분한" 같은 형용사로 제시되었고, 그 해석은 학생들이나 심사위원들에게 맡겨두었다. 학생들은 반드시 규모에 관련된 프로그램의 요구 사항을 충족시켜야 했지만, 더 중요한 것은 건물의 성격(예를 들어 "비문명화 국가에 평화를 선사하는 문명"을 상징하는 기념비)과 그 조직 방식을 묘사하는 문구였다. "건물들이 반드시 분화되어야만 하는 것은 아니지만 세 개의 독자적인 건물군으로 구성"할 것을 요구하는 프로그램에는 이미 형태에 관한 제안이 포함되어 있었다. 보자르 프로그램은 새로운 건축 형태를 잉태하는 사회적 요구를 제시하는 것이 아니라, 기존의 선례와 새 프로젝트 사이에 언어적 가교를 놓는 역할을 했다.

　보자르 프로그램에 대해 간단히 살펴본 대로 아카데미의 건축은 면적과 엔지니어링 같은 부차적인 요구 사항을 충족시키는 것에 그쳐서는 안 된다. 그렇다고 건축가가 프로그램을 만들거나 그것을 관할한다는 뜻은 아니다. 구아데에 의하면 건축가는 건축주의 컨설턴트가 되어야 하지만 "남이 만들어낸 프로그램을 따라야 한다"는 점을 강조했다.[50] 근대적인 프로그램은 복잡하고 치밀한 연구가 필요했지만, 보자르 체제에서 건축 설계는 프로그램에 기반을 두지 않았다. 다시 말해, 건축 형태는 프로그램에서 나오지 않았다. 보자르 건축가들은 프로그램을 실현시킬 수 있는 방법을 찾았다. 같은 수학 문제에도 더 우아한 해법이 있듯이 좋은 디자인이 있고 나쁜 디자인이 있다. "최고의 해법"은 프로그램을 충족시킨다고 해서 도출되는 것이 아니다. 보자르 기율은 해결안 자체에 있는 것이 아니라 그 해결안을 만들어내는 방법과 태도에 있는 것이다.

여기서 파르티의 중요성에 대해 다시 주목하자. 아카데미 건축에서 파르티는 건물 유형마다 특정한 요구 사항보다 우선시되었다. 다시 말해, 평면의 기본 형태는 프로그램에서 차차 발전되어 나오는 것이 아니라 설계의 초기 단계에서 내려진 통합적인 결정의 결과라는 것이다. 일례로 어니스트 플래그가 설계한 세인트 루크 병원의 평면에 관한 논의를 보자.[51] 플래그에게 파르티를 결정하는 것은 곧 프로그램을 어떻게 해결할지 결정하는 것이다. 다시 말해서, 각각의 파르티에 특정한 성격의 프로그램이 이미 내재되어 있는 것이다. 플래그는 통풍과 경제성의 측면에서 다양한 파르티 다이어그램을 분석했다. 개략적인 평면 파르티를 확정하고 난 다음에야, 기술적인 문제와 시설 조직 문제를 다루기 시작했다. 플래그는 파르티 평면에서 콤포지션의 미학적이고 시각적인 문제와 프로그램의 실용적인 문제들이 통합된다고 생각했다. 콤포지션이든 평면 계획이든 파르티는 어느한쪽 개념으로 포섭될 수 없다. 파르티는 건축 설계의 초석을 다지는 총체적인 생각의 실체다. 플래그의 표현을 빌리자면 파르티는 "프로그램의 논리적인 해결안이다. 진정한 건축가는 실제적인 본성과 예술적인 본성을 모두 가지고 있듯이, 집을 짓는 사람과 예술을 하는 사람의 입장을 동시에 견지하여 논리적으로 문제를 푼 결과가 바로 파르티다".[52] 플래그가 말하는 평면 계획은 병원 위생에 관한 지식과 함께 처음 파르티를 나누고 채우는 과정을 의미했다. 즉, "좋은 콤포지션을 작은 스케일에서 스케치한다"는 의미로 사용된 것이었다.[53]

다시 강조하건대, 평면 계획은 아카데미 담론 안에서 폭넓은 의미를 지니고 있었다. 햄린과 크램의 코멘트에서 보았듯이, 설계 행위 그 자체를 말하는 것일 수 있고, 계획 매뉴얼과 관련된 기술적인 지식의 습득일 수 있다. 또는 플래그의 경우처럼 기본 파르티를 다시 나누는 것일 수도 있다. 그러므로 "평면을 구성한다"(composed a plan) 또는 "콤포지션을 계획한다"(planned a composition)라는 말이 가능하며 적절한 표현이기도 하다. 말하자면 보자르 체제에서 평면 계획은 평면 이전 단계라기보다는 평면 자체를 조작하는 시각 작업이다. 미국 아카데미즘의 희생양이라는 신화를 스스로 만들어낸 루이스 설리번은 파리 에콜에서의 짧은 경험을 회상하면서 평면의 기율에 대해 다음과 같이 평가했다.

> 나는 에콜의 이론을 철저히 공부했고 내 마음속에서 그것이 평면에 대한 이론으로 귀결된다고 나름대로 결론 내렸다. 그 이론은 놀랍고 멋진 것을 만들어낼 수 있지만, 결국 내가 추구하는 현실이 아니라 보편성이 없는 지엽적이고 특수해적인 추상이요, 방법이요, 정신 자세였던 것이다. 지적이면서 미학적인 특성을 갖고 있으며 질서·기능·수준 높은 설계 테크닉이 아름답게 제시되어 있다.[54]

설리번의 "평면 이론"에는 보자르 체제의 철학과 방법론, 윤리적 태도가 간명하게 드러난다. 평면은 하나의 시각적·미학적·지적 현상으로서 특별한 위상을 갖고 있었다. 설리번의 평면 이론은 평면 계획의 문제라기보다는 평면의 형태를 다루는 방법에 대한 것이다. 에콜에 대한 설리번의 불만이 철학적으로 표현되어 있다는 점을 주시하자. 보자르 체계는(특히 미국 보자르) 주저없이 새로운 테크놀로지를 사용했고 복잡한 현대적인 프로그램을 충분히 해결해주었다. 설리번은 보자르 기율의 엄격함을 존중했고 보자르가 무능한 건축가들을 배출한다고 비판한 것이 아니었다. 보자르 체제가 관습적이고 자의적이란 것이 그의 불만이었다.

보자르 체제를 옹호한 이들조차도 설리번의 비판에 이의를 제기하지는 않았을 것이다. 이미 살펴보았듯, 보자르 체계는 형상의 전통과 권위에 의존했지만 분명한 형식주의였다. 햄린은 이렇게 형식이 형상의 관습과 결합한 보자르의 상황을 다음과 같이 묘사했다.

건축에서 디자인은 표현의 형식이다. 그것은 하나의 언어다. 글자와 단어를 이용하여 언어를 구성하고 그 장식과 디테일을 만든다. 디자이너는 그의 마음속에 있는 발상과 아이디어를 표현해야 한다. …… 그러나 자신의 생각을 표현하기 위해서는 적합한 표현 수단이 필요하다. 새로운 언어나 새로운 알파벳을 발명할 수 없듯이 즉석에서 새로운 표현 수단을 발명할 수는 없다. 설령 발명하더라도, 새로운 언어나 알파벳은 옛것의 구실을 하지 못한다. 아무도 그것을 이해하지 못할뿐더러 표현 수단으로서 언어를 완벽히 하는 데에는 오랜 기간이 필요하기 때문이다. …… 역사 양식은 건축 표현의 완벽한 언어이며 역사 양식의 형태와 디테일은 단어와 글자에 해당하는 것이다.[55]

건축을 언어에 빗댄 햄린처럼, 보자르 기율은 구조주의 언어학의 기본 전제, 즉 기호는 자의적이며 의미는 관계의 체계에서 나온다고 전제했다. 언어가 관습적이지만 필수적인 기호라면, 햄린은 양식이 필수적인 관습이라고 생각했다. 그리고 언어가 의사소통의 필요불가결한 수단이라면, 보자르 체계는 "지엽적이고 특수"한 것이 아니라 "건축 설계의 어떤 문제든 그것을 해결하고 분석하는 방법"이었다.[56] 폴 필립 크레가 강조한 대로, 건축 훈련의 목표는 "특정 문제에 대한 최상의 해답을 도출하는 것이 아니라, 어떤 문제든 이를 분석하는 방법을 배우는 것이다".[57] 보편성에 대한 이런 확신을 바탕으로, 보자르 체계를 디자인의 "학문"(science)이라고 부르기도 했다. 설리반이 거부했던 보자르의 자의성이야말로 지지자들에게는 그 정수였다.

따라서 미국의 아카데믹 프로페션은 같은 시기에 과학에 기반을 둔 다른 전문직과는 속성이 달랐다. 역사학자 버턴 블레드스타인은 빅토리아 시대의 전문주의에는 두 가지 원칙이 있었다고 주장한다. 첫 번째는 "현실의 세계를 다스리는 특별한 힘"이고 두 번째는 "심오한 기율에 기반을 둔 전문적인 능력"이다. 과학·의학·공학의 전문직들은 언제나 객관적인 자연의 세계를 자신의 영역이라고 주장했다. 이런 기율을 통해 규칙적이고 객관적인 자연의 원리 원칙을 파헤칠 수 있다는 것이다.[58] 미셸 푸코가 언급했듯이, 근대적인 기율은 "새로운 명제를 생산할 수 있는 무한한 가능성을 유지해야 한다". 기율에 관한 근대적인 규범과는 대조적으로, 아카데미즘의 기율은 더 오래된 "해석"의 원칙에 근거를 두고 있다. 해석은 "재발견되어야 할 의미가 있으며, …… 반복해야 할 동일성이 있다"는 전제를 갖고 있다.[59] 아카데믹 프로페션의 기율은 자연의 논리나 객관적인 논리가 지배하는 세계에 기대는 것이 아니라, 건축의 내적인 역사가 만들어내는 인공물, 즉 건축의 역사이자 건축에 관한 역사가 만든 세계에 기반을 두었다.

　폐쇄된 유비적 체계로서 건축 기율은 믿음으로 지탱된다. 현대 사회가 아무리 변덕스러워도, 보자르 기율은 필연성과 일관성에 대한 신념에 기반을 두고 있었다. 이런 건축은 사회가 요구하는 프로그램으로 정당화되지 않는다. 또한, 프랭크 로이드 라이트가 이끌었던 미국 근대 건축의 또 다른 흐름처럼 "자연"의 법칙으로 정당화된 것도 아니다. 설리번과 그의 가장 유명한 제자인 라이트가 보자르에 대해 가졌던 우월감은 그들의 건축이 자연과 조화를 이루어 보편성을 갖고 있다는 믿음에서 나왔다.[60] 반면 보자르의 기율은 고유의 역사론과 인식론 안에서 형성되었다. 이 체계 안에서 건축이 건축을 흉내내는 것은 아주 자연스러운 것이었다. 하지만 살펴본 대로, 아이디어와 미메시스, 형상과 형태의 결합을 지탱하는 유비적 체계의 이론은 매우 취약했다. 따라서 보자르를 가장 냉혹하게 비판한 이들이 다름 아닌 보자르 출신이란 점 역시 놀랄 일이 아니다. 실제로 보자르 체계를 공부한 이들은 그것이 터무니없이 자의적이라고 거부했다. 관습의 권위가 부정되고 믿음이 무너지면, 한때 위력을 가졌던 기율도 설득력을 잃는다. 아날로그의 순환고리가 끊어졌을 때, 두터운 실타래 같은 보자르 평면은 가는 실로 풀어헤쳐진다. 이것이 바로 다이어그램이다. 이런 다이어그램이 자기 순환의 고리를 끊었을 때, 다이어그램이 무엇으로부터 나오냐는 질문이 다시 제기되기 마련이다.

3

아카데믹 프로페션의 위기

우리는 그가 전쟁 전에 어떤 인물이었는지 알고 있다. 그는 이상주의자였다. 스스로 가장 아름답다고 생각하는 모습으로 세계를 다시 만드는 것이 자신의 임무라고 믿는 사람이었다. 어마어마하게 커가는 새로운 건설의 가능성과 요구 조건에 발맞추려고 애쓰지만 한 프로젝트를 장악하기도 전에 계속되는 큰일을 맡아야 했던 인물이었다. 그는 몽상가이자 엄격한 전문가였다. 그것은 눈부신 이상이었으며 이를 당당히 떠받들었던 이들에게 영광이 돌아가야 한다. 하지만 전쟁 이후, 건축가가 다른 종류의 인물이 되었다는 것은 모든 면에서 명백하다. 건축가의 관점은 전쟁 때문에 바뀌기도 했지만 이미 전쟁 이전부터 변화하고 있었다.

블래컬, "건축가란 무엇인가",
『아메리칸 아키텍트』(*American Architect*), 1919

1910년대의 건축 프로페션: 위기와 대응

제1차 세계대전이 일어나기 전 10년 동안 미국 사회는 건축가를 최고의 예술가로 대접하며 건축이 예술이라는 생각을 적극적으로 받아들였다. 매킴, 미드 앤드 화이트나 대니얼 버넘 같은 아카데미 건축의 대표 사무실들이 기업형 비즈니스로 커가면서도 아름다움과 미래 사회에 대한 비전을 실천 이데올로기로 제시했다. 건축가가 최고의 위상을 구가하던 바로 이때, 급변하는 건설 산업은 건축가의 입지를 무너뜨리기 시작했다.[1] 19세기의 마지막 10년 동안, 주거와 상업 건축을 관리하고 건설하고 분양하는 방식이 급격하게 변했다. 투기업자·하청업자·건설 회사와 막 생겨난 부동산 개발업자들이 도시 환경을 통째로 설계·감독할 뿐 아니라 자금을 조달하고 판매하기 시작했다. 토지 소유자·개발업자·부동산 브로커 등은 전국건물소유주협회나 전국부동산협회 같은 이익 단체를 설립했다. 1910년대에 이르러 톰슨 스타렛, 조지 풀러, 토드 로버트슨 앤드 토드 같은 대형 건설사가 등장했으며 건축가들은 이 복잡한 조직에 존속되었다. 대자본의 지원으로 새로운 건설 기술을 이용하면서, 효율성의 기치를 내건 이런 회사들은 건설 산업을 장악했고 건축이 비즈니스라는 이념을 내세웠다. 근대화되어가는 산업의 복잡한 구조 속에서 건축가들은 더 이상 자유롭다고 주장할 수 없게 되었다. 예전에는 건축의 외연이라고 치부했던 문제들을 무시할 수 없는 상황이 된 것이다.

대중 건축의 성격도 바뀌었다. 주택 도면을 판매하는 표준주택 사업은 계속 성황을 누렸고 이윤을 극대화하는 효율적인 체제를 갖추어나갔다. 1900년 전후로 건축 도서뿐만 아니라 맞춤 건축 자재를 공급하는 회사들이 설립되었다. 1904년 미시간주에서 알라딘 사*

---

* [옮긴이] Aladdin Company. 통신판매로 주택 용품을 판매한 선구적 회사로 1987년에 폐업했다.

** [옮긴이] Sears, Roebuck and Company. 미국의 백화점 체인으로 수백 쪽에 달하는 통신판매 카탈로그를 발행했다.

가 설립되고, 몇 해 뒤 시어스가 이 사업에 뛰어들면서 통신판매 주택 시장의 규모와 성격이 바뀌었다.[2] 몽고메리워드와 함께 시어스**는 카탈로그로 전국적인 유통망을 가장 먼저 확보한 회사 가운데 하나였다. 통신판매 사업에 성공했던 시어스는, 표준 평면과 시방서를 제공하고 나아가 건설과 금융을 직접 다루는 "모던 홈 디파트먼트"(Modern Homes Department)를 설립하며 주택 건설 시장에 뛰어들었다. 시어스는 또 자사의 건설 매뉴얼인 『래드퍼드 실용 목공』(*Radford's Practical Carpentry*)을 펴내기도 했다. 공장에서 생산한 조립식 재료를 활용함으로써 일리노이·펜실베이니아·오하이오에서 기업 대단지 건설 사업 등 대규모 프로젝트에도 참여했다. 시어스는 통신판매 카탈로그로 설계와 건설 과정(평면·도면·매뉴얼과 문서 준비에서 시공과 금융까지) 전부를 포섭했다. 근대적인 대량 생산과 소비 체제에 기반을 둔 건축 조직이 실제로 만들어진 것이다. "카탈

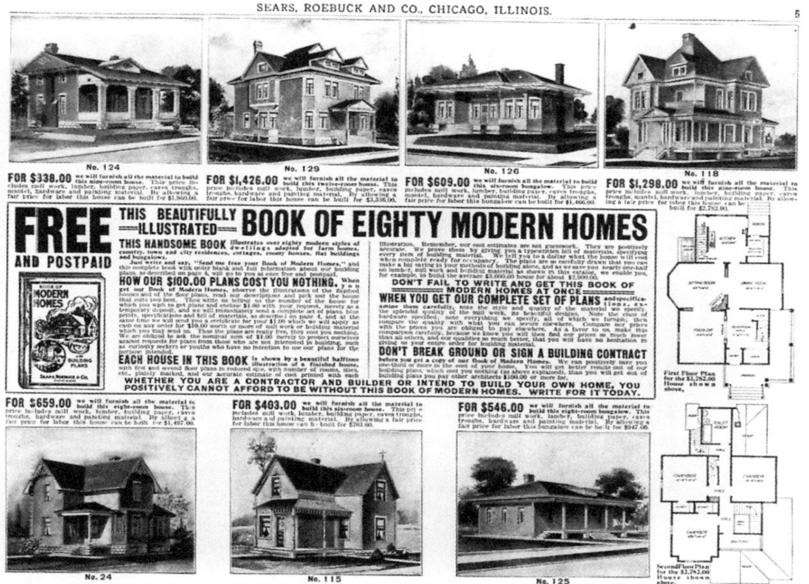

3.1 모던 홈 디파트먼트 광고.
시어스, 로벅 앤드 컴퍼니, 1914

로그 중심의 표준 평면 판매업자”였던 시어스가 건축 전문직을 심각하게 위협하고 있다는 생각도 무리가 아니었다.[3]

　　건설 산업은 점점 더 복잡해졌고, 도시계획의 변화와 전쟁 기간의 사회적 분위기 속에서 자율성의 이념은 더욱 약화되었다. 1910년대 도시미화운동에서 고양된 건축가의 위상과는 대조적으로, 건축가들은 이제 비현실적인 몽상가라는 비판을 받기 시작했다. 1916년 뉴욕이 제정한 미국 최초의 포괄적인 지역지구 법규에서 “기능적 도시”(city functional) 개념이 부상하자, 지자체가 어떻게 도시를 통제하느냐는 것이 도시계획의 핵심 문제가 되었다. 따라서 올바른 질서를 갖춘 도시의 이미지를 만드는 건축가의 역할은 도시계획을 철저한 과학이라고 정의하는 이념과는 공존할 수가 없었다. 스타일, 아름다움, 공공예술과 같은 도시미화운동의 핵심 개념들은 더 이상 도시 질서를 반영하는 기준이 되지 못했다. 조지 포드가 지적한 대로 “아름다움”이라는 말은 도시 계획 분야에서는 금기어가 되었고, 미학적 기준을 근거로 한 지역지구제는 “경찰권의 부적절한 행사이며 위헌”이라고 배척당했다.[4] 1931년, 도시계획과 건축의 변환기를 회상하면서 헨리 라이트는 1910년대 중반의 상황을 다음과 같이 요약했다.

> 1912년에서 1917년까지 새로운 도시 문제가 너무나 급속도로 발생해서, 시정 관계자들은 즉각적으로 상황의 변화에 발맞춰 대응할 수 없었다. 도시계획의 근본적인 의미가 일시적으로 혼란에 빠져 관계자들이 당장 실제적인 해결책을 제공하겠다는 이들에게 관심을 기울인 것도 놀랍지는 않다. ……더 좋은 형태와 동선을 주장하는 건축가들은 몽상가로 취급당하거나 무시되었다. 시민들이 도시문제를 해결할 수 있는

거창한 프로그램을 내놓으라고 압박하자 예전의 도시계획을 "도시미화운동 시절"이라고 비난하는 것이 유행했다. ……
결국 오늘날의 도시계획은 명확한 기술이라는 뜻을 갖게 되었고, 여기서 건축적인 표현은 지엽적인 문제일 뿐이었다.[5]

전통적인 건축가를 적대시하는 이런 분위기 속에서, 인플레이션과 제1차 세계대전은 건축계에 결정타를 날렸다. 1918년 5월 윌슨 대통령은 전쟁과 관련 없는 모든 건설 행위에 대한 일시 정지령을 선포했다. 이로써 일상적인 건축 프로젝트의 기회가 원천적으로 없어졌다. 건축 서비스에 대한 수요가 끊임없이 증가해온 미국에서 일시에 건축가의 수가 줄어든 것이다. 앨버트 칸의 표현을 빌리자면 전쟁은 건축가의 지위를 송두리째 앗아갔던, 건축 실무의 기반을 일소해버린 "벼락"이었다. "무엇을 해야 할지 모르겠고, 상황을 개선하기 위한 어떤 처방도 찾지 못했다."[6] 전쟁은 미국 사회가 추구하는 가치와 아카데믹 프로페션의 제도적인 논리 사이의 괴리를 노출시켰다. 건축가들은 일거리가 없었다. 심지어 전쟁과 관계된 산업 프로젝트에 참여하려면 구조 기술자나 건설 전문가로 나서야만 했다.[7] 많은 건축가들은 효율과 생산을 극대화해야 한다는 사회적 명분 앞에서 자율을 주장하는 전통적인 전략은 별 도움이 되지 않는다는 것을 깨달았다.

　연방 정부의 지원을 받은 전시 주택단지(war housing)는 당시 건축가들이 직접 관여할 수 있는 유일한 일이었다. 이를 제외하면, 프로젝트 수주가 불가능했다. 그러나 전시 주택단지의 설계조차도 실패라는 비판을 받았다. 역사가들은 "당시 떠오르던 '과학적 계획'(scientific planning)을 대규모로 노동자 주택에 적용한 최초의 사례"[8]라고 전시 주택단지를 평가하지만, 당대의 많은 사람들은 그 디자인이 "공상적"이고 "필요 이상으로 수준이 높다"고 평가했다. 1919년 12월 공공시설과 공공부지에 관한 상원위원회는 미국주거조합의 업무에 대한 보고서를 발표했다. 널리 공표된 이 보고서는 공기 연장, 높은 건설 비용, 비용 지급 방식을 포함한 여러 과실을 들어 건축가들을 비난했다. 빠르고 경제적으로 지을 수 있는 최소한의 임시 거처를 공급하려는 정부 정책을 따르기보다는 "모범 주택"과 아름다움이라는 자신들의 가치를 고집하는 데 신경 썼다는 것이 비난의 핵심이었다. 보고서는 주택들에 대해 "사양이 너무 좋고 두말할 필요 없이 아름답다"고 했는데, 이는 칭찬이 아니라 비난이었다.[9] 전시 주택에서 건축가는 비현실적이라는 통념이 재확인되면서 효율적인 엔지니어와 미학에 빠진 건축가가 또다시 대비되었다.

전쟁 기간 동안, 건축계의 다양한 단체와 개인들이 직능과 기율의 변화를 요구하기 시작했다. 그들은 한결같이 미국의 사회경제적인 상황이 돌이킬 수 없이 바뀌었기에 건축이 제도적인 위기에 봉착하게 되었다고 믿었다. 1920년에 리처드 튜더는 자본이 미국 사회를 잠식하고 있다는 소스타인 베블런의 분석을 근거로 "공격적인 대기업이 금융과 건설을 지배하고 있을 뿐만 아니라 건축 관련 서비스까지 수행하고 있다"고 경고했다. 건축의 전문 "성역"이 이제는 산업 자본 세력에 넘어갔다는 것이다.[10] 이런 관점은 베블런식 입장뿐만 아니라 당시 많은 건축가의 우려를 반영했다. 예술 공예론자였던 아서 펜티나 고딕 복고주의자였던 랠프 애덤스 크램 같은 사람들이 이미 수십 년 전부터 예견했던 위기 상황이었다. 건축 프로페션의 미래에 대한 불안은 이제 건축계 전체가 공유하게 되었다.

이 위기 상황 동안의 변화를 응집해서 보여준 사건은 AIA의 개혁이었다.[11] 당시 회장이었던 토머스 킴벌의 주도 아래, 미국의 건축 프로페션을 공식적으로 대표했던 AIA는 건축가의 위상과 역할을 재정의하는 데 착수했다. 1918년, 가장 중요한 사업으로 "미국의 건축가가 주동한 가장 중요한 운동"이라는 명분을 내걸고 전후 건축실무위원회(Post-War Committee on Architectural Practice)를 설립했다.[12] 전후 건축실무위원회는 2년 동안 다양한 사안에 대해 광범위한 조사 작업을 추진했다. 아카데믹 프로페션이 현대 사회에서 제 역할을 하려면 AIA의 조직뿐만 아니라 교육 및 직능 체계 전체를 시급히 재정비해야 한다는 결론을 내렸다. 프레더릭 애커먼이 주도한 교육소위원회는 보자르 체계가 급격히 바뀌는 사회의 "현실"에 대응해야 한다는 것을 분명히 했다.

현실 세계와 아무런 관련도 없이 설계를 가르치고 순전히 아카데미식으로 학생 작업을 평가하는 지극히 일률적인 교육은 사회 공동체 안에서 프로페션의 역할을 왜곡시켰다. 대부분의 과제는 현실 상황을 담아내지 못하며, 실제 경험과도 상관이 없다. 그 결과 학생들은 자신의 생각이 타당한지를 판단하기 위해 현실에 적용하여 시험해볼 수 있는 기회를 갖지 못한다. 설계 과제의 "주제"는 학생들의 사회적 관심사와 동떨어진 상황들을 다룬다. 결국 학생들은 건축을 목표와 명분을 가진 역동적인 사회의 표현으로 보는 것이 아니라, 형태의 배열로 인식하게 된다. 이런 교육 상황은 건축 직능이 사회로부터 고립되어 있는 까닭을 잘 보여준다.[13]

교육소위원회는 이러한 고립 상황을 극복하기 위한 방안으로 AIA가 "건설 산업 내의 모든 국가 단위 조직과 확실한 제휴를 맺을 수 있는 장치를 마련"하자고 제안했다.[14] 이런 입장은 "건축 예술에 연을 맺고 있는 도장공·조각공·목수 등에게 어떤 종류의 AIA 자격도 주어서는 안 되며", 이는 "AIA 회원들이 기술공과 수공업자들이 제공해주는 정보가 필요하다"는 고백이나 다름없기 때문이라는 19세기의 입장과 크게 대비된다.[15] 이런 AIA의 새로운 정책이 발표된 지 10년 후 윌리엄 헤이버가 펴낸 건설 산업 연구보고서에 따르면, AIA가 이때 비로소 건축이 더 큰 산업의 일부분이라는 사실을 깨닫기 시작했다. 헤이버에 따르면 AIA는 건설 산업과 "협력 정책"을 세움으로써, "조직이 더 유연해지고 프로그램이 확장되었다".[16] 이러한 협력 사업의 일환으로, AIA는 구조업무부(Structural Service Department)라는 새로운 조직을 설립했다. 1923년 엔지니어·기술자·자재회사와 긴밀한 관계를 유지하기 위해 구조업무부의 내부 부처가 "건설 설비와 재료 생산 단체 및 생산 조직"인 생산위원회로 재편되었다.[17] 1920년대 말 70여 곳에 가까운 회사와 직능단체가 생산위원회와 협정을 맺었고 위원회는 계속해서 AIA와 긴밀한 관계를 유지해나갔다.

　　AIA 정책에서 가장 흥미로운 반전은 "소규모 주택 건축 서비스국"(Architects' Small House Service Bureau, 이하 ASHSB)이라는 기성 평면 사업에 대한 입장 변화에서 볼 수 있다. ASHSB는 건축 프로페션이 가장 적극적으로 기성 평면의 담론을 포섭하려 했던 시도였다. 대부분의 기성 평면 사업을 대형 건설 자재회사가 운영한 것과 달리, ASHSB는 면허가 있는 건축사들이 독자적으로 운영했다. 사업의 한 스폰서는 주택 평면 통신판매업에 대한 건축계의 대응으로 시

작한 ASHSB를 아카데믹 프로페션의 "자구책"으로 보았다.[18] 1919
년에 출범한 ASHSB는 바로 전국적으로 조직이 확장했으며, 이듬해
AIA의 연례 총회에서 공식적으로 지지를 받았다.[19] AIA가 ASHSB를
승인한 것은 "소규모 주택"문제에 대한 기존 입장과 결별한다는 뜻
이었다. ASHSB 옹호자들은 기성 평면에 대한 적대적인 입장을 뒤집
어 시어스와 로벅의 소규모 주택 사업이 원래 건축가가 관할하던 영
역을 침범한 것이라고 주장했다.[20]

　　그러나 ASHSB의 "서비스"와 평면 통신판매 사업의 "상품 논리"
는 구별하기 어려웠다. ASHSB 지지자는 건축가와 시공업자의 기능
을 결탁한 상업적인 논리와 달리 ASHSB는 오직 설계도서만 제공한
다는 점을 강조했다. ASHSB에 따르면 설계와 시공은 경제성과 직
업윤리의 원칙에 따라 적절히 분리되어야 한다. "건축주와 건축가

3.2 소규모 주택 건축 서비스국의
산악지역(덴버) 분과가 제공한 주택
사례, 1923

의 이해관계는 동일하다. 하지만 건축주와 하청업자의 관계는 구매자와 판매자의 관계"라고 주장했다.[21] 그러나 이러한 논리로도 기성 평면에 대한 반대를 꺾지 못했다. 앞서 지적한 대로, 건축 도서의 상품화, 디자인의 선택과 조합, 프로그램의 표준화 등 기성 평면의 논리는 아카데믹 프로페션과는 분명 대치되었다. ASHSB와 AIA의 후원에 반대한 많은 건축가들이 이 사실을 잘 알고 있었다. AIA 승인을 반대하는 입장에 맞서, ASHSB의 기술감독이었던 로버트 존스는 다음과 같이 주장했다. "ASHSB는 대중의 주택 디자인 취향에 비위를 맞추지 않는다. 만일 대중의 취향에 영합하는 디자인을 했다면 훨씬 더 많은 평면을 팔았을 것이다. ASHSB의 목표는 디자인이 잘된 집을 선택하도록 대중을 교화하는 것이다."[22] 건축은 시공과 분리되어 있다는 전통적인 입장을 환기하면서, ASHSB는 건축가가 시공자보다 우월하다는 도덕성의 논리로 되돌아갔다. ASHSB는 대중문화의 일원이 되었다는 사실을 인정하기보다는, 여전히 자율성의 이념을 붙잡고 있었다. 1932년 『아메리칸 아키텍트』가 미국 전역에서 실시한 설문에서 등록 건축가의 압도적인 다수가 ASHSB에 대한 AIA의 공식적인 후원을 반대했다.[23] 그로부터 2년 후 AIA의 승인이 철회되었으며 ASHSB는 결국 1942년 해체되고 말았다.

　건축 프로페션이 대중 산업 사회에 "공식적으로" 편입되는 과정에는 많은 우여곡절이 있었다. 미국의 건설 경기가 1920년대에 되살아나면서 건축계의 위기 의식이 급속히 수그러졌다. 위기론은 경제가 나쁠 때에 만연하고, 호황기에 사라지기 마련이다. 어려운 시기에 가장 많은 후원을 받았던 전후위원회가 건설 경기가 회복되자 거의 잊혔다는 사실도 놀랄 일이 아니다. 하지만 전후위원회는 건축 직능의 중대한 변화를 명확하게 포착했다는 점에서 큰 기여를 했다. 전후위원회를 치밀하게 연구한 폴 벤텔이 지적했듯이 "직업윤리가 뒤틀렸고, 관행이 바뀌었으며 실무의 근본 원칙이 변했다."[24] 산업 생산과 대량 소비라는 새로운 사회·경제·문화 조건이 촉발한 건축의 위기는 일시적으로 실업률이 증가한 사건이 아니라 직능과 기율에 돌이킬 수 없는 분열을 알린 신호탄이었다. 대중 건축과 아카데믹 프로페션의 경계가 흐려졌고 경우에 따라서 완전히 무너졌다. 건축 담론의 기본 개념들이 변하기 시작한 것이다.

비즈니스, 효율성 그리고 기능주의 계획

경제 불황은 많은 건축가로 하여금 건축이라는 프로페션이 처한 상황과 사회 전반의 경제적 현실의 관계에 대해 진지하게 생각하도록 만들었다. 경제 호황기에 건축가들은, 특히 대형 사무실의 건축가들은 고객들의 심리에 동화되었다. 개인주의·판매술·이윤 창출 같은 모든 후버식 도그마*들이 아무런 의심 없이 받아들여졌다. 건축 잡지는 돈 버는 일에 관한 기사로 넘쳐났다. 종종 건축가는 디자이너가 아니라 사업가나 중개업자가 되었다. 크고 작은 금융 일에 몰두할수록, 그의 전문가적 위치는 위태로워졌다. 건축가는 기업과 개인의 이윤 추구라는 기계의 한갓 톱니바퀴일 뿐이었다.[25]

이렇게 탤봇 햄린은 1920년대 건축 담론을 지배했던 "비즈니스로서 건축"에 대해 회고한 바 있었다. 앞서 살펴본 대로, 전쟁 기간 동안 건축계는 전혀 새로운 문제에 직면할 수밖에 없었다. 한동안 할

---

* [옮긴이] 미국 31대 대통령 허버트 후버(Herbert Clark Hoover, 재임 기간 1929-1933)의 경제 정책을 일컫는다. 후버는 개인주의와 자유주의를 정책의 근간으로 삼았다. 이런 후버의 정책은 1933년 대공황의 한 원인으로 평가되기도 한다. 뒤이어 취임한 루스벨트는 후버와 완전히 상반되는 뉴딜 정책을 추진했다.

수 있는 일이라고는 공장과 노동자 주택밖에 없었고, 결과적으로 경제성과 엔지니어링이 건축 담론의 중심 이슈로 등장했다. 이어진 전후 복구 시기에도 상업 건축이 시장을 지배했고 계속해서 비즈니스와 효율성, 엔지니어링이 건축 담론을 지배하게 되었다. 탤봇 햄린의 입장과는 대조적으로 윌리엄 스타렛은 건축가들이 "윤리가 아니라 비즈니스"에 봉사해야 한다고 당당하게 이야기했다.[26] 실제로 건축계는 효율성을 추구함으로써 건설 과정에서 자신들의 입지를 강화할 수 있을 것이라고 믿었다. 폴 벤텔이 지적했듯이, "AIA의 전후위원회는 생산성의 효율을 높이는 엔지니어와 산업 경영자"를 건축가가 따라야 할 역할 모델로 제시했다.[27] 1920년대는 후버식 이데올로기가 지배하던 시기였고 과학적 관리론과 그 변종들이 여기에 힘을 실어주었다. "효율 숭상"은 미국 사회의 모든 국면으로 퍼져나갔고, 건축 역시 그 영향을 받았다.

　비즈니스와 효율성의 문제를 가장 먼저 다루었던 건축 잡지는 『아키텍추럴 포럼』이었다. 『아키텍추럴 포럼』의 전신인 『브릭빌더』는 273.05×349.25mm 판형의 포트폴리오 잡지였다. 1917년에 『아키텍추럴 포럼』으로 제호와 판형을 바꾸면서 본문을 포트폴리오와 같은 비중으로 다루기 시작했다.[28] 이와 비슷한 방식으로, 『아메리칸 아키텍트』 1917년 10월 17일자는 건축공학을 별도 섹션으로 다루기 시작했다. 전후위원회의 문제 의식과 전쟁 기간에 만연한 위기감에 대응해 두 잡지는 비즈니스와 엔지니어링을 강조했다. 서비스 영역을 상업 건축이나 생산 시설로 확장하지 않는다면 건축은 더 이상 전문 직능으로 생존할 수 없다고 주장한 『아키텍추럴 포럼』이 보다 공격적인 태도를 보였다.[29] 이런 근대적인 프로젝트에서 제 역할을 하기 위해서, 전통적으로 건축 영역 밖에 있다고 여긴 문제까지 지식을 넓히지 않으면 안 된다는 것이다. 건축의 새로운 분야를 자세히 다루면서, 『아키텍추럴 포럼』은 전후위원회의 제안을 이어받았다. "건축가들은 건물 디자인 이상의 서비스를 제공해야 한다. 현대 문명이 처한 사회적 이슈들을 분명히 깨닫고 있어야 한다. 그는 현재의 경제적 상황을 인식하고 노동력과 자재를 보다 효율적으로 사용하기 위해 전력을 다해야 한다."30

　건축 담론의 범주를 확장해야 한다는 요구에 대응해 『아키텍추럴 포럼』은 본문 섹션을 바꾸어나갔다. 1919년 6월호에서 '건축과 건설 경제 분과'라는 제목의 별도 섹션을 시작했고, 다음 달에는 '공학과 시공 분과'라는 섹션을 추가했다.31 1921년에는 엔지니어·시설 매니저·금융 전문가로 구성된 자문위원단을 만들어 시설 관리와 안전 공학 등에 대한 기사를 기고받았다.32 새로운 섹션의 주요 필자는 스탠리 테일러라는 엔지니어였다. 그는 자문위원단의 부동산 섹션과 건설 경제 분야를 책임지고 있었다. 테일러는 잡지의 새로운 분과가 건축 실무를 지배하는 비즈니스 정보에 대한 수요에 대응해 만들어졌다고 주장했다. "건축가가 현대 비즈니스의 요구사항들을 충족시켜주고 유사 분야와 비교하여 경쟁력을 갖출 수 있도록 비즈니스적 관점에서 건축 공사·유지 보수·보험 공학·디자인의 효율성, 그리고 프로젝트의 제반 가치를 제고하는 영역"을 다루었다.33 테일러의 "비즈니스적 관점"으로 볼 때 건물은 생산성을 극대화하기 위한 금융의 수단이었다.

　『아키텍추럴 포럼』은 효율성이 비즈니스와 불가분의 관계를 갖고 있다는 점을 강조했다. 당시 유명한 설계/엔지니어링 회사의 홍보 책자에서 볼 수 있듯이, 이윤을 목표로 하는 효율성은 합리적이고 도구적인 계획(planning)*을 통해서 얻을 수 있다고 믿었다.

---

* [옮긴이] plan이 건축의 '평면'과 보다 포괄적인 '계획'으로 번역될 수 있듯이, planning도 '평면 계획'과 '계획'으로 옮길 수 있다. 원문에서는 planning으로 이 두 가지 뜻 모두를 포괄하고 있으며, 이 planning의 뜻이 건축 요소와 공간을 다루는 평면 계획에서 건축 외적인 정보까지 포괄하는 계획으로 뜻이 변모해나가는 과정이 이 장의 주된 내용이다. 이를 살리기 위해 이 장에서는 planning을 문맥에 따라 '평면 계획' 또는 '계획'으로 옮겼다.

산업용 시설이나 공공시설과 같은 서비스 빌딩의 공간은 특정 용도에 맞아야 한다는 점에서 투기와 투자를 목적으로 하는 판매용 건물과는 다르다. 이런 이유로 서비스 빌딩의 문제는 대단히 복잡하다. 초기 투자와 유지 보수의 경제성을 고려해야 할 뿐만 아니라 특정 용도에 맞게 효율적으로 기능하는 기계처럼 계획(planned as a machine)해야만 한다.[34]

'건물은 기계'라는 은유적 표현은 다음 장에서 자세히 분석할 것이다. 위의 문맥에서는 물리적인 환경을 디자인하고 계획하는 데 과학적인 원칙을 적용하자는 뜻으로 사용되었다. 합리성을 앞세워 노동 현장에 개입하는 계획의 개념은 20세기 초 경영(management)과 공학 담론에 뿌리를 두고 있다.[35] 이 시기의 과학적 관리론은 "인간공학", "산업 개선" 운동이나 "시스템론자"와 같이 과학적 원리에 따라 산업을 조직적으로 통제하려는 여러 시도 가운데 하나로 부상했다.[36] 구체적인 프로그램은 다 달랐지만 사회 개혁을 본질적으로 통제와 조절의 문제로 보는 입장을 공유하고 있었다. 이런 점에서 이들의 이데올로기는 대개 미국적인 진보주의와 맞닿아 있었다.

근대 경영 담론의 발달 과정에서 계획이 바로 경영 전문가의 업무라고 프레더릭 윈슬로 테일러가 규정할 정도로 계획은 경영의 핵심 개념으로 떠올랐다. 테일러는 과학적 지식의 권위에 근거해, 생각과 실천, 계획과 노동 사이의 명확한 구분이 공장 경영에서 실현될 수 있다고 생각했다. 이제 시설 관리는 "계획과"라는 작업장의 새로운 부서 몫이었다. 이 부서가 "생산 과학의 저장고"가 됨으로써 통제의 권한이 자기 이익을 추구하는 소유주·고용주·노동자에서 산업 공학 전문가로 옮겨 가야 한다는 것이다.[37] 생산성의 극대화를 목적으로, '계획'은 공장의 사회 물리적인 프로그램을 작성하고 실현하는 행위로 경영 담론 안으로 편입되었다. 과학적 관리에서 합리적 프로그램이란 조직의 기능을 통제하는 일련의 문서, 바로 "작업을 하기 위한 계획, 즉 계획 부서가 레이아웃을 잡아 노동자나 실무자에게 넘겨주는 계획"이었다.[38] 테일러리즘은 사회 통제의 이념을 계획을 통해 구체화시켰다. 결과적으로 작업장의 물리적인 디자인도 계획의 소관이 되었다.[39]

예를 들어, 공장의 조직에 "공조·배관·난방·조명·화장실·탈의실·식당·휴게실·업무 시간 중 노동자들에게 의료 서비스를 제공하기 위한 간호실 등 새로운 시설을 위한 평면의 통제"가 모두 "인간 공학 부서"의 소관이 되었다.[40] 대학의 산업공학 수업에는 "산업용 시설 건설·빌딩 레이아웃·설비의 설치와 배열" 등의 과목이 개설되었다.[41] 공장의 합리적 디자인은 산업공학의 가장 중요한 임무였다. 아래의 공장 관리 매뉴얼에 따르면, 이는 건축가가 잘할 수 있는 일이 아니었다.

건축가를 고용하게 되면 그는 대개 평면과 시방서를 준비하고 계약서를 쓰고 시공 감리를 한다. 이런 식으로 하면 자격 조건을 갖춘 사람에게 책임이 적절하게 배분된다. 그러나 솔직히 말해, 공장 설계는 건축과는 거의 아무런 상관도 없다. 이 일을 하려면 생산 과정에 관한 철저한 지식과 공장 관리와 생산 통제에 대한 이해가 필요하다. 시설과 장비에 대한 노동자들의 반응도 평가할 수 있어야 한다. 인적 요소는 생산에서 가장 중요한 인자인 만큼 비중 있게 다루어야 한다. 이러한 주제들은 전형적인 건축가들의 훈련과는 관계없는 것들이다.

생산기계를 직접 디자인하거나 적어도 꼼꼼하게 분석하고 점
검하는 것처럼 일상 작업 공간을 생산기계처럼 접근하여 마
치 기계 그 자체를 디자인하는 태도를 건축가가 가질 리 만무
하다. 이는 냉정하고 실리적이며 오로지 돈만을 생각하는 일
이어서, 폭넓은 공학적 지식, 생산 관련 재능과 노동자의 요구
와 심리에 대한 이해가 필요하다. 여기서 건축 디자인의 역할
은 매우 미미하다.[42]

건축가가 자격이 없는 이유는, 엔지니어의 전통적인 영역인 구조와
시공에 관한 전문성이 없어서가 아니라, 상업·법제도, 그리고 프로
젝트의 "인적 요소"를 모르기 때문이라는 것이다.

전쟁 전에, 합리주의 계획은 공장 관리와 가정 경제(소위 가정 공
학)와 관계된 매뉴얼, 그리고 『테일러 협회지』(*Bulletin of the Taylor
Society*), 『시스템』(*System*), 『경영공학』(*Management Engineering*),
『공장과 산업 경영 보고』(*Factory and Industrial Management*) 등 산
업 공학 관련 정기간행물을 통해 널리 퍼졌다. 이런 경영 텍스트들은
2장에서 언급했던 전통적인 계획 매뉴얼에서 볼 수 없는 새로운 주
제와 담론 형식을 소개했다.[43] 구체적인 예로 빈센트 블리스와 C. 스
탠리 테일러가 편집한 『호텔 계획과 설비』(*Hotel Planning and Out-
fitting*)란 매뉴얼의 내용을 보도록 하자. 『아키텍추럴 포럼』의 전문
편집위원이었던 테일러는 『호텔 경영』(*Hotel Management*)의 편집
위원이었고, 호텔 계획의 전문가로 정평이 나 있었다. 그는 "기능적
인 평면"에 집중하면서, 효율성과 이윤을 위한 계획 과정을 자세하
게 설명한다.[44] 계획 과정의 첫 번째 단계는 "커뮤니케이션의 요구
와 잠재력에 관한 과학적 연구"이다. 이 조사 사업은 미국호텔협회,

호텔 회계사 그리고 투자회사 등이 진행하는 것으로 되어 있다. 이 사업을 바탕으로 부지를 정하고 실리에 맞는 금융 계획이 세워진다.[45] 다음 단계는 "공간 기능 일람표"를 만드는 일이다. 호텔은 공용, 구내 매장, 임대, 식음료 서비스, 객실, 일반 서비스로 구성된 여섯 개의 부서로 나뉜다.

> 계획의 첫 단계에서 특정 사업에 필요한 개별 공간 단위의 실제 기능과 목적에 따라 부서 목록을 작성해야 한다. 다음 단계는 대략적인 면적, 필요한 공간의 수, 각각의 일반적인 평면 계획 관련 데이터를 정하는 것이다. 이런 방식으로 건축가에게 일군의 공간 단위가 주어진다. 정해진 요구 조건에 따라 이 단위들을 잘 배치하면 만족스럽고 성공적인 평면이 나오게 된다. 물론 평면이 이런 체계를 따라 도출되는 과정에서, 건축 평면의 제약 조건에 맞추어가도록 기능적인 평면의 조정 제안과 수정이 있기 마련이다. 이러한 방식으로 만든 층별 기본 평면은 프로젝트의 비즈니스 사항을 명쾌하게 풀어낼 것이다.[46]

즉, 테일러의 기능적인 평면은 건축 프로그램을 체계적으로 풀어 만들었다는 이야기이다. 공간 단위의 사양과 크기가 구체적으로 제시된다는 측면에서, 그리고 프로젝트에 대한 질적인 언급이 전혀 없다는 점에서, 보자르 프로그램뿐만 아니라 당시 실무에서 통상적으로 사용되었던 건물 프로그램과도 전혀 달랐다.[47]

기능적 평면은 아카데미 체계와는 근본적으로 다른 설계 과정을 전제한다. 무엇보다 조작하는 단위가 건축 요소의 조합이 아니라, 특정한 면적이나 체적이 할당된 "공간 기능"으로 정의되었다. "기능적 관점에서 공간을 할당"함으로써 일련의 "공간 단위나 평면 단위"가 만들어지는데, 건축가들은 이를 "적절한 상호 관계" 속에 배치시켜야 했다.[48] 두 번째로, 하나의 프로그램에 여러 해법을 전제하는 아카데미와는 대조적으로, 프로그램과 건축 평면이 일대일로 대응한다고 생각했다. "스태틀러 호텔 계획 방법론"을 설명한 시드니 와그너의 다음 글에서 이를 확인할 수 있다.

> 계획과 설비가 무엇보다 중요하다. 호텔 계획은 근본적으로 서비스의 문제이기 때문에 파사드와 인테리어의 건축적 처리는 부차적인 문제임을 강조하고 싶다. 유능한 건축가라면 근사한 파사드 디자인을 여럿 만들어낼 수 있지만, 적절한 평면은 오직 하나밖에 없다.[49]

이상적으로 보자면 건축 평면은 프로그램에서 시작하는 선형 과정의 논리적 산물이어야 한다. 스탠리 테일러는 이 과정은 "과학적 선결정"이라 불렀는데, 기능적 평면이 건축적 평면으로 "점차 스스로 풀려가는" 과정이다. 건축 설계의 근거로 체계적인 프로그램을 세우는 일은 "일반적인 평면의 애매한 생각"에서 출발해 "수정의 미로 속으로 후퇴하는" 전통적인 방법보다 분명 우월하다고 생각했다.[50] 이 틀에서 건축 과정을 분명한 시퀀스로 정의했다.

> 설계도면이 효과적으로 실행되려면 계획이 설계에 선행되어야 하듯, 리서치는 계획에 선행되어야 한다. 주위에서 흔히 보듯이 조사·계획과 설계가 한꺼번에 이루어지는 방법과는 반

대로 전문가들의 체계적이고 목표 지향적인 리서치는 사무실
에 상당한 이득을 가져다준다.[51]

이렇듯 단선적이고 합리적인 건축 과정은 아카데미 기율에 대치되
는 개념처럼 보인다. 그러나 1910년대에서 1920년대까지, 기능주의
담론은 전통적인 아카데미 건축을 의식적으로 반박하거나 공격하지
않았다. 이는 『아키텍추럴 포럼』이 취한 새로운 편집 방향에서 분명
하게 확인할 수 있다. 스탠리 테일러에 따르면, 건축가의 업무가 확
장되었다고 하여 예술이 상업에 희생되어서는 안 된다. "건축계의
미학적 관심은 전례가 없는 규모로 지속되어야 한다. 명예로운 프로
페션의 전통과 건전한 원칙에서 이탈은 없을 것이며 현대 사회의 발
전과 궤를 같이하며 업무 영역이 확장될 것이다."[52] 전통적 디자인의
규범들이 기능적 평면과 공존할 수 있다는 생각은 스태틀러식 호텔
계획론에서도 드러난다. 스태틀러 호텔에 대한 잡지 기사에서, 와그
너는 계획의 중요성을 강조하면서도 "좋은 평면 계획안은 서비스의
요구 사항을 만족시키는 동시에 확고한 디자인 원칙을 따라야 한다"
고 역설했다.[53]

　단선적이고 결정론적인 설계 과정이 전형적인 평면 유형과 상충
한다고 생각하지 않았다는 점은 아카데미즘이 여전히 힘을 발휘하
고 있다는 또 다른 증거였다. 은행 건축계획에 관한 1923년 『아키텍
추럴 포럼』의 한 기사에서 이런 양상이 잘 드러난다. 이 기사는 체계
적인 프로그램에서부터 설계를 시작해야 한다고 주장하면서도 "전
형적인 평면"들을 함께 제시했다. 부서 간 관계를 규정하는 다이어
그램이 프로그램에 포함되어 있어 은행의 "기능 조직"을 명확하게
볼 수 있다는 것이다. 설령 프로젝트의 특수한 상황이 이런 체계적인

프로그램과 맞지 않더라도 건물을 먼저 계획하고 나서 그 안에 조직을 끼워넣는 것보다 낫다고 주장했다. 그 이유는 "다이어그램에 최선의 해결책이 담겨 있고, 설계자는 기성의 디자인을 따르기보다 다이어그램을 향해 가기 때문"이라는 것이다.[54] 하지만 기사는 저자가 옹호하는 이 조직 다이어그램을 보여주지 않았으며, 전통적인 계획 매뉴얼의 포맷으로 구성되어 있었다.

기능주의 계획과 평면 유형의 공존은 특히 박물관 건축에서 잘 나타난다. 박물관은 아카데미즘 건축을 대표하는 건축 유형이면서도 합리주의적인 방법론의 영향을 가장 먼저 받았다. 1950년 미국 박물관에 관한 로런스 콜먼의 보고서에 따르면, "유기적 조직체로 계획된 현대 박물관"은 1910년대 말 무렵, 특히 클리블랜드 미술관에 대한 보고서와 함께 등장하기 시작했다.[55] 이러한 "실용주의적" 접근은 보스턴 미술관의 사무관이었던 벤저민 아이브스 길먼의 글에서 잘 드러난다. 길먼의 에세이들은 1910년대 『월간 과학』(*Scientific Monthly*), 『아키텍추럴 레코드』, 그리고 박물관 분야의 기관지 등 다양한 잡지에 실렸다. 길먼은 이 글들을 모아 1918년(2판은 1923년)에 『이상적인 박물관의 목적과 방법』(*Museum Ideals of Purpose and Method*)이라는 단행본으로 발간했는데, 이 책은 한동안 박물관 건축의 가장 중요한 매뉴얼로 사용되었다. 여기에서도 "박물관 피로"를 최소화하고, 동선과 조명을 최적화하는 과학적인 방법론이 일군의 정형화된 평면과 공존했다.[56]

기능주의 계획이 아카데미 담론을 바로 대체하지 않았지만 궁극적으로 그 종말을 가져올 논리를 내포하고 있었다. 기능주의 계획은 건축 설계의 근간이 건축 기율 밖에 있는 기능적 평면, 즉 합리적이고 체계적인 프로그램에 있다고 전제했다. 1920년대 초반, 요즈음 "프로그래밍"이라고 부르는 컨설팅 서비스를 건축가가 아닌 시설 매니지먼트 관계 조직들이 제공하기 시작했다. 예를 들어, 1923년 전국건물소유주협회는 시설계획서비스위원회(Building Planning Service Committee)를 설립해 건축주와 건축가가 오피스 건물을 계획할 때 최대한의 "효율성과 경제성"을 도모하겠다고 나섰다. 협회지인 『마천루 경영』(*Skyscraper Management*)과 『호텔 관리와 건설』(*Hotel Management and Building*), 『빌딩 관리』(*Building Management*) 등 유사 잡지를 통해 기능주의 계획이 널리 퍼져나갔다.

건축가의 업역이 디자인 이전 리서치와 계획 단계까지 확장되었지만, 시설 계획의 실무는 산업 공학과 시설 매니지먼트의 관할 아래 있었다.

> 도심 호텔의 전기설비를 비롯해, 세탁실·부속물이 있는 부엌 등을 계획하는 것은 건축적 문제라기보다는 산업의 문제다. 최신 병원·요양소·교정시설과 복지단체 같은 시설 계획을 하려면 기관 업무를 위한 설비를 아는 산업 공학자의 리서치와 연구가 필요하다. 그는 건축 설계의 근본이 되는 계획의 결정 인자들을 산출한다.[57]

이 구절이 수록된 『펜슬 포인츠』(*Pencil Points*)는 경영 전문가가 제시한 요구 조건을 기본 설계로 전환하고 이를 제도사에게 전하는 과정에 한해서 계획을 건축의 기율로 인정했다. 계획이란 "큰 공간 분할에서 디테일까지, 간명한 내용과 간결한 형태로 제도사에게 명확한 방향을 주는 설명 노트와 스케줄이 첨부된, 설계 가안을 준비하는 것"이다. 이것은 전통적인 보자르식 평면 계획으로 되돌아가는 정의

다. 건축 형태를 만드는 것이 건축가의 임무라면 보자르와 달라진 것이 전혀 없다고 할 수 있다. 하지만 형태를 프로그램의 결과물로 규정함으로써 건축가를 단지 "연필과 스케일"을 다루는 사람으로 축소시켜버리고 말았다.[58] 1920년대 초반의 기능주의 계획은 아카데미 담론을 넘어서려고 한 것이 아니다. 그러나 건축 설계가 프로그램에서 시작한다는 생각은 프로그램의 요구 조건을 충족시켜야 한다는 책임감과는 전혀 다른 것이다. 아카데미 기율의 종언을 향해 되돌릴 수 없는 첫 발걸음을 내딛은 것이다.

II

새로운 기율을 찾아서

4

아카데미 기율의 균열

오늘날 건축은 역사적 선례의 디테일에 얼마나 충실한가가 아니라 진정한 디자인의 원칙에 얼마나 충실한가에 따라 평가되어야 한다. 정확한 형태가 아니라 정신이 무엇보다 중요하다.

AIA 이사회 보고서, 1929

콤포지션의 변화와 아날리티크의 종말

1920년대 미국과 영국 건축 출판계의 상황을 살펴보면, 보자르 디자인에 관한 책이 크게 늘었다는 것에 놀랄 것이다. 앞 장에서 지적했듯이, 비즈니스와 효율성의 담론이 부상했지만 아카데미 담론이 당장 위축된 것은 아니었다. 당시 보자르 세력은 붕괴하기는커녕 오히려 부활했다. 고전 건축의 요소를 간단한 레디메이드 형태로 정리한 매뉴얼들이 학생과 실무 건축가들 사이에서 인기를 끌었다. 이러한 경향은 데이비드 배런의 『건축 설계 표시』에서 이미 드러나기 시작했다.[1] 1921년에서 1924년까지 존 하브선은보자르 디자인 인스티튜트의 설계 방법에 대한 특집을 『펜슬 포인츠』에 연재했다. 1926년 이 연재물은 『건축 설계 연구』(*The Study of Architectural Design*)라는 제목의 단행본으로 출간되었고, 이듬해 개정판이 나왔다.[2] 하브선은 배런의 『건축 설계 표시』보다 더 차근차근 아카데미의 설계 방법론을 설명했다. 건축 설계 교재로는 내서니얼 커티스의 『건축 콤포지션』(*Architectural Composition*, 1923), 하워드 로버트슨의 『건축 콤포지션의 원리』, 로버트 앳킨슨과 호프 배지널의 『건축의 이론과 요소』(*Theory and Elements of Architecture*, 1926) 등이 주목할 만하다.[3]

　　1920년 『펜슬 포인츠』의 창간은 그 자체로 보자르의 부활을 의미한다. 『펜슬 포인츠』는 구아데의 『건축의 이론과 요소』와 비올레르뒤크의 『사전』을 요약 번역했고, 레이먼드 후드의 "프랑스 아틀리에 어휘"와 앞서 언급한 하브선의 아카데미 건축에 관한 연재물을 게재했다. 『펜슬 포인츠』는 아카데미 담론의 핵심 매체였으며, 판매 부수도 『아키텍추럴 레코드』에 버금갔다.[4] 미국 건축을 포괄적으로 서술한 역사서들도 1920년대에 처음 출간되었다. 루이스 멈퍼드의 『스틱스 앤드 스톤스』(*Sticks and Stones*, 1924), 탤봇 햄린의 『건축의 미국 정신』(*The American Spirit in Architecture*, 1926), 토머스 톨매지의 『미국 건축 이야기』(*The Story of Architecture in America*, 1927), 조지 엣젤의 『오늘의 미국 건축』(*The American Architecture of Today*, 1928) 그리고 피스크 킴벌의 『미국 건축』(*American Architecture*, 1928) 등이 그 예다. 『스틱스 앤드 스톤스』를 제외하고 모두 보자르 건축을 미국 건축에서 지속적인 의미를 갖고 있는 전통으로 높이 평가했다.[5]

전후의 위기를 겪은 상황에서 아카데미 담론의 부활은 갑작스러운 반전처럼 보일지도 모른다. 하지만 왜 이런 상황 변화가 일어났는지는 쉽게 이해할 수 있다. 우선 1920년대의 경기 호황은 전례가 없는 건설 붐을 불러왔고, 건축 서비스에 대한 수요가 폭발적으로 늘었다.[6] 두 번째 이유는 계속 확대되고 있는 제도권 건축 교육이다.

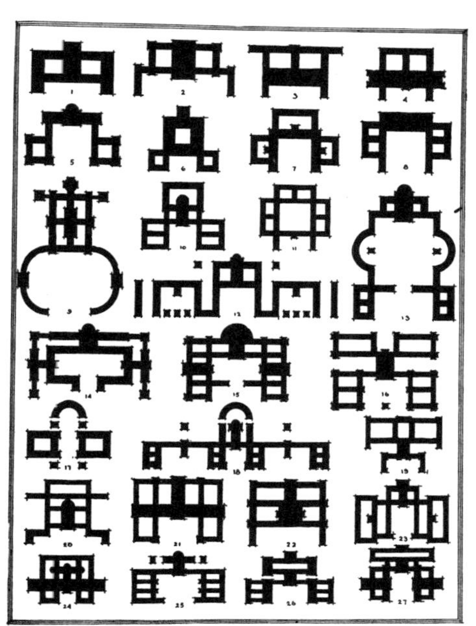

4.1 "전면 돌출부와 중정이 있는 그룹을 다룬 평면", 존 하네만, 『건축 콤포지션 매뉴얼』(*A Manual of Architectural Composition*), 1923

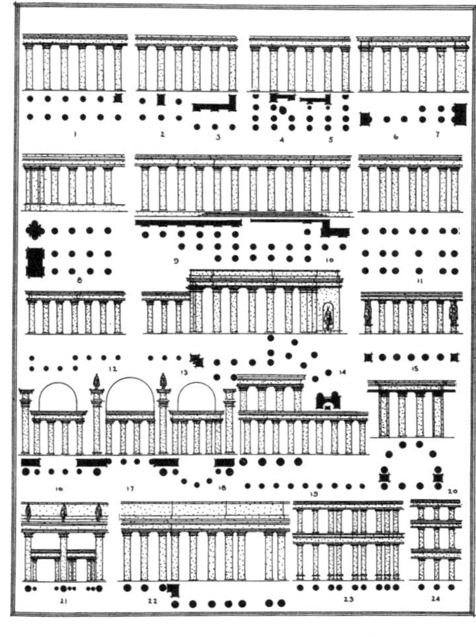

4.2 "열주랑", 존 하네만, 『건축 콤포지션 매뉴얼』

19세기 말 미국 최초의 건축 학교들이 설립되고 나서, 1912년 이후 10년 동안 열아홉 개의 건축 학교가 새로 세워졌다. 전쟁과 경기 변동에도 불구하고, 1930년 미국의 건축 학교에 등록한 학생 수는 1912년의 세 배가 되었다.[7] 세 번째 이유는 절충주의의 부활, 특히 영국 콜로니얼 복고 양식의 인기를 들 수 있다. "시대 양식 주택"에서 "보자르 아파트"까지 1920년대의 주택 건설 붐은 포트폴리오와 패턴 북을 되살아나게 했다. 하지만 보자르의 부활은 역설적으로 엄중했던 전통이 그 내부에서 파열되고 있음을 뜻했다. 비즈니스·효율성·기능주의 계획의 이념이 외부에서부터 기율을 흔들었고, 아카데미 담론의 개념들이 변하면서 담론의 구조 안에서 미묘하지만 되돌릴 수 없는 균열이 일어나기 시작했다.

먼저 콤포지션의 의미가 어떻게 달라졌는지 살펴보자. 1920년대의 새로운 이론서들은 여전히 반 펠트나 로빈슨이 제안했던 형식주의적 콤포지션 개념을 따르고 있었지만, 이제는 양식의 효용과 가치를 애초부터 거부했다는 점에서 중요한 차이가 있다. 다시 말해, 새로운 콤포지션은 건축을 요소의 조합으로 규정했던 입장에 반하는 이론이 되었다. 콤포지션이라는 용어를 사용하지 않았지만, 온전한 건축 형식론을 처음으로 제안한 영어권 텍스트는 제프리 스콧의 『휴머니즘 건축』(*The Architecture of Humanism*, 1914)이다. 존 하브선은 이 책을 "건축 콤포지션의 기초 원리를 분별 있게 설명"했다고 추천한 바 있었다.[8] 『휴머니즘 건축』은 르네상스에서 "아카데미 이론"까지 다양한 건축 이론의 "오류"를 훑어보고 비판하는 책이었다. 스콧은 르네상스에서 유래하는 "아카데미의 전통"에 많은 가치를 두지만, 그 이론은 "언제나 황량"하다고 믿었다. 스콧에 따르면, 아카데미 이론은 관습주의였다. 즉, "과거에 사용된 형태이기 때문에, 미래에도 변형 없이 사용되어야 한다”는 믿음이라고 보는 것이다. 진정한 건축의 요소는 “순수 양식’”을 꼼꼼하게 따르는 “형태의 규범”이 아니라 매스·공간·선에 있다는 것이다.[9] 테오도어 립스의 감정이입 이론에 따라 인간은 건축 형태를 신체의 기능과 연관된 형상으로 인식함으로써 자신을 인공적 조형물과 동일시할 수 있다고 주장했다. 그는 “기능의 이미지를 구체적인 형태”로 투사하는 작업이 창의적인 디자인의 밑거름이라 믿었다. “매스·공간·선으로 우리의 신체적 즐거움에 대응하는 건축, 그리고 일관성(coherence)으로 우리의 생각에 답하는 건축”이 가능하다는 것이다.[10] 『휴머니즘 건축』이 견지한 형식주의는 역사주의 양식이 더 이상 건축 이론의 근간이 될 수 없는 것으로 거부했지만, 그렇다고 새로운 건축을 추구하지는 않았다. 스콧의 의도는 고전주의 전통, 특히 그리스와 르네상스 건축의 타당성을 다시금 입증하는 것이었다. 스타일의 연속성이라는 틀을 벗어던지고, 인간 심리에 근거를 둔 탈역사적 원리로 고전주의를 재정립하려고 했다. 유럽과 미국에서 널리 읽힌 『휴머니즘 건축』은 콤포지션·절충주의·모더니즘을 둘러싼 당시의 논쟁 속에 아카데미 담론이 자리를 잡을 수 있는 전형적인 논리를 제시한 예라 하겠다.

1924년 『휴머니즘 건축』의 개정판이 출간되었고, 같은 해 하워드 로버트슨의 『건축 콤포지션의 원리』가 처음 출간되었다.[11] 반 펠트와 로빈슨처럼, 로버트슨 역시 콤포지션은 분석이 가능하다고 믿었다. “구성의 원리”가 있다고 믿었으며 콜린 로처럼 과거·현재·미래의 건축이 지닌 “형식적인 공통분모”가 있다고 믿었다.[12] 『건축 콤포지션의 원리』는 1920년대 영미권에서 건축 원리를 정교하게 설파했던 여러 책 중 하나였다. 그 원리를 가리키는 표현들은 저자마다 달랐지만, '대조·비례·스케일·균형·리듬·매스·표면' 등, 반 펠트와 로빈슨이 제시했던 것과 유사한 개념들이 여러 책에 등장한다. 『건축 콤포지션의 원리』의 머리말이 보여주듯, 이 개념들은 언제나 보편성과 영속성이 있다고 믿었다.

콤포지션은 건축 설계의 쐐기돌이다. 평면이 건물의 외양을 지배하지만 "콤포지션"의 개념이 없으면 평면이 좋아도 외양이 지루하고 흥미롭지 않을 것이다. 매스의 스케일과 대비 효과를 제대로 다루면 같은 평면을 더 좋아 보이게 할 수 있다. 디테일은 부차적이다. 건물의 매스가 힘 있고 장대하면 디테일이 좋지 않아도 상관없으며, 심지어 없어도 그만이다.[13]

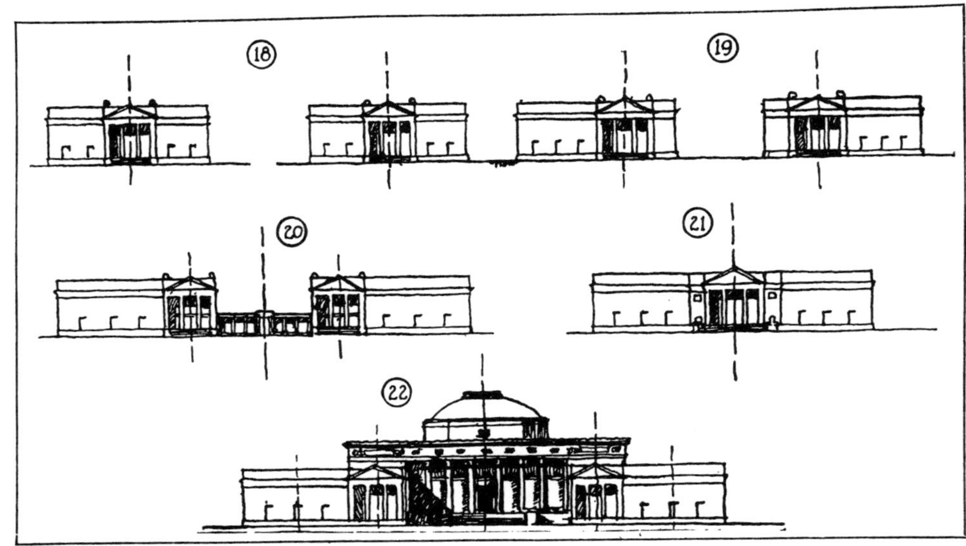

Fig. 18.　Duality.
Fig. 19.　Duality lessened by focussing interest towards centre.
Fig. 20.　Unity suggested by a " link " element.
Fig. 21.　Complete Unity.
Fig. 22.　The two original elements unified by the introduction of a Dominant third element.

4.3 "다양한 요소가 있는 콤포지션에서 통일성을 부여하기 위한 위계의 설정", 하워드 로버트슨, 『건축 콤포지션의 원리』, 1924

장식 디테일이 완전히 없어도 좋다는 언급만 제외하면, 『건축 콤포지션의 원리』는 1900년 전후 콤포지션 이론의 연장선상에 있는 것처럼 보인다. 반 펠트와 로빈슨처럼, 대비와 매스의 원리는 건물의 평면이나 스타일과는 무관하다. 더욱이 로버트슨은 평면을 여전히 건축 형태의 문제로 보았기 때문에 형태의 원리에 따라 조절된다고 믿었다. 평면은 "벽과 방, 복도 등의 패턴으로 이루어진 기본 틀을 보여주는 종이 위의 이미지다. 이런 디자인의 요소들은 회화의 형상처럼 모든 것이 평평하게 펼쳐 있어, 추상적인 콤포지션의 법칙에 따라 서로 영향을 준다".[14]

그러나 로버트슨은 자신의 입장이 구아데의 『건축의 이론과 요소』는 물론, 로빈슨, 반 펠트, 내서니얼 커티스 같은 미국의 저자들과도 다르다는 점을 강조했다. 이들은 콤포지션을 "기능적" 관점에서 접근했다면, 자기는 "추상적 입장"[15]에서 다룬다는 것이다. 로버트슨은 기능과 추상을 이분법적으로 대비시켜 콤포지션에 관한 논리를 세웠다.

> 한편 디자인을 추상적인 문제로 보는 것, 기능과 구조를 고려하지 않고 건물의 미적 효과를 숙고하는 것, 다른 한편 목표 지향적인 실질적인 요구 사항에 관한 것, 온전한 건물을 이루는 요소, 건설 방법의 문제, 간단하게 말하자면, 기능적 디자인이라고 부르는 모든 것과 관계가 있다.[16]

로버트슨은 "콤포지션의 법칙과 디자인의 문법을 알아야만" 기능적 디자인을 "건축 창조물로 제대로 번안할 수 있다"고 주장했다.[17] "디자인 문법"(grammar of design)이라는 표현은 영국 건축가이자 비평가로 널리 알려졌던 트리스탄 에드워즈의 미학 이론서 『보이는 것들』(*The Things Which Are Seen*)에서 따온 것이다. 자연과 인조물이 공유하는 미적 기반으로, 에드워즈는 수(數), 강조, 변형의 규범을 제안했으며 나중에 『건축 스타일』(*Architectural Style*, 1926)에서 이 규범들을 건축에 적용하기도 했다. 좋은 건축이란 "소위 '스타일'과는 전혀 무관하다"고 말한 로버트슨의 입장과 같은 맥락에서, 에드워즈도 양식은 "표현적"이며 건축의 구성 규칙에서 부차적인 것이라고 주장했다.[18] 앨런 콜훈이 『건축 콤포지션의 원리』에 대해 통찰했듯이, 형식 원리를 통해 영속성을 추구하는 것은 곧 "'스타일에 대한 확신'이 붕괴"했다는 뜻이었다.[19]

4.4 "변형"(그림 1-6)과 "구두점"(그림 A-D)의 원칙 사례, 트리스탄 에드워즈, 『건축 스타일』, 1926

에드워즈와 로버트슨의 또 다른 공통점은 계획과 콤포지션을 완전히 별개로 보았다는 점이다.

> 건물의 실용적인 요구사항, 특정한 건축 "프로그램"을 충족하기 위한 계획 체계, 건물의 성격과 위상, 또는 기능적인 필요에 따른 요소의 배치에 관련된 건축의 표현마저도, 건축의 언어라는 지금의 주제와는 아무런 상관이 없다.[20]

콤포지션 이론서가 실용적인 문제들을 배제시킨 것에 대응하여 계획 매뉴얼들은 형태와 스타일에 관심이 없다고 단언했다. 이런 상응관계는 에드워드 스티븐스의 병원 매뉴얼에서 잘 나타난다.

> 많은 외관 디자인을 이 책에서 볼 수 있지만, 건축 양식, 건설 방식 또는 건축 재료에 대한 언급은 없다. 왜냐하면 이러한 것들은 다른 종류의 건물과 다르지 않기 때문이다. 장식이든 조각이든 건축적인 형태의 아름다움은 환자에게 긍정적인 심리적 영향을 미치긴 한다. 하지만 병원의 문제를 해결하는 데 무엇보다도 중요한 것은 평면 배치다.[21]

이런 이원적인 논리는 앞서 기능주의 계획에서도 논한 바 있다. 기능주의 계획이 프로그램과 평면을 연결하는 합리적인 과정으로 부상함에 따라 콤포지션은 보자르의 평면 이론과 무관한 개념이 되었다. 평면 계획과 콤포지션 사이의 미묘한 차이가 이제 형태와 기능으로 분명하게 갈라져버렸다.

　평면 이론이 분열되면서, 보자르 기율의 핵심인 아날리티크와 에스키스 사이의 보완 관계가 무너져버렸다. 로버트슨은 건축의 요소가 "기능적 설계"의 문제라고 생각했다. 건축을 올바르게 이해하려면 "건물의 요소가 아니라 원칙을 분석"해야 한다고 굳게 믿었다.[22] 이 논리에 따라 로버트슨은 "추상적인 콤포지션"을 "요소"를 익히는 훈련과 구분하고, 후자를 설계 과정에서 부수적인 것으로 격하시켰다. 결과적으로 콤포지션은 실제 설계 과정과는 관계가 없는 일련의 시각적인 효과나 추상적인 개념들을 지칭하게 되었다. 콤포지션은 이제 아날리티크, 즉 건축 요소를 익히고 이를 디자인하는 기율과 상관이 없어졌고, 아날리티크는 부분과 전체를 연결하는 역할을 상실했다.

　아날리티크가 무너지면서 아카데미 담론 내부에 균열이 일어났다. 이는 1930년대에 출간된 아카데미류의 책에서 분명히 드러난다. 당시의 가장 야심찬 출판 사업의 예로 찰스 스크리브너사의 『미국 건축의 걸작』(*Masterpieces of Architecture in the United States*, 1930), 그리고 학교 교재로 출간된 어니스트 피커링의 『건축 설계』(*Architectural Design*, 1933)를 보도록 하자. 『미국 건축의 걸작』은 『근대 로마』의 위대한 건축을 정교하게 수록했던 르타루이의 정신을 이어받아 정점에 오른 미국 건축을 보여주고자 했다. 폴 필립 크레는 11인의 작품 선정위원 가운데 가장 유명한 건축가였으며 이 책의 서문을 썼다. "'새로운' 예술 규범을 보여주는 작품을 선정 기준으로 삼았던" 1920년대의 많은 건축 책과 다르다는 것이 이 포트폴리오의 자랑거리라고 주장했다.[23] 그러나 이런 야심 찬 책의 서문에서 모사의 원리를 방어해야 할 정도로 아날리티크는 공격을 받고 있었다. "나는 모사를 변호하고자 한다. 그것은 모든 시대의 예술 작품을 통해 수많은 개인들의 작은 노력이 형태를 발전시키는 모습이며, 앞선 세대가 발견한 것을 현재의 특정한 용도와 취향에 맞추어 변환시키는 것이다.”[24] 그러나 크레는 이미 결판이 나버린 싸움을 계속하고 있다. 『미국 건축의 걸작』이 호응을 얻어 2집이 출간되기를 기대했지만, 1930년대 중반에 이런 포트폴리오의 수요는 이미 사라졌다.

크레는 모사를 고매하게 옹호했지만, 이제 아카데미에서조차 아날리티크가 건축가를 훈련시키는 데 해악을 끼친다고 생각했다. 이런 양상은 콤포지션 교재의 계보에서 마지막을 장식했던 피커링의 『건축 설계』에서 잘 드러난다. 저자에 따르면, 책의 목표는 “건축 설계에 대한 학습이 20세기와 조화를 이루도록 하는 것”이며, 이를 위해 건축 요소를 버려야 한다는 것이다. 이러한 입장은 렉스퍼드 뉴컴의 머리말에 잘 요약되어 있다.

> 수년간 건축 설계와 콤포지션에 관한 책들은 오더·창호·벽·기둥·계단·페디먼트와 같은 건축의 “요소”를 근원적인 것처럼 제시했다. 우리가 언어로 소통할 때, 단어로 문장을 만드는 것처럼 요소들로 디자인이 이루어진다는 것이다. 이런 태도는 생각이 고정되어 있는 세계에서나 잘 통한다. 건축의 “단어”와 “문법” 대부분이 선조들에 의해 완성된 세계에서는 당대의 요구를 충족시키기 위해 이러한 “요소들”을 재조합하는 것이 최선이었다.[25]

이 머리말은 『건축 설계』보다 정확하게 10년 전에 출간된 존 하브선의 『건축 설계 연구』의 머리말과 대조적이다. 머리말을 썼던 로이드 워런은 에콜에서 디플로마를 받은 최초의 미국인이었다. 그는 “실제 건축을 공부하기 이전에, 학생이 과제로 받은 건물을 제대로 표현하기 위한 지식"을 가지려면 아날리티크가 반드시 필요하다고 주장했다.[26] 콤포지션에 대해 보수적인 입장을 가졌던 이들은 건축의 전체와 부분이 유기적인 관계를 갖고 있다는 생각을 1920년대까지 계속 유지했다. 예를 들어, 반 펠트는 "전체적인 건축 구성"을 위해서는 "좋은 디테일"이 반드시 필요하다고 여전히 믿고 있었다. 하지만 "건축의 수준은 그 부분의 수준"이라는 그의 확신은 급격하게 낡은 생각으로 취급받고 있었다.[27]

1930년에 프랭크 보스워스와 로이 존스는 건축대학연합회(Association of Collegiate Schools of Architecture)의 후원 아래 미국의 건축 학교에 대한 조사에 착수했다. 2년 후 『건축 학교 연구』(*A Study of Architectural Schools*)라는 제목으로 출간되었던 이 연구서는 1920년대 후반에서 1930년대 초반까지 변화해가는 미국 건축 교육의 여러 모습을 비판적인 입장에서 잘 보여준다. 무엇보다 눈에 띄는 것은 아날리티크로 시작하는 설계 교육을 가차없이 비판했다는 점이다.

> 아날리티크를 사용하여 3차원 건축 형태의 구현을 가르치는 작업 방식과 교육 방법은 대부분 의심스럽기 짝이 없다. 어쩌면 그것이 실제 교육 목표가 아닐지도 모른다. 똑같이 그리는 솜씨 말고, 그 진정한 목적이 무엇인지 확신을 갖고 명확하게 설명할 수 있는 학교가 없었다.[28]

이 보고서에 따르면 미국의 많은 건축 학교들이 요소에 대한 훈련을 중단하기 시작했다. "복잡한 전체에서 인위적으로 떼어낸 부분"의 문제가 아니라 "단순한 형태에서 건축의 총체성과 관련된 문제"에서 설계 교육을 출발해야 한다는 것이다.

두 방법의 근본적인 차이는 건축의 본성을 바라보는 견해 차이에서 비롯된다. 종래의 일반적인 방식은 건축의 외적이고 장식적인 면을 강조해 학생들이 교육의 초기 단계에서 여기에 집중하도록 한다. 새로운 방식은 인간의 요구를 충족시키는 구획된 공간의 배치와 비례에 가장 많은 관심을 기울인다. 이런 변화는 단순히 교육적인 실험으로 치부할 수 없는 그 이상의 의미가 있다. 최근에 분명해진 새로운 건축 경향을 직접적으로 반영한 것이며, 너무나 확실한 것이기에 많은 사람들은 이를 경향이 아닌 혁명으로 반기고 있다. 이로써 과거로부터 전해온 스타일의 공식에 대해 감상적으로 복종하는 것이 아니라 오늘의 재료와 요구의 현실을 적극적으로 수용하게 되었다.[29]

다시 말해서, 아날리티크가 붕괴했음에도 불구하고 건축 요소에 기반을 둔 개략적인 스케치로 설계를 시작하는 시스템은 계속되었다. 아날리티크는 종말을 고했지만 왜소해진 에스키스는 연명했다. 이런 양상은 스케치 과제로 설계 프로젝트를 시작하는 보자르식 방법을 견지했던 피커링의 『건축 설계』에서도 찾아볼 수 있다. 아날리티크에 대한 섹션을 책 안에 두었지만(그림 2.5), 피커링은 이것이 고전주의의 관습적인 요소가 아니라 "매스"와 "공간"을 다루는 것이라 주장했다. 보스워스와 존스는 이를 "인간의 요구를 충족시키는 구획된 공간"이라고 불렀고, 스탠리 테일러의 기능주의 평면이 설정했던 "공간 기능"에 상응하는 개념이었다. 디테일은 이제 교과 과정의 후반부에 가르치며 설계 과정의 마지막 단계에서 다루는 응용의 문제가 되었다. 따라서 스타일은 전적으로 장식의 문제가 되었다. 이런 변화는 새로운 현실을 향한 건축의 진화 과정에서 혁명적인 전기라 할 수 있다.

　1930년대에 이르러 한때 "평면 이론"을 바탕으로 짜임새 있었던 체계가 여러 다른 담론으로 파열되었다. 이제 콤포지션과 계획, 에스키스와 아날리티크, 형태와 기능은 설계 과정에서 각기 다른 단계를 이루면서 인식론적으로 독립된 범주로 취급되었다. 이러한 이분법에는 변증법이 설 자리가 없었다. 왜냐하면 각각의 개념이 다루는 대상이 달랐고 논리적인 일관성을 확보하는 방식이 달랐기 때문이다. 계획을 엄격하게 프로그램의 기능으로 규정했다면, 콤포지션은 독자적인 규칙이 있다고 생각했다. "통일성"(unity)은 콤포지션의 원리로서 그 체계 내의 형식적 범주에 내포되어 있는 개념이었다. "어떤 구조체가 통일성을 지니고 있다는 것은 대조·리듬·스케일을 반드시 가지고 있다는 뜻이다."[30] 콤포지션은 일련의 개념이자 지각 현상의 결과로 인식되었기 때문에, 합리적인 과정과 완전히 별개의 것이었다.

형태 대 기능: 1920년대의 논쟁

1920년대와 1930년대 초, 콤포지션과 계획, 형태와 기능 사이의 분열이 많은 건축 논쟁을 통해 드러나기 시작했다. 특히 주목해야 할 것은 "모더니스트"와 "전통주의자" 사이의 논쟁인데, 두 진영 모두 보자르의 배경을 공유하고 있었다. 1920년대 후반기에 미국 건축에서 모더니스트는 레이먼드 후드, 일라이 자크 칸, 랠프 워커, 하비 와일리 코빗 등 뉴욕 마천루를 디자인한 건축가들을 가리키는 말이었다. 아카데미즘의 오라와 비즈니스의 건축이라는 이념을 동시에 거머쥔 그들은 1920년대 보자르 출신의 상업주의 건축가를 대표했다.[31] 이 중에서 가장 큰 목소리를 냈던 코빗은 비즈니스, 예술 그리고 모더니즘을 하나로 모으고자 했다. 레이먼드 후드의 레이디에이터 빌딩에 관한 다음의 견해에서 코빗의 전형적인 입장을 읽을 수 있다.

> "상업주의"가 예술의 적이라고 여길 이유가 없다. 어쩌면 새로운 유형의 상업 건축이 개발될지도 모른다. 어쩌면 건축은 인간의 복지와 새롭고 고차원적인 관계를 맺도록 상업주의를 해석하는 큰 발걸음을 내딛을지도 모른다. 작금의 의미에서 상업주의란 보통 사람을 위한 점진적인 자유와 해방을 뜻한다.[32]

다른 한편, 전통주의자 편에는 윌리엄 애덤스 델러노와 존 러셀 포프 등이 있었다. 명확한 그룹으로 묶기 어렵지만 이들은 고전주의 전통을 확고부동하게 옹호했다.

모더니즘 논쟁의 전략들은 콤포지션 책의 이원적인 개념 구도를 중심으로 전개되었다. 첫 번째, 당시의 지배적인 인식처럼 건축에는 다양한 스타일이 있다고 가정했다. 논쟁에 적극적이었지만 냉소적인 입장을 취했던 루이즈 라 봄은 전통주의자들이 여러 가지 역사적 양식을 옹호한다는 점에서 이전의 양식 논쟁과 다르다는 것을 지적했다.[33] 전통주의자들은 문제의 핵심이 역사적 양식의 복제가 아니라 역사적 스타일의 권위에 있다고 주장했다.[34] 이에 반해 모더니스트들은 특정한 스타일을 옹호하는 것이 아니라 역사적 모티브를 사용하는 것에 반대했던 것이다. 이런 다원주의적 구도에서, 모던 스타일은 여러 양식 가운데 한 대안으로 간주되었다. 헨리 러셀 히치콕을 인용하자면, "'양식'이든 '양식들'이든, 최근의 디자인 경향은 과거의 '양식'과 동등한 것으로 취급되었다."[35]

이 논쟁의 두 번째 개념적 속성은 하워드 로버트슨이 제안했던 것처럼 건축 이론을 "추상적"으로 접근하는 태도와 "기능적"으로 접근하는 태도의 이분법이다. 1930년대의 논쟁에서, 어느 쪽이든 모더니스트나 전통주의자의 입장을 옹호하는 데 동원될 수 있었다.

먼저 추상적인 형식주의의 입장에 따르면, 건축은 스타일이 아니라 매스·색채·선과 같은 형식적인 속성에 따라 판단되는 것이다. 한편, 트리스탄 에드워즈 같은 절충주의자는 어떤 양식이든 간에 이런 형식주의가 적용될 수 있다고 믿었다. 고전주의든 고딕이든 동양풍이든 중요한 문제는 스타일이 "디자인 문법"을 따라야 한다는 것이다.[36] 다른 한편, 『건축 콤포지션의 원리』에서 이미 드러났듯이, "단순한 모양"과 "기하학적인 형상"을 선호하던 로버트슨은 모더니즘을 열광적으로 옹호했다.[37] 에드워즈와 로버트슨 모두 1925년 파리 장식예술과 근대산업 국제박람회를 계기로 아카데미가 주목하기 시작한 모더니즘의 새로운 형식에 대해 잘 알고 있었다. 양식과 관계가 없는 원리를 디자인의 기본이라고 함으로써, 건축가들은 근대에 적합한 양식에 관한 논쟁에서 양가적인 입장을 취할 수 있었다. 같은 맥락에서 트리스탄 에드워즈는 자신의 디자인 문법이 "전통과 모더니티 사이의 갈등을 해소해준다"고 주장했다.[38] 두 번째, "기능주의적" 입장에 따르면, 최신 건설 기법을 사용하고 근대적인 시설의 복잡한 프로그램을 해결하는 것이 근대 사회에서 건축가의 가장 중요한 역할이다. 이런 논리로 레이먼드 후드와 일라이 자크 칸은 스스로 모더니스트라고 자처했다.

4.5 "기하학적 모양과 단순한 형태의 구성", 하워드 로버트슨, 『건축 콤포지션의 원리』, 1924

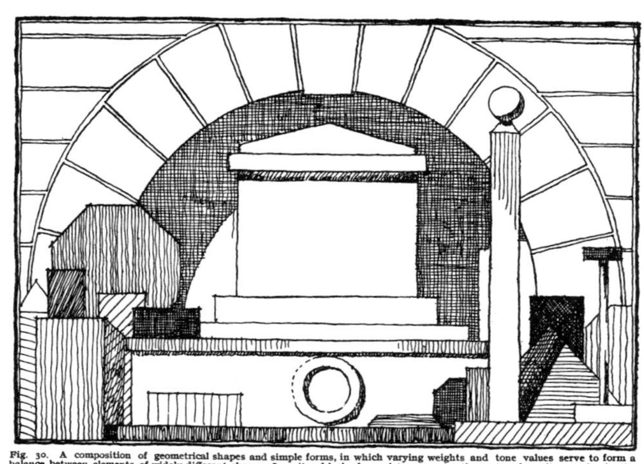

Fig. 30. A composition of geometrical shapes and simple forms, in which varying weights and tone values serve to form a balance between elements of widely different shape. In spite of lack of complete symmetry the centre of gravity remains in the middle of the picture.

근대 건축 운동은 외관에 아무런 관심도 없다. 그것은 선례를 버렸는지 또는 따랐는지를 신경 쓰지 않는다. 예술의 새로운 규칙이 기계에서 나왔는지도 관심이 없고, 규칙이라는 게 있는지조차 관심이 없다. …… 템포·리듬·역동적인 대칭·색의 부조화·움직임·패턴 또는 기계의 영감이 새로운 예술의 기본적인 특성이라고 말하는 예술가나 비평가는 새로운 예술이 극복하고자 하는 바로 그 오래된 가설로 되돌아가는 것이다. 근대 예술이 이러한 성질을 갖고 있을 수도 있지만, 부차적인 것이지 본질은 아니다. 근대는 정직하고자 진지하게 노력하는 것이다.[39]

기능주의 진영의 보자르 모더니스트들이 말하는 "정직함"(honesty)이란 건축이 현대 사회의 상업 논리의 지배를 받는다는 것을 공공연히 인정한다는 뜻이었다. 코빗과 달리 후드는 상업주의를 굳이 형식과 재현의 담론으로 끌어올릴 이유도 없다고 생각했다.

같은 맥락에서, 전통주의자 역시 기능주의의 논리를 취할 수 있었다. 첨단 건설 기술을 받아들이고 복잡한 프로그램을 해결함으로써, 전통주의자는 현대 사회의 요구를 얼마든지 만족시킬 수 있고, 그렇기 때문에 검증받지 않은 장식을 마음대로 사용하는 이들만큼 최첨단이라는 것이다.[40]

> 건축가들이 우선 건물의 기능을 해결한다면, 고전주의에 바탕을 둔 어휘를 사용하여 이전의 건축을 능가할 수 있다. 이것은 부분적으로 기능주의자나 모더니스트들의 주장이기도 하지만 옛 문화의 전통에 근거한 근대 건축에도 해당되는 말이다. 다시 말해, 오래된 기존 건물을 베끼고 현재의 삶을 거기에 맞춰서는 안 된다. 오히려 건축 탐구가 제공하는 어휘를 갖고 오늘날의 문제를 직면하고 여기에 전통적인 건축의 옷을 입혀야 한다.[41]

전통주의자들의 소극적 논리는 칼 포퍼가 말했던 "관습적 전통주의"(conventional traditionalism)의 속성을 갖고 있다. 즉, "객관적이고 탐지 가능한 진리가 없는 상황에서 전통의 권위를 인정하느냐 혼돈을 선택하느냐의 선택에 직면하게 된다는 생각"을 말하는 것이다.[42] 이 논리에 따르면, 역사 양식을 정당화할 수 있는 어떠한 합리적인 체계도 부정되었기 때문에 양식은 전통주의자들에게 일종의 관습인 것이고 모더니스트들에게는 자의적인 취향인 것이다.

형태와 기능의 이분법을 기반으로 1920년대에 진행되었던 또 하나의 중요한 논쟁은 "새로운 마천루"에 관한 것이었다. 건축 이론이 고층 건물을 다루기 시작하면서, 마천루를 둘러싼 논쟁은 구조의 표현을 중심으로 진행되었다.[43] 하지만 1920년대 중반에 즈음해 이 문제가 무의미해졌다는 생각이 지배하기 시작했다. 이런 양상은 피스크 킴벌의 『미국의 건축』에서 뚜렷하게 드러난다. "근대 건축이란 무엇인가?"라는 장에서 저자는 모더니즘의 양극단을 확실하게 규정한다. 한편에는 기능적이고 과학적이며 객관적인 모더니즘이 있고, 다른 한편에는 형식적이고 미학적이며 추상적인 모더니즘이 있다.[44] 킴벌은 전자를 퓨진·비올레르뒤크·젬퍼를 중심으로 19세기적인 현상으로 보았으며, 이 흐름은 루이스 설리번의 미국 건축에서 정점에 도달했다는 것이다. 후자는 매킴, 미드 앤드 화이트를 필두로 이런 기능주의에 반발하며 "건축은 구조가 아닌 매스와 공간으로 접근해야 한다"라는 입장을 가졌던 건축가들이 중심이 되었다.[45] 킴벌은 고전 건축의 근원적인 형식에서 진정한 근대 건축을 발견할 수 있다고 생각했다. 따라서 "1890년대에 격렬하게 타올랐던, 철제 구조를 표현하려는 노력"은 이미 시효가 지난 이슈였다. "미국 건축에서 진정한 '모던' 무브먼트는 구조와 관계없이 형태를 조직하려는 노력"이라고 킴벌은 결론내렸다.[46] 단순한 고전주의 형식을 선호했지만, 킴벌은 "'나에게는 오직 하나의 신, 형태의 아름다움이 있다'는 하비 코빗의 말에 우리 모두 동감한다"고 했다.[47]

킴벌과 형식주의자들의 입장에서, 1916년 뉴욕의 포괄적인 지역 지구 법규에 맞춰 등장한 계단식 마천루는 형태 원리에 입각한 근대 건축의 중요한 표본이었다. 여러 형태 원리 중에서 특히 "매스"가 새로운 마천루 미학의 핵심으로 부상했다. 구체적인 예로 탤봇 햄린은 1923년에서 1926년 사이에 지어진 랠프 워커의 바클레이 베시 빌딩을 이런 형식 원리의 사례로 보았다. "여기서 마침내 전통적인 디자인이 사라졌다. 매스가 치밀하게 정리되어 있고 강조된 수직선이 이야기를 하고 있으며, 자신의 아름다움을 말하고 있다. 이 건물 전체가 미국 건축의 발전을 위한 기념비가 될 것이다."[48] 어니스트 피커링은 한 걸음 더 나아가 뉴욕의 지역지구 법규가 새로운 디자인 조류를 만들었다고 주장하며, 매스를 근대 건축의 가장 중요한 미적 원리로 규정했다.

> 근대 건축은 점점 그 힘을 디테일이 아니라 매스에서 찾는다. 그런데 건축의 매스는 콤포지션의 원리를 따라야만 한다. 눈에 띄는 매스나 볼륨만으로는 부족하다. 매스는 강할 수도 있고 약할 수도 있다. 매스는 생명력과 힘을 가질 수도 있고 우유부단하거나 약할 수도 있다. 멋진 방식으로 제대로 구성된다면 매스만으로도 구체적인 감정을 불러일으킬 수 있다. 매스는 그 완결된 느낌으로 보는 이들을 자극할 것이다. 적절한 매스를 가진 도시의 많은 고층 건물들은 디테일이 거의 없이 순전히 무게와 덩어리를 사용했다.[49]

비슷한 맥락에서, 하워드 로버트슨은 "간단한 기하학적 형상이 완성된 건축 개념의 기반"이 될 수 있다는 것을 보여주기 위해서 휴 페리스가 제안했던 마천루 디자인의 발전 단계를 제시했다.[50]

페리스와 하비 와일리 코빗은 지역지구 법규를 새로운 건축의 스펙터클로 전유한 계단식 마천루의 전도사들이었다.[51] 그들은 계단식 마천루가 미국 최초의 독자적인 건축 양식이라고 생각했다. "우리가 지금 만들고 있는 것은 완전히 새로운 것이다. 그리고 그 파장은 전세계의 건축에서 감지될 것이다. 계단식 양식은 고딕·고전주의·르네상스와 나란히 역사 속에 자리 잡을 것”이라고 코빗은 의기양양하게 말했다.[52] 계단식 마천루의 디자인은 기본적으로 건축의 외적인 조건에 의해 결정되었다고 보아야 한다. 새로운 지역지구 법규와 건축 면적을 최대한 확보해야 한다는 논리, 여기에 뉴욕 도시 격자의 엄격한 기하학이 더해져 사실상 고층 건물의 매스가 결정되는 것이다. 하지만 고층 건축 프로젝트를 수행했던 코빗과 보자르 건축가들은 건축이 자율성을 잃어버렸다고 생각하지 않았다. 오히려 새로운 형식 원리에 입각하여 지역지구 법규에서 모던한 미국적 양식의 영감을 얻었다. 1920년대 말이 되면 “지역지구 법규나 건축법 등의 요건에 맞춘 건축 디자인”이 곧 근대 건축이라고 생각하게 되었다.[53] 이렇게 계단식 마천루의 문제는 매스에 관한 형식과 미학의 담론으로 탈바꿈했다.

기능과 미학의 이원론이 지배했던 가장 유명한 미국의 프로젝트는 1932년 현대미술관(이하 MoMA)에서 열린 “근대 건축: 국제전시회”, 그리고 전시회와 함께 헨리 러셀 히치콕과 필립 존슨이 출간한 책일 것이다.[54] “국제주의 양식”은 1920년대와 1930년대 동안 벌어진 모더니즘 논쟁의 틀 안에서 이해할 수 있다. 히치콕과 존슨은 양식이 제공하는 기율을 버리면, 무엇이든지 가능해지기 때문에 건축 공통의 기율을 상실하게 된다는 전통주의자들의 주장을 따랐지만 전통주의자와 모더니스트 들이 공유했던 절충주의는 받아들일 수 없었다. 히치콕은 전시회가 개최되기 몇 년 전부터 단일한 모던 스타일을 추구하기 시작했다. 1930년 “근대 건축은 혼합주의를 용인할 수 없다. 현대 건축은 새로운 빛을 여는 개벽이 아니라면, 복고주의 취향의 방해물일 뿐"이라고 단언했다.[55] 히치콕은 기능주의가 새로운 건축 기율의 기반이 될 수 없다고 생각했다. 기능주의는 형태를 창출할 수 없기 때문에 스타일의 공백을 메우지 못한다고 보았다.[56]

건축이 복잡하고 점점 더 복잡해지고 있다. 이런 복잡함 속에서 완벽한 기술도 …… 정확한 것이 아니다. 2 곱하기 2는 4인 것처럼 정확하고 완벽한 문제가 아니다. 기술적으로 완벽한 상황에서 디테일이 모두 만족스러운 여러 대안 중에서 자유롭게 선택한 총합은 또 다른 복잡한 전체다. 이러한 선택이 우연에 맡겨지거나 또는 경제 논리에 맡겨진다면(역사적으로

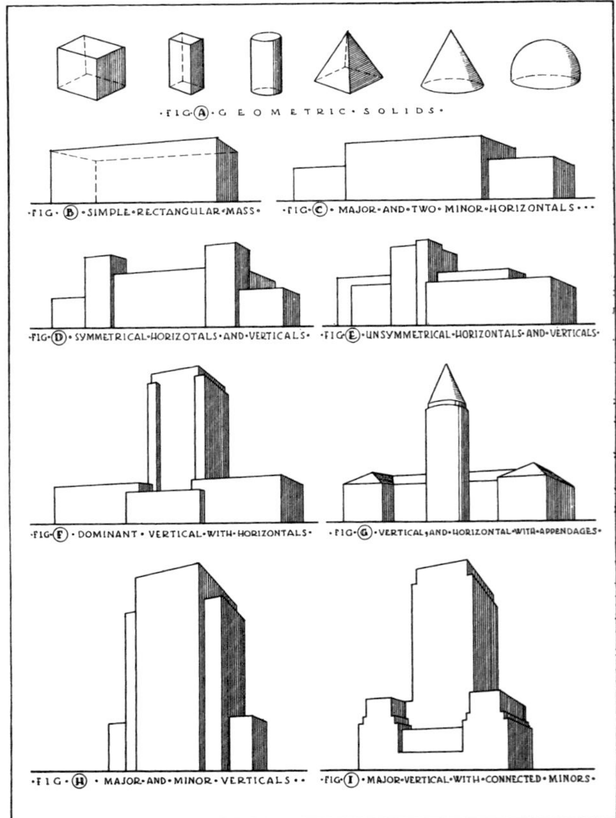

4.6 매스의 건축적 원리가 드러나는 기하학적인 기본 형태, 어니스트 피커링, 『건축 설계』, 1933

4.7 매스의 원칙을 보여주는 근대
건축의 도판,『건축 설계』

4.8 계단식 마천루의 진화를
보여주는 스케치, 하워드 로버트슨,
『건축 콤포지션의 원리』, 1924.
이 도면들은 1922년 뉴욕건축협회
연례 전시회에 처음 소개된
휴 페리스의 "네 번째 단계"와
1923년 4월호『펜슬 포인츠』에
실린 "마지막 단계"를 다시 그린
것이다.

FIG. (A), above.—Vertical masses. Limestone and steel. Koppers Bldg., Pittsburgh. Graham, Anderson, Probst & White, Archts.

FIG. (B), above.—Powerful massing rather than detail. Concrete. Los Angeles Public Library. Bertram G. Goodhue, Archt.

FIG. (C), below.—A composition in abstract design—vertical masses opposing a horizontal. Hall of Science, Chicago. Paul Cret. Archt.

Figs. 31 and 32. Sketches based on designs by Helmle and Corbett for the "Skyscraper of the Future," showing how simple geometrical shapes (31) form the basis of the finished architectural conception (32).

본다면 양자가 결국 같은 것이다), 각각의 복잡한 전체는 이해할 수 없고 난삽한 것이 된다. 이것이 디자이너의 의식에 따라 완벽하게 조절된다면 이해가 되고 질서가 잡히게 될 것이다. 전자에는 건축이 존재하지 않으며 후자에는 건축이 존재한다.[57]

히치콕은 건물과 건축 사이에는 "의식적이든 무의식적이든 건축가가 디자인을 완성시키려면 자유롭게 결정을 내려야 하는" 지점이 있다고 생각했다.[58] 『국제주의 양식』(*The International Style*)은 이 선택을 어떻게 해야 하는지를 제시한다. 볼륨·균형·장식의 배척이라는 세 가지 원칙은 1920년대에 확립된 콤포지션의 형식 원리에 대응하는 개념이며 이에 대한 구체적인 대안을 제시했다. 매스에 반대되는 원칙으로 볼륨, 리듬의 특정한 양태로 균형, 표면의 원칙으로 장식의 배척이 제시된 것이었다. 이렇게 일련의 형태 기준을 제시함으로써 히치콕과 존슨은 형식주의와 동반되었던 양식의 자의성을 극복하고자 했다. 아카데미 담론의 균열로 잃어버린 양식의 강제력을 회복하고 "미학에 기반을 둔 기율"의 문화적 권위를 다시 내세웠다.

　　1920년대 말에 즈음하여, 아카데미즘의 자율성과 통합된 기율이 분명 와해되었다. 기능주의 평면이 등장하면서 이미 형태와 기능이 분리되기 시작했고, 이 분열의 구도가 아카데미 담론 안으로 침투했다. 앞에서 언급한 소규모 주택 건축 서비스국뿐만 아니라 모더니즘과 계단식 미학을 둘러싼 논쟁, 그리고 『국제주의 양식』은 모두 건축의 직능과 기율을 분열시켰다. 한때 통합되어 있었던 기율이 양식, 콤포지션 그리고 기능으로 파편화되었다. 마천루의 미학은 아카데미즘의 전통적인 재현 전략을 유지한 채 그 이데올로기를 수정했다. 소규모 주택 건축 서비스국의 경우 건축이 대중문화의 담론을 전유하면서도 자율성의 이념을 유지했다. 『국제주의양식』은 단일 양식을 추구했던 19세기의 노스탤지어를 되살려 모든 양식을 포섭하려는 콤포지션의 논리는 너무 모호하다는 사실을 포착했다. 모더니즘을 둘러싼 다른 논쟁들과 달리 『국제주의 양식』이 고집스럽게 양식에 대한 확신을 고수했다는 것이 큰 강점이었다. 이것은 현실 초연의 전략이라기보다는 만프레도 타푸리가 말한 "원인을 이해하고 동화해버림으로써 고뇌를 씻어버리는" 부르주아적인 전략이었다. 타푸리를 계속 인용하자면, 부르주아들은 "이러한 극심한 고뇌를 불러일으키는 모순과 분열이 복잡한 메커니즘을 통해 일시적으로 무마된 것일 뿐이라도 아무런 상관이 없었다"[59] 다른 한편, 이런 일시적인 화해가 불만스러웠던 이들도 있었다. 이제 루이스 멈퍼드라는 문화 비평가와 프레더릭 애커먼이라는 기술관료주의 건축가에게 주목하도록 하겠다. 근대 건축의 "고뇌"를 이해하고자 한다면, 건축 재현에 대한 이들의 사회적 비판을 자세히 들여다보아야만 한다.

5

프레더릭 애커먼, 루이스 멈퍼드, 그리고 형태의 위기

마침 애커먼 씨는 다른 관점에서 살고 있고 일을 하고 있다. 이 관점에 따르면 모든 것은 측정되어야 한다.

기술자 지배에 관한 대륙위원회,
프레더릭 애커먼에 대한 머리말, 「기술자 지배
이면의 사실들」, 1933

건축에서 근대의 참된 상징은 눈에 보이는 상징이 없다는 것이다.

루이스 멈퍼드, 『도시의 문화』
(*The Culture of Cities*), 1938

프레더릭 애커먼과 퇴행적 합리성의 논리

아카데미 기율과 그 건축에 불만을 가졌던 사람들은 새로운 건축을 구상하고 생산하는 일이 필연적인 과제가 되었다. 국제주의 양식은 아카데미의 형식이 무너진 잔해 위에서 편하게 자리 잡았다. 하지만 국제주의 양식은 근대 건축이라는 어려운 목표에 도달할 수 있는 유일한 통로도 아니며 필연적인 길도 아니었다. 1932년 MoMA 전시회의 주거 섹션에는 루이스 멈퍼드, 캐서린 바우어, 클래런스 스타인, 헨리 라이트가 일부 관여했다. 멈퍼드와 바우어 그리고 미국 지역계획위원회(Regional Planning Association of America, 이하 RPAA) 회원 건축가들은 당시 미국 건축의 양심 세력으로 종종 그려진다. 이들은 국제주의 양식의 편협한 미학과 상업주의에 물들었던 보자르 건축과는 한눈에 상반되는 것처럼 보인다. 이들이 주장한 "사회를 위한 건축"을 살펴보면 1920년대와 1930년대 건축 담론에 대한 연구의 지평을 넓힐 수 있다.[1]

건축 담론의 기본 조건을 이해하고자 하는 이 책의 목표에 발맞추어 이들이 시대의 제약을 벗어났다거나 초월했다고 봐서는 안 된다. 더욱이 멈퍼드가 건축에 대한 RPAA의 입장을 대변한다고 봐서도 곤란하다.[2] 멈퍼드가 미국 건축과 문화의 독보적인 비평가이자 RPAA에서 가장 유명하고 목소리가 컸던 인물인 것은 사실이다. 그러나 라이트, 스타인, 프레더릭 애커먼 등 RPAA의 건축가들 역시 젊은 멈퍼드에 못지않은 지성을 갖춘 인물들이었다. 멈퍼드만큼 알려지지 않았지만, 애커먼은 소스타인 베블런에게 큰 영향을 받아 건축·주택·도시계획과 경제에 관한 중요한 글을 남긴 인물이다. 애커먼과 멈퍼드를 연결하는 지성의 고리가 바로 베블런이다. 경제에 대한 제도적 분석을 개척한 베블런처럼, 멈퍼드와 애커먼은 건축을 제도적으로 비판했다. 애커먼의 건축이 새롭지 않고 난해한 베블런식 언어 때문에 깊이 연구된 적이 없다. 그러나 그는 몇 안 되는 미국 합리주의 건축의 중요한 이론가이다. 이 책은 멈퍼드와 애커먼이 제기한 광범위한 문제를 모두 다루지 않지만, 새로운 건축 기율을 향한 다양한 사유와 태도를 보여주고자 한다.

1910년대 중반 RPAA에서 활동하기 전에도 애커먼은 뉴욕에서 상당히 존중받는 건축가로 입지를 다졌다. 코넬 대학교와 에콜데보자르에서 공부했으며, 컬럼비아 대학교에서 가르쳤고, 알렉산더 트로브리지와 파트너로 10여 년간 건축 실무를 했다.[3] 이 당시 그는 도시계획과 주택, 건축과 관련된 사회적 문제에 점차 관심을 갖기 시작했다. 존 듀이, 월터 와일을 존경했으며, 시민의식과 민주주의의 진보적 이념에 깊이 감화된 애커먼은 건축·도시계획·주택 건설을 통해 사회 개혁을 이룰 수 있기를 기대했다. 도시계획 법규, 전시 보급 주택, 전후위원회를 포함한 AIA 개혁에 참여한 것 역시 그의 진보주의 사상의 맥락에서 이해할 수 있다. 로버트 콘, 애커먼, 스타인, 라이트, 찰스 휘태커 등 RPAA 건축가들은 모두 멈퍼드보다 한 세대 위였고, 1910년대와 1920년대에 도시계획과 주택 건설에서 비슷한 경험들을 공유하고 있었다.[4] 그들의 활동은 종종 조직 속에서 이루어졌고, 여러 조직 가운데 RPAA는 가장 비공식적인 성격을 가졌다. 특히 주택 문제나 도시계획에 관해서는 AIA의 커뮤니티계획위원회(Committee on Community Planning, 1919년 설립, 이하 CCP)와 많은 공통분모가 있었다. 로이 류보브가 지적했듯이 CCP와 RPAA는 인적 구성이나 이데올로기 면에서 서로 연결되어 있었다. RPAA는 저가 임대 주택 프로젝트를 통해 CCP가 제안한 프로그램을 실행에 옮겼다고 할 수 있다.[5] 류보브에 따르면, 1920년대에 출간된 CCP 보고서는 "도시의 물리적 구조와 사회 조직을 결정하는 데 건축가·도시계획가·복지 전문가의 역할을 확대시켜 도시 건설을 위한 새로운 제도적인 틀"을 잡았다.[6] 도시 환경 전체가 "사회를 위한 디자인"의 대상으로 설정된 상황에서 건축가는 "커뮤니티 계획가" 그룹의 핵심 멤버가 되었다.[7] 애커먼과 RPAA의 건축 분파는 역사학자 도널드 스태빌이 규정했던 "사회적 지식인"들의 정치·경제 사상과 뜻을 같이했다. 이들은 "전쟁 기간 동안의 경제 체제를 평상시로 연장하는 것이 국가 전체에 이익이 되는 정책"이라고 생각했다. 따라서 애커먼은 중앙계획경제가 도시계획과 주택 건설의 문제를 해결할 수 있는 유일한 길이라고 주장했다.[8]

그렇다면 전쟁 기간의 위기 이전에도 애커먼이 보자르 체제에 대해 부정적이었다는 건 놀랄 일이 아니다. 애커먼은 예술을 "이념·사고·사물의 정신적 표현"으로 규정했던 존 듀이의 사상을 따랐다. 건축을 이념의 표현, 즉 "정신 구조"의 표현으로 접근하면서 그 교육과 실천의 문제를 풀어나갔다.[9] 이런 면에서 그는 건축의 역할을 초월적 표상으로 설정했던 아카데미의 이념을 견지했다. 하지만 건축의 미학적 가치가 아니라 커뮤니티 전체의 문화가 표현되어야 한다고 믿었던 애커먼은 건축 기율이 외부 현실과 거리를 둠으로써 사회의 이상을 건축에 구현할 수 있다는 아카데미즘을 거부했다. 전후 위원회 보고서에서 이미 보았듯이, 아카데미 체제가 경제적·물리적·정치적 상황과 고립되어 있다는 점을 가장 강하게 비판했다. 학교를 갓 졸업한 건축가 초년생들이 실무를 하면서 "학교에서 배운 모든 가치들이 무의미하다는 것"을 바로 깨닫게 된다는 것이다.

실무의 새로운 문제를 대하면서 프로젝트의 조건을 제약으로 본다. 현실 문제를 대면하면서 그는 오만하기만 하다. 조건 자체에서 가능성을 보지 않고 이들이 훼방을 놓는다고 여긴다. 그는 영감을 과거에서 찾는다. 거기서 자료를 얻고 프로젝트의 제약 조건을 표준 형식과 배열 안에 억지로 끼워 넣는다. …… 나는 건축학도들이 현재의 조건에서 영감을 찾지 않는다고 확신한다. 그들은 이것들이 건축을 가능케 하는 힘이라는 걸 깨닫지 못한다.[10]

사회로부터 건축이 고립되어 있는 문제의 원인은 프로그램의 성격, 그리고 프로그램과 설계 과정 간의 관계에 있다. 애커먼은 "경직되어 있고, 삶과 현재의 조건과 무관"한 프로그램을 제시하기보다, 학생들이 프로그램을 만드는 데 참여할 것을 제안했다. "전통이 확립한 물리적 타협이 아니라 프로그램이라는 사회적 이념에 학생들이 집중할 수 있도록 해야 한다."[11] 이는 프로그램의 영역을 교통·위생설비·주거·자연 경관으로까지 확장해야 한다는 뜻이었으며, 교과과정에 건축과 예술을 "도시계획의 요소"로 가르쳐야 한다는 뜻이었다. 하지만 애커먼의 비판이 아카데미 교육의 체계 자체를 거부한 것은 아니었다. 그는 "평면에 관한 한 탁월한 논리적 사고 체계"라고 주저 없이 아카데미 체제를 추켜세우기도 했다.[12] 애커먼은 사회의 목표와 가치에 관한 범주 안에서 아카데미를 비판한 것이었다.

　1910년대 말에 이르러, 애커먼은 생각이 바뀌기 시작했다. 개혁의 시대가 저물면서 1차 세계대전 동안 세워졌던 중앙 통제 시스템이 사회 전체로 확장될 수 있다는 희망을 더 이상 유지할 수 없었다. 전쟁 직후, 그는 뉴욕의 신사회연구원에서 베블런의 제자가 되어, 바로 그의 가장 충실한 추종자이자 테크노 관료주의의 리더가 되었다. 베블런은 자본주의 혹은 인위적인 화폐 체계에 기반을 둔 소위 "가격 체제"가 궁극적으로 붕괴될 것이라고 확신했으며, 마르크스처럼 근대 사회가 내적 모순으로 결국 몰락할 것이라고 믿었다. 미국에서 혁명이 일어난다면, "기술자 소비에트"가 주도할 것이라는 것이다.[13] 이런 맥락에서 애커먼은 "기술적인 발전 추이에 의거해 생각하는 법을 배운" 사람을 테크니션이라 했던 베블런을 따라 건축가를 규정했다.[14] 모순된 가격 체제 속에서 건축가-테크니션이 어떤 역할을 할 것이냐는 문제가 애커먼의 조직 활동에서 가장 중요한 관심사였다. 1919년 베블런이 신사회연구원 교수로 임용되자마자 애커먼·콘·휘태커는 학교 안에 설립된 기술동맹(Technical Alliance)이란 조직에 참여했다.[15] 기술동맹이 결성되던 시기에 직능간위원회(Inter-Professional Conference)도 설립되었다. 이 단체의 목표는 "이기적인 이윤의 지배에서 직능을 해방시키는 방법을 탐구하는 것, 직능의 안팎에서 사회의 이익을 위해 기술과 지식의 전문적인 유산을 보다 효과적으로 활용하는 수단과 방법을 고안하고, 이 목표를 위한 직능 간의 네트워크를 만드는 것"이었다.[16] 직능간위원회의 총무였던 로버트 콘이 의장을 맡은 1919년 11월 말 회의에는 AIA가 전후위원회 활동의 일환으로 참가했다. 베블런 사단의 핵심 주제인 "엔지니어의 사회적 기능"(1920년 귀도 마르크스가 주도한 모임의 이름이기도 하다)에 상응하여, 애커먼은 건축가-테크니션의 사회적 기능에 집중했다. 이렇듯 베블런의 이론을 바탕으로 애커먼은 예전의 진보적 사회관의 방향과 내용을 바꾸었다.

베블런식으로 건축을 분석한 애커먼은 베블런의 두 가지 주요 개념을 차용했다. 첫 번째는 인간이 구축적이고 효율적인 일을 하려는 성향을 타고났다는 "장인 본능"이란 베블런의 개념이다.[17] 베블런의 본능 개념을 알면 그의 큰 기획의 전제를 이해할 수 있다. 웨슬리 미첼이 지적한 대로, 인간이 합리적이라고 전제했던 대부분의 경제 사상가들과 달리, 베블런은 사람이 본능과 습관의 동물이라고 가정했다. 이러한 가정에 따라 경제학자는 자연스럽게 "인간의 실천 행위로 통제"되는 "정신의 진화"에 관심을 갖게 된다.[18]

　　두 번째로 애커먼은 베블런의 기계 개념을 차용했다.

> 근대적인 삶과 비즈니스와의 관계를 염두에 둘 때, "기계 과정"은 사람의 노동을 매개하는 기계 설비를 집적시킨 것 이상의 포괄적이며 깊은 의미를 갖고 있다. 기계 과정은 이런 의미를 갖지만, 또 그 이상의 의미가 있다. …… 손재주, 어림짐작, 그리고 자연에 순응하는 것이 아니라 체계적인 지식에 근거한 합리화된 과정이 자리 잡은 모든 곳에는 복잡한 기계 장치, 또는 기계 산업을 발견할 수 있다. 기계 과정은 사용 장치의 복잡함이 아니라 과정의 성격에 대한 문제이다.[19]

'장인 본능'이란 개념과 마찬가지로, 베블런은 정신의 역사라는 관점에서 기계를 인식했다. 인간의 본성이 기계 과정과 맞지 않더라도, 이 과정은, 데이비드 리스먼이 말했듯이 "직공처럼 조직적인 '제2의 본성', 자연과 같이 객관적인 외부 환경에 대한 태도를 불러낼 수 있다."[20] "객관적인" 태도, 실용주의적인 습관과 작업 방식, 냉철한 사회 관계가 베블런식 기계 개념의 핵심이었다. 그렇기 때문에 기계는 장인 본능에 뿌리를 둔 정신 자세와 제도적인 틀과 충돌하고, 그 결과 봉건사회를 파괴시키는 역할을 했다. 다만 베블런에 따르면, 기계는 장인 본능에서 한 가지 중요한 속성, 즉 생산적인 작업을 하려는 인간의 본성만은 수용했다.

기계의 도래와 함께, 부를 배분하는 제도에서도 역사적인 단절이 일어났다. 바로 신용 경제가 도입되고 부재소유권이 등장한 것이다. 기계와 새로운 경제 체제가 동시에 등장했지만 둘 사이에 필연적인 관계가 있는 것이 아니라고 베블런은 경고했다. 베블런의 도식에서 기계가 자본주의 체제에 말려들게 된 것은 순전히 우연이었다. 애커먼의 표현을 빌리자면,

새로운 제도적 요인으로 장인들이 자신이 사용하는 도구를 장악하지 못한 즈음 기계가 부상하게 된 것은 역사의 우연이다. 이런 사건들은 총체적으로 기계가 장인 본능이 아니라 처음부터 "비즈니스의 원리"에 따라 활용되는 결과를 낳았다.[21]

그러니까 자본주의가 도래함으로써 기계 문명을 향한 논리적인 전환 과정이 왜곡되었다는 것이다. 이 역사적 시점에서, 문화의 발전과 물질 문명의 발전 사이에 분열이 일어났다. 표면상으로는 진보처럼 보이는 것이 실제로는 정체된 인간 진화의 깊은 흐름으로부터 소외된 퇴행적 문명의 징후였다는 것이다. 이것이 바로 『유한계급론』(*The Theory of the Leisure Class*)의 요지이다. 베블런의 철학에 대해 가장 빼어난 통찰력을 보여준 아도르노는 베블런식의 지체되고 일관성을 잃은 역사 개념을 다음과 같이 분석했다.

베블런에 따르면 가장 기본적인 욕구 충족의 논리에서 벗어나 인간다워진 것처럼 보이는 근대의 속성이야말로 오래전에 지나간 역사의 유물이다. 베블런이 보기에 기능의 왕국으로부터의 해방은 문화의 "제도"(institutions)와 인류학적 속성들이 경제 생산 방식과 함께 조화롭게 변하는 것이 아니라 이것에 뒤처지고 때로는 공공연하게 맞서는 무목적성의 지표일 뿐이다.[22]

이를 좀 더 쉽게 풀어쓴 존 패트릭 디긴스의 설명에 따르면, 베블런의 본능이론은 "베블런이 스스로 상정한 자연적 인간과 문화 사이의 적대적 관계"[23]에 관한 것이다. 베블런의 입장에서 근대성은 타고난 인간의 장인 본능과 기계가 낳은 합리적 세계관과 생산 체제, 그리고 자본주의의 금전 제도가 서로 갈등하는 상황으로 정의된다. 근대 문명의 근원적인 부조화 속에서, 애커먼은 건축의 제도적인 역할을 정의하고자 했다. 애커먼은 기계의 도래가 문명사에 유일무이한 거대한 단절을 가져왔다는 베블런의 입장에 기대어, 조지아 시대*를 "모든 디자인 방식을 결정하고, 작업의 결과를 평가하고, 세속적인 사건들의 방향과 성격을 잡아주는 기준을 수공예가 좌우하고 확립했던 긴 역사의 마지막 단락"으로 보았다."[24] 기계가 도래하기 이전에 모든 건축 생산은 "수공예 기술, 세상을 직공의 솜씨로 판단하는 자세, 그리고 계획적인 행위로 특징지어졌다."[25] 이 오랜 전통 안에서 건축가의 위치 때문에, 건축가들은 엔지니어들보다 복잡하고 어려운 상황에 봉착했다. 엔지니어는 "근대적 관점과 과학적 방법"의 직접적인 산물이기 때문에 "직업의 선조"가 없었다. "과학적 방법으로 훈련받고, 항상 기계 과정과 기계 생산에 입각해 생각하는" 엔지

---

* [옮긴이] 1714년부터 1830년까지 하노버 왕가가 영국을 통치하던 시기를 말한다.

니어들에게 "수공예의 기술과 형태, 다시 말해 종래의 건축 형태는 이집트 무덤의 상형문자만큼이나 의미가 없었다". 다른 한편, 건축가는 "장인(master builder)의 직계 후손"이었다. 따라서 과거의 무거운 짐, 즉 공예에 기반한 지식과 실천이라는 무거운 짐을 지고 있었다. 이제는 수공 생산이 가능하지 않은데도 불구하고 이에 의지하고 있었던 것이다.[26] "건축가의 사고와 실천이 구현하는 물리적 실체는 과거로부터 내려온 장인과 예술가의 기예로 표현되지만, 그 사유 과정은 수공예보다는 비즈니스에서 그 특성(character)이 발현되며, 예술가의 이데올로기가 아니라 공학과 과학적 전망에서 그 속성(quality)이 도출된다."[27] 이것은 물질적 현실과 이데올로기는 수공예 생산 방식 속에서 오랫동안 통합되어 있었는데 기계와 가격 체제가 이를 파괴했다는 것을 애커먼 특유의 언어로 표현한 것이다. 여기서 "특성"과 "속성"의 구분은 사실상 제도와 정신을 나누는 베블런식 이분법의 새로운 버전이다. 정신 과정이 효력을 발휘하는 제도적 틀을 "특성"이라고 한다면, "속성"은 가장 기초적인 생물학적 특징, 즉 본능의 차원을 말한다. 이 본질적인 차원에서, "건축에 관련된 평가는 공학적 계산과 '과학적' 분석을 따른다". 하지만 제도적인 차원에서, 건축 생산에 미치는 사회적인 힘은 비즈니스와 금전적 기준에 따라 움직인다. 애커먼은 "건축을 창조하는 사건"을 "광범위한 영역에서 서로 충돌하는 목표와 목적들의 총체"라고 규정했다. 이는 곧 장인 본능·기계·가격 체제가 만나는 불안한 접점이다.[28]

베블런의 이론적인 틀 안에서 애커먼은 보자르 체계에 대해 계속 비판했으며, 이제는 한 발 더 나아가 아카데미 이론 전체를 배척하게 되었다. 애커먼은 수공예에 기반한 훈련 체계의 붕괴로 아카데미의 설계 방법론이 발전한 것으로 보았다. 수공예 체계에서 "능력은 경험에서 나오지만" 아카데미의 방법은 "더 이상 거장 밑에서 배울 수 없기에 디자인의 기반을 다지려고 만든 것"이다. 다시 한번 건축 프로그램이 공격 대상이었다.

건축을 보는 아카데미의 관점에서 디자인의 출발점은 대개 잘 작성된 프로그램이다. 프로그램을 적당한 색채와 형태로 표현한 것을 "과제"(problem)라고 부른다. 아카데미의 프로그램은 대개 기능과 용도와 관련하여 목표를 간략하게 규정하며 설계자가 주제를 더 이상 탐구하지 않고 설계를 진행할 수 있도록 상세한 정보를 충분히 제공한다. 다시 말해, 프로그램은 정보를 주고 영감을 주는 차원에서 설계자가 필요한 모든 것을 제공한다. 아카데미의 관점에서 설계 주제는 현실과 관계가 있을 수도 있고 없을 수도 있다. 핵심은 프로그램에 표현된 목적과 목표가 디테일에 관한 요구 사항과 완전히 일치해야 한다는 것이다. …… 어떻게 만들어졌든 프로그램은 디자인의 출발점이다. 프로그램의 배후를 살피거나, 총체적으로 건축 환경의 디자인 요소를 지배하는 요인들이 타당하고 적합한지 묻는 일은 대개 건축가의 몫이라고 생각하지 않는다. 프로그램을 논리적으로 표현하면 건축 설계의 목표는 충족되었다고 일반적으로 생각한다. 탁월하다고 인정받은 디자인이 사실은 사회적으로 바람직하지 않은 일을 드라마틱하게, 또는 재미있게 표현한 것에 지나지 않을 때가 종종 있다.[29]

1910년대 당시 애커먼은 프로그램이 사회 현실과 아무런 관련이 없다고 아카데미의 건축을 비판했다. 10년 뒤 베블런의 세계관에 심취한 그는 입장을 바꾸어 아카데미의 프로그램이 자본주의 사회를 직접 표현한 것이라고 주장하게 되었다. 여기서 바뀐 것은 프로그램의 개념이라기보다는 사회 현실을 바라보는 애커먼의 태도다. 그가 추구하는 실제 현실은 가격 체제라는 제도적 메커니즘 밑에 감추어져 있다고 보았다. 이런 상황에서 프로그램은 "경제 계획의 타당한 법칙"이 아니라 "금전 논리"에 의해 결정된다.

> 문제와 관련된 모든 "조건"을 받아들여 적합하다고 판정된 프로그램에서 나온 건축은 적합하다는 평가도 받지 못한다. 그것은 만든 사람과 사용 도구의 표현에 지나지 않는다. 건축 실무를 지배하는 이런 관점에 따라 만들어진 건축 환경은 빈약하고 일시적이고 흔들리는 지반이 드러날 뿐이다. 공동체 내에 상충하는 이해관계의 틈바구니에서 때때로 타협이 이루어져 만들어진 것이다.[30]

애커먼은 보자르의 상업주의 건축에서 보자르의 체제 순응적인 성격이 가장 잘 드러난다고 생각했다.[31] 애커먼의 베블런적 건축관은 모더니즘 논쟁의 맥락에서 『AIA 저널』(*Journal of the AIA*)에 게재되었던 에세이에서 가장 명확하게 설명되었다. "근대적인 건물의 기능을 표현하고 산업 과정을 드러내는 새로운 형태와 색의 배열을 발명"한 것이 모더니즘의 정의라면 건축이 자본주의의 금전 가치에 함몰되었다는 의미일 뿐이라는 애커먼의 생각이었다.[32] 모더니즘은 첫째, "유행"이라는 이윤 추구 논리가 발명해낸 형태이며, 둘째, "기능주의"와 근대 기술로 사용 연한을 줄여 투기를 조장하는 건축적 논리일 뿐이었다. 애커먼에 따르면, "폐기와 철거 주기를 단축시키려는 새로운 건축 이론은 수요를 합리화하는 것일 따름이다. 금융의 관점에서 투기 충동이 상업 시설·호텔·다가구 주택과 토지 개발의 과잉을 낳았듯이 산업 능력을 초과하는 잉여생산을 소모시킬 출구가 필요한 것이다".[33] "발전의 100년" 엑스포관과 록펠러 센터 등 당시의 유명한 "기능주의" 건물은 "예전의 어떤 건축보다 근대 판촉의 공격적인 본성을 정확하게 표현하고 있다".[34] 애커먼이 보기에 그것들은 "완전히 맹목적인 예술"의 표본일 뿐이다.[35]

　자본주의는 부정되고 어떻게든지 바꾸어야 하는 것인데, 이 지배적인 체제 안에서 어떻게 건축을 할 것인가가 애커먼이 대면했던 가장 근본적인 문제였다. 그는 다시 한번 프로그램에서 그 해답을 찾았다. 첫째로, 비평과 리서치의 관점에서 프로그램은 건축가가 최우선으로 관심을 두어야 한다는 것이다. 그는 프로그램의 "조건"이 건축 비평의 정당한 대상이라고 주장했다. 그 예로 멈퍼드가 『스틱스 앤드 스톤스』에서 바클레이 베시 빌딩을 다룬 것을 언급했다. 멈퍼드처럼, 건축 비평가는 대지의 위치와 형상, 주변 도로 체계, 계단식 사선 제한과 밀도를 결정하는 건축법, 그리고 전반적인 재정 상황 등 외부적인 조건에 관한 통찰을 해야 한다는 것이다. "주어진 프로그램을 구성하는 사실관계의 타당성과 본질적인 가치에 의문을 던지는 것, 이것들을 건축과 인과적인 관계로 접근하는 것, 이 모두가 건축 비평의 범주 안에 반드시 포함되어야 하며 비판적으로 접해야 한다"고 애커먼은 주장했다.[36]

　둘째로, 리서치의 측면에서 건축가는 합리적 프로그램을 만드는 초석을 다지기 위해 과학적인 데이터를 개발해야 한다는 것이

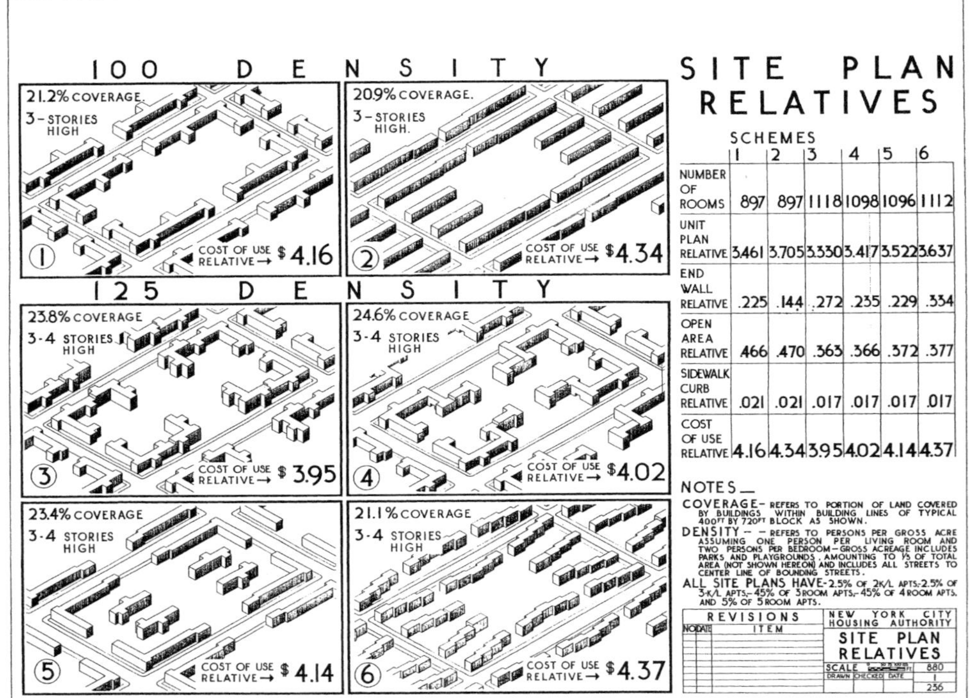

5.1 "대지 계획 조건"의 분석,
프레더릭 애커먼, "대지와 단위
계획에 관한 노트", 뉴욕주택공사,
1934

다. 이에 따라 애커먼과 그의 사무실은 설계와 계획 자료를 개발하는 데 많은 노력을 기울였다. 그는 건축 데이터와 관련하여 여러 번 건축 잡지에 자료 협조를 했다.[37] 이 책의 후반부에서 자세히 다루겠지만, 이런 작업을 기반으로 1932년 『아키텍추럴 그래픽 스탠더드』(*Architectural Graphic Standards*)가 출간될 수 있었다. 1934년 뉴욕 주택공사가 설립되자, 기술 감독으로 선임되었고 1930년대에 중요한 주택 관련 연구 성과를 이루어냈다. 그러나 애커먼은 이러한 작업을 과학적인 진보라고 생각하지 않았고, 새로운 건축 기율을 향한 탐구로도 여기지 않았다. 이것은 금전의 논리에 물들지 않은 독립적인 사실을 발굴해내는 것일 뿐이었다. 과학적인 데이터를 만든다고 총체적인 건축 이론이 형성되는 것이 아니다. 가격 체제 아래서는 "과학적 프로세스를 따르는 테크니션"이 실제로 통제할 수 있는 영역이 넓지 않기 때문에 완전히 합리적인 프로그램은 만들 수 없다. 예컨대 주거 계획을 할 때, "방의 조도, 자연 채광량, 조망과 통풍 등 …… 계량 분석이 가능한 순수한 기술적 문제에 국한하여 3차원의 대지 패턴을 결정할 수 있다".[38] RPAA와 달리, 애커먼은 가격 체제 안에서 계획을 한다는 것이 유토피아를 꿈꾸는 기만일 뿐 실제로 불가능하다고 생각했다.

우리 경제 체제 아래에서는, 과학적 방법으로 이루어지는 실제 계획 행위는 디자인의 중요하지 않은 부분에 국한되어 있다. 지리적 위치의 결정, 양과 질 그리고 세대 단위와 가족의 관계에 대한 결정권은 공급·가격·이윤을 기준으로 소유권의 논리에 따라 행사된다. 계획의 주체들은 이런 현실에 눈감은 채 권한도 없고 실현 가능성이 전혀 없는 영역에서 책임을 지고자 한다. …… 계획가들은 자신들이 만든 계획이 부재소유권의 영역을 확장하는 것임에도 불구하고, 커다란 사회적 기능을 가질 것이라는 망상에 사로잡혀 있다.[39]

가격 체제가 전복되기 전에는, "사실·자료·기준"으로 구성되는 "과학적" 이론의 의미에서 진정한 건축 이론은 결코 나올 수가 없다. 애커먼이 보기에 기술이 개발될 수는 있어도 사회에 적용될 수는 없다.

　건축 이론이 부재한 상황에서 애커먼은 형태와 미학의 문제를 판단할 수 있는 토대가 없다고 생각했다. 그의 역사론에 따르면 건축이 항상 이런 상황에 처한 것은 아니다. 이집트에서 르네상스까지 건축이 여러가지로 "표현"한 형태의 아름다움을 인식할 수 있는 취향의 기준이 있었다. 이러한 기준은 수공예와 장인정신을 포함한 다양한 문화 양식의 생물학적 토대가 예술 이데올로기와 일관된 관계를 맺고 있었기 때문에 지속될 수 있었다.[40] 앞서 언급했듯이, 애커먼은 미학적 감수성에 근본적인 혼란을 몰고 온 가격 체제와 기계문명이 이러한 흐름을 붕괴시켰다고 확신했다. 그러므로 그는 기계에 형식과 미학적인 의미를 부여하고 싶어 하지 않았다.

　새로운 기술과 과학적 관점의 영역 안에서 갈망하던 것을 달성했을 때 느끼는 만족감과 짜릿함에 대해 간혹 의식하게 된다. 그리고 이러한 활동과 성취가 미학과 아무런 관계가 없다는 사실을 인식하지 못하더라도 그것들이 전혀 낯설기만 한 상황은 아니다. 왜냐하면 원론적으로, 지금 미학적 관심을 만족시킨다는 것은 결국 끊임없이 변하는 금전 욕구의 취향을 만족시키는 것에 불과하기 때문이다. 오랫동안 문화를 이식

시켜온 결과 진정한 창조의 경험을 이해하고 수용할 능력을 잃어버렸기 때문이다. 그리고 목적과 목표가 왜곡되어 있기 때문에, 미학의 성과와 기술의 성과를 구분하는 능력이 심각하게 훼손되고 오염되었다. 그래서 본질적으로 미학적인 가치의 "성과"와 순수하게 기술적인 만족을 주는 것들을 명확하게 구분하지 못하게 되었다.[41]

애커먼은 기계미학이 존재할 수 있다고 믿지 않았다. 설령 그런 것이 만들어진다한들, 가격 체제 속에 만연한 비즈니스 논리를 벗어날 수 있는 가능성이 거의 없었다.[42] 베블런식 틀에서 표상 자체의 타당성을 의심했기 때문에 형태와 미학의 문제를 피해나갈 수 있었다. 애커먼 자신의 건축 작업에서는 베블런의 본능 절대주의, 즉 장인정신의 이상으로 되돌아갔다. 그는 "견고함과 영속성이 하룻밤 사이에 지나가는 가벼운 유행이 아니라 이성에 뿌리내린 건축적 표현"이라고 믿었다.[43]

루이스 멈퍼드와 진정한 형태의 추구

루이스 멈퍼드의 건축 비평은 러스킨과 모리스의 전통을 이어간다. 그는 이런 비평을 "사회학적"이라고 불렀다. 1921년 "양식은 근본적으로 삶의 방식을 표출한다. 공동체의 모든 활동에 영향을 미치고, 공동체의 삶에서 나온 사회와 기술의 복합체가 특정한 작품을 통해 사리에 맞게 표현된 것"이라고 주장했다. 이런 그의 입장은 초기 저술에서부터 다작했던 1960년대에 이르기까지 변하지 않았다.[44] 예술과 삶의 통합을 추구한 러스킨을 따라, 18세기 중엽부터 19세기까지 이어진 건축의 "근대적 이행"이 "형태의 파괴"로 귀결되었다고 생각했다. "건축의 형태가 본질적으로 특정 사회의 형태"이기 때문에 "분열된 사회, 분열된 정신은 필연적으로 흐트러진 형태 감각을 낳는다"고 주장했다.[45] 이것이 20세기 초의 발상이라는 점을 감안한다면 특별히 독창적인 생각은 아니다. 더구나 그 배경에 베블런이 있었다. 멈퍼드는 베블런을 읽었고 신사회연구원에서 강의를 들어 베블런을 알았다. 잡지사에 같이 근무했을 때, 개인적인 안면도 있었다. 멈퍼드가 베블런의 영향을 스스로 인정한 적은 없지만, 베블런은 1920년대 말에서 1930년대 초 무렵 멈퍼드에게 지대한 영향을 미쳤다.[46]

멈퍼드는 베블런의 『유한계급론』이 18세기 이후 서양 건축을 바라보는 자신의 입장을 확인해주었다고 생각했다. 새로운 근대 사회의 등장으로 오래된 습관과 사고방식이 바뀌자, 통합된 사회의 표징으로써 건축의 역할이 사라지게 되었다는 것이다. 멈퍼드가 보기에 베블런은 "산업 및 장식예술의 어려운 처지"를 이해할 수 있는 열쇠를 제공했다.[47] 진정한 표현의 힘을 가진 "형태"와 본질을 벗어난 겉치레 건축의 차이를 확인시켜주었고, 돋보이는 외양에 집착하는 부르주아 문화를 폭로했다. 건축과 사회가 어떻게 재통합할 것인가라는 관점에서, 베블런은 더욱더 중요했다. 1930년대 멈퍼드는 건축과 사회의 통합을 외쳤는데, 이런 주장의 근간에는 기계의 이념이 있었다. 물론 랠프 왈도 에머슨, 패트릭 게데스 그리고 루이스 설리번 등 다양한 원천이 있지만, 기계를 인간 문명의 자율적인 힘으로 규정했던 베블런을 누구보다도 충실히 따랐다. 이는 기계를 단지 기계장치로서만 아니라 "기술 복합 총체"로 규정한 멈퍼드의 『기술과 문명』(*Technics and Civilization*, 1934)에서 명백하게 드러난다. "기술 복합 총체는 산업에 뿌리를 두고 새로운 기술과 연관된 예술·기교 (skills)·지식을 모두 포괄한다. 그리고 이는 실제 기계뿐만 아니라 도구·기구·장치·설비 등을 모두 포함한다."[48]

기계를 근대 공동체를 재통합하는 촉매로 보는 입장은 1930년대 초 멈퍼드의 동료이자 제자였던 캐서린 바우어에게서도 찾아볼 수 있다. 역시 1934년에 출간된 『모던 하우징』(*Modern Housing*)에서 그녀는 베블런이 "19세기 건축과 연관하여 근대 건축의 철학"을 표명했다고 밝히면서 『유한계급론』에 대한 멈퍼드의 견해를 다시 확인했다.[49] 바우어는 "건축"이란 제목의 장을 이 유명한 책에서 인용한 긴 구절로 시작한다.

아름다움의 규범은 일반적인 것에 대한 표현을 요구한다. 과시적 낭비가 유발하는 "새로움"은 아름다움의 규범과 마찰을 일으킨다. 이는 취미 판단 대상의 생김새를 오랫동안 누적된 개인적 성향의 문제로 만들어버리기 때문이다. …… 이처럼 과시적 낭비를 목적으로 한 기획들에 선택적으로 적응하는 과정과 예술의 아름다움을 금전의 아름다움으로 대체하는 과정은 특히 건축의 발달 과정에 영향을 미쳤다. 아름다움의 요소들과 명예로운 낭비의 요소를 구분하려는 사람이 보기에 상대적으로 불쾌감을 덜 느낄 것이라고 단정할 수 있을 문명화된 현대 주택이나 공공건물을 발견하기는 극히 어려울 것이다. 오늘날 미국 도시에서 부단히 변모하고 있는 비교적 고급스러운 주택이나 아파트의 다채로운 입면은 끝없이 변하는 건축적 고민의 산물인 동시에 사치를 위해 감수해야 하는 수

많은 불편을 암시하는 증표이다. 흔히 예술가가 손을 대지 않는 건축물의 후면과 측면은, 미의 대상으로 고려하면 건물의 가장 훌륭한 특성이다. …… 기본적인 취향의 규준은 어쩌면 여기서 논의하고 있는 금전 제도가 출현한 시기보다 훨씬 앞선 아득한 옛날부터 형성되기 시작했을 것이다. 그 결과 지난날 남성들의 사고 방식이 선택적으로 적응함으로써, 아름다움의 조건 중에 대부분은 그들이 수행할 직무와 목적을 달성하는 방법 모두를 직설적으로 시사하는 저렴한 고안물과 구조물로 가장 잘 충족된다.[50]

바우어는 "포괄적인"(generic)이란 베블런의 용어를 일련의 공유된 관습으로 해석하고, 건축을 "사회적 예술, 개별화하고 가르는 것이 아니라 사람들을 한데 모으는 힘의 표현"이라고 주장했다.[51] 흥미롭게도, 똑같은 구절이 2년 전 『크리에이티브 아트』(Creative Art)에 실린 국제주의 양식 전시회에 대한 바우어의 글에서도 나타난다. 설득력 있게 전시된 공통의 건축 양식이 "의식적이든 무의식적이든 디자인의 기본적인 규범으로 어떻게 함께 공통적으로 인정"될 수 있는지를 설명하는 문맥 속에서 이 문구가 나온다.[52] 1932년에 "사람들을 한데 모으는 힘"이 아직 정의되지 않았다면, 『모던 하우징』에서는 기계를 가장 중요한 공동의 힘으로 꼬집어 말한다. 그녀는 이 점에서 1920년대 말에서 1930년대 초에 기계의 사회적인 힘에 대하여 극적으로 설파했던 멈퍼드와 입장을 같이했다.

기계는 평준화하고 퍼뜨리고 통속화시킨다. 이것이 바로 기계가 인간에게 주는 축복이다. 우리의 기계 경제가 점점 더 효

율적으로 변하면, 세계의 자원은 햇살이나 비처럼 점점 더 고
루 분배되어, 공정한 자나 그렇지 못한 자, 거만한 사람이나
민주주의자에게나 다 같이 떨어진다. 기계는 탐욕스러운 우
리 유한계급의 헛된 "가치"를 허문다. 나라의 정치가 어떻든,
기계는 공산주의자다.[53]

멈퍼드의 게데스주의적인 역사 단계에 따르면 임박한 "신기
술"(neotechnic) 통합의 시대적 조명에 따라 기계미학의 보편적인
형태가 성립되어야 한다. "원시기술"(paleotechnic) 단계는 "형태의
기술적 의미"를 섭렵하지 못했다. 유기체의 세계가 과학과 테크놀로
지에 편입되면서, 테크놀로지가 "자연의 우월한 경제"를 수용하는
새로운 논리가 형성되었다.[54] 기계는 새로운 미학뿐만 아니라 새로
운 집합 경제의 기본 원칙을 제공했다. "근대 기술은 그 본성에 따라
미학을 극적으로 정화시킨다. …… 기계의 실리적인 장점을 현명하
게 취할 때 기계의 윤리적 강령과 그 미학적 형태를 받아들이지 않을
수 없다."[55] 여기서부터 멈퍼드와 베블런식의 퇴행이 갈라지기 시작
한다. 이 차이는 "기계는 평준화하고 퍼뜨리고 통속화시킨다"는 멈
퍼드의 발언과 『영리 기업의 이론』(*The Theory of Business Enterprise*)
에서 베블런의 발언을 비교해보면 더욱 분명해진다. 멈퍼드는 "기계
는 평등주의자이자 통속주의자이며 결국 인간 관계와 인간이 추구
하는 이상을 대상으로 존경할 만하고 고귀하며 위엄 있는 모든 것을
없애버리고 만다"는 베블런의 문구를 변형했다고 볼 수 있다.[56] 이
문구에서 전형적인 베블런의 냉소적인 방식으로 기계의 파괴적 힘
을 설명하는 것을 볼 수 있다. 데이비드 노블이 지적했듯이, 이것은
당대의 역사와 문화가 파괴되어야 한다는 급진적인 언명이었다.[57]

베블런이 근대적 공동체, 특히 노동자 계층의 가족제도가 기계로 인해 와해되는 상황에서 이런 주장이 제기된 점을 주시해야 한다. 멈퍼드와는 달리 베블런은 기계의 파괴적인 힘이 미치는 대상을 유한계급의 문화로 제한하지 않았다. 멈퍼드가 형태와 사회를 재통합하는 열쇠를 기계가 갖고 있다고 보았다면, 베블런과 애커먼은 기계로 정화된 사회를 상정하지 않았다. 베블런의 미래는 궁극적으로 문명의 지반(ground zero)으로 회귀하는 것이다. 거기에는 복잡한 산업 환경과 이상적인 "역사 이전의" 인간 본능 사이에 어떠한 모순도 없다. 베블런은 기계가 금전 문화에 의해 왜곡된 현재를 보았지만 미래 기계 문화의 형상을 상상할 수 없었다.

산업 디자인에 대한 서로 다른 인식을 통해, 멈퍼드와 베블런적인 프로젝트 사이의 간극을 분명하게 볼 수 있다. 멈퍼드는 부르주아 문화를 지배하는 과시적 낭비의 원칙과 기계 생산에 내재하는 과시적 경제의 원칙을 분명하게 구분했다. 멈퍼드가 당시 산업 디자인의 소비주의 논리에 대해 비판적이긴 했지만, 그는 "기계 생산의 위대한 원칙, 즉 과시적 경제의 원칙"을 충족시킬 수 있는 디자이너의 잠재력을 믿었다.

과시적 낭비에 반대하여 디자이너가 부유한 개인을 잃어버리더라도 사회 전체가 더 부유한 후원자라는 점이 큰 위로가 될 것이다. 일단 사회 전체가 좋은 집에서 잘 갖추고 살기 시작하면(미국 같은 "부유한" 국가도 아직 이런 보편적인 목표와는 거리가 멀다), 1930년식 자동차에 기대하는 것처럼 모던하고 잘 설계된 집을 요구하기 시작하면, 수백 년 동안 부잣집의 대기실에서 기다리며 꿈꿨던 것보다 공장에서 예술가들이 해야 할 일이 훨씬 많을 것이다.[58]

멈퍼드의 이런 낙관론에 애커먼은 산업 디자인 제도에 대한 자신의 입장을 편지로 답신했다.[59] 산업 디자인은 기계와 금전 문화 사이의 갈등을 매개해주는 역할을 갖고 등장했다는 것이다. 애커먼은 여기서도 베블런을 따르고 있다. "제도적인 세력 간의 충돌이 어떤 결과를 낳을 것이냐는 질문, 이른바 '사회 문제'가 제기될 때, 대개는 그 치료 방법을 묻는다. 즉, 사회를 분열시키고 저속하게 만드는 기계 산업으로부터 인류 문명을 어떻게 구원할 것인가?"라는 잘못된 질문을 하게 된다고 베블런이 경고한 바 있었다. 베블런에 따르면, 해답은 "근대 문화의 이런저런 부수적인 문화 현상을 앞세워 지어내는 것, 무엇인가 인류애나 미학이나 종교적인 감성에 호소하는 것"으로 제시되지만, 이는 결국 "비즈니스 관계"의 틀 안에서 머무르는 것이다.[60] 애커먼이 보기에 산업 디자인은 일시적인 대증 요법, 근대 문명의 근본적인 모순을 두고 벌이는 협잡일 뿐이다. 후대에 멈퍼드가 평하기를 "애커먼의 혁명적 입장은 실천의 측면에서는 철저한 보수주의였다. 그는 기존 체계에서 어떤 긍정적인 것도 기대하지 않았기 때문에 기성 체제를 있는 그대로 받아들이고 말았다".[61]

　형태의 문제를 외면한 애커먼과는 대조적으로, 멈퍼드는 역사가이자 비평가의 입장에서 적극적으로 그리고 진정으로 새로운 건축을 추구했다. 그는 역사가로 주로 미국 건축을 다루었지만, 1930년대의 근대 건축사를 서술할 때 전형적으로 나타났던 도구적인 역사론의 태도를 취했다. 멈퍼드에게 건축의 황금기는 옛 식민지 촌락들의 시대였다. "옛 뉴잉글랜드의 촌락만큼 인간과 자연이 지혜로운 파트너 관계를 맺은 적이 없다고 말하면 지나친 것일까?"[62] 멈퍼드에 따르면 이 조화가 와해되는 역사적 과정은 건축이 기호로 변모하는 역사와 다름이 없었다. 뉴잉글랜드 촌락의 통합된 문화와 환경은 "외국 땅에서 온 신속하고도 파괴적인 세력, 바로 책의 힘"에 의해 와해되기 시작했다. 멈퍼드에 따르면 "출판이 끼친 진짜 해악은 …… 건축에서 문학적 가치를 없애버린 것이 아니라 건축의 가치를 문학에서 찾게 만들었다는 점이다."[63] 프랭크 로이드 라이트의 주요 에세이 "기계의 예술과 공예"(Art and Craft of the Machine)에서 "건축은 죽었다. 인쇄된 책에 의해 돌이킬 수 없이 살해당했다"[64]라는 진단에 동조하면서, (논리의 형식은 거꾸로지만 같은 취지에서) "이제 건축은 책으로 산다"고 결론 내렸다.[65] 다시 말해, 건축이 문화적으로 함께 통합되어 있지 않은 책에서 그 겉모습을 베껴왔기 때문에 진정한 삶과의 관계를 잃어버렸다는 것이다. "문학의 건축"을 비난했던 멈퍼드는 포트폴리오를 사용하는 아카데미의 기율을 맹목적인 모방에 불과하다고 일축해버렸다. 건축이 전혀 낯선 것의 상징, 즉 하나의 기호가 되었다는 것은 건축뿐만 아니라 사회 전체가 와해되었다는 사실을 말해주었다.

『스틱스 앤드 스톤스』의 뒤를 이었던 『갈색 시대』(The Brown Decades)는 미국 건축이 재통합되는 역사를 담겠다는 의도로 쓰였다. 대단한 통찰력으로 멈퍼드는 이 책을 통해 리처드슨, 루이스 설리번, 몽고메리 스카일러 그리고 프랭크 로이드 라이트로 이어지는 위대한 건축 전통을 재확립하는 데 결정적인 역할을 했다. "갈색의 시대에 시작된 몇몇 흐름을 한데 엮은" 이 책은 궁극적으로 "새로운 건축"을 추구했다.[66] 예상대로 재현의 껍질을 벗겨내고 건축을 통합된 본질로 되돌려 새로운 건축으로 향하는 길을 닦아주는 것이 바로 기계다. "증기선처럼 꾸밈없고, 매끄럽게 오르내리는 엘리베이터처럼 근사하게 목적에 부합하며 …… 건축 안에서부터 나온 구조를 더할 나위 없이 명료하게 하는" 건축을 갈구했다.[67] 모나드노크 빌딩을

"사물 자체"의 실현으로 본 스카일러의 해석을 일종의 신즉물주의 (neue Sachlichkeit)로 이해했으며, 이것은 곧 형태 없는 본질을 추구하는 것이었다.[68] 1930년대 초, 멈퍼드는 이런 본질의 추구를 주거 문제로 확장했다. 전통적인 주택이 "안전·애국주의·시민정신·화목한 가족의 추상적인 상징물"이어야 한다는 인식이 가장 큰 문제라고 믿었다. 제2차 세계대전 이전의 글 중에서 가장 원리주의적 태도가 담긴 문구에서 멈퍼드는 근대 주택이 "생물학적 기관"이어야 한다고 단언했다. 주택은 형태가 아니라 "근본적인 생물학적 기준"에 따라 정의되어야만 했다.[69]

　그러나 재현의 문제는 없어지지 않았다. 새로운 건축의 이상이 형태가 완전히 의미를 잃어버린 상태라면, 새로운 건축이 도래했는지 어떻게 알 수 있는가? 비평가 멈퍼드는 이상에 도달한 건축의 모습을 어떻게 보여줄 수 있는가? 이 딜레마는 책의 도판에 대한 멈퍼드의 태도에서 가장 잘 드러난다. 『스틱스 앤드 스톤스』에서 자신이 진정성을 추구하고 있다는 것을 과시하는 방편으로 일부러 도판을 뺐다고 주장했다. 멈퍼드가 말하기를 "건물은 단순한 볼거리가 아니다. 그것은 경험이다. 사진으로 건축을 아는 이들은 건축을 아는 것이 아니다".[70] 그러나 몇 년 후, 새로운 건축이 임박했음을 증명해야 하는 상황에서 사진 이미지에 대한 입장을 바꾸었다. 프랭크 여브리의 『근대 유럽의 건축』(*Modern European Buildings*)과 에리히 멘델존의 『러시아, 미국, 유럽』(*Russland, Amerika, Europa*)을 평하면서, "우리는 사진이 필요한 만큼 말로 설명하는 것이 필요 없다. 사실들이 사진에 있다. 그림 역시 있다. 그러나 사진을 선별하고 생명력을 갖게 하는 데는 재능이 있어야 한다"고 썼다.[71] 1930년대와 1940년대 초 "삶의 갱신"(Renewal of Life) 시리즈 가운데 특히 『기술과 문명』에서, 멈퍼드는 이런 "사실을 선별"하고자 했다. 예를 들어 "자연과 기계", "미학적 동화"라는 제목 아래 수력발전기, 조개껍데기의 엑스레이 사진, 네르비가 설계한 운동장, 대형 곡물 창고, 뒤샹 비용, 브랑쿠시, 레제의 예술 작품을 나란히 놓았다. 이 기법은 파르테논과 들라주 자동차를 병치한 르 코르뷔지에를 연상시키지만, 시적인 통찰력을 강조한 르 코르뷔지에와 달리 멈퍼드는 미니멀리즘의 미학과 형태 없는 본질이라는 모호한 용어로 이 레이아웃을 구상했다. "사진가는 자기 멋대로 대상을 재배열할 수 없다. 그는 세계상을 발견한 그대로 받아들여야 하기" 때문에 이러한 이미지 속에 잠재적인 진리가 있다고 확신했다.[72] 적어도 1930년대 초반에도 사진이 다른 기계 장치와 마찬가지로 매개되지 않은 "세계를 획득"할 수 있는 가능성을 제공한다고 믿었다.

　멈퍼드는 유려한 문장가였지만 이미지와 오브제를 말과 연결하는 데에는 능숙하지 않았다. 스타니슬라우스 폰 모스가 언급한 대로 멈퍼드는 "다 똑같아 보이는 이미지들을 차례대로 늘어놓았다. 성격과 기능상 서로 다른 물건들을 제시했음에도 불구하고 서사적인 수사 방법에 머물러 있으며, 변증법적인 발상에 미치지 못한다".[73] 르 코르뷔지에와 기디온이 그랬던 것처럼, 생각하고, 사물을 보고, 그림을 그리며 서로를 넘나드는 시적인 비약 능력을 멈퍼드에게서는 찾아볼 수 없다.[74] 그는 시각의 윤리를 포용할 수 없었고, 애커먼처럼 진정한 재현의 가능성을 완전히 포기할 수도 없었다. 1930년대 말에 즈음해서는 시각적 최소주의와 사물 자체의 기능을 묘하게 결합시킨 입장을 취하게 된다.

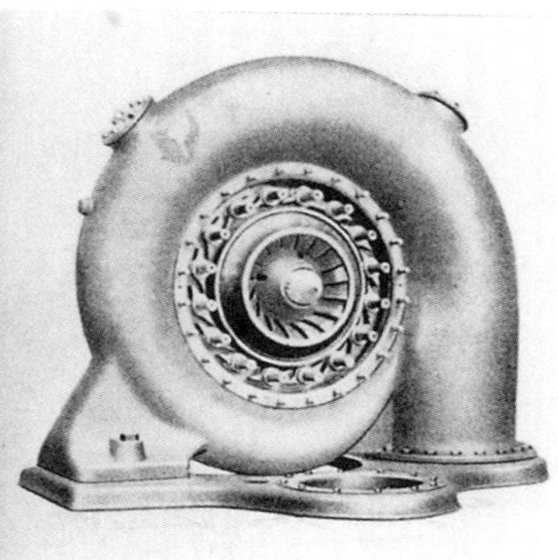

XII. NATURE AND THE MACHINE

1: Roentgen photograph of Nautilus by J. B. Polak. Nature's use of the spiral in construction. The x-ray, like the microscope, reveals a new esthetic world. (*Courtesy of Wendingen*)

2: Section of modern hydro-turbine: spiral form dictated by mechanical necessity. Geometrical forms, simple and complex, are orchestrated in machine design.

3: Grandstand of new stadium in Florence: Pier Luigi Nervi, architect. Engineering in which imagination and necessity are harmoniously composed.

4: R. Duchamp-Villon's interpretation of the organic form of a horse in terms of the machine. (*Courtesy of Walter Pach*)

5.2 "자연과 기계", 멈퍼드, 『기술과 문명』, 1934

XIII. ESTHETIC ASSIMILATION

1: Sculpture by Constantin Brancusi. Abstraction, respect for materials, importance of fine measurements and delicate modulations, impersonality. See Plate XV, No. 2.
(*Courtesy of Marcel Duchamp*)

2: The steel workers: mural by Thomas H. Benton. Realization of the dramatic element in modern industry, and the daily heroism which often outvies that of the battlefield. (*Courtesy of the New School for Social Research*)

3: Modern grain elevator. Esthetic effect derived from simplicity, essentiality, repetition of elementary forms; heightened by colossal scale. See Worringer's suggestive essay on Egypt and America. (*Courtesy of Erich Mendelsohn*)

4: Breakfast Table by Ferdinand Léger. Transposition of the organic and the living into terms of the mechanical: dismemberment of natural forms and graphic re-invention. (*Private Collection: Courtesy of the Museum of Modern Art*)

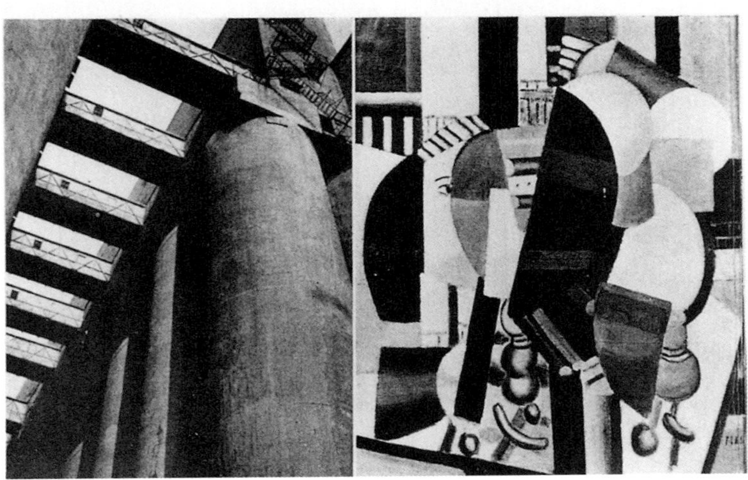

5.3 "미학적 동화", 『기술과 문명』

XIV. MODERN MACHINE ART

1: Self-aligning ball-bearings. High degree of accuracy and refinement in one of the most essential departments of the machine. The beauty of elementary geometrical shapes. Perfection of finish and adjustment, though already present in fine handicraft, became common—and essential—with machine-craft.
(*Courtesy of the Museum of Modern Art*)

2: Section of spring. Although line and mass are purely utilitarian in origin, the result when isolated has an esthetic interest. The perception of the special qualities of highly finished machine-forms was one of the prime discoveries of Brancusi, and the sculptors in glass and metal, like Moholy-Nagy and Grabo.
(*Courtesy of the Museum of Modern Art*)

3: Glass bottles with caps: typical of modern mass-production. Contrast this simple product of the Owens-Illinois Glass Co. with the extremely complicated machine that makes such mass production possible, shown on Plate XI.
(*Courtesy of the Museum of Modern Art*)

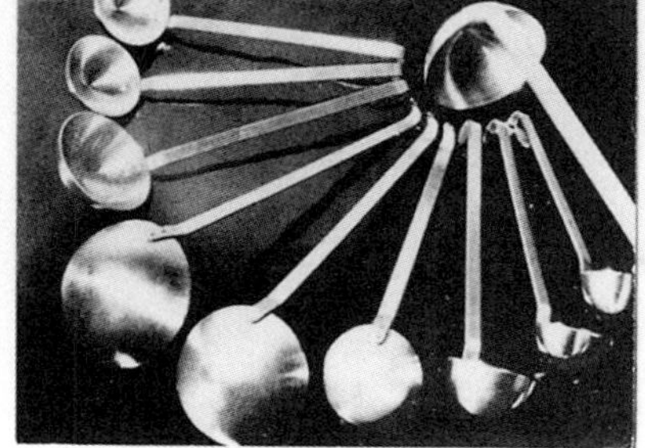

4: Kitchen ladles: another example of serial production, with all the advantages of uniform design and high refinement of finish. But while the machine cannot successfully achieve decoration, handicraft often produced forms as rational as those of the machine. In functional design the two modes overlap. Even in more primitive technics machines like the lathe, drill, and loom conditioned handicraft and in turn eotechnic handicraft furthered the machine.
(*Courtesy of the Museum of Modern Art*)

5.4 "근대 기계 예술", 『기술과 문명』. 사진 설명에 적혀 있듯이, 모든 이기지는 1934년 MoMA 전시회 "기계 예술"에서 전시된 것을 재수록한 것이다.

근대 건축의 참된 상징은 시각적 상징의 부재다. 어떤 구조체의 기능에 침투하고 참여함으로써 효과적으로 얻을 것을 더 이상 표피에서 찾지 않는다. 일상적인 체험에서 포착되지 않는 물리적 과정에 대한 감각뿐만 아니라 심리적이고 사회적인 과정까지도, 실제 환경에서 눈에 보이지 않는 힘을 감지하는 능력이 커질수록 건축 자체가 눈에 띄지 않을 것을 기대한다.[75]

멈퍼드는 재현에 대한 자신의 모순된 태도 때문에 갈등할 수밖에 없었다. 한편, 조화롭지 못한 세계에서 건축의 형태와 이미지는 한갓 증상에 불과했다. 다른 한편, 아직 도래하지 않은 통합된 근대의 이미지를 찾는 것을 포기할 수 없었다. 근대 미학을 보증하기 위해 MoMA의 "기계 예술" 전시회에 실린 사진들을 동원했던 이유, 그리고 국제주의 양식에 양가적인 태도를 가지며 참여했던 이유가 바로 여기에 있다. 베블런의 극단주의를 배척하면서도 그의 개념에 의지하여, 1930년대 내내 새로운 기계 문명의 가능성을 믿었다.

우리의 기계 체제를 완성함으로써, 자본주의 체제의 금전적인 논리와 계층 간의 증오심 때문에 잃어버린 본질적 가치를 회복할 수 있다. 기계 생산의 노역에서 벗어난 노동자는 감독관으로 나선다. 그의 장인 본능이 이러한 관리 업무로는 여전히 충족되지 않겠지만, 이제 확보한 힘과 여유를 통해 그는 생산 과정에서 아마추어로서 새로운 지위를 잠재적으로 갖게 되었다. 여기서 얻은 자유는 기계 생산의 압박과 스트레스, 냉정함과 익명성, 통합된 집단성에 대한 직접적인 보상이다.[76]

그러나 이런 사회 변화를 언급할 때도 멈퍼드는 착취와 자유, 유기적 공동체와 냉정한 집합성을 양극에 두고 너무나 단순하게 타협한다.

마침내 제2차 세계대전 이후 통합된 분화에 대한 희망을 유지하지 못하는 상황에 이르자, 멈퍼드는 순수한 형태의 이미지를 더 이상 제시하지 않았다. 또다시 역전된 멈퍼드의 입장은 "삶의 갱신" 시리즈의 마지막 편인 『삶의 방식』(*The Conduct of Life*)에서 여실히 드러난다. 여기서 예전과 같이 본문 사이에 별지 도판을 삽입하는 포맷을 포기한다. 멈퍼드는 후일 이 책의 개정판 서문에서 문화적으로나 철학적으로 낙관적인 입장에서 시작했던 이 시리즈의 마지막 편을 쓰는 것이 매우 "어려웠다"고 토로했다. "1930년에 착상한 원고였기 때문에 초기에 만연했던 희망적인 논조는 더 이상 옳게 들리지 않는다. 초기에 실제 삶에서 가져온 구체적이고 풍부한 도판은 온데간데 없이 사라졌다."[77] 애커먼의 극단적인 테크노크라시를 비현실적이라고 비판했던 멈퍼드는 이제 모든 것이 통합되는 유토피아적인 순간이 올 때까지 진정한 건축이 미루어지고 결국 성사될 수 없다는 애커먼의 입장과 함께하게 되었다. "현대도시가 진정한 건축으로 구현된다는 것은 불가능하다. 그 생물학적·사회적·개인적인 문제들이 모두 해소되기 전까지, 그리고 문화와 교육에서 도시의 목표가 균형 잡힌 전체와 통합되기 전까지는 사실상 불가능하다."[78] 그러므로 베블런을 향한 아도르노의 비판은 멈퍼드에게도 그대로 적용될 수 있다. "그는 이러한 퇴행이 갖고 있는 근대성을 이해하지 못한다. 대량생산 시대에 독창성을 빙자한 거짓 이미지들은 고도 산업의 기계화의 핵심을 말해주는 이 시대의 독특한 현상이라는 것을 이해하지 못한다. 그에게는 단지 구시대의 유물일 뿐이다."[79]

애커먼과 멈퍼드는 근대 세계에서 일명 "형태의 위기"에 대응하는 두 가지 극명한 태도를 보여준다. 애커먼은 제1차 세계대전 이후 건축의 위기를 인식했을 뿐 아니라, 건축이 기율을 가질 수 있다는 가능성 자체를 완전히 거부하면서 이 위기가 건축의 근본적인 모순을 드러낸다고 생각했다. 앞으로 살펴보겠지만 이 입장은 다이어그램, 즉 사실과 외양의 분리를 향해 구체적으로 나아간다. 한편, 멈퍼드의 입장은 항상 모호하게 바뀌었고, 여러 번 자신을 부정해야 할 만큼 경솔했다. 그는 시대의 불만이라는 근대의 기본 모순에 매몰되었다. 건축이 사회를 반영한다면, 그 사회적 토대가 아직 실현되지 않은 미래의 건축을 보여준다는 것이 가능한 일인가? 애커먼과 멈퍼드 모두 지금의 현실을 재현한다는 것이 너무나 당혹스러운 일이었다. 애커먼은 의식적으로, 그리고 전략적으로 모든 형상의 문제를 회피했다. 페브스너를 비롯해서 근대 건축을 도구적으로 접근했던 역사가들이 그랬듯이, 멈퍼드에게 진정한 형태는 외양과 근본적으로 다른 것이다.[80] 애커먼과 멈퍼드는 베블런이란 동전의 양면이었다. 베블런에 대한 아도르노의 비판은 또 다른 각도에서 애커먼과 멈퍼드를 향해 던질 수 있다.

> 베블런은 백지 상태를 만들고 싶어 한다. 문화의 폐허를 치워버려 세상의 근원을 드러내놓고자 한다. 그러나 "잔여분"을 찾으려는 그의 노력은 대개 기만에 빠지고 만다. 진리의 반영으로서 외양은 변증법적이다. 모든 외양이 무효하다고 생각하는 것은 완전히 가상의 지배를 받는 것이 된다. 왜냐하면 폐허와 아울러 이 폐허 속에서만 나타나는 진리도 포기하는 것이기 때문이다.[81]

6

건축 잡지의
인식론적 프로젝트

생명력이 있는 모더니즘은 하나의 정신 자세다.

마이클 미켈슨, "건축의 두 가지 문제",
『아키텍추럴 레코드』, 1929

『아메리칸 아키텍트』의 소비주의 프로젝트

1920년대 말, 미국의 3대 건축 잡지가 새로운 편집 방향을 선언한다. 이는 미국의 건축 담론이 근본적으로 바뀌기 시작했음을 알리는 신호탄이었다. 1929년 10월 대공황이 시작되기 이전 20개월 동안, 미국의 5대 주요 건축 잡지 가운데 『아메리칸 아키텍트』, 『아키텍추럴 포럼』, 『아키텍추럴 레코드』가 편집 정책과 포맷을 바꾸었다.[1] 출발은 『아키텍추럴 포럼』 1928년 1월호였다. 『아키텍추럴 포럼』의 편집장 파커 모스 후퍼는 건축 잡지가 건축 직능의 "세 가지 주요 분야"에 따라 구성되어야 한다고 주장했다. "디자인이 건축의 기초를 이룬다. 또 한쪽에는 엔지니어링이 있어야 하고 다른 쪽에는 비즈니스가 함께해야 한다." 이 삼각 구도는 1917년 『브릭빌더』가 『아키텍추럴 포럼』으로 개명하면서 부분적으로 시작한 정책을 재확인하는 것이었다. 이번에는 "건축 설계"와 "엔지니어링과 비즈니스"[2]라는 두 개의 섹션으로 "자연스러운 물리적 구분"을 했는데, 전자는 도판과 에세이로, 후자는 기술적인 문제를 다루는 기사로 채워졌다. 말하자면 실용과 미학 사이의 개념적 이분법에 따라 잡지가 나누어진 것이다. 1930년 가을 후퍼의 후임으로 케네스 스토웰이 편집장으로 부임하고, 1932년 『아키텍추럴 포럼』이 타임(Time)에 매각된 이후 다시 변화가 왔다.[3] 이 잡지는 1933년 다시 포맷을 바꾸어 이분화된 포맷을 버렸는데, 여기에 관해서는 다음 장에서 자세히 살펴볼 것이다.

가장 급진적인 변화는 『아메리칸 아키텍트』에서 일어났다. 1929년 여름, 『아메리칸 아키텍트』는 윌리엄 랜돌프 허스트 인터내셔널에 매각되었다.[4] 『굿 하우스키핑』(*Good Housekeeping*), 『하우스 뷰티풀』(*House Beautiful*), 『코스모폴리탄』(*Cosmopolitan*), 『하퍼스 바자』(*Harper's Bazaar*)와 같은 대중 잡지를 출판하는 대기업에 전문적인 건축 잡지가 편입되었다. 허스트가 왜 건축 잡지를 사들였는지는 명확하지 않지만, 가정 관리, 인테리어 장식, 건축과 여러 주거 문제를 다루는 잡지들 가운데 건축 전문 영역을 『아메리칸 아키텍트』가 맡도록 했던 것으로 보인다. 새로운 편집 방침은 1929년 9월호에 공지되었고 다음 달에 잡지 포맷이 전면적으로 바뀌었다. "비즈니스로서 건축"이란 슬로건 아래, 건축 직능의 현실적이고 비즈니스적인 측면에 초점을 맞출 것이라고 선언했다.[5] 『아메리칸 아키텍트』는 철저한 조사를 통해 대부분의 건축 잡지가 건축의 한 가지 측면, 즉 완성된 건물에만 집중한다는 것을 확인했다고 한다. 이러한 종류의 건축 출판은 "단순히 건물의 설계자가 아니라 비즈니스 마인드를 가진" 건축가들을 만족시키지 못한다고 주장했다. 이런 현실에 대응해 건축 잡지들은 "경제학·부동산·임대 사업·리모델링의 문제와 방법·재료의 성격과 가능성·계약과 직원 관리 등 …… 디자인 이외의 주제들을 포괄하는 범위로 확대해야 한다"고 결론 내렸다.[6]

　『아메리칸 아키텍트』의 새로운 정책은 1910년대 말 『아키텍추럴 포럼』이 도입했던 주제들을 반복했지만, 잡지의 구성을 완전히 바꾸었다는 점에서 획기적이었다. 건축 서비스는 건축의 재현을 거부하는 데에서부터 출발한다는 것이 가장 중요한 편집 방침이었다. 즉, 『아메리칸 아키텍트』는 건물을 "그림"으로 보여주는 것을 정책적으로 반대했다.

　어떤 이들은 건축 사진을 찍는다. 그리고 건축가들은 이 사진에 관심을 가지기도 한다. 하지만 그들이 더 궁금한 것은 "건축주와 계약"한 날부터 건축물이 사진에 찍히기까지 모든 문제들을 어떻게 풀었느냐는 문제이다. 문제가 제대로 풀리지 않을 때, 디자인은 상대적으로 중요하지 않기 때문이다. 이 문제가 바로 『아메리칸 아키텍트』가 다루는 영역이다.[7]

결국 『아메리칸 아키텍트』는 건축 기율을 건물·도면·문서 같은 생산물이 아니라 제도적인 과정으로 보았다. 아카데미 기율에서 건축 그림이 대단히 중요한 위치를 차지한 것과 정반대로, 그림에 대한 부정적인 태도가 1930년대 건축 잡지에서 노골적으로 나타나기 시작했다. 예를 들어, 『아키텍추럴 레코드』에 실린 "도학은 건축이 아니다"라는 글에서 W. R. B. 윌콕스는 "건축가의 진짜 작업은 '도면을 만드는' 일이 아니라 건물, 즉 자신이 처음 마음속에 그린 이미지를 인식하고 설명하고 실현시키는 것"이라고 말했다. 건축가의 그림 솜씨를 공격하는 것은 예술가인 양 하는 건축가의 겉치레를 비판하는 것과 다름없었다. 건축이 예술을 지향하는 것은 근대적인 건축 과정에서 힘을 잃는다는 것이었다. "건축가는 연필"이라는 표현은 건설 과정에서 훼손된 건축가의 위상을 보여주는 말이었다.[8] 건축 기율과 건축 재현을 분리시키려는 이러한 시도를 파악해야만 포트폴리오를 완전히 배제한 『아메리칸 아키텍트』의 과격한 변화를 이해할 수 있다. 건축 잡지들의 새로운 담론 체제에 대해서는 다음 장에서 자세히 분석하도록 하고, 여기서는 새로운 편집 정책들이 주장하는 바가 무엇이었는지를 짚어보도록 하겠다.

1930년대 중반까지 『아메리칸 아키텍트』는 "편집 방침에서 건축이 예술일 뿐 아니라 비즈니스라고 정의한 업계 유일의 잡지"라는 것을 강조했다.[9] 실제로 이 잡지는 1920년대 말과 1930년대 초 미국 건축에 팽배해 있던 상업주의와 비즈니스 담론을 주도했으며, 1910년대 말에 제기되었던 많은 이슈들을 공격적으로 지면에 다시 등장시켰다.『아메리칸 아키텍트』의 진단에 따르면, 건축 산업의 불황은 수요와 공급이 일치하지 않고 건설 비용을 조절할 수 없기 때문이었다. 하지만 과거의 불균형이 빨리 해소되고, 건설 분야가 효율적이고 공업화된 건강한 경제 분야로 부상할 수 있다고 믿었다. 생산을 합리적으로 조절하는 방법으로, 1920년대에 확립되었던 건설경제학이 계속 큰 인기를 누렸다. 대공황 시기에 건축 설계의 경제 결정론이 자연스럽게 잡지들의 중요한 주제가 되었다.

"경제-건축 실천의 새로운 기본"이라는『아메리칸 아키텍트』의 기사가 이런 조류를 가장 단적으로 보여준다. 대공황 이후에 등장하게 될 합리화된 건설 산업에서 건축의 위상은 "건축가가 근본적으로 상황을 얼마나 잘 파악할 것인지, 그리고 직업에 대한 기존 관념을 얼마나 과감하게 버릴 수 있는지에 달려 있다"는 것이다.

순수 예술로서 건축은 어디에도 뿌리를 내리지 못한 채 절뚝거리고 있다. 어떤 유형의 건물을 디자인하든 간에 건축가의 마음속에 있는 제1의 목표는 아름다움이었다. 그러나 아름다운 건물을 만들려는 그동안의 성과를 살펴보면, 정말 아름다운 건물은 일부고 대부분은 생명력 없는 복제나 차용이었다. 이런 것들은 투여한 노력과 돈에 걸맞은 가치가 없다. 그리고 압도적으로 많은 잡종 건물들, 대부분 투기 목적으로 지어진 이 건물에서는 진지한 태도를 찾아볼 수가 없다. …… 미국 건축의 표준은 기념비적 건물에 엄청난 비용을 들이는 대기업이 만들어서도 안 되며, 광대한 저택을 짓는 부유층이 세워서도 안 된다. 이것들은 금전과 시장 경제에서 예외적인 상황이다. 경제적 부가 관건인 한, 건축이 순수 예술로 지속될 수 있는 기회는 점점 줄어들고 있다.[10]

1910년대 말 건축의 미학을 인정한 『아키텍추럴 포럼』과는 반대로, 위와 같은 기사들은 전통적인 이념에 정면 도전했다. 건축의 "기준"은 이제 시장에 의해 결정된다는 것이다. 건축가가 "투기성 사업을 주도하는 건설업자에 내맡겨진 문제를 대면하고자" 한다면, 직능과 기율의 전면적인 수정이 필요하다고 주장했다.[11]

이런 정책에 맞추어, 『아메리칸 아키텍트』는 건축 시장의 확장을 주장했고, 이와 함께 건축 직능의 광고를 옹호하는 입장을 공표했다. "건축을 보통 사람들에게 팔자"라는 모토를 거리낌 없이 내세우면서, 전통적으로 광고를 폄하해온 AIA의 정책에 반기를 들었다.[12] 『아메리칸 아키텍트』는 주로 교외에 사는 중산층 시장을 겨냥했다. 그중에서도 특히 주택 구입을 비롯해 가계 소비의 주요 결정권자인 주부를 대상으로 삼았다. 더 나아가 허스트 계열사 잡지인 『하우스 뷰티풀』과 『굿 하우스키핑』은 『아메리칸 아키텍트』가 적극적으로 추구한 "분야 광고"에 지면을 할애했다. 그러면서도 『아메리칸 아키텍트』는 기성 평면을 팔아 건축을 "공급"하는 것에는 반대했다. "'기성평면' 주택에는 결코 영혼이 없다"라는 사설에서 건축은 건축 도서를 파는 것이 아니라 건축 서비스를 판다는 점을 강조했다.

건축가는 개인과 커뮤니티에 대량 생산 평면을 파는 사람들이 절대로 제공할 수 없는 공공적인 서비스를 제공한다. 환경이 개인의 인격과 중요한 관계가 있다는 것은 이론이 아니라 사실이다. 미국적 가정 생활 양식, 미국의 독립 정신, 미국만의 행복과 자유의 근간에 주택이 있다. 이를 이끌어줄 환경은 개인과 커뮤니티를 위해 잘 보존되어야 한다. 건축 직능은 이 공공 서비스에 기여해야 하며 지금도 하고 있다. …… 개개인과 교감하고 개별 가족을 연구할 때 비로소 그들의 요구를 충족할 수 있는 주택을 지을 수 있다. 이는 결코 "기성 평면"으로 판매할 수 있는 것이 아니다.[13]

결론적으로 건축가는 "대중이 건축 서비스의 가치를 납득하고 …… 미국의 일반 가정이 훌륭한 건축 서비스를 누릴 수 있도록 노력해야 한다는 것이다".[14]

물론 "서비스"를 건축 기율의 핵심으로 정의하는 것은 새로운 발상이 아니다. 서비스는 1910년대 말, 특히 전후위원회의 활동을 통해 이미 대두되었던 개념이다.[15] 그 후 20년 동안 건축 서비스는 계속해서 강조되었고 『펜슬 포인츠』 같은 보수적인 잡지에서도 명백히 나타났다. 대공황 이후 건축 시장이 갑자기 몰락하자,『펜슬 포인츠』는 위기 상황을 건축 직능의 역할과 가치를 분명히 하는 기회로 삼았다. 1930년의 첫 호에서, "경제가 회복되면 건설 계획을 가질 사람들과 사업가를 대상으로 전문적인 건축 서비스의 가치와 속성에 관하여 교육을 시킨다"는 적극적인 정책을 공표했다.[16] 몇 달 후 "건축 서비스의 가치"라는 제목의 특별 기사에 건축가를 다음과 같이 정의했다.

변호사나 외과 의사처럼 건축가도 전문직 종사자다. 건축가는 오직 사심 없는 개인 서비스만을 여러분에게 제공한다는 말이다. 수년간의 학업과 견습을 통해 건축 설계라는 예술에 대한 지식과 건설을 감독하는 지식을 갖춘 전문가로서, 문외한인 여러분을 도울 수 있다. 여러분을 위해 지식을 효과적으로 사용하는 능력이 그만의 "전문 기술"이다. 어떤 사람들은 건축가가 청사진이나 평면, 시방서 판매상이라고 잘못 생각하는 경우가 있다. 외과 의사가 처방전 판매상이 아닌 것처럼 그것들은 서비스의 단순한 도구일 뿐이다.[17]

서비스 개념을 중심에 둔 건축가의 역할은 다시 한번 기성 평면과 건축 그림의 안티테제로 정의되었다. 건축주의 "개별적인 문제"는 평면(plan)이 아니라 특화된 계획(planning) 과정으로 해결하는 것이다. 건축 도서가 중요하긴 하지만, 일반적인 과정의 결과물이고 하나의 도구다. 이 과정을 이끄는 생산적인 동인은 지식이다. 이러한 논리에 따라, 건축 기율의 중심은 상품화된 도서에서부터 건축주와 사회에 명백하게 열려 있는 계획 과정으로 옮겨 갔다. 이제 건축가의 기율은 건축가의 특별한 지식과 이를 "효율적으로" 구현하는 능력으로 정의되었다.[18] 건축이 소비 시장에 참여하기 위해서는 전통적인 의미의 자율성을 포기해야 했고, 건축가가 관할하는 서비스·전문성·방법론 등과 같은 제도로서 정의되어야만 했다.

『아키텍추럴 레코드』의 인식론적 프로젝트

1891년 창간부터 20세기 초반까지, 『아키텍추럴 레코드』는 드물게 글 중심의 건축 잡지로 독보적인 위치를 차지했다. 창간 사설에서 그 목표를 "건축에 관한 '수준 높은 생각'을 모으는 것"이라고 밝혔다.[19] 『아키텍추럴 레코드』는 전통적으로 역사와 비평, 교육에 초점을 맞추었으며, 당시 대부분의 잡지보다 작은 177.8×247.6mm 포맷을 갖고 있었다. 1920년대, 도지 사 안에서 건축 인접 분야의 출판 활동이 확대되면서 주거와 건설 산업에 관한 기사가 더욱 빈번하게 등장하기도 했다. 하지만 『아키텍추럴 레코드』는 로런스 코커가 1928년 편집국장에 부임하기 전까지 전통적인 성격을 계속 유지했다. 1926년 8월호부터 초청 편집자 역할을 했던 코커는 이듬해 편집국에 정식으로 채용된다.[20] 당시 편집장은 1914년 허버트 크롤리의 뒤를 이은 마이클 미켈슨이 맡고 있었다. 1927년 미켈슨은 "건축의 대의를 위해서" 시리즈 원고료로 프랭크 로이드 라이트에게 전례가 없는 1만 달러를 지급하는 등 과감한 행보를 펼쳤다.[21] 미켈슨의 진보적 성향을 감안하더라도, 코커가 『아키텍추럴 레코드』에 부임하게 된 정확한 정황, 그리고 이와 함께 이 잡지가 근대 건축을 전격 지원하게 된 배경을 파악하기란 쉽지 않다. 당시 상황에 대한 코커의 회고도 분명치 않다.[22] 확실한 것은 그가 대학교수로 복귀했던 1938년까지 편집국장으로 재직하는 동안, 이 잡지의 리더로서 미국의 근대 건축을 발전시킨 핵심 인물로 떠올랐다는 사실이다. 1930년대에는 물론이고 1929년에 이미 『아키텍추럴 레코드』는 모더니즘의 선구적인 옹호자로 널리 인정받았다.[23]

　『아키텍추럴 레코드』의 변신은 1928년 1월, 그리고 1929년 1월과 11월에 연속해서 실린 일련의 사설을 계기로 진행되었다. 1928년 1월의 첫 사설은 『아키텍추럴 레코드』의 지면이 215.9×279.4mm 표준 포맷으로 변경된 시점과 일치한다. 『아키텍추럴 포럼』이 표준화를 명분으로 크기를 줄인 것에 반해 『아키텍추럴 레코드』는 크기를 키웠고, 나아가 유명한 디자이너인 프레더릭 구디를 영입하여 레이아웃과 서체를 바꾸었다. 새로운 포맷의 이유에 대해 설명하면서, 1930년대 『아키텍추럴 레코드』의 주요 주제를 제시했다. 바로 표준화와 대량 생산 문제다.

> 페이지 크기는 명백하게 표준화라는 보편성의 요건을 따르는 것이다. 출판 산업과 함께 움직이는 동종업계와 산업계(제지 회사와 보관 캐비닛 제조업체 등)에서 널리 사용되는 단위 치수를 받아들이기로 결정하면서, 누구에게도 페이지의 치수를 아름답게 봐주기를 바라지 않는다. 소박하게 말하자면, 우리의 문제는 표준화된 재료와 설비로 조립된 건물에 특정한 성격과 개성을 부여하는 건축가의 디자인 작업과 유사하다. 근대적 표현을 추구하는 건축의 진정한 목표는 자재 카탈로그로부터 조립된 건축에 개별 건물로서나 집합체로서 일관된 느낌을 부여하는 것이라고 말할 수 있다.[24]

사설의 핵심 메시지는 아니지만 카탈로그와 건축의 산업화에 대한 건축계의 전통적인 태도가 역전되었다는 것을 알 수 있다. 미켈슨이 서명한 이 사설에서 『아키텍추럴 레코드』는 루이스 설리번과 매킴, 미드 앤드 화이트 같은 선각자들이 확립한 "폭 넓고 깊이 있는 건축 전통"에 병행하여 창립된 점을 강조했다. 사설에 따르면, 이 시기는 제1차 세계대전과 함께 막을 내렸고, 강력하게 주장하지는 않았지만 『아키텍추럴 레코드』가 미국 건축의 "새로운 장"을 열고 있다는 것이었다.[25] 1928년 1월호와 함께 근대 건축이 확실히 강조되었다. 헨리 러셀 히치콕은 유럽 근대 건축에 관한 서평을 연재했고, 후일 『근

대 건축: 낭만주의와 재통합』(*Modern Architecture: Romanticism and Reintegration*)으로 묶어 출판할 일련의 글들을 기고했다. 프랭크 로이드 라이트는 "건축의 대의를 위하여"라는 같은 제목으로 아홉 꼭지의 글을 추가로 기고했는데 커진 판형에서 그림을 더 풍부하게 삽입했다. 하지만 이런 콘텐츠에도 불구하고, 1928년 1월 사설은 새로운 포맷이 "편집 목표가 변했다기보다는 발전한 것"이라고 언급하면서 예전 잡지 내용과의 연속성을 주장했다.[26]

명백한 모더니스트의 입장을 취한 시기는 이듬해부터다. 1929년 1월 "건축의 두 가지 문제", 이어 11월에 "1930년 『아키텍추럴 레코드』의 확장 계획"이란 사설을 실었다. 1928년 사설과 마찬가지로, 이 두 글에도 미켈슨이 서명했지만, 이제 『아키텍추럴 레코드』는 코커가 주도하고 있는 상황이었다. 1년 전에는 암시하는 정도로 그쳤던 모더니스트의 입장이 선언문 같은 사설을 통해 공표되었다.[27] 미국 근대 건축의 핵심 문서라 할 수 있는 두 사설이 게재되고 1929년 1월 테크니컬 뉴스와 리서치(Technical News and Research) 섹션이 출범함으로써, 『아키텍추럴 레코드』는 미국 건축 담론에서 혁신적인 구실을 하기 시작했다. 제목 그대로, "건축의 두 가지 문제"를 통해 『아키텍추럴 레코드』는 당대 건축의 두 가지 근본적인 이슈를 지적했다.

첫째는 대량 생산의 요건에 디자인이 어떻게 적응할 것인가의 문제며, 둘째는 병원 건축·학교 건축·은행 건축 등 건축을 여러 전문 영역으로 갈라 놓는 산업구조를 포함하여 실용예술 분야의 근대적인 테크놀로지에 건축 실무가 어떻게 적응할 것이냐는 문제다.[28]

건축 기율에서 부차적인 문제로 취급되었던 대량 생산과 시설 계획이 이제 건축 담론의 가장 중요한 위치를 차지하게 되었다. 그것들은 필연적으로 건축 실무의 논리를 와해시키면서 동시에 새로운 기율의 가능성을 제공한다는 것이었다. 이 사설은 새로운 건축 실무의 배경에는 모든 사회 조직에 작용하는 실증적인 힘이 있다고 주장했다. "두 문제는 같은 동인을 갖고 있다. 바로 근대적인 삶의 특징이자 이를 지배하는 과학적인 연구방법론이다. 교육과 의학에서부터 비즈니스와 산업 분야까지 실용적인 기술 분야 전반에 퍼진 관찰·가설·연역·실험 증명의 과정이 지배하고 있는 것이다."[29] 다시 말해, 대량생산과 전문화는 물질문명의 대세일 뿐 아니라 근대성의 근본적인 인식론적(cognitive and epistemological) 조건, 즉 『아키텍추럴 레코드』가 제시한 명제대로라면 하나의 "정신 자세"(an attitude of mind)이다. 합리적으로 관찰하고 사고하는 이 방법은 "원칙의 발견 과정"으로써 건축이 대량 생산과 전문화에 적응할 수 있는 거름이 될 것이라는 주장이다.

이렇게 문제를 제기한 다음, 사설은 각각에 대하여 자세히 논했다. 먼저 "모던 디자인"이란 부제 아래 대량 생산의 문제를 다루었다. 근대 건축이 과학적인 과정의 원칙에 따라 만들어지기 때문에 "변덕스러운 가설"은 "비논리적 디자인"을 낳는다고 생각했다. 또한 "추상적 아름다움"은 예술의 신화에 불과하며, 디자인은 "원형이라는 비물질적 세계"에서 벗어나야 한다고 주장했다. 디자인은 관찰을 기반으로 한 사실, 즉 "지각에 드러난 명명백백한 현상에만 근거를 두어야 한다"는 것이다.[30] 『아키텍추럴 레코드』는 두 번째 문제인 "전문화"를 논할 때도 이러한 경험주의를 고수했다. 첨단 건설 과정에서는 "기능주의 계획의 복합성" 때문에, 다양한 건물 유형이 요구하는 전문 지식에 따라 건축 분야도 세분화될 수밖에 없으며, 이 것은 사회적인 문제이며 인식론적인 문제라는 것이다.[31] 근대의 물질 문명과 인간의 인지 방식이 괴리되어 있다는 애커먼의 베블런식 입장과는 대조적으로, 『아키텍추럴 레코드』는 건축의 모더니즘이 태동할 수 있도록 이들이 통합되어 있다고 보았다. 『아키텍추럴 레코드』는 "건축의 두 가지 문제"에 대한 해결책을 문제의 본성 그 자체에서 찾았다. 즉, 이 문제들은 모더니티의 원인이자 해결책이었다.

　　테크니컬 뉴스와 리서치 섹션도 이러한 새로운 상황에 부응하여 설립되었다. "건축의 발전은 최신 계획과 건설에 관한 보다 정확하고 포괄적인 지식에 기반을 둔다"는 사실에 근거하여 새로운 부서가 설립되었다는 것이다.[32] 로버트 데이비슨이 "테크니컬 디렉터"로 채용되었고, 다음 달 시어도어 라슨, 크누드 뢴베리-홀름, 더글러스 해스켈과 하워드 피셔가 연구원으로 충원되었다. 계획과 건설 문제만을 다루는 테크니컬 뉴스와 리서치는 "건축 잡지로서는 전적으로 새로운 편집 방향"을 이끌어 전통적인 건축 담론과 결별을 선언했다.[33] 『아키텍추럴 레코드』는 건축 외의 분야에서의 리서치만을 모으는 것이 아니라, "독자적인 연구"를 주도할 것이라고 주장했다. "연구 방법론"에 따라 "건축의 두 가지 문제"에 대한 구체적인 해결책을 강구할 것이고, 궁극적으로는 모던 디자인을 위한 탄탄한 기초가 다져질 것이라 믿었다. 실제로 테크니컬 뉴스와 리서치 섹션은 디자인이 "기계 테크놀로지의 발전"에 대응해야 한다는 『아키텍추럴 레코드』의 정책을 구체적으로 실천했다. 기계 테크놀로지는 "실체가 없는 추상적인 예술의 문제가 아니라 근대적인 계획과 건설의 영향을 받으며 그와 불가분의 관계를 갖는 문제"였다.[34] 그 결과, 계획 데이터를 다루는 섹션이 『아키텍추럴 레코드』의 모더니스트 정책의 핵심 역할을 하게 되었다.

데이비슨은 테크니컬 뉴스와 리서치 섹션의 초기에 편집을 주도했고, 1931년 1월 존 피어스 재단의 디렉터로 부임하기 전까지 여러 차례 글을 기고했다. 테크니컬 뉴스와 리서치 섹션에 게재된 기사들은 "공인된 최신 기술·경제·기능과 관련된 시설 유형별 정보를 체계화하겠다"는 주장에 충실했다. 1920년대 계획 담론이 수필식으로 서술되었던 것과는 대조적으로, 이 섹션의 기사들은 방법론상 체계적으로 구성되었다.[35] 이 기사들의 체제는 다음과 같이 구성되어 있었다.

> (1) 통합된 체크 리스트 및 상세 항목 리스트 (2) 의학·체육학·교육학 등 다양한 분야에서 나온 기능 데이터 모음 (3) 구조공학과 기타 공학 분야의 최근 연구 동향 (4) 자재와 설비에 대한 분석 (5) 비용 분석 (6) 선별된 참고문헌[36]

여기서 두 번째 항목의 "기능 데이터"가 제시된 방식에 주목할 필요가 있다. 대개 출처를 밝히지 않은 이전의 매뉴얼들과 달리, 테크니컬 뉴스와 리서치 섹션에서는 참고문헌이 정리되어 있었다. 또한 출처와 엔지니어, 경영 전문가, 해당 시설 전문가로 구성된 저자를 상세히 밝히려고 노력했다. 데이터는 일반적인 원리와 함께, 종종 차트와 수학 공식으로 제시되기도 했다. 예를 들어, 차고 계획에 대한 기사는 이윤, 땅값과 층수 간의 최적화된 관계를 계산하는 공식을 "차고 조사"를 위한 차트와 함께 소개했다. 이 기사에서 이런 조사 작업을 "건축적인 문제"라고 표현한 점에 주목해야 한다. 말하자면 "건물의 유형·층수·디자인의 성격" 등을 결정하는 경제적 요소들을 평가하는 일이 건축가의 임무라고 규정한 것이다.[37] 이 기사에 따르면,

차고 계획의 핵심은 개별 프로젝트에 해당하는 실증 데이터에 있는 것이 아니라, 여러 가지 상황에 적용할 수 있는 일반적인 규칙과 방법에 있다. 예를 들어 예전의 매뉴얼에서 "병원 계단은 통행에 불편이 없도록 적어도 폭이 1.16미터가 되어야 하며, 들것을 든 사람을 위해 널찍한 계단참이 있어야 한다"는 표현처럼 수치를 포함한 명령문으로 설계 요구 조건을 명시하는 것으로 충분했다면,[38] 이제는 체계적인 규칙, 원리와 공식을 제시해야만 했다.[39]

면적과 형태를 지시했던 예전의 건축 프로그램이 시설과 기술에 대한 일반적인 설명 형식으로 변하면서 프로그램은 건축가의 작업 영역으로 들어왔다. 그렇다고 건축가가 프로그램을 직접 써야 한다는 것이 테크니컬 뉴스의 입장은 아니었다. 데이비슨은 감옥 설계를 예로 들며 건축가가 "형법 전문가일 것이라고 기대해서는 곤란하다"고 단호하게 말했다. 데이비슨에 따르면 형법학자들이 "주어진 인적 자원으로 달성 목표"를 규정할 책임이 있다면, "이 목표를 건물로 번역"하는 것이 건축가의 의무다.[40] 얼핏 보기에 이것은 건축 프로그램에 관한 아카데미의 개념과 달라 보이지 않는다. 감옥을 규정하는 것은 도덕론자들이 아니라 입법자이듯이 건축가는 "자신이 만들지 않은 프로그램에 봉사해야 한다"고 주장한 것이 바로 줄리앙 구아데였다. 그러나 피터 콜린스가 지적했듯이, 구아데의 프로그램은 과학적인 연구보다는 건축주의 상식에 기대고 있었다.[41] 데이비슨의 담론에서 키워드는 "연구 방법"이고, 이는 "일단 요구 조건이 명확해지면 건축 문제를 합리적으로 풀어내는" 과정을 뜻한다.[42] 그의 견해로는 건축가에게 완성된 프로그램을 제공하는 상업적인 프로젝트와는 달리, 감옥의 근본적인 목적에 관해 형법학자들 사이의 합의는 없다. 이런 상황에서, 건축가는 "감옥을 여러 차례 방문"하기보다는 형법학에서의 "근대적 사고"를 철저히 익히고 기존 감옥의 유형에 구애받지 않은 과학적인 프로그램에서 출발해야 한다. 데이비슨은 이를 건축 설계에 대한 "기능적" 또는 "합리적 접근"이라고 규정한다.[43] 아카데미 담론에서 건축의 선례가 새로운 해결책을 만들어내는 근간이라면, 이제는 발명과 창의력을 방해하는 훼방꾼으로 취급되었다. 양식과 외관에서뿐만 아니라 건축 지식의 원천이란 더 중요한 의미에서도 선례는 건축 설계의 근간이 될 수 없었다. 빌 힐리어와 에이드리언 리먼의 표현을 빌리자면, 이런 형식의 합리성은 "정보와 과정이 연결된 문제 해결 방법을 확보하기 위해, 사실상 선입견을 지우는 것이나 마찬가지였다."[44]

　　그러나 로버트 벤슨처럼 『아키텍추럴 레코드』의 새로운 편집 정책을 "유럽 모더니즘의 신즉물주의와 유사한 것, 낭만주의와 절충양식에 대한 반발로 부상한 기능주의의 객관성"으로 해석해서는 안 된다.[45] 『아키텍추럴 레코드』의 인식론적 프로젝트는 콤포지션의 형식주의를 받아들일 만큼 지극히 포괄적이었다. 예를 들어 과학적 방법이 건축에서 작동하는 방식에 대한 설명을 살펴보자.

　　이런 관계에서 디자인의 원칙을 도출하기 위한 전제를 가설로 설정한다. 디자인의 원칙은 표준화된 조립 부재와 생산 설비라는 엄연한 사실과 부합해야 하며 건설 과정에서 조립 공정과도 부합해야 한다. 도출된 원칙을 실험으로 입증하려면 설계에 적용해야 한다. 건물이 건축가와 같이 소양 있는 비평가들로부터 인정을 받는다면, 원칙이 실제로 입증된 것이고 우리는 근대 디자인 또는 근대 건축을 얻게 된다. …… 대량생산의 목적은 경제성이다. 그러므로 이 목적에 부합하기 위해서 디자인은 매스·배치·비례·콤포지션의 기본을 통해 아름다움을 달성해야 한다. 공장 생산 자재가 자체의 색이나 질감의 아름다움을 갖고 있기 때문에 재료의 장식적 속성에 맞춰 디자인을 해야 한다.[46]

이 제안에서 『아키텍추럴 레코드』가 건축의 형태 원리와 경제·시공·건설자재의 기능적인 문제를 통합하려고 했음을 알 수 있다. 이런 양가적 태도는 『아키텍추럴 레코드』의 편집부가 다양한 구성원으로 이루어졌다는 것을 잘 보여준다. 시어도어 라슨과 뢴베리-홀름의 입장이 코커와 달랐을 것이고, 특히 데이비슨과 큰 거리가 있었으며, 코커의 입장도 미켈슨과 달랐다.

　양가적인 태도는 테크니컬 뉴스의 여러 기사에서 사용된 언어에서도 잘 드러난다. 수영장·차고·교도소 등 테크니컬 뉴스와 리서치 섹션의 초기 기사는 새로운 건축 디자인의 태도를 적극적으로 옹호했다. 차고에 대한 기사의 경우 건축 양식과 형태에 대해 명백하게 모더니즘의 입장을 취했다. "장식이 없어야 하며, 콘크리트를 사용한 표면은 재료의 속성만을 드러내야 한다.…… 우리 시대의 현대 건축은 목적·구축·재료에서 형태를 만들어낸다."[47] 그러나 데이비슨은 양식과 형태를 부차적인 것으로 여겼다. 교도소와 같은 프로그램에서는 건축가와 건축주가 형태에 관해서 어떠한 선입견도 가져서는 안 되지만, 단독 주택 같은 개인적인 프로젝트에서 양식은 건축주 취향의 문제였다.

　상업 건물을 지을 때에, 건축주는 직접적으로 또는 디자인의 광고 효과를 위해 투자한 금액에 상응하는 최대한의 경제적 보상을 가져다주는 건물을 원한다. 건축주는 이것을 성사시키는 방법을 안다고 생각하지만 효율적인 계획과 최상의 건축적 표현은 건축가의 손에 달려 있다. 전원주택의 경우 상황은 대체로 반대다. 건축주가 자기 자신을 표현할 수 있도록 격려해야 한다.[48]

단독 주택을 설계할 때, 건축가들은 "최종 결정에 앞서 건축주의 취향과 요구 사항을 발견하기 위해서" 건축주에게 잡지의 도판을 살펴보라고 권한다.[49] 이런 종류의 프로젝트에서 건축가는 프로젝트 비용과 관련된 사항들과 집의 크기 사이의 관계를 분석하는 임무를 갖고 있다. 이는 애커먼의 도움으로 개발했던 "입방피트당 비용 산출법"이라는 기법으로 진행된다고 데이비슨이 밝혔다.[50] 데이비슨은 "양식이 비용에 미치는 영향"이라는 기사에서 건축상을 받은 주택의 평면을 영국 시골풍(3만 달러)에서 콜로니얼풍(2만 4,000달러)까지 다섯 가지 양식으로 지었을 때 소요 비용을 분석했다.[51] 건축주의 예산과 요구사항에 관한 연구를 바탕으로, 건축가는 "가용 예산 범위 안에서 …… 양식뿐만 아니라 집의 크기를 최종적으로 결정"할 수 있었다.[52] 데이비슨은 양식에 대한 확신이 무너진 그 논리적 귀결점이 무엇인지를 보여주었다. 즉, 양식은 건축주의 취향, 욕구 그리고 예산에 따라 결정하는 문제라는 것이다. 이런 태도는 1930년대와 그 이후까지 미국에서 만연했다. 미국의 주거생활에 대한 클리퍼드 에드워드 클라크의 연구에 따르면, 1936년과 1950년 사이에 『레이디스 홈 저널』(*Ladies' Home Journal*), 『맥콜스』(*McCall's*), 『굿 하우스키핑』, 『베터 홈스 앤드 가든스』(*Better Homes and Gardens*) 등 주로 여성 잡지들이 41차례 이상 소비자 선호도를 조사했다.[53] 양식이 상품화된 이런 담론에서, 건축가는 문화의 권위자로 가졌던 전통적 지위를 상실했다.

데이비슨의 기능주의적 입장에서 건축의 형태는 프로그램에 의해 결정되는 것이 아니며, 특정한 양식이 우월하지도 않았다. 합리성은 상업의 도구가 아니라 근대의 자립적인 힘이라고 규정한 데이비슨은 건축이 시장의 논리와 상보적인 관계를 가질 수 있다고 거듭 주장했다. 데이비슨에게 건축 형태는 기능주의 계획의 결과물이라기브다는 그 부산물이었다. 이런 논리에 따라 건축은 시장에 참여하면서, 여전히 독자적이고 뚜렷한 기율을 유지할 수 있었다. 비즈니스와 이해관계를 따지면서도 이와 독립된 합리성으로 건축의 기율을 세우려는 체계적인 프로젝트를 추진함으로써, 『아키텍추럴 레코드』

6.1 로버트 데이비슨, "양식이 비용에 미치는 영향을 보여주는 스케치", 『아키텍추럴 레코드』, 1929년 4월

역시 『아메리칸 아키텍트』와 『아키텍추럴 포럼』의 소비주의 프로젝트와 연결되었다. 데이비슨의 합리주의 프로젝트 역시 "비즈니스로서 건축"을 옹호하는 이들과 마찬가지로 자본주의 논리 안에서 건축 지식과 전문기술을 규정해야 하는 과제를 안고 있었다. 이런 과제를 제기했던 방식은 1910년대 말의 위기론과 여러 측면에서 유사했지만, 문제에 대한 진단과 처방은 1920년대와는 달랐다. 『아키텍추럴 레코드』는 특히 산업화와 계획에 대한 예전의 시각에서 벗어나 계획을 건축 외적인 문제가 아니라 건축 설계 내부의 요소로 보았다. 『아키텍추럴 레코드』는 이를 근본적인 "디자인의 변화", 즉 "새로운 세대가 옛것의 권위를 의례적으로 배척하는 현상"이 아니라, "산업과 사회의 의미심장한 변화가 야기한 급진적인 단절"로 보았다.[54] 특히

6.2 "1937년 소형 주택 프리뷰", 『아키텍추럴 포럼』, 1936년 11월. 나이애거러 허드슨이 『아메리칸 홈』, 『우먼스 홈 컴패니언』, 『베터 홈스 앤드 가든스』과 함께한 조사

1937 SMALL HOUSE PREVIEW

STYLE. That the American taste, at least so far as architecture is concerned, still leans heavily toward the conservative, traditional styles was once again demonstrated by the answers to the Five Star Questionnaire. The overwhelming preference was for the various Colonial styles, with Dutch Colonial most popular of these. Next came English, with 22% of the total vote; followed by Modern, which polled 11%. Practically everyone favored the two story type. Choice was on the basis of the illustrations shown at the left of the figures.

PRICE CLASS	Not Given	Under $5,000	$5,000 -$6,000	$6,000 -$7,000	$7,000 -$8,500	$8,500 -$10,000	$10,000 -$15,000	Above $15,000	TOTAL	PER CENT OF TOTAL
DUTCH COLONIAL — ONE STORY	19	104	90	45	73	34	7	1	373	
TWO STORY	112	257	377	236	416	297	71	27	1,793	
DUTCH COLONIAL	131	361	467	281	489	331	78	28	2,166	21%
CAPE COD — ONE STORY	29	251	184	81	110	35	7	0	697	
TWO STORY	40	250	257	136	180	121	30	5	1,019	
CAPE COD	69	501	441	217	290	156	37	5	1,716	17%
GEORGIAN — ONE STORY	2	14	15	3	11	9	1	2	57	
TWO STORY	55	86	128	106	188	191	112	33	899	
GEORGIAN	57	100	143	109	199	200	113	35	956	18%
SOUTHERN COLONIAL — ONE STORY	7	10	14	11	9	18	4	1	74	
TWO STORY	52	51	82	42	102	125	79	25	558	
SOUTHERN COLONIAL	59	61	96	53	111	143	83	26	632	6%
AMERICAN FARMHOUSE — ONE STORY	1	42	16	6	9	4	1	1	80	
TWO STORY	28	93	73	34	73	72	16	9	398	
AMERICAN FARMHOUSE	29	135	89	40	82	76	17	10	478	5%
TOTAL COLONIAL	345	1,158	1,236	700	1,171	906	328	104	5,948	59%
ENGLISH — ONE STORY	18	58	65	33	58	36	13	2	283	
TWO STORY	108	189	294	222	450	459	193	64	1,979	
ENGLISH	126	247	359	255	508	495	206	66	2,262	22%
MODERN — ONE STORY	10	63	55	31	49	43	5	4	260	
TWO STORY	45	94	145	84	188	189	72	26	841	
MODERN	55	157	200	115	235	232	77	30	1,101	11%
SPANISH — ONE STORY	6	31	25	10	18	11	2	1	104	
TWO STORY	16	24	41	20	65	45	20	7	238	
SPANISH	22	55	66	30	83	56	22	8	342	3%
MEDITERRANEAN — ONE STORY	4	14	13	2	15	10	3	1	62	
TWO STORY	14	17	30	22	37	46	23	8	197	
MEDITERRANEAN	18	31	43	24	52	56	26	9	259	3%
FRENCH PROVINCIAL — ONE STORY	4	8	14	5	7	6	1	0	45	
TWO STORY	15	20	20	16	44	39	10	2	166	
FRENCH PROVINCIAL	19	28	34	21	51	45	11	2	211	2%

ELEVATIONS OF FIVE STAR HOUSE SHOWN OPPOSITE

대량 생산에 관한 한 미국에서 표준화와 건축의 관계에 대하여 체계적인 선언을 했던 최초의 사례 중 하나다. 『아키텍추럴 레코드』는 건축기율을 근대적인 사회 체제와 테크놀로지와 떼어낼 수 없다고 선언한 것이다. "카탈로그 문제"를 단순히 자료 편집의 문제로 규정했던 1906년 『스위트 건설 카탈로그 일람』과는 달리, 표준화를 건축의 핵심 이슈로 설정했다. 건축 형태에 여전히 관심을 두기는 했지만 편집의 초점을 형태에서 인식론으로 전환했다는 점에서 1920년대의 전통주의와 근본적으로 다른 입장을 취했다. 『아키텍추럴 레코드』는 나름대로 규정했던 근대성의 인식론적 토대 위에 건축 기율을 재설정함으로써, 전통주의자들이 기대고 있었던 관습주의와 모더니스트들이 임의로 따르는 유행의 논리를 동시에 거부할 수 있었다. 건축 형태가 자의적으로 결정되는 것이라면 더 이상 건축 기율의 기반을 형태에 두지 않겠다는 것이다.

이제 테크니컬 뉴스와 리서치 섹션의 기능주의와 1920년대의 기능주의 계획이 어떻게 다른지 이야기할 수 있을 것이다. 후자는 건축 설계를 프로그램에서 출발하여 단선적으로 진행되는 과정으로 정의했다. 건축주와 경영 전문가가 설정한 요구 조건이 설계의 최종 단계에서 충족되어야 한다는 측면에서 계획은 건축 기율에 포함될 수 있다. 하지만 건축 형태가 독자적인 원리를 가지고 있었던 것과 달리, 건축 계획은 고유의 방법론과 대상이 아직 없었다. 건축 계획이 개별적인 프로그램과는 독립된 방법론을 가질 수 있도록, 여러 가지 기법을 개발하는 것이 테크니컬 뉴스와 리서치 섹션의 목표였다. 테크니컬 뉴스와 리서치 섹션이 정의하는 계획은 단지 요구 조건을 충족시키는 과정이 아니라 체계적인 프로그램에 대한 개입이었다. 여기서 프로그램은 특정 프로젝트의 개별적인 요구 조건으로 규정되는 것이 아니라, 보편적이지는 않을지라도 적어도 일반화된 건축 지식이어야 한다. 프로젝트 각각의 개별 특성을 존중하면서도 새로운 인식론적인 과정을 도입함으로써 테크니컬 뉴스와 리서치 섹션은 정보를 제공하는 것이 아니라 "설계와 건설의 표준"을 제공한다고 주장할 수 있었다.

"연구 방법론"은 "건축과 건설 분야의 사회경제적 인자들이 합리적으로 작동한다"고 가정했다. 『아키텍추럴 레코드』가 보기에 이들을 받아들임으로써 건축은 현대 사회와 통합될 수 있다.[55] 건축은 또한 자본주의 사회에 동참할 수 있다. 왜냐하면 아카데미의 이상주의, 프레더릭 애커먼의 퇴행적인 테크노크라시 그리고 루이스 멈퍼드의 전체론과는 달리, 『아키텍추럴 레코드』가 보는 건축은 합리적 구조를 가지고 있기 때문이다. 앞서 언급한 대로 『아키텍추럴 레코드』의 인식론적 프로젝트에서는 원인·증상·해법이 모두 동일한 인식론적 구조를 가지고 있다. 동시에 애커먼과 멈퍼드처럼 재현에 의해 매개되지 않은 통합된 기율을 만들어 내향적이고 역사적인 세계로부터 건축을 해방시키는 것을 목표로 삼았다. 건축 기율은 보는 것의 문제가 아니라 아는 것의 문제라고 생각했다는 점에서 『아메리칸 아키텍트』와 『아키텍추럴 포럼』과도 공감대를 형성했다. "건축의 두 가지 문제"를 다시 인용하자면, "생명력이 있는 모더니즘은 하나의 정신 자세다. 즉, 관찰·가설·연역·실험 증명이란 특정한 탐구 방법론을 사용하며 지각으로 확인될 수 있는 진술만 사실로 받아들이는 과학적 태도다"[56] 이렇게 규정된 현대 건축은 사회·경제·기술에 기반을 둔 기율이다. 건축가가 현 시대에 부응하기 위해서는 형태의 문제에 매달리는 것이 아니라 인식과 방법이 바뀌어야 한다는 것이다. 이러한 요구와 기약을 내걸고 다이어그램의 담론이 건축 담론에 등장했다.

III 다이어그램의 담론

7
과학적 관리론과 다이어그램의 담론

기능주의는 결정론이다. 그래서 태생부터 다른 것이다. 기능주의는 일상적인 행위를 표준화한 것이다. 예를 들어, 발은 걷는다(그러나 춤은 추지 못한다), 눈은 본다(그러나 상상은 하지 못한다), 손은 잡는다(그러나 창조하지 못한다).

프레더릭 키슬러,
"근대 건축의 가짜 기능주의", 1949

과학적 관리론과 기능 다이어그램의 탄생

앞 장에서는 미국 건축 기율의 근본적인 변화에 따라 등장한 새로운 전망과 기대에 대해 알아보았다. 그 변화의 결과, 한때 지배적이었던 건축 체계가 흩어진 그림자처럼 와해되었다. 살펴본 대로 양식·합리성·사회적 가치에 호소했던 여러 입장들이 복잡한 다이어그램의 역사와 연루되어 있었다. 다이어그램의 담론은 건축 기율이 갈라진 틈을 따라 퍼지고 자라난 만큼 광범위한 사회·경제·기술의 역사와 엮여 있다. 이 장에서는 20세기 초 미국을 지배했던 과학적 관리론이란 합리주의 담론으로 돌아가 다이어그램의 역사를 살피고자 한다. 앞에서는 건축 콤포지션의 반대 개념으로서 기능주의 계획을 분석하면서 테일러리즘을 거론했지만, 건축 계획의 중요한 표상 방식인 다이어그램이 출현하지는 않았다. 이제부터는 다이어그램의 논리·기법·재현 방식을 살펴볼 것이다. 먼저 과학적 관리론의 다이어그램을 분석하고 건축 담론으로 옮아간 다이어그램을 볼 것이다. 다이어그램이 전적으로 과학적 관리론의 발명은 아니지만, 다이어그램의 대상을 자연에서 사회로, 기계에서 신체로 전환하는 과정에서 건축 다이어그램의 중요한 이슈들이 드러난다. 과학적 관리론의 분석을 통해 다이어그램은 동떨어진 기호가 아니라 큰 담론 체계의 한 양식이라는 사실을 확인할 수 있다.[1]

　　과학적 관리론은 20세기의 대표적인 사회공학이다. 과학적 관리론은 두 가지 근대적인 개념에 바탕을 두어 다이어그램을 불러들였다. 첫째, 과학적 관리론은 주체와 대상을 분리한 후 다시 통합하는 전형적인 근대성의 논리에 기반을 두었다. 지식은 과학의 권위에 기대어 실천과 분리될 수 있으며, 그래야만 실천의 통제 수단이 될 수 있다고 믿었다. 개념과 실천 간의 간극에서, 주체가 지식의 대상을 통제하는 필수적인 매커니즘으로 다이어그램이 도입되었다. 다이어그램의 담론은 "대상 자체가 아니라 대상과 이를 인식하고 지각하는 정신 사이의 거리를 표상"한다는 점에서 근본적으로 근대적인 표상 양식이다.[2] 다이어그램은 현실이 눈에 드러나고 쓸모가 있도록 이를 특정한 방식으로 재조직하는 담론적 규약(code)이라는 점이 그 핵심이다. 그러므로 다이어그램의 정의는 다이어그램이 무엇을 닮았느냐가 아니라 어떻게 쓰이느냐에 달려 있다. 다이어그램은 근대적인 재현의 위기, 즉 "과학적 지식은 기호의 조작일 뿐이며, 사물의 '진리'는 인간의 삶을 개선하는 유용성으로 규정된다"는 역사적 상황을 대변한다.[3]

과학적 관리론과 다이어그램의 탄생을 연결하는 두 번째 개념은 은유법(metaphor)이다. 근대는 도구적인 논리의 승리를 공표했지만 끊임없이 진리를 갈구했다. 니체가 인식한 대로, 진리는 "공격성을 내재한 한 무리의 은유, 환유 그리고 의인론이다".[4] 모든 수사를 버리고 "있는 그대로"[5] 말하는 것이 실증주의 프로젝트였지만, 공학의 도구로 사회를 통제하려고 했던 과학적 관리론은 자연 또는 기계 체계에 기반을 둔 유비관계를 동원했다. 상품과 노동력의 순환을 통제하는 과학, 즉 "작업 공정"(routing) 전문가에 따르면, "고차원 계획"은 "생산의 리듬"을 확립하는 것을 궁극적인 목표로 삼는다. 수학 법칙을 따르는 천체 운동처럼 대량 생산 공장의 물류는 보편적인 법칙을 따라야 한다.[6] 과학적 관리론의 관점에서, 공장의 생산 체제, 가정의 가사 활동, 비서의 사무실 스케줄 그리고 학교의 교과 과정은 모두 자연의 패턴으로 설명될 수 있다는 것이다. 계급 이데올로기의 측면에서, 대니얼 벨의 표현대로 "사회에 관한 물리학"을 고안하려고 했던 테일러리즘의 담론을 가능케 했던 것은 은유의 수사학이었다. 벨의 언급대로, 테일러는 노동의 체계가 과학적으로 짜이면 노동과 임금 문제가 해결될 것이라고 생각했다. 노동을 둘러싼 분쟁은 "태양이 뜨고 지는 시간과 장소를 두고 협상을 벌일 필요가 없는 것"처럼 사라지게 될 것이라는 것이다. 벨은 "20세기 전후 '생존권'을 정당화하는 오라가 사라졌다는 것을 인식한 경영 계급은 관리의 과학을 새로운 도덕적 권위로 도입했다"고 결론 내린다.[7]

과학적 관리론은 "인간은 기계"라는 은유법에 기대었다. 데이비드 노블이 지적했듯이, 근대 경영학은 "공학의 대상이 사물에서 사람으로 바뀌면서" 발전했다. 노블은 이 변화 과정을 상호보완적이고 중첩된 두 개의 단계로 설명한다.

> 첫 번째 단계인 사회공학은 노동 현장을 매개로 노동 행위를 조직하여 경영의 목적을 달성하려고 한다. 두 번째 인간공학은 사람의 행동에 대한 연구와 조작을 통해 개인과 조직의 양 측면에서 생산에 투입된 인력을 통제하려고 한다.[8]

노블은 또한 근대 경영학이 엔지니어링에 인간적 요소를 도입함으로써 생산의 합리화를 추구하는 논리를 확장했다고 해석했다. 노동을 세분화한 생산 체계, 즉 작업 영역마다 단순하고 정확한 동작이 요구되는 체계에서 재료와 설비의 공학 원리는 사람의 동작과 사회 조직에 쉽게 적용될 수 있었다. 경영 담론에서 흔히 볼 수 있는 인간공학, 인간 모터, 인간 기계 같은 용어가 이야기해주듯이, 노동자의 신체는 기계로 시각화되고 개념화되었다. 이런 은유법은 1910년대와 20년대에 유행한 산업심리학과 존 왓슨의 행동주의에서도 볼 수 있다. 과학적 관리론과 행동주의는 "인간의 통제와 예측"이라는 공통의 목표를 갖고 있었다.[9] 이런 인식론적인 체계와 담론적인 체계를 현실에서 실현하기 위해서 일련의 기법들이 개발되었다. 1910년대에 신체를 측정하고 규제하는 기법을 가장 열심히 개발한 것은 프랭크와 릴리언 길브레스 부부였다.[10] 인간 기계라는 수사를 구현하기 위해, 릴리언 길브레스는 신체의 개념과 연관된 두 가지 원칙을 고안했다. 첫 번째는 "기능화"(functionalization)의 원칙이었으며, 두 번째는 "표준화"(standardization)의 원칙이었다.

과학적 관리론에서는 개념에 근거하여 분류가 이루어진다. 특정한 사람에 따라 기능을 분류하는 것이 아니라 역으로 특정한 기능에 따라 사람을 분류해야 한다. 이를 통해 표준화가 용이해지며 표준화를 통해서 진보와 진화가 가장 빨리 일어난다. 기능을 표준화하는 것은 상대적으로 쉽다.[11]

7.1 인체의 움직임, 쥘 아마르
『인간 발동기』(*Le moteur humain*),
1914. 1920년에 The Human
Motor로 영역되었다.

476 LE MOTEUR HUMAIN

278. En s'élevant sur un *plan incliné* (voir § 52), on se trouve dans les conditions mixtes de la marche sur escalier

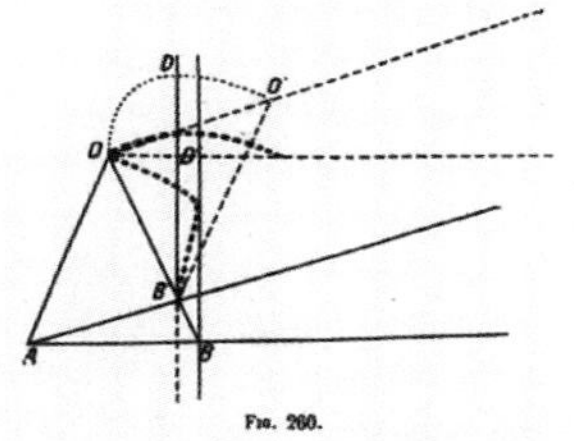

et sur terrain plat. La jambe antérieure B (*fig.* 259) est nécessairement fléchie, de sorte que OCB' = OB ; en outre, le

corps se porte en avant pour résister à la composante tangentielle de la pesanteur.
En devenant verticale, la jambe antérieure élève le poids

릴리언 길브레스가 보기에 기능은 육체 노동자의 한 단순한 움직임의 집합이다. 그러므로 노동이 세분화된 생산 체계에서 신체는 하나의 기능 단위로 규정되고 표상될 수 있다. 기능화와 표준화의 원리는 "기능주의 감독제"(functional foremanship)라는 테일러의 조직 원리와 불가분의 관계를 갖고 있다. 이 체제에서는 "계획과 실천"이 완전히 분리되어 공장 경영이 이루어진다. 테일러가 제안한 기능의 분화를 수용하면서, 길브레스 부부는 이 체계를 그림 7.2의 다이어그램으로 변형했다. 이 다이어그램에서 노동자는 "기능적 관리"(functional management)또는 "기능적 통제"(functional control)의 선들이 수렴하는 중심점에 자리 잡는다.

그림 7.2의 길브레스 다이어그램은 물론 추상적인 모델이다. 공장의 여러 생산 단위의 기능적 관계를 표로 만들려면 이 기본적인 다이어그램은 그림 7.3처럼 더 다양한 조직으로 확장되어야 한다. 길브레스 다이어그램의 기본 원칙에 따라 그림 7.3의 박스들은 공간의 경계보다는 기능의 단위를 표시한다. 게다가 이 다이어그램들은 정적인 모델이다. 즉, 공장 안에서 사람의 몸·재료·설비의 이동을 표시하지 않는다. 따라서 길브레스 다이어그램을 구체적인 공간과 시간 속에서 다이내믹한 조직으로 구현하기 위해서는 통제의 선을 유지시켜주는 일련의 제도적인 메커니즘이 필요하다. 계획 부서가 노동자와 분리되어 있기 때문에 제도적 규율·시간표·인센티브 등 경영과 노동 사이의 공간과 시간상의 간극을 좁힐 수 있는 제도들이 고안되었다. "노동자들은 계획 부서에 있는 사람을 만날 일이 거의 없다. 노동자들의 통제는 업무 지시표·지침 카드·성과급 카드 등과 같은 매체를 통해 실행된다."[12] 또 공정 과학에 따르면, 공장은 예측 가능하고 반복적인 패턴의 집합으로 조정되어야 한다. 이러한 메커니

7.2 "과학적 관리론에 따른
기능주의 감독제", 프랭크와 릴리언
길브레스, 『응용 동작 연구』(*Applied
Motion Study*), 1917

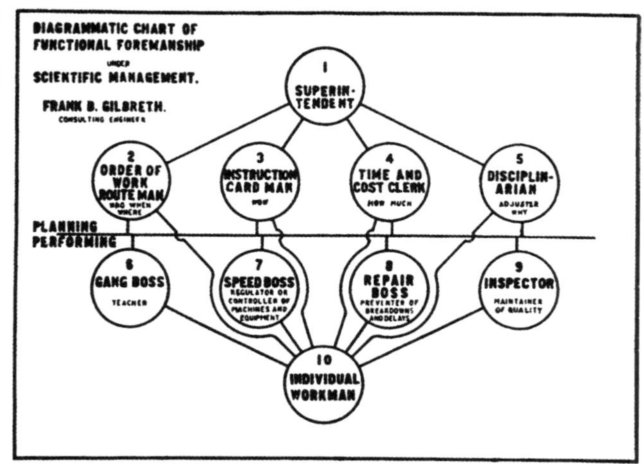

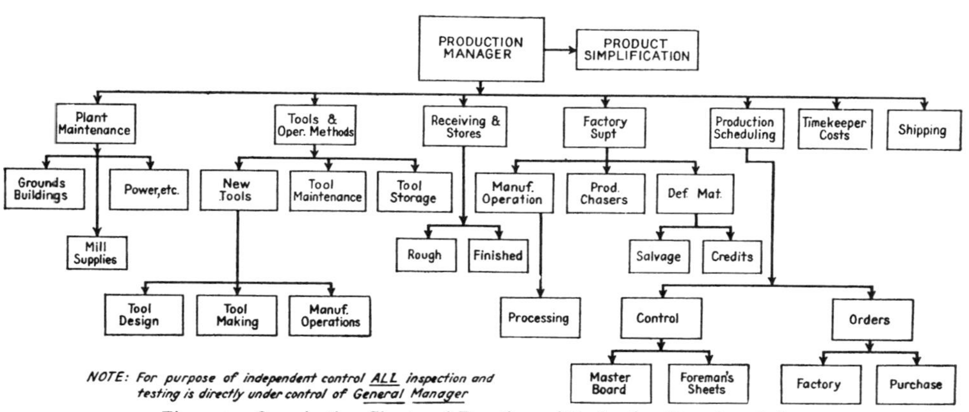

Figure 3.   Organization Chart and Functions of Production Departments [4]
[4] An Effective Production Control System, by John J. Swan, *Manufacturing Industries*, Vol. 11, No. 1, p. 43.

7.3 "조직 표와 생산 부서의 기능",
아서 갠더슨, 『산업공학과 공장
관리』(*Industrial Management and
Factory Management*), 1928

다이어그램의 담론

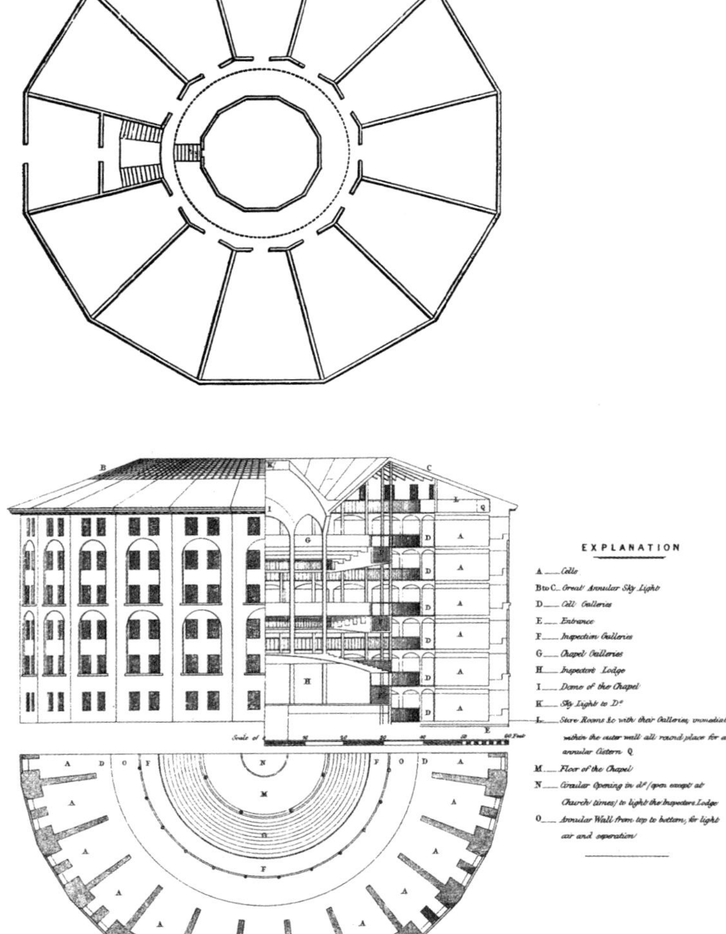

7.4 제러미 벤담의 파놉티콘
다이어그램 평면, 1787, 존
브라우닝 편집, 『제러미 벤담 전집』
(*The Works of Jeremy Bentham*)
4권, 1843

7.5 벤담이 제안한 파놉티콘
건물의 예, 『제러미 벤담 전집』, 4권

즘은 미셸 푸코가 규정한 "기능적인 장소의 규칙"(rule of functional sites)이라는 개념으로 이해할 수 있다. 즉, "감시를 하고 위험한 소통을 막을 뿐만 아니라 유용한 공간을 만들어야 하는 필요에 따라 정의되는" 장소를 만드는 기술이다.[13]

　　그러나 이 규칙은 본질적인 모순을 갖고 있다. 다이어그램을 실현할 때, 공간·시간·움직임은 감시를 방해하는 동시에 기능적 통제를 가능케 하는 수단이 되기도 하다. 18세기 말 제러미 벤담은 파놉티콘으로 이와 비슷한 문제를 풀려고 했다.[14] 그림 7.4에서 보듯이 파놉티콘은 하나의 다이어그램이다. 하지만 그림 7.2와는 달리 공간 다이어그램이다. 감시를 하지 못해 통제할 수 없는 행동이 발생할 수 있는 위험을 모두 제거하는 것이 그 궁극적인 목표다. 푸코의 표현을 빌리자면, 파놉티콘은 "몽상적인 건물로 이해해서는 안 된다. 파놉티콘은 이상적인 형태로 압축된 권력 메커니즘의 다이어그램이다. 모든 방해·저항·충돌로부터 주춤한 그 기능은 순수한 건축과 광학의 체계로 표상되어야 한다".[15] 다시 말해, 파놉티콘 다이어그램은 형태로 표상된 기능이다. 이 명제는 두 가지 방법으로 이해할 수 있다. 먼저, 이 말은 파놉티콘이 사회 전체의 이상적인 기능 관계를 상징한다는 뜻이다. 다시 푸코의 정의를 인용하자면, "그것은 모든 특정한 용도로부터 분리시킬 수 있고, 분리시켜야만 하는 정치 기술의 형태, 즉 일반화가 가능한 기능의 모델"이다.[16] 두 번째로, 실제 건물로 구현해야 하는 다이어그램으로써, 파놉티콘은 어두운 구석까지 모든 움직임을 관찰할 수 있는 완벽하게 기능적인 공간이어야 한다. 파놉티콘의 첫 번째 의미는 다름 아닌 그림 7.2에서 볼 수 있다. 그 두 번째 의미는 벤담이 직접 제시한 파놉티콘 다이어그램의 평면으로 그려보아야 할 것이다(그림 7.5). 그러나 길브레스의 기능 다이어그램이 건물의 공간으로 실현되기 위해서는, 다시 말해 기능과 공간이 한데 합쳐지기 위해서는, 시간과 움직임을 규제하는 메커니즘, 그리고 빛과 어둠을 통제하는 모든 메커니즘이 완벽하게 실행되어야 한다. 파놉티콘의 유토피아가 이루어졌을 때, 즉 신체가 완벽하게 기능화·표준화되었을 때, 공간의 기능이란 것이 존재할 수 있다. 다시 말해, 그림 7.2와 그림 7.4는 각각 과학적 관리론이 추구한 이상적인 기능과 공간의 관계를 표상한다. 길브레스 다이어그램을 파놉티콘 다이어그램으로 실현하고 궁극적으로 실제 평면으로 구현하고자 할 때, 각기 상대를 따라야 한다. 파놉티콘 다이어그램이 공간을 표징하지만 그것은 일종의 유토피아, 즉 존재하지 않는 장소다. 그 이유는 그것이 실제 건물로 설정되는 순간, 공간·빛·시간의 현실이 파놉티콘의 개념을 손상시키기 때문이다. 벤담이 제안했던 "간단한 건축 아이디어"가 이에 상응하는 건축 평면으로 정작 그려질 수 있는지를 회의할 수밖에 없다.[17]

다이어그램의 담론은 바로 건축의 아이디어, 즉 유토피아를 추구하면서 탄생했다. 공장의 배치에서부터 노동자의 통제까지, 다이어그램의 운영 원칙은 공간을 기능화하고 기능을 공간화하는 것이다. 더 구체적으로, 다이어그램은 생산 주체와 생산 단위, 즉 기능화된 노동자의 몸을 공간적인 영역과 짝을 맞춰주는 역할을 했다. 예를 들어, 그림 7.6의 평면 레이아웃은 노동자에게 특정한 임무를 지정하고, 각각의 임무를 생산 단위로 표상한 다음, 마지막으로 각각의 단위를 공간 영역으로 전환하여 도출된 것이다. 이상적으로 말한다면 이러한 레이아웃은 그림 7.2와 그림 7.3의 기능 표와 부서 표를 풀어 만들어내야 한다. 또한 각 생산 단위의 관점에서, 개별 노동자의 몸은 바로 인접한 사물과 공간 환경에 통합되어야만 한다. 이에 따라 장비·설비·가구에 대한 인체공학적인 설계가 체계적으로 탐구되기 시작했다. 길브레스 부부는 신체 장애가 있는 사람과 같은 특정한 사용자들과 특정한 생산 공정을 위한 가구를 디자인하기도 했다. 이들의 디자인은 무척 조악했지만, 노동자의 인체 형상과 동작에 맞춘 정교한 디자인들이 1920년대 오피스 매뉴얼에 등장하기 시작했다. 인체공학이 중요해지면서 디자인에서 "적합성"(fitness)은 신체 주변의 불필요한 공간과 물건을 없애는 것을 뜻하게 되었다.

신체를 기계적인 생산 단위로 디자인하려면 측정과 분류를 할 수 있어야 한다. 먼저, 기능의 표준화를 논리적으로 확장하여 "표준 인간"을 설정할 수 있어야 한다. 릴리언 길브레스의 정의에 따르면, "표준 인간은 최상의 동작 연구와 시간 연구 자료를 통해 관찰할 수 있는 이상적인 인간이다. 그는 가장 빠른 노동자다. 시간 연구 전문가가 측정하여 최선의 동작을 익히도록 특정 작업을 가장 잘 아는 이의 지도를 받으며 일하는 사람이다".[18] 이 구절이 보여주듯이 기계의 표준을 설정하는 기본적인 두 요소, 작업 수행의 요구 조건(가장 빠른 노동자의 표준화된 기능)과 측정 단위(동작과 시간)가 노동자에게 적용된다.

7.6 제조 공장 레이아웃, 칼 비글로우, "편물 공장의 조직", 『경영 공학』, 1921년 11월

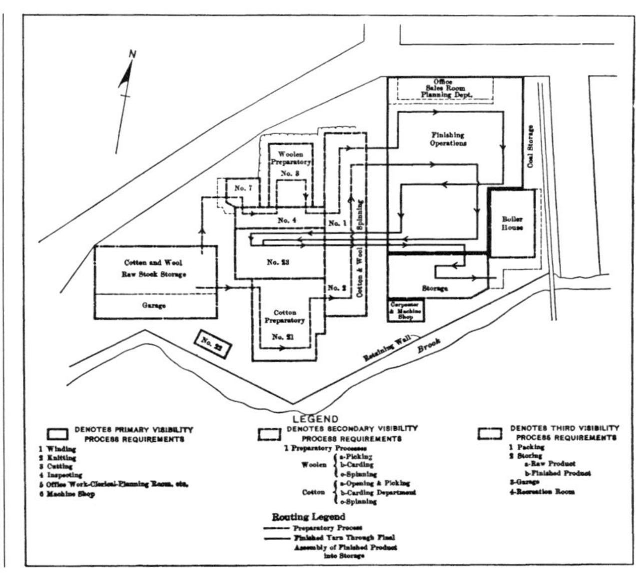

7.7 조절 가능한 속기사 책상,
리 갤러웨이,『사무실 경영』
(*Office Management*), 1919

7.8 바른 자세를 위해 고안된
타자수 의자, 윌리엄 레핑웰,
『사무실 경영』, 1927

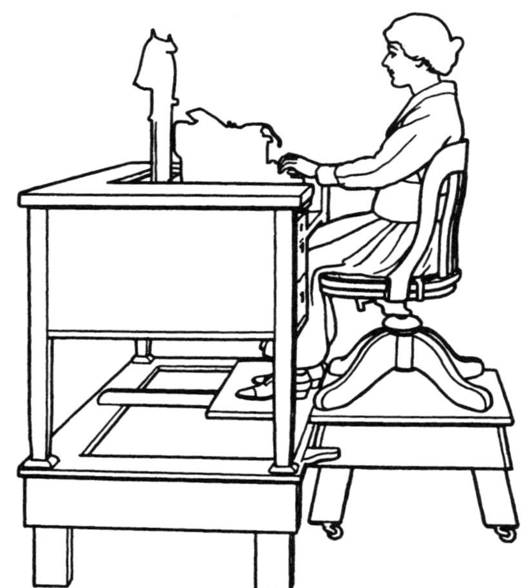

Figure 29. (a) Adjustable Desk—Stenographer Sitting
The desk and chair are placed on platforms so that the operator can work either in a sitting or standing posture, as she prefers.

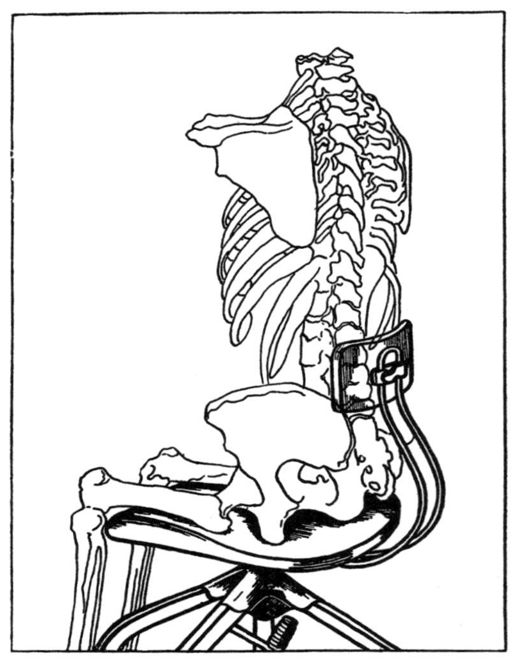

두 번째, 상대적으로 몸짓이 작은 신체 동작을 기록할 수 있는 새로운 재현 방법이 개발되어야 한다. 길브레스 부부는 신체에 부착된 광원의 움직임을 긴 노출 시간을 주어 한 장의 사진으로 찍었는데, 이런 유의 작업은 시간-동작 연구라는 명칭으로 널리 알려지게 되었다. 그 결과를 "사이클그래프"(cyclegraph)라고 부르는데, 하나의 연속적인 곡선이 신체의 움직임을 단순한 다이어그램으로 보여주는 것이다. 길브레스 부부는 "미세동작 연구"에서 반복 작업과 미세한 연속 동작의 기록을 위해 영화 카메라를 적극적으로 사용했다. 이러한 사진 기록에 근거해, 특정 작업에 소요되는 시간과 에너지를 기준으로 노동자의 동작과 자세를 평가했다.[19]

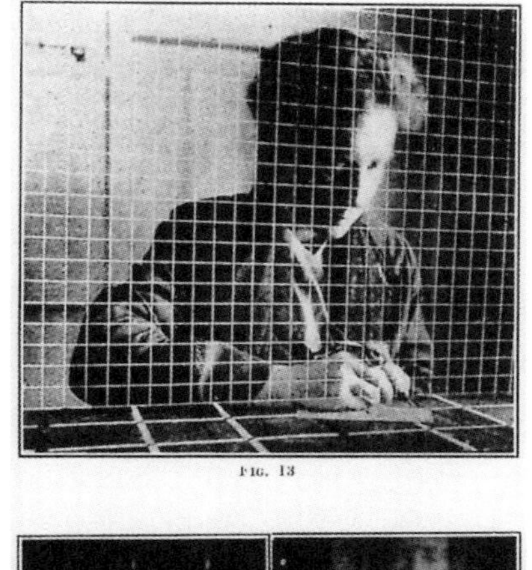

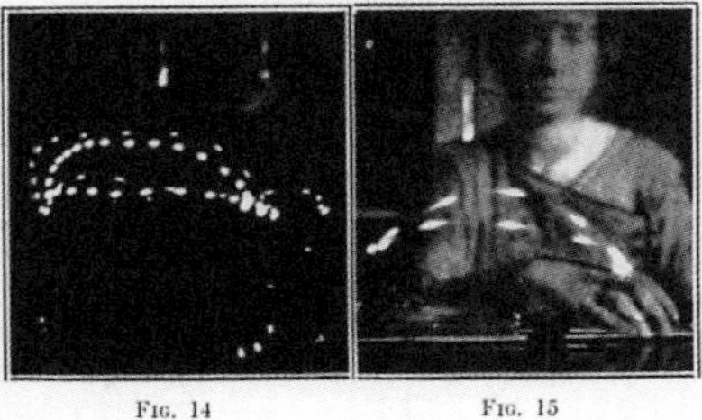

7.9 손에 부착된 광원과 광원의 이동 경로를 기록한 사이클그래프, 프랭크와 릴리언 길브레스, 『응용 동작 연구』, 1917

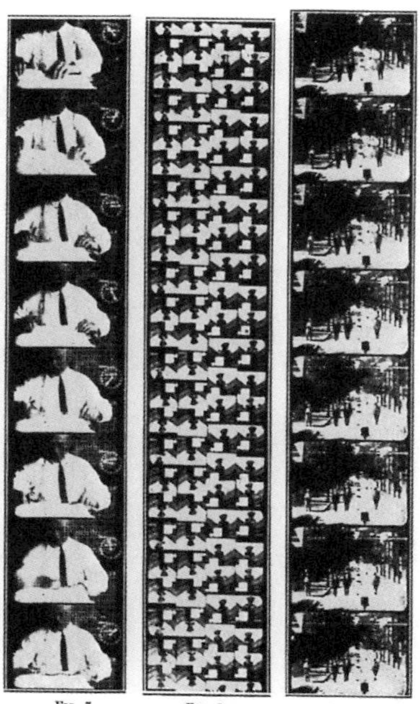

7.10 『응용 동작 연구』

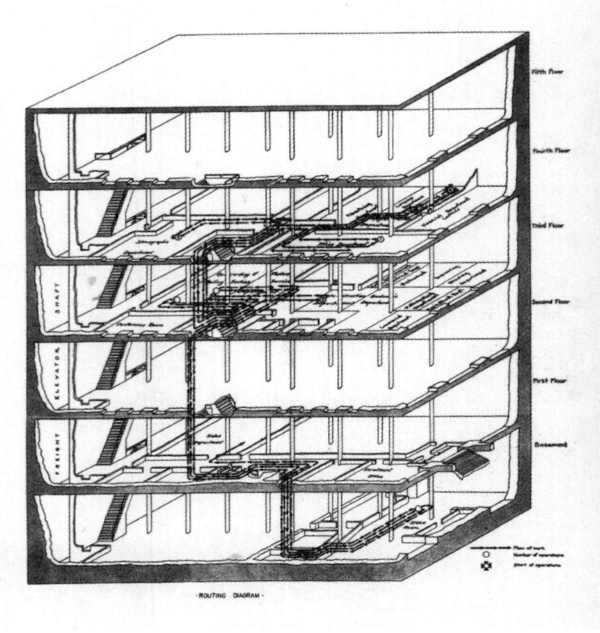

사이클그래프의 재현 원칙은 동선 다이어그램으로 확장되었다. 릴리언 길브레스에 따르면 동선 계획에는 두 가지 방법이 있다. 재료와 설비의 이동을 계획하는 것(대개 한 사람 이상이 작업하는 경우)과 한 명의 단순한 일을 추적하는 것(보통 하나의 도구나 재료를 사용하는 경우)이다. 두 가지 경우 모두 신체-도구의 움직임을 일군의 다이어그램으로 표시할 수 있다. 경영 공학자들은 이를 분석하여 가장 효율적인 동작 패턴을 도출해낸다. 이러한 다이어그램을 규율(disciplinary)의 도구로 사용하는 효율성 전문가는 상시 감시와 반복을 통해 길브레스 부부가 말하는 "유일한 최상의 방법"을 터득하도록 노동자를 훈련시키는 "산업 코치"가 되었다.[20]

대니얼 벨의 표현을 빌리자면, 길브레스 부부는 사람의 몸에서 동작을 떼어내어 이를 성공적으로 "추상적으로 시각화"했다.[21] 과학적 관리론은 그래프와 선을 우월한 지식 형태로 보았다. 테일러는 노동자에 대한 경험적이고 산만한 지식을 "규칙·법칙·공식"으로 분류하고 계산하고 환원하는 것이 경영자의 역할이라고 믿었다.[22] 더나아가 과학적 관리가 곧 "그래픽 매니지먼트"라고 인식하게 되었다. 숫자와 말로 제안하던 것을 그래프와 표, 다이어그램으로 제시하는 것은 경험적 자료로부터 통제의 기본 방향을 추출해내는 것이었다. "숫자를 선으로 바꿔라"가 과학적 관리론의 공리가 되었다.[23] 사람의 몸을 통제하는 것이 이러한 다이어그램의 궁극적인 목표라면, 이를 달성하기 위해서는 변덕스러운 시간·공간·움직임을 규제해야 한다. 기능화·그래픽 매니지먼트·제도적 통제가 완벽하게 실행될 때에만, "단일 기능주의", 다시 말해서 "걸음은 걷지만 춤을 추지 않는 다리"의 이념을 구현할 수 있다.[24] 이런 관념·기법·표현·표시 등이 건축 담론에 도입되는 과정에서, 과학적 관리론의 기능적·시각적·제도적 규칙이 과연 건축 담론 안에서 유지될 수 있는지, 또 유지될 수 없다면 이런 규칙들이 어떻게 변하는지를 살펴보자.

과학적 관리에서 건축으로:
건축 다이어그램의 담론 체계

건축 다이어그램의 "기원"을 추적하는 것이 이 책의 목적은 아니다. 이런 작업의 명분은 다이어그램을 어떻게 정의하느냐에 좌우되기 마련이다. 왜냐하면 다이어그램은 인간의 언어만큼이나 오래되었다

고 할 수 있으며, 비슷한 논리로 건축 다이어그램은 건축 자체의 역사만큼이나 오래되었다고 할 수 있다. 건축 다이어그램의 역사적 계보에 대해 언급하겠지만, 다이어그램의 구체적인 연대기를 만들려고 하는 것은 아니다. 필자는 1930년대 이후 건축 담론의 특정한 메커니즘으로 등장한 건축 다이어그램의 속성에 관심이 있는 것이다. 이런 관점에서 과학적 관리론이 영향력을 발휘하기 전에도 기능 다이어그램은 위생이나 가정관리 문제를 다룬 19세기 어드바이스 북이나 매뉴얼에서 쉽게 볼 수 있었다는 점을 우선 짚어야 할 것이다. 예컨대, 그림 7.12의 동선 다이어그램은 1888년에 출간된 『주택 계획 기법에 관한 노트』(*Notes on the Art of House Planning*)라는 어드바이스 북에 등장한다.[25] 앞서 언급했듯이, 이런 종류의 어드바이스 북은 건축 담론의 변방에 머물렀다는 것을 상기해야 한다. 미국에서 큰 인기가 있었던 크리스틴 프레더릭의 『뉴 하우스키핑』(*The New Housekeeping*)조차도 건축에는 거의 영향을 미치지 않았다. 프레더릭이 특별히 앞서 있었던 것은 아니지만(그림 7.13의 1911년 후저

7.12 "통행로", 찰스 오스본,
『주택 계획 기법에 관한 노트』,
1888

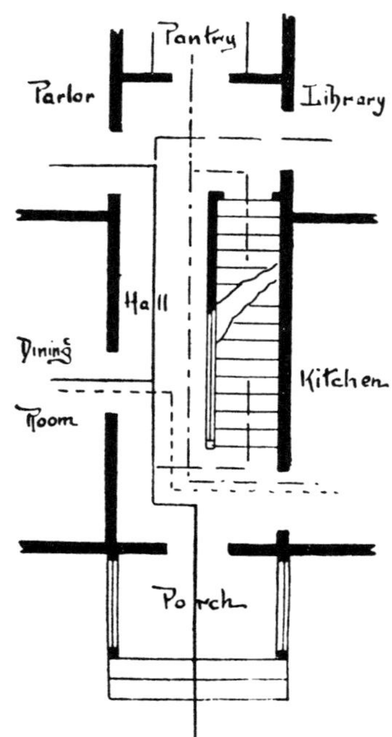

7.13 후저 부엌 찬장 광고와 동선
다이어그램,『하우스 뷰티풀』,
1911년 11월

부엌 찬장 광고가 보여주듯이 동선 다이어그램은 당시 새로운 것이
아니었다), 프레더릭의 동선 다이어그램은 가장 잘 알려져 있었다.

　프레더릭의 동선 다이어그램이 지닌 건축적 의미는 특히 브루노
타우트와 알렉산더 클라인 같은 독일 건축가들이 유럽에서 먼저 포
착했다. 정치적인 이슈에 예민했던 바이마르 공화국에서, 프레더릭
의 책이 번역되자 베를린과 프랑크푸르트의 모더니스트와 여성 운
동가들은 열광적인 반응을 보였다.[26] 1920년대 말에 클라인은 제국
연구협회(Reichsforschungsgesellschaft)를 위해 포괄적인 건축 다
이어그램의 체계를 개발했고, 그 연구 결과물을 통해 동선 다이어그

램이 미국의 건축 잡지에 처음 소개되었다. 클라인의 다이어그램은 헨리 라이트의 아파트 유형 연구가 실린 1929년 3월호 『아키텍추럴 레코드』에 소개되었는데, 새로 출범한 테크니컬 뉴스와 리서치 섹션에서 한 쪽이 할애되었다. "독일의 효율성 연구"라는 부제를 단 이 다이어그램들은 "아파트 계획에서의 효율성"에 관한 기사의 일부로 소개되었다. 클라인의 다이어그램은 헨리 라이트의 『리하우징 아메리카』(*Rehousing America*)를 통해 자세히 알려졌고, 클라인의 글은 1931년 『아키텍추럴 포럼』을 비롯해 여러 잡지에 게재되었다.[27]

이렇게 새로운 기능주의 다이어그램이 건축 담론에 체계적으로 등장한 것은 1930년대였다. 이전에도 다이어그램에 대한 언급은 있지만, 실제로 다이어그램이 등장하지는 않았다.[28] 일부 다이어그램은 과학적 관리론에 뿌리를 두었다는 것을 알 수 있지만, 다이어그램이 건축 담론으로 자리를 잡은 1930년대 중반 이후 대부분은 특정한 계보를 추적하기가 쉽지 않다. 중요한 것은 건축 다이어그램의 속성을 파악하는 것이며, 그러기 위해서는 과학적 관리의 기능주의 다이어그램과의 차이를 이해해야 한다. 핵심은 테일러리즘이 공장 밖으로 확장될 때, 기능적·시각적·제도적인 규칙들이 더 이상 유지될 수 없다는 것이다. 여기에는 두 가지 간단한 이유가 있다. 첫째, 아무리 단순하더라도 대부분의 시설에서 일어나는 활동은 공장처럼 기능화될 수 없다. 둘째, 감옥이나 정신병원, 군대처럼 엄격히 통제된 조직을 제외하면, 감시와 규제의 제도적인 메커니즘을 실행하는 것은 대단히 어렵다. 따라서 환자·어린이·주부의 "일상 환경"을 규제하는 유사한 기법을 개발하려면, 다이어그램 담론에 중요한 변이와 조정이 있을 수밖에 없다.

7.14 가사 노동자의 효율적인 움직임과 비효율적 움직임을 비교한 동선 다이어그램, 크리스틴 프레더릭,『가사 공학』(Household Engineering), 1915

7.15 동선 다이어그램, 브루노 타우트,『새로운 주거』(Die Neue Wohnurg), 1924

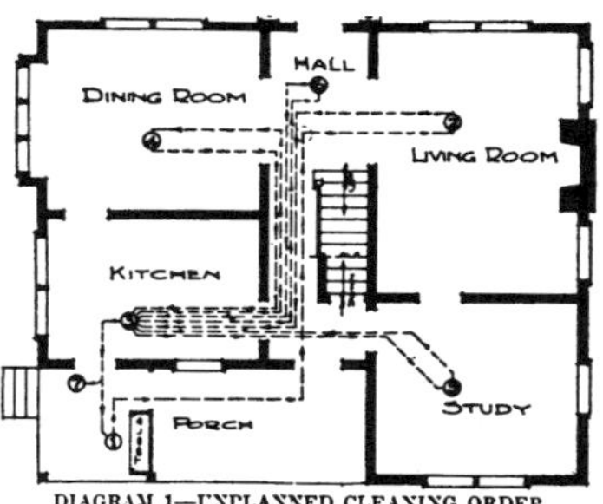

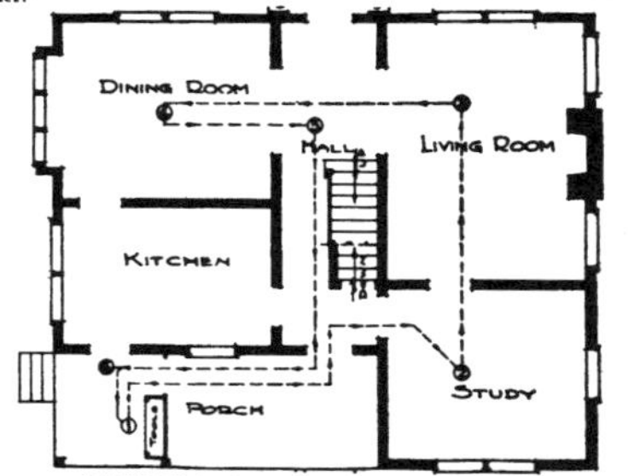

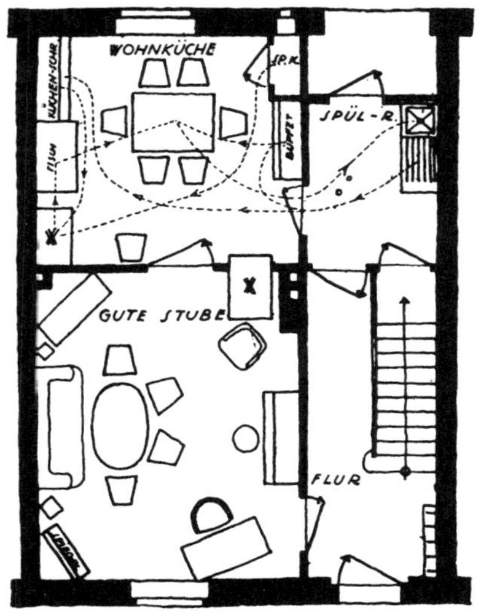

Abb. 53. Reihenhaus, Erdgeschoß

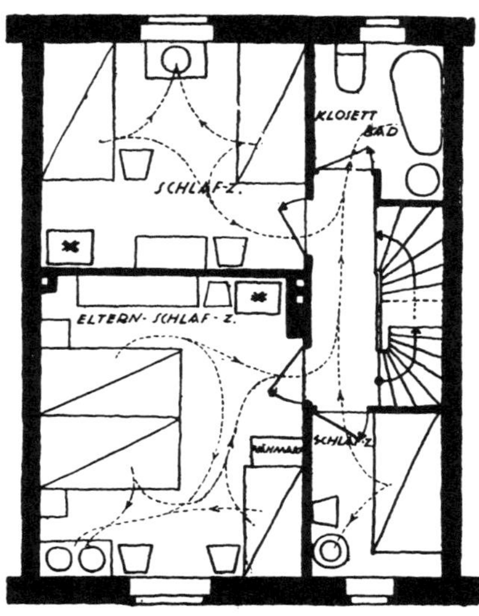

Abb. 54. Reihenhaus, Obergeschoß

THE ARCHITECTURAL RECORD

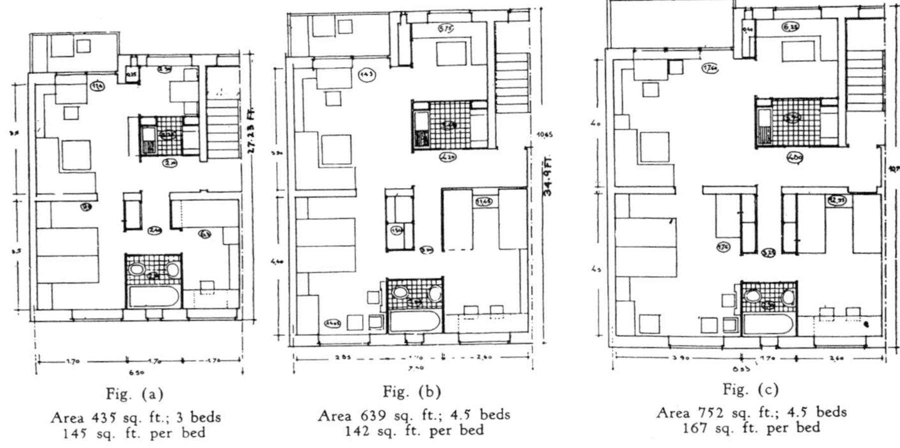

Fig. (a)
Area 435 sq. ft.; 3 beds
145 sq. ft. per bed

Fig. (b)
Area 639 sq. ft.; 4.5 beds
142 sq. ft. per bed

Fig. (c)
Area 752 sq. ft.; 4.5 beds
167 sq. ft. per bed

Studies submitted in a recent competition in Germany for House-Planning. The three plans above were considered to be among the most economical shown.

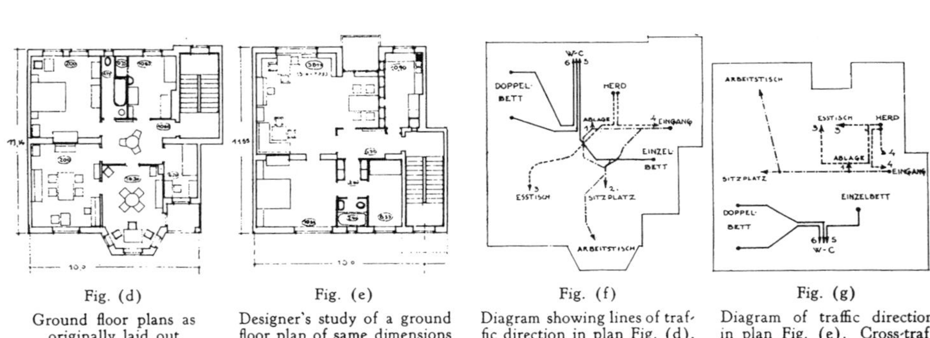

Fig. (d)
Ground floor plans as originally laid out

Fig. (e)
Designer's study of a ground floor plan of same dimensions as Fig. (d). Staircase moved to avoid through-passage on ground floor

Fig. (f)
Diagram showing lines of traffic direction in plan Fig. (d). For daily activities cross-traffic is necessary

Fig. (g)
Diagram of traffic direction in plan Fig. (e). Cross-traffic avoided by the new position of house entrance

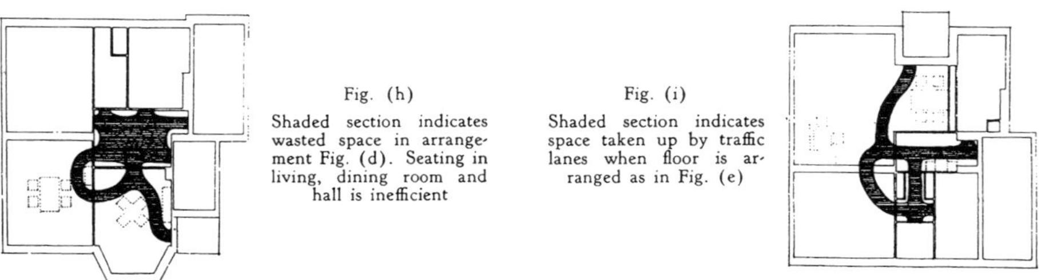

Fig. (h)
Shaded section indicates wasted space in arrangement Fig. (d). Seating in living, dining room and hall is inefficient

Fig. (i)
Shaded section indicates space taken up by traffic lanes when floor is arranged as in Fig. (e)

From DIE BAUGILDE, November 29, 1927

ILLUSTRATIONS OF GERMAN EFFICIENCY STUDIES

　　건축 담론에서는 과학적 관리론의 다이어그램의 재현 기반이 유지될 수 없었는데, 여기서 이런 변이 현상을 단적으로 볼 수 있다. 예컨대, 크리스틴 프레더릭의 부엌 동선 다이어그램에서 공장 노동자의 미시적인 동작에 대한 분석과 주부에 적용된 동선 다이어그램 사이에 큰 간극이 있다는 것을 알 수 있다. 프레더릭은 부엌 활동을 두 가지 패턴으로 구분했다. 즉, "준비하는 경로"와 "치우는 경로"로 구별했는데, 각각을 하나의 연속적인 선으로 표시했다. 프레더릭이 길브레스가 미세하게 나눈 동작을 충실히 따랐다면, 그녀의 다이어그램은 대책 없이 뒤죽박죽되었을 것이다. 릴리언 길브레스가 직접 부엌 계획에 관여했을 때 동선 다이어그램이 등장하지 않았다는 점도 주시해야 한다.[29] 그림 7.17에서 보는 것과 같이, 길브레스는 두 가지 부엌에서 커피 케이크를 만드는 "과정 표"를 비교했다. 일관된 사이클그래프식 동선 다이어그램을 만들려고 했다면, 커피 케이크를 만드는 간단한 일조차도 수십 개의 다이어그램이 동원되거나, 다이어그램의 수를 줄인다면 무슨 그림인지 알아볼 수도 없을 만큼 선들이 뒤엉키게 되었을 것이다.

　　1930년대 건축 잡지에 등장한 다이어그램은 이와 같은 어려움에 직면했다. 예를 들어, 부엌 계획에 관한 1933년 7월 『아메리칸 아키텍트』 기사는 "쓸모없는 움직임과 불필요한 걸음"을 최소화시킨 일련의 평면을 소개했다. 프레더릭의 다이어그램과 비교해보더라도, 사이클그래프의 원칙에서 더 멀어졌음을 알 수 있다. 그림 7.18의 선과 화살표는 주부의 움직임보다 부엌의 기본 배치와 모양을 지시하고 있다. 다른 예로 1930년대 중반 조지 하우가 설계한 윌리엄 스틱스 와서먼 주택과 모리스 스파이서 주택의 도판을 보자. 『아키텍추럴 포럼』 1935년 3월호에 와서먼 주택이 처음 소개되었

7.16 [왼쪽] 알렉산더 클라인의 다이어그램, "독일의 효율성 연구 도해", 『아키텍추럴 레코드』, 1929년 3월. 이 다이어그램은 『바우길드』(*Die Baugilde*) 1927년 11월호에서 발췌한 것이다.

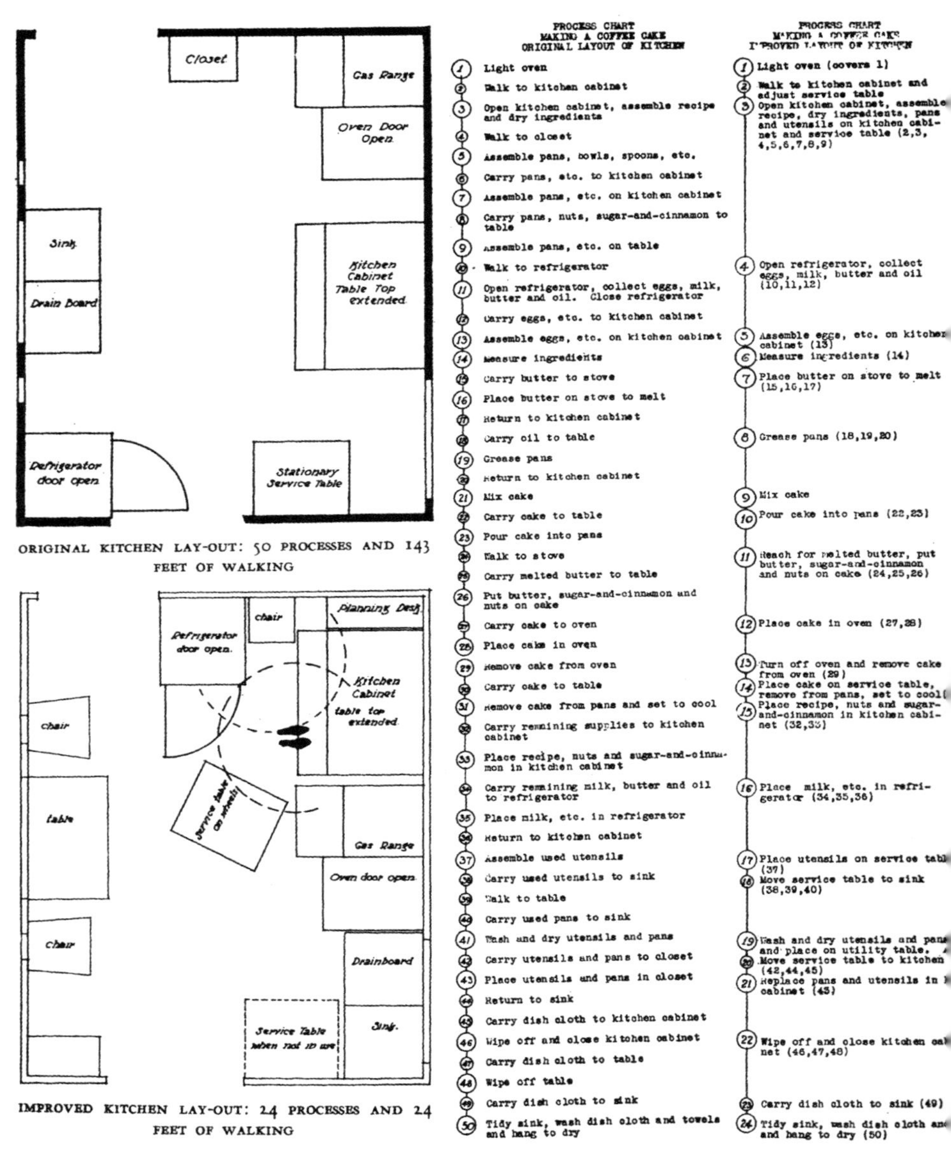

APPLICATION OF MOTION STUDY TO KITCHEN PLANNING: MAKING A CAKE

7.17 릴리언 길브레스, "부엌 계획의 응용한 동작 연구: 케이크 만들기",『아키텍추럴 레코드』, 1930년 3월

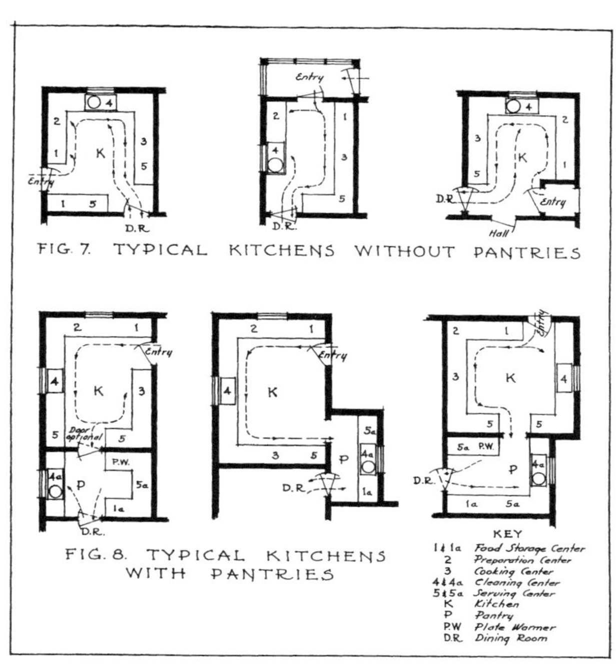

을 때는, 다이어그램 없이 평면만 소개되었다. 그러나 1년 후, 이 평면이 『미국의 현대 주택』(*The Modern House in America*)에 다시 실렸을 때는, 스파이서 주택의 평면에 다이어그램들이 겹쳐졌다(그림 7.19).[30] 건축가 하우는 다이어그램 옆에 "평면에서 사람의 동선은 이론상의 움직임을 보여주었던 예전의 직각 축이 아니라 실제 움직임을 보여주는 곡선 축이다"라고 적었다.[31] 로버트 스턴은 이 말을 두고, 하우가 공간에 점점 관심을 기울이면서, 1930년대 말 "흐르는 공간"(flowing space)에 몰두하게 되었다고 주장했다. 와서먼 주택이 실제로 흐르는 공간으로 감지되는지, 또 다이어그램이 실제 설계의 도구인지 사후의 생각인지와는 별개로, 하우의 다이어그램이 기능 단위로서의 신체와 무관하다는 것은 분명하다.[32] 건축 담론에 등장하는 대부분의 동선 다이어그램과 마찬가지로, 하우의 다이어그램은 거리·공간의 경계·접근을 개략적으로 보여준다. 하우의 주장과는 반대로 그의 다이어그램은 과학적 관리의 동선 다이어그램이 상정하는 "실제 움직임"보다는 그림 7.20과 같은 보자르 파르티의 "이론적 움직임"에 더 가깝다.

이제 다이어그램이 건축 담론 안에서 어떻게 만들어지는지 알아보도록 하자. 건축 다이어그램의 논리를 이해하려면, 과학적 관리론의 대상이 공장을 떠나 가정과 같이 통제가 느슨한 환경에 들어오면서 담론이 어떻게 변하는지 면밀히 살펴보아야 한다. 과학적 관리론이 공장 바깥에 적용된 흥미로운 사례로 메리 패티슨의 『가정공학의 원리』(*Principles of Domestic Engineering*, 1915)를 들 수 있다. 패티

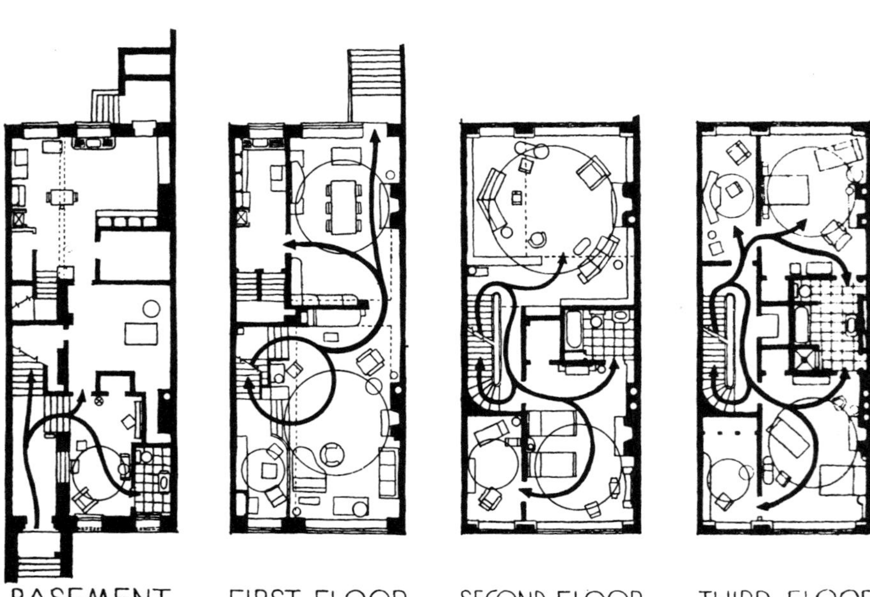

7.19 조지 하우, 모리스 스파이서
주택, 『아키텍추럴 포럼』, 1936년
2월

7.20 파르티 스케치, 데이비드
배런,『건축 설계 표시』, 1916.
왼편에 동선·유형·형태 등을 기입한
단순한 다이어그램이 보인다.

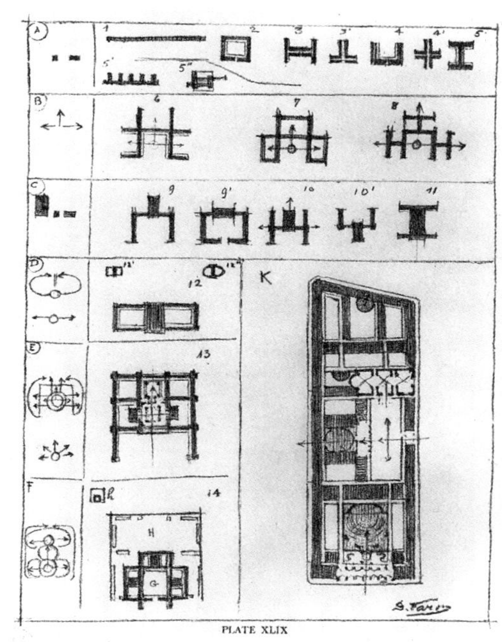

슨은 신체의 미세한 기능을 모두 지목할 수는 없었지만, 여전히 "기
능적 장소(site)의 규칙"을 유지하려고 노력했다. 그녀는 사람의 몸
을 몇 개의 "요구 사항"으로 나눈다. "방의 의미"라는 제목의 장에
서, "가족의 삶"의 네 가지 본질적인 양상, 즉 물리적·지적·사회적·
영적 양상의 분류로 논리를 시작한다. 그다음에는 신체의 기능에 따
른 요구를 충족시키는 공간 또는 방을 할당한다. 패티슨은 다음과 같
이 반문한다. "신체의 요구 사항을 각각의 공간에서 충족시키기 위
해서, 잠시 한쪽을 차단하는 것이 바로 집의 칸막이의 역할이 아닌
가?"[33] 그러므로 방은 그곳에 지정된 활동으로 규정된다.

논리적으로 집의 가구를 갖추는 방법은 먼저 가족의 성격을 파악하는 것이다. 그리고 나서 각 부분을 주요 특성별로 나누고, 이 특성들을 구성 단위로 분류하는 것이다. 다시 말해, 각각의 가구와 재료에 따라 특정한 형태와 조합해야 한다. 예를 들어 응접실은 회합을 위한 방이다. 음악 감상에 알맞으며, 친밀하고 다정한 대화를 도모하는 공간이며 …… 모두가 사교적인 목적을 위해 들어오는 장소다.[34]

패티슨에게 주택 계획은 거주자들의 기본적인 요구 사항을 반영하여 단위를 나누고 통합하는 행위다. 따라서 주택 계획은 사람의 몸에 기반을 둔 생리학적 지도로 해석할 수 있으며, 동선 계획은 사람의 움직임과 환경 사이의 공생관계를 만드는 것으로 여겼다. "완벽한 일상을 구현하는 동선 계획은 사용된 재료 그 이상이며, 개별적인 활동 그 이상이다. 말하자면 어떤 일을 할 때 가장 친근한 환경이 미친 결과이다."[35] 패티슨의 책에 다이어그램이 등장하지는 않지만, 패티슨식 담론의 은유법, 즉 과학적 관리론에 전형적으로 나타나는 수사학을 볼 수 있다. 그럼에도 불구하고 패티슨은 길브레스의 기능화 규칙을 어겼다. "특정한 사람에 따라 기능을 분류하는 것이 아니라 역으로 특정한 기능에 따라 사람을 분류해야 한다"는 원칙을 따르지 않은 것이다. 패티슨은 길브레스의 금기 사항(기능의 요구에 따라 신체를 구분하고 각각의 요구에 공간을 할당하는 것)을 어겼다. 이것은 건축 다이어그램의 예고된 논리였다.

　그림 7.21의 전원주택의 "기능 표" 같은 건축 다이어그램에서 패티슨이 주장했던 "기능에 의한 논리적인 분류"를 볼 수 있다. 패티슨처럼 이 주택은 기본적인 "기능 그룹"으로 나뉘어 있다. "(1) 사

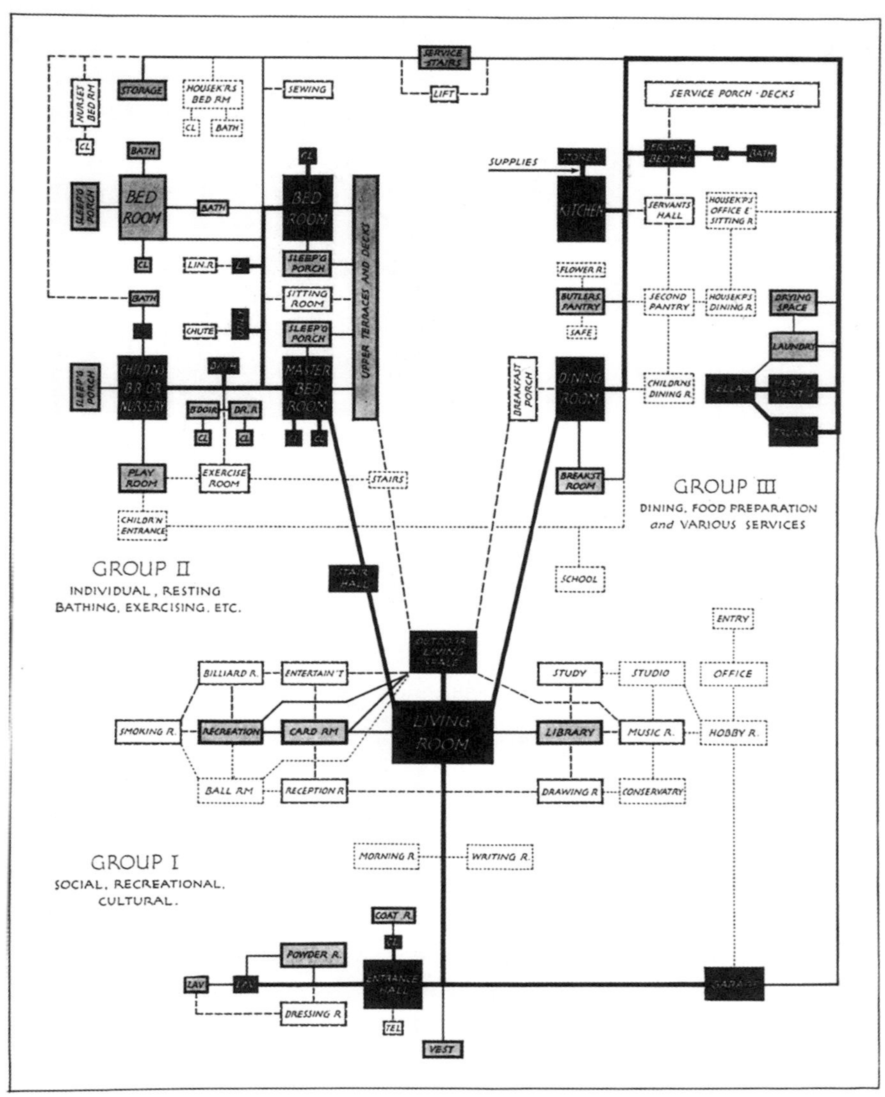

THE COUNTRY HOUSE CHART, ROOM BY ROOM

Functionally grouped, the various rooms of the country house, large or small, are shown diagrammatically in their relations with each other, for purposes of analysis and checking. The usual relative importance of the rooms is indicated by the relative blackness, the most essential rooms being solid black, next in importance, gray, etc.

7.21 "전원 주택의 기능표, 방별 분류", 『아키텍추럴 포럼』, 1933년 3월

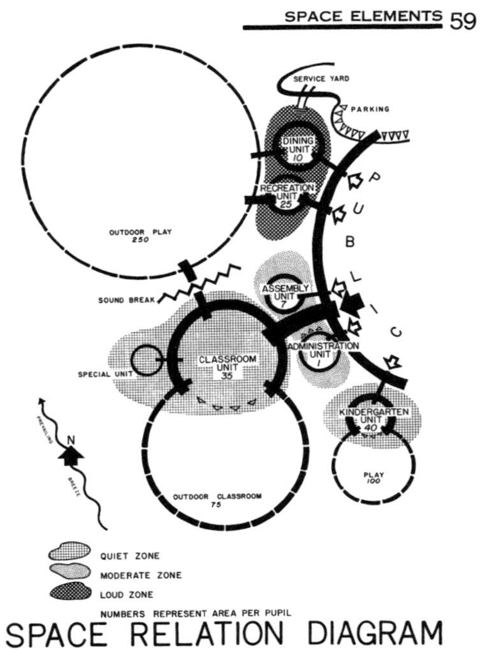

교·여가·문화, (2) 개인·휴식·목욕·탈의·운동 등, (3) 식사·조리 및 다양한 서비스 기능"으로 나뉘며, 이에 따라 방과 공간 요소들이 각각의 그룹에 할당되었다.[36] 그림 7.21의 박스는 그림 7.2나 그림 7.3의 과학적 관리의 조직 표에 나오는 기능 단위가 아니다. 생산 단위나 동작이 아니라 인접성과 접근성, 상대적인 크기를 공간과 물건으로 표시한 것이다. 기능 표가 건축 담론의 코드로 자리 잡으면서, 공간과 형태에 대해 더 많은 정보가 제공되기 시작했다. 건축의 기능 표는 흔히 "버블 다이어그램"이라 부르는 그림의 일종이다. 즉, 동작과 기능이 아니라 공간과 거리에 관한 그림이다.

　　건축 담론에서 이러한 변화는 신체의 역할이 달라졌음을 의미한다. 길브레스의 표준 인간이 기능으로 정의된다면("그는 가장 빠른 노동자다. 시간 연구 전문가의 측정을 받아, 최상의 동작을 익히도록 특정 작업에 관해 가장 잘 알고 있는 이에게 지도받으며 일하는 사람이다"), 건축의 표준 인간은 공간적인 존재다. 이는 1930년대에 신체가 건축 담론으로 편입되는 방식에서 명확하게 드러난다. 인체 측정학에 관한 자료는 "치수"(Dimension)라는 제목으로 로런스 코커와 앨버트 프라이가 1932년 『아키텍추럴 레코드』에 연재한 기사에 처음 등장한다. 첫 번째 기사는 부엌 가구에 관한 것이었는데, 릴리언 길브레스와 브루클린 보로 가스 컴퍼니가 개발한 "부엌 배치와 작업대의 높이를 정하는 방법"에 대한 도판으로 시작했다.[37] 코

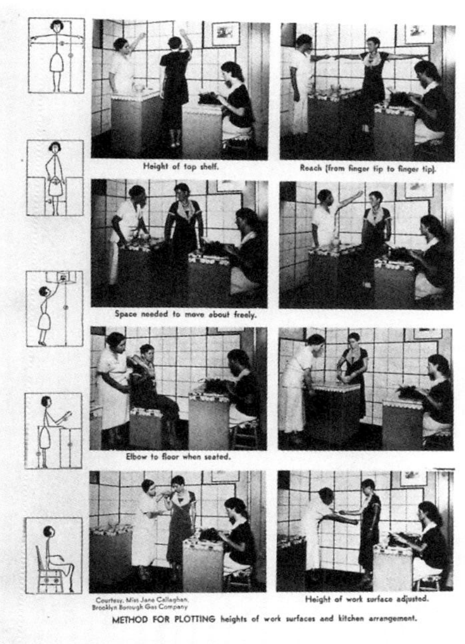

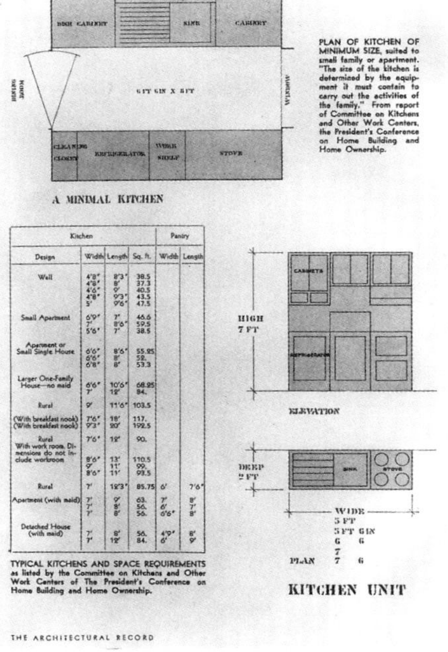

7.23 "부엌 배치와 작업대의 높이를 정하는 방법", 『아키텍추럴 레코드』, 1932년 1월

7.24 로런스 코커와 앨버트 프라이, "최소한의 부엌"을 도해한 "치수", 『아키텍추럴 레코드』, 1932년 1월

커와 프라이의 기사는 가정경제학 자료, 특히 주택 건축과 주택 소유에 관한 대통령 협의회에 설치된 부엌과 기타 작업장에 관한 위원회(Committee on Kitchens and Other Work Centers)가 제출한 보고서에 의존했다. 이 기사는 부엌 설비용 표준 치수와 최소한의 부엌 평면을 간단한 도해로 제시했다.[38] 1934년 여러 해 동안 각종 글과 매뉴얼에서 사용된 "평균적인 인간"의 표준 치수 인체상(anthropometrical figure)이 『아메리칸 아키텍트』에 처음 등장했다. 로스앤젤레스에서 활동하는 건축가이자 널리 알려진 건축 그래픽 전문가 어니스트 어빙 프리즈가 "인체의 기하학"이란 제목으로 표준 인체상을 제안했다.[39] 이듬해, 이 그림들은 최소한의 공간을 다룬 『아메리칸 아키텍트』 시리즈의 기본 데이터로 사용되었고, 『아키텍추럴 그래픽 스탠더드』와 『타임세이버 스탠더드』(*Time Saver Standards*)의 표준 인체상으로 자리 잡게 되었다.

건축에서는 이런 공간적인 신체를 기능주의 계획과 통합하는 것이 당면 과제였다. 신체와 기능을 통합하는 방법은 1940년대 초 존 피어스 재단의 "주거 디자인의 근간으로서 주생활"에서 잘 볼 수 있다. 1930년대 초부터 피어스 재단에서 일을 했던 존 핸콕 캘런더는 이 시리즈를 "기능주의 설계 이론"이라고 소개했다. "재단사가 사람의 몸에 꼭 맞는 옷을 만드는 것과 똑같은 방식으로 집은 가정에서 일어나는 일들에 맞게 설계되어야 한다"는 것이 기능주의 설계의 취지라고 캘런더가 설명했다.[40] 여기에 다시 한번 메리 패티슨의 기능적 분류가 등장한다. "주생활"은 "개별 기능"으로 나뉘었고, 각각의 기능에 공간 단위가 할당되었다. 또 "모든 선입견을 피하기 위해", 침실이나 탈의실 같은 관습적인 이름 대신 "취침 공간"이나 "탈의 공간" 같은 용어가 사용되었다. 이런 요구 사항들은 "구체적이고

7.25 어니스트 어빙 프리즈, "인체 형상의 기하학" 도판, 『아메리칸 아키텍트』, 1934년 7월. 프리즈가 이 그림을 인간 신체의 "다이어그램"과 "작업 도면"이라고 부른 것게 주목하자.

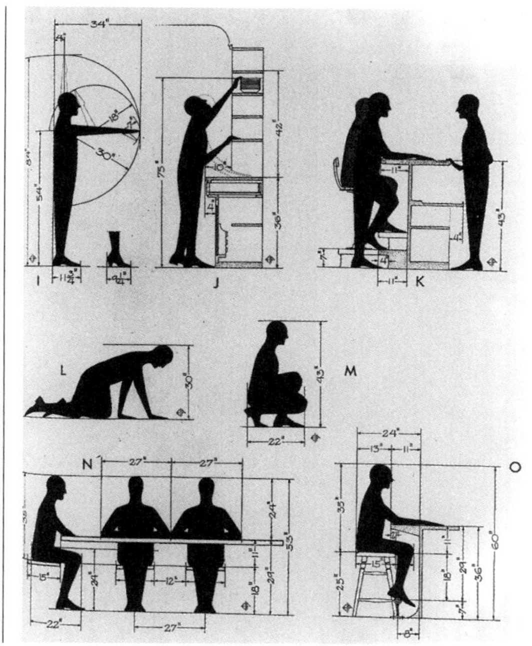

계량적 용어로 표현되고 완전히 규정"되어야 하며, 그래야만 "과학적으로 설계된" 주거의 "시방서"가 될 수 있다는 것이다.[41]

이 연구의 결과는 캐서린 파머와 제인 캘러한이 함께 저술한 『공간과 동작 측정』(*Measuring Space and Motion*)이란 소책자로 출판되었다. 캘러한은 브루클린 보로 가스 컴퍼니의 시범 부엌 연구 프로젝트에서 릴리언 길브레스를 도운 적이 있었다. 그림 7.26의 사이클그래프가 보여주듯이, 이 프로젝트는 길브레스와 유사한 사진 측정법을 사용했다. 하지만 공간과 동작 연구가 옷 입기나 구두끈 매기 등 여러 기능이 필요한 최적의 공간과 일련의 "공간 형상"(space

7.26 "취침 바닥 면 위의 공간"의 사진 측정, 제인 캘러한과 캐서린 파머, 『공간과 동작 측정』, 1943

7.27 옷 갈아입기의 "공간 형상", 『공간과 동작 측정』

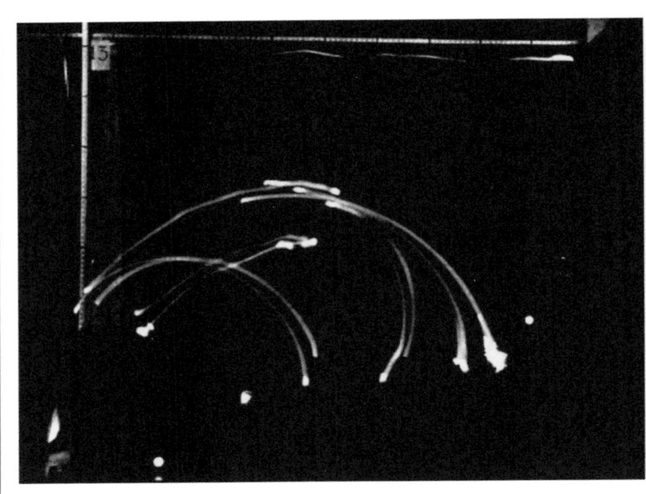

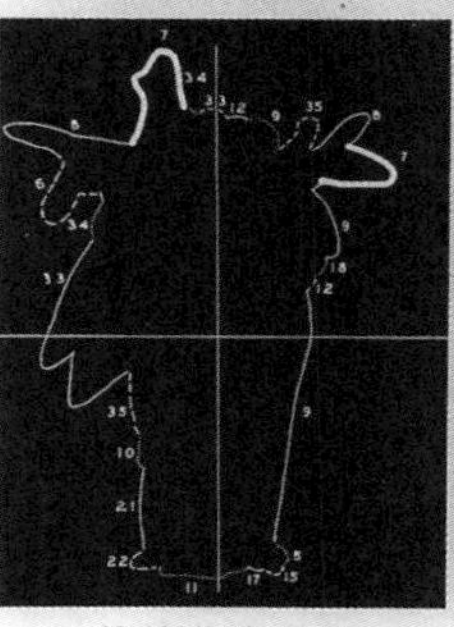

MAN DRESSING

Models 8, 9 & 10
• Man Dressing

Before making the diagrams for this function the tracings were carefully analyzed and only outstanding points were measured.

Composite tracings were made of front, side and top views identifying individual shots by different colored pencils.

All colors appearing in the outer line of this composite were then traced back on

COMPOSITE FRONT VIEW

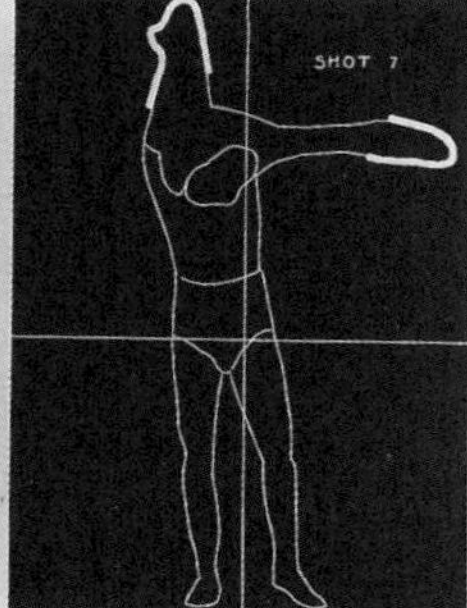

FRONT TRACING No. 7
Critical points signalled

shapes)을 산출한다는 점에서 길브레스와 달랐다. 반면 방에서 움직이는 신체의 점유 공간에 대한 조사는 과학적 관리의 동선 다이어그램의 재현 방식과 유사했다. 공간적 신체는 건축에서 두 가지 기능이 있었다. 첫째, 일군의 기능적인 요구 조건을 개념화하는 매체이며, 둘째, 공간 치수의 "자연스러운" 단위다. 따라서 건물의 물리적 요소 없이도 확장된 신체의 외곽선을 이용해 건축 공간을 표시할 수 있다. 다시 말해, 다이어그램은 건축가가 벽·기둥·지붕을 그리지 않고도 공간을 표상할 수 있는 수단이다.

　여기서 건축 다이어그램과 과학적 관리론의 다이어그램 간의 차이를 다시 확인할 수 있다. 릴리언 길브레스의 영향을 직접 받았지만, 캘러한과 파머는 자신들의 작업이 과학적 관리와는 다르다고 분명하게 밝혔다. 그들의 "공간과 동작 연구"의 목표는 "총체적인 사용 공간의 측정"이었다.

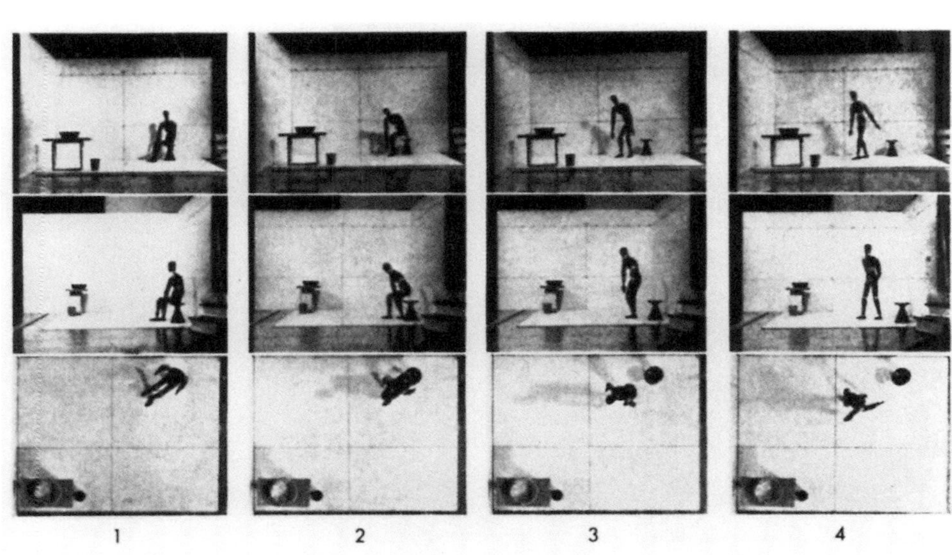

7.28 모형방을 대각선으로
가로질러 가는 인형을 기록한 사진,
『공간과 동작 측정』

공장 생산의 속도를 촉진하는 기법으로 잘 알려진 시간과 동작 연구는 작업 효율이 높은 동작으로 바꾸기 위해 동작을 측정하고 기록한다. 이 기법은 집 안 청소, 음식 준비 등과 같은 작업 기능을 연구할 때도 유용하다. 그러나 여기서는 건강하고 편안한 생활을 목표로 모든 공간적 제약으로부터 해방된 주거를 설계하는 첫 단계로서 필요한 공간을 측정하는 것이어야 한다. 주생활의 변화가 주생활에 근거한 디자인을 필연적으로 뒤따르게 되고, 이런 변화의 성과가 디자인의 성공 여부를 가늠하는 기준이 될 것이다. 그러나 우리의 주된 목표는 주생활을 재디자인하는 것이 아니다. 집을 재디자인하기 위해 주거 기능의 공간적인 요구를 측정하는 것이다.[42]

캘러한과 파머의 접근 방법은 테일러리즘을 가정에 적용한 프레더릭과 패티슨의 방법과도 상당히 다르다. 기능주의의 재현 체계와 논리적 체계의 일관성이 붕괴되었음에도 불구하고, 프레더릭과 패티슨의 담론은 계속해서 신체에 초점을 맞추었다. 직접적인 감시 방법이 부재한 상황에서, 다이어그램·표·공간의 분류는 자기 규제 메커니즘으로 사용되었다. 자기 규제 메커니즘은 공간이 갖고 있는 방대하고 예측 불허의 속성을 줄이고 없애고 통제하는 장치였다. 과학적 관리론의 다이어그램은 순응적이고 기능화된 신체에 인식의 기반을 두고, 여기에 계속 초점을 맞추었다. 이와 달리 건축 다이어그램은 공간적 신체에서 출발한 다음 이를 벗어나 궁극적으로 기능을 지시하는 "버블" 공간 단위가 된다. 사회를 통제한다는 목표를 기꺼이 수용했음에도 불구하고, 건축이 기능을 디자인하지는 않았다.[43]

　건축 담론이 신체를 다루기 시작함으로써 그 시각적 체계가 사물을 투사하는 전통적인 기능에서 벗어났다는 점을 주시해야 한다. 다이어그램은 원칙적으로 건물 이외의 대상과 개념을 표상한다. 공간을 점유한 사람의 움직임과 활동, 공기의 흐름, 햇빛의 각도 등 건물의 "기능"을 표상한다는 뜻이다. 즉, 다이어그램이 은유의 기능을 하고 있다는 것이다. 공조 다이어그램은 건물을 숨 쉬는 기계로 보며, 햇빛 다이어그램은 건물을 빛과 그림자를 조절하는 기계로 본다. 앞서 지적했듯이, 파놉티콘 다이어그램은 특정한 시각의 양식이다.[44] 과학적 관리론의 담론에서 중요했던 은유법은 건축 다이어그램의 담론에서도 널리 사용된 수사학이다. 예를 들어 감옥 설계의 혁신에 대한 로버트 데이비슨의 발언을 보자. 감옥의 설계 과정은 "특정한 평면과 재료가 아니라 수행(performance)의" 조건에 대한 제안으로 시작해야 한다고 강조했다.[45] 다른 예로 존 핸콕 캘런더는 학교 계획을 논하면서, 학교는 "교육 과정 안에서 효과적으로 기능(function)"해야 한다고 주장했다.[46] "수행"이나 "기능"과 같은 상투어들은 결국 은유적인 수사어들이다. 과학적 관리론의 은유법이 신체와 기계를 짝지었다면, 건축에서는 신체 대신에 건물이 그 자리를 차지했다.

　은유법은 순전히 이데올로기로 작용하기도 했다. 이를 통해 미국 건축가들은 사회에 개입할 수 있는 명분을 얻었으며 제1차 세계대전 이후 효율성과 비즈니스의 요구에 대응했다. 공장 관리 매뉴얼에 등장하는 다음 구절은 이러한 상황을 잘 보여준다.

　공장 설계는 세 단계의 발전 과정을 거쳤다고 한다. 첫 번째는 공장이 "단지 건물"이었던 단계다. 두 번째는 건축이 공장 구조물의 외관을 개선하는 데 동원되었던 시기다. 세 번째는 공장 안에서 일어나는 "공정에 알맞게" 생산 시스템과 통합된 건물을 디자인하는 단계인데, 이것이 바로 지금의 상황이다. 최근에 지어진 많은 공장들은 "작은 기계"를 수용하고 조절하는 "큰 기계"로 볼 수 있다.[47]

건축 기계라는 수사학은 공장에 처음 적용되었다가 사무실·병원·학교·주택 등 다른 건축 유형으로 확대되었다.[48] 이로써 건물을 고유의 요소와 리듬을 가진 생명체 또는 기계 시스템으로 묘사하는 것이 가능해졌다. "사무실을 단순히 장소나 시스템으로 이해해서는 안 된다. …… 사무실은 사무원을 수용하는 방, 여러 부분들을 묶는 시스템이나 틀 그 이상이다. 사무실을 말할 때는 살아 있는 활동 조직을 생각해야 한다."[49] 테일러리즘의 옹호자이자 경영학 교수였던 리 갤러웨이의 발언은 마치 "유기적 건축"을 설명하는 것과도 같다.

이 담론의 중심에는 다이어그램 담론의 출발점으로 삼았던 사람의 몸이 자리 잡고 있다. 탁월한 테일러리스트였던 해링턴 에머슨은 『가정공학의 원리』의 서문에서 신체가 사회 조직의 "모든 대원칙"을 있는 그대로 드러낸다고 주장했다. "사과꽃의 미묘함과 아름다움이 잘 익은 사과의 얇은 횡단면에 남아 있듯이 …… 건강한 모든 인간 조직은 신체 조직이라는 씨앗이 열매를 맺은 것이다."[50] 과학적 관리 매뉴얼에 등장하는 평면이 건축의 형태보다는 이상적인 사회 패턴을 보여준다는 점에서 에머슨이 말하는 "횡단면"은 매우 적확한 표현이다. 당연한 이야기처럼 들리겠지만, 이러한 다이어그램, 더 정확히 말해 이런 다이어그램적인 평면은 농밀한 보자르 평면과 매우 다르다. 건물과의 유비적 관계로 작동하는 보자르 평면과 달리 에머슨의 "단면"은 노동자와 재료의 움직임을 담아낸 사회적 다이어그램이다. 이렇게 수사학을 구사함으로써 건축 환경이 사회적인, 그리고 제도적인 기능으로 번안될 수 있었다. 신체와 공간 사이의 간극을 메우기 위해서, 그리고 기능화된 신체라는 길브레스의 이상적인 다이어그램과 기능화된 공간을 추구하는 벤담의 유토피아를 통합하기 위해서, 건축을 기계 장치 또는 자연 체계로 보는 은유법이 만들어진 것이다. "건물의 기능"이란 말과 이미지는 이런 수사학을 통해 성립되었다.

8
새로운 장르와 새로운 담론 체계

도면을 그리고 사용하는 것에 익숙한 독자가 사실(facts)을 가장 빨리 번안할 수 있도록 의도적으로 그래픽에서 장식적인 디자인을 완전히 뺐다. 도면을 한눈에 보는 훈련을 받은 독자들은 필요한 정보를 바로 찾을 수 있을 것이다.

찰스 램지와 해럴드 슬리퍼,
『아키텍추럴 그래픽 스탠더드』 초판 서문, 1923

『아키텍추럴 그래픽 스탠더드』와
근대적인 자료 집성

다이어그램 담론은 단지 다이어그램만을 지칭하는 것이 아니라 일련의 개념·수사법·재현 양식을 모두 아우르는 것이다. 따라서 건축 다이어그램의 탄생은 기존 장르가 재편성되고 새로운 장르가 등장하는 과정과 함께 이해해야 한다. 다이어그램은 건축 잡지를 통해서 가장 먼저 그리고 가장 뚜렷하게 건축 담론 안으로 들어왔다. 앞서 살펴본 바와 같이 다이어그램은 하나의 고립된 요소라기보다는 잡지 담론 체계의 근본적인 변화에 발맞추어 부상했다. 다이어그램 담론의 부상을 알리는 하나의 사건을 꼽으라면, 그것은 바로 근대적인 자료 집성*의 탄생일 것이다. 자료 집성이란 새로운 장르는 두말할 나위 없이 근대의 산물이었으며 빌딩 매뉴얼·카탈로그·계획 매뉴얼이 차지하고 있던 담론의 장을 바꾸어놓았다. 1930년대에 출간된 자료 집성으로『아키텍추럴 그래픽 스탠더드』와『타임 세이버 스탠더드』를 꼽을 수 있다. 이 두 책은 아마도 20세기 건축계 최고의 베스트셀러일 것이며, 이외에도 덜 알려진 많은 자료 집성들이 있었다.[1] 자료 집성은 아주 진부한 책이지만 근대적인 건축 담론의 변화를 이끌었던 책이다.

　자료 집성은 지금 단행본·CD·컴퓨터 데이터베이스 등의 형태로 나오지만 초창기에 대부분의 자료들은 건축 잡지를 통해 소개되었다. 1932년에 초판이 나온『아키텍추럴 그래픽 스탠더드』는 도판 대부분이 단행본 형태로 처음 출간되었다는 점에서 오히려 예외적이다.[2]『타임 세이버 스탠더드』는 두 번의 잡지 연재물을 묶어 만든 것이다. 첫 번째 시리즈는 1935년 7월호『아메리칸 아키텍트』의 "참

---

* [옮긴이] reference manual. 국내에서는 이런 종류의 책을 '건축 설계 도감', '건축 설계 자료 집성'이라는 명칭으로 부르곤 했다. 이 표현들은 일본을 통해 들어온 것으로 건축 설계에 필요한 모든 자료를 모아 놓은 '아카이브'의 성격을 강조한 것이다.

조 자료” 섹션으로 출발했다. 2년 뒤 “타임 세이버 스탠더드”와 “광고 제품의 타임 세이버 스탠더드”라는 이름으로 잡지에 처음 실렸던 자료들이 바인더에 묶여 출간되었다. 1938년 초 『아키텍추럴 레코드』가 『아메리칸 아키텍트』를 매입했을 때, 다른 판형으로 두 번째 『타임 세이버 스탠더드』 시리즈가 시작되었다. 지금의 『타임 세이버 스탠더드』의 전신은 1946년 『아키텍추럴 레코드』 판으로 거슬러 올라간다. 이는 1937년부터 『아키텍추럴 레코드』에 연재되기 시작한 “건물 유형”이란 섹션과 예전에 『아메리칸 아키텍트』의 연재 시리즈에서 소개되었던 자료로 구성되었다. 『아키텍추럴 그래픽 스탠더드』와 『타임 세이버 스탠더드』 말고도 많은 그래픽 자료가 연재되었지만, 『아키텍추럴 그래픽 스탠더드』는 그 대상과 전략, 편집 체제 등에서 가장 명료하고 일관성이 있었다. 찰스 램지와 함께 『아키텍추럴 그래픽 스탠더드』를 만든 해럴드 슬리퍼에 따르면, 『아키텍추럴 그래픽 스탠더드』는 설계 매뉴얼의 “포맷·내용·표현 방법에 큰 변화”를 가져왔다.[3] 다른 매뉴얼보다 다이어그램 담론의 기법과 개념을 가장 잘 보여주기 때문에 『아키텍추럴 그래픽 스탠더드』에 초점을 맞추어 자료 집성을 역사적으로 재구성해보고자 한다.

　『아키텍추럴 그래픽 스탠더드』가 출간될 즈음, 램지와 슬리퍼는 프레데릭 애커먼 사무실에서 일하고 있었다. 슬리퍼보다 열 살 정도 연상이었던 램지가 제1 저자로 이름이 올랐지만, 실제로는 슬리퍼가 주도적인 역할을 했던 것으로 보인다.[4] 애커먼과 마찬가지로 슬리퍼 역시 코넬 대학교에서 공부했고, 1919년 트로브리지 앤드 애커먼 사무실에서 실무를 시작했다. 1920년대 중반 애커먼이 독립하면서 슬리퍼는 시방서 책임자(chief specification writer)가 되었고, 1928년에는 파트너가 되었다.[5] 1920년대와 1930년대에 걸쳐 애커먼은 자기 사무실을 기술 자료 정보 센터로 만들었다. 슬리퍼는 이런 작업에 여러 차례 기여했으며, 1950년대 말까지 건축 자료를 가장 열성적으로 정리한 사람 중 하나였다.[6] 이런 측면에서 자료 집성이 만들어지는 초창기에 프레더릭 애커먼이 지적인 원동력을 제공해주었다고 할 수 있다.

애커먼은 『아키텍추럴 그래픽 스탠더드』 초판의 서문을 썼다. 그는 『아키텍추럴 그래픽 스탠더드』의 기본 목표를 설명하면서 당시 건축 직능이 목말라하던 것을 여실히 드러내주었다. 애커먼에 따르면, 건설 분야의 급격한 변화 때문에 "현대 사회가 축적해놓은 실제 (factual) 지식"이 너무나 복잡하고 방대해졌으며, 건축가가 "문서 더미에 깊이 파묻혀 있어" 도무지 지식의 흐름을 장악하거나 이용할 수 없게 되었다는 것이다. 이러한 상황에 대응하여, 새로운 매뉴얼은 "건축가·제도사·건설업자들이 일상적인 업무에 필수적으로 사용하는 참고 자료를 합리적인 분량의 책 한 권에 담으려는 중요한 시도"였다.[7] 물론 애커먼이 참고 자료의 문제를 처음 해결하려고 했던

8.1 도서관과 박물관에 사용된 가구 치수, "『아키텍추럴 포럼』 자료와 상세, 3호", 『아키텍추럴 포럼』, 1932년 6월. 1932년 6월에 출범한 『아키텍추럴 포럼』 자료와 상세 일람은 주로 치수를 다루었다.

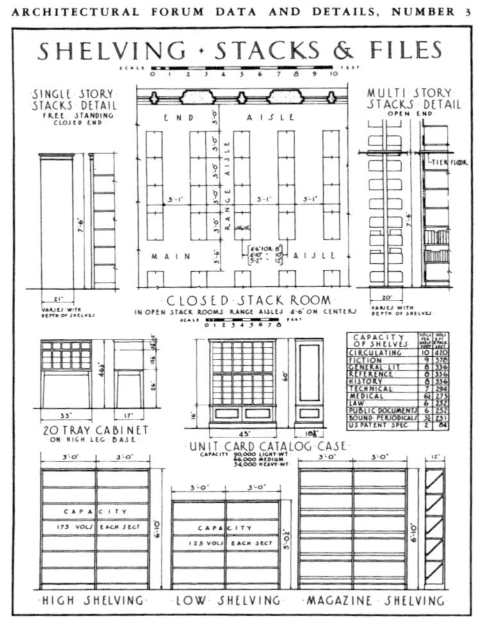

CAPACITY OF SHELVES	VOLS PER SHELF FOOT	VOLS PER 7 FT STACK SECT
CIRCULATING	10	420
FICTION	9	376
GENERAL LIT	8	336
REFERENCE	8	336
HISTORY	8	336
TECHNICAL	7	294
MEDICAL	6½	273
LAW	6	252
PUBLIC DOCUMENTS	6	252
BOUND PERIODICALS	5½	231
US PATENT SPEC	2	84

사람은 아니다. 『아키텍추럴 그래픽 스탠더드』가 출간되기 20년 전, 같은 문제에 직면해 『스위트 건설 카탈로그 일람』이 발간되었다. 또한 건설 매뉴얼과 카탈로그를 합친 『아키텍추럴 그래픽 스탠더드』가 새로운 자료를 다룬 것도 아니다. 그러나 애커먼의 새로운 매뉴얼은 장황하고 무의미한 홍보 문구를 늘어놓는 핸드북·카탈로그·광고와는 전적으로 다른 종류의 담론이었다. 『아키텍추럴 그래픽 스탠더드』의 가장 중요한 기여는 새로운 표상 방식을 제시했다는 데 있다. "그래픽 프레젠테이션은 제도실의 언어다. 이 책에 글이 없는 이유다. 도판은 말로 표현할 때 모호해지는 것을 단순한 사실의 언어로 바꾸어준다."[8] 애커먼의 주장대로 램지와 슬리퍼는 처음부터 기존 매뉴얼의 체제나 기능과는 근본적으로 다른 자료집을 염두에 두었다. 존 와일리 앤드 선스 출판사에 메모 형태로 보낸 출간 기획서에서, 램지와 슬리퍼는 자신들의 프로젝트가 "설계·표준·건설이라는 건축의 모든 단계"를 보여주는 종래의 디테일 도판이나 핸드북에 대한 대안으로 착안되었다고 설명했다. 그들이 보기에 당대의 건축가들은 "(장식이란 의미에서) 디자인 때문에 핸드북을 참조할 필요"가 없었다. 자료집에 디자인을 넣으면 "도면만 복잡"해질 뿐이라는 것이다.[9] 이러한 주장에 비추어 『아키텍추럴 그래픽 스탠더드』의 혁신을 제대로 이해하기 위해서, 『아키텍추럴 그래픽 스탠더드』에 앞서 출간되었던 자료 집성의 포맷을 검토해보자.

　『스위트 건설 카탈로그 일람』의 초기 전략이 다양한 포맷의 건축 자재 카탈로그들을 통일해 한 권으로 엮는 것이었음을 앞에서 확인했다. 그러나 1910년대 중반에 이미 2,000쪽에 육박한 『스위트 건설 카탈로그 일람』은 "간결하고 체계적인" 방식으로 건축 자료 문제를 해결하겠다던 당초의 의도와는 거리가 멀었다. 1914년 AIA의

‘광고 자료 표준화 위원회’는 이런 자료집에 대해 다음과 같이 평했다. “광고주로부터 광고비를 받는 것을 목적으로 외부인들이 만든든 …… 잡다한 기획이다. 광고주들의 카탈로그에서 추려낸 크고 거추장스럽고 딱딱한 책일 뿐이다. 이번에 실린 광고는 다음 호에 실릴 수도 있고 그렇지 않을 수도 있다.”[10] 1926년에 『스위트 건설 카탈로그 일람』은 한 권에서 세 권으로 늘었고, 1938년에는 다섯 권이 되었다. 1920년대 말에는 업종 분류에 근거하여 제조업자의 카탈로그를 파일링 시스템(filing system)으로 분류했다. 1930년대 말이 되면 자료 대부분이 “커버 카탈로그”라는 형식을 취하게 되는데, 이는 카탈로그들이 해당 업종 분류에 따라 쪽수가 매겨져 묶이게 된 것이다. 커버 카탈로그는 자료, 조언과 추천 등으로 다채롭게 구성되어 수십 쪽에 달했다. 애초에 『스위트 건설 카탈로그 일람』이 해결하려고 했던 문제가 원점으로 돌아간 셈이다. 스스로 내린 진단에 따르면, 『스위트 건설 카탈로그 일람』은 “표준화된 백과사전식 목록”에서 제조업자의 카탈로그를 “온전하게 독립된 단위”로 편집하는 방향으로 나아갔다.[11] 이러한 변화는 책 제목에서도 볼 수 있다. 『스위트 건설 카탈로그 일람』은 『스위트 건축 카탈로그』로 바뀌었고, 1933년에는 『스위트 카탈로그 파일』이 되었다. 사실상 『스위트 건설 카탈로그 일람』은 “과학적이며 표준화된 카탈로그”를 제공한다는 처음의 취지에서 벗어나 차차 오늘날의 모습으로 바뀌어갔다.

　　건설 상세를 다루는 매뉴얼이 포맷 면에서 『아키텍추럴 그래픽 스탠더드』와 가장 가까웠다. 예를 들어 프랜시스 챈들러의 『건축 시공 상세』(*Construction Details*, 1892)와 클래런스 마틴의 『건물 공사 상세』(*Details of Building Construction*, 1899) 등에서 이미 표준 건축 상세도가 사용되는 것을 볼 수 있는데, 이런 상세도를 『아키텍추럴 그래픽 스탠더드』가 처음 사용한 것으로 오해하는 경우가 있다.[12] 제조업체들 역시 상세 단면 도판을 제공했으며, 1920년대에는 적어도 네 종의 건축 상세 관련 책이 처음 출간되었다. 그중에서, 1924년 램지와 루이스 루이용이 저술한 와일리 출판사의 『건축 상세』(*Architectural Details*)는 구성과 내용 면에서 『아키텍추럴 그래픽 스탠더드』의 전신이라 할 수 있다. 이 책의 많은 도판은 트로브리지와 애커먼이 커티스 컴퍼니의 표준 목조주택으로 개발한 주택 설계안에서 차용했다. 애커먼은 이 책에 실린 디자인이 "평균의 관점"에서, "자타가 인정하는 능력과 명망을 갖춘 건축가들이 가장 많이 사용하는 형태"로부터 도출되었다고 설명했다.[13] 이 매뉴얼들은 주로 단면 상세를 다루었지만, 제도·투시도·건축 표현기법 같은 주제들도 포섭했다.

그래픽 위주로 편집했다는 점에서 『아키텍추럴 그래픽 스탠더드』의 직접적인 전례는 『펜슬 포인츠』가 펴낸 필립 노블로크의 『우수 시공 사례』(*Good Practice in Construction*, 1923년과 1925년 두 권으로 발행)라고 볼 수 있다.[14] 이 매뉴얼은 상당히 인기가 있었고, 와일리 출판사는 『아키텍추럴 그래픽 스탠더드』의 경쟁 대상이라고

8.2 클래런스 마틴, 『건물 공사 상세』의 도판. 마틴에 따르면, 이 도판들은 처음에 거친 스케치로 시작해서 나중에 청사진 도면으로 발전했고, 코넬 대학교 수업에 사용되었다.

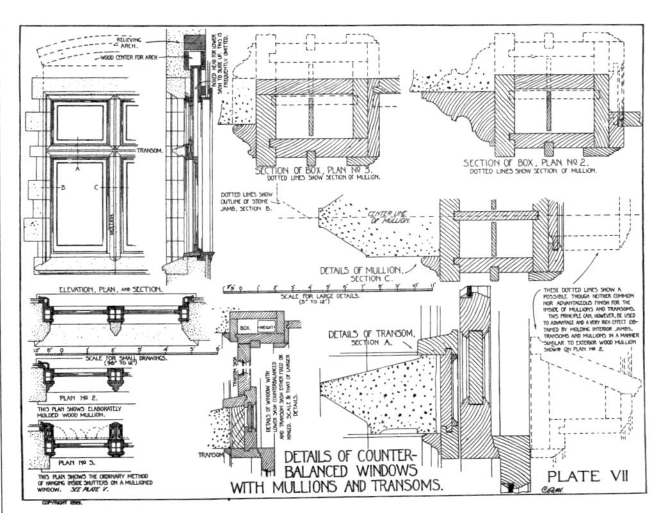

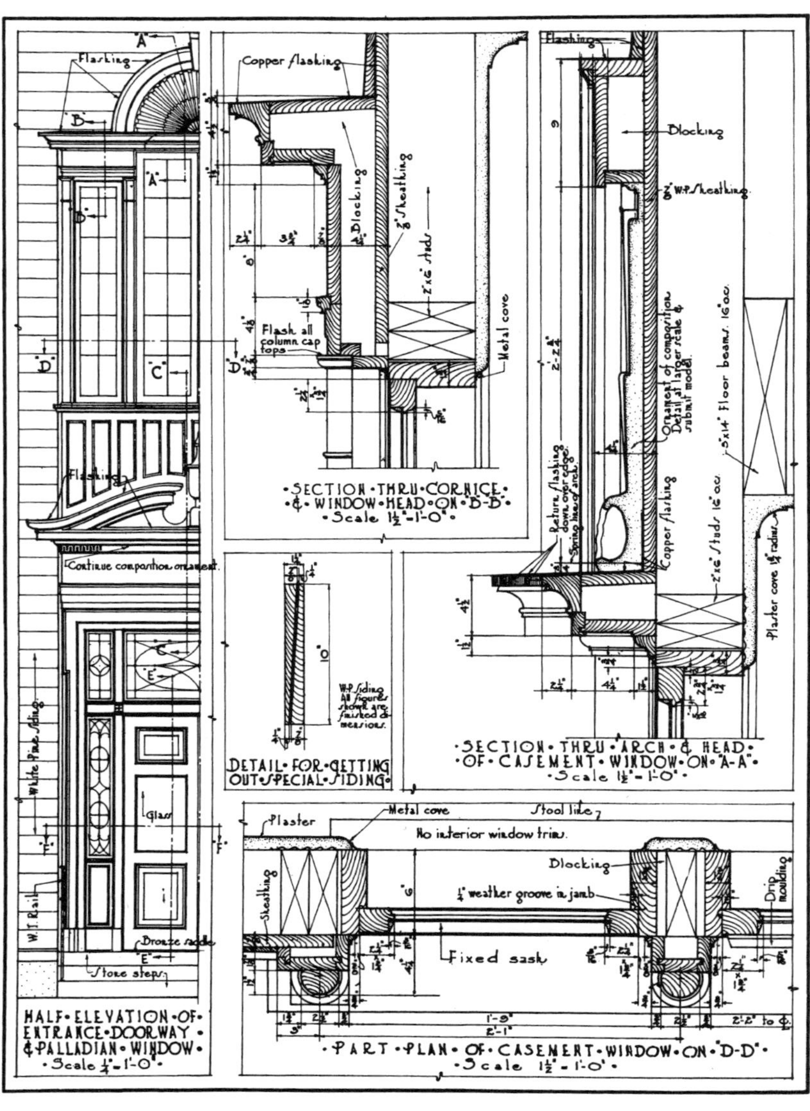

8.3 "현관문과 팔라디오풍 창문 1",
필립 노블로크,『우수 시공 사례』,
1923

생각했다.『우수 시공 사례』1권 서문에서, 토머스 헤이스팅스는 이 책이 만들어진 방법을 다음과 같이 이야기했다.

> 노블로크 씨는 여덟에서 열 곳 정도 사무실의 자료철에서 상세 도면을 고르는 작업으로 시작했다. 상세도의 청사진을 얻은 뒤, 여기저기서 선택된 디테일을 조합하고 결합해서 최상의 디테일을 만들어내고자 했다. 지난 몇 년간 실제로 지어진 건물의 상세 도면을 선별했다는 것이 참신하다. 그런 다음 특정한 건물 재료의 사용법과 속성을 잘 아는 사람들로부터 비판과 제안을 들었다.[15]

헤이스팅스에 따르면, 노블로크의 상세 도판은 여러 건축 사무소에서 실제로 지어진 건물의 청사진을 골라 재작도한 것이었다. 전통적인 포트폴리오처럼 각 도판은 일반적으로 건축 실무에서 부닥치는 문제에 대한 해법을 명쾌하게 제시하여 본떠야 할 모델로 기능했다. 그림 8.3 "현관문과 팔라디오풍 창문" 상세 도판에서 볼 수 있듯이, 『우수 시공 사례』는 여전히 양식이 시공 상세와 통합되어 있었다.

1920년대에 출간된 매뉴얼 중에서 또 주목할 만한 사례로 와일리 출판사의 『건축 시공』(*Architectural Construction*, 1925)을 들 수 있다.[16] 2권 3책에 2,000쪽이 넘는 이 책은 여러 권으로 된 다른 매뉴얼보다는 분량이 적었지만 거추장스럽기는 마찬가지였다. 두 개의 책으로 구성된 제2권은 목공사와 철공사를 시공 매뉴얼의 기존 포맷에 따라 다루었다. 하지만 "최근 실제 시공 도면에 근거한 미국 건축의 설계와 공사 분석"이라는 부제를 단 제1권은 건축유형별 사례 연구로 구성되어 있었다. 그래픽으로만 편집되어 있지는 않았지

8.4 전원 주택 외관 사진, 월터
보스와 랠프 헨리, 『건축 시공』,
1925, 1권 도판 1. 이 사진과 그림
8.5와 8.6의 도면은 첫 번째 사례
연구인 조지아풍의 시골 주택을
도해한 도판 40개 가운데 세 개를
선별한 것이다.

8.5 1층 평면, 『건축 시공』,
1권 도판 12

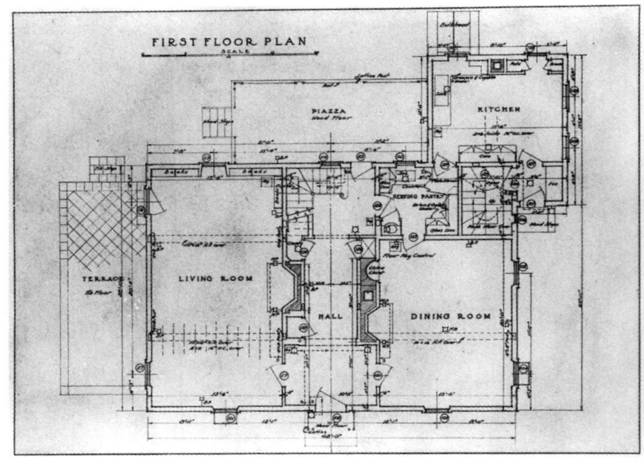

만, 각각의 사례 연구를 철저히 기록했다는 점에서 기존의 시공 서적과 달랐다. 건물 내외부의 사진에서 시작해 평면·입면·단면·시공 상세로 마무리되는 각각의 사례는 수십 개의 도판으로 이루어져 있었다.『건축 시공』의 공동 저자 보스와 헨리에 따르면, 이 사례들은 "건축 설계에서 가장 중요한 역사 양식에 대한 최근의 해석"을 포함하고 있었다. 저자들은 이런 구성 방식이 설계와 시공의 "구조적인 단계를 예시"하기 때문에 "이론적인 자료"를 다루는 방식보다 우수하다고 주장했다. "완공된 건물의 시공 도면 일체, 완성된 결과물의 사진 기록 그리고 시공 방법에 대한 체계적인 논의" 모두가 도해되어 있기 때문에 독창적이라는 것이다. 매뉴얼이 "권위가 있으려면" 각 건물에 사용된 "원도·상세·시방서"가 그대로 정확하게 실려야 한다는 것이 보스와 헨리의 생각이었다.[17]

　일반적인 디테일 매뉴얼이 말 그대로 건축 담론의 한 "단면"에 기반을 두고 있었던 것과 달리『건축 시공』은 건축 담론의 전반을 포섭함으로써 보편성을 확보했다. 하지만『우수 시공 사례』의 섹션들

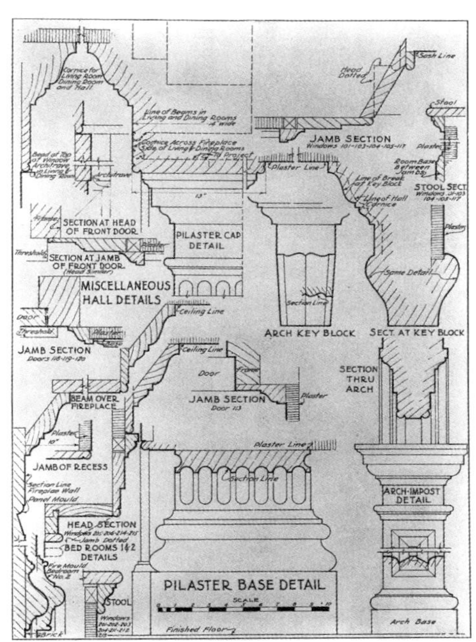

8.6 실내 마감 상세,『건축 시공』, 1권 도판 35

과 마찬가지 『건축 시공』도 여전히 선별과 예시의 원리에 기대고 있었다. 『우수 시공 사례』와 『건축 시공』 모두 강철 창문 섀시와 철제 프레임 등 최신 재료와 설비를 적극적으로 보여주었지만 대부분의 디테일들은 장식된 목조와 벽돌조 구조물이었다. 포트폴리오와 19세기의 핸드북처럼, 여전히 선택·예시·모사의 원리에 기대고 있었다. 1899년에 디테일 매뉴얼을 출간했던 클래런스 마틴이 이야기했듯이 이 매뉴얼들은 "우수한 실무 사례의 권위"에 의지하고 있었던 것이다.[18]

　　이렇듯 『아키텍추럴 그래픽 스탠더드』는 매뉴얼·카탈로그·광고 등에 흩어져 있는 자료를 일상적인 건축 설계 작업과 통합된 일관된 텍스트를 만들려는 여러 시도 가운데 하나였다. 그러나 애커먼과 『아키텍추럴 그래픽 스탠더드』의 저자들이 강조했듯이, 이 매뉴얼은 재현의 방식과 책의 구성 개념에서 이전 책들과 분명히 달랐다. 램지와 슬리퍼는 그들의 새로운 책을 통해 다음의 콘텐츠를 통합했다고 주장했다.

　　(1) 휴먼 스케일로 규정된 자료·표준·치수
　　(2) 정부와 산업 협회가 인정한 업계 표준
　　(3) 용례와 실제 사용으로 규정된 표준과 정보[19]

이 목록과 책 제목에서 분명히 드러나듯이, 양식·재료·건물 유형이 아니라 표준이 『아키텍추럴 그래픽 스탠더드』의 핵심 개념이자, 이전 매뉴얼과 차별된 원칙이었다. 표준은 항시 변하는 생산 기술과 변하지 않는 인간 신체의 조건이라는 두 가지 기준에 맞추어 정해져야 한다는 것이 램지와 슬리퍼의 생각이었다.[20] 기술 개발과 함께 표준은 필연적으로 진화 과정을 거친다. 표준적인 인간 신체를 고정 잣대 토 일단 표준이 정해지고 나면, 이 표준은 대량 생산의 과학적인 전제 조건, 말하자면 기술이 생산하는 오브제의 객관적인 사실로 작용한다.

표준 개념은 사실(fact)과 외관(appearance)이 구분되어야 한다는 『아키텍추럴 그래픽 스탠더드』 담론 체계의 근간을 제공했다. 『아키텍추럴 그래픽 스탠더드』는 전적으로 사실에 근거한 데이터, 구체적으로 말하면 실제 치수만 다루겠다는 목표를 갖고 있었다. 대상이 철강 보이건 욕조이건, 대량 생산품에서 도출한 표준 치수가 도해되었다. 그런가 하면 생산품의 성능 표준(구조와 재료적 속성)은 책에서 제외되었다.[21] 슬리퍼와 램지가 이전의 상세 매뉴얼을 참조하긴 했지만 도판의 출처는 주로 제품과 관련된 자료들이었다. 여기에는 제조업체의 카탈로그·광고·『스위트 건설 카탈로그』·건설업계 잡지·기술 계통 회보·업계 협회 보고서·전미표준국·미국표준협회·손해사정인위원회 등이 포함되어 있었다. 초창기 상세 매뉴얼의 단면과는 달리, 『아키텍추럴 그래픽 스탠더드』 도판들은 기존 시공 도면 중에서 선택한 것이 아니라 표준화된 산업 생산품으로부터 추출해낸 것이다. 상세 매뉴얼에서 시방서는 시공도면에 따라붙는 문서에 불과했으며 시방서의 대상이 대량 생산품인지 주문 제작품인지는 상관이 없었다. 반면, 『아키텍추럴 그래픽 스탠더드』는 설계 과정을 완전히 산업 생산의 체제 안에서 접근했으며, 표준화된 자재를 사용한다는 전제로 시방서가 정확하게 제품을 지시해야 한다고 주장했다.

1910년대 중반, 애커먼은 시방서에 애매한 말을 사용하지 않겠다는 "선언"을 자신의 사무실에 공표했다. 이와 함께 "시방서를 어떨게 구성하고 발전시켜야 하는지, 그리고 시방서가 설명해야 하는 도면과 어떤 관계를 가져야 하는지에 관한 일반론”을 제시했다.[22] 이에 따라 『아키텍추럴 그래픽 스탠더드』는 원칙적으로 건축 설계에서 두 개의 단계를 구분했다. 즉, 사실과 외관을 구별해야 한다는 원칙에 따라 실제 치수의 표현과 제조업체 모델의 구체적인 사양(specification)을 구분하는 것이었다. 전자가 건축가의 그림에 내재된 다이어그램, 즉 『아키텍추럴 그래픽 스탠더드』의 시각적인 재현 방식이었고, 후자는 시방서의 언어 담론이었다. 『아키텍추럴 그래픽 스탠더드』는 대량 생산 부재의 치수를 다이어그램으로 추상화함으로써 “카탈로그 문제”를 해결한 것이다. 카탈로그와 『스위트 건설 카탈로그』가 건축 설계의 기율이 수용할 수 없었던 선택의 논리

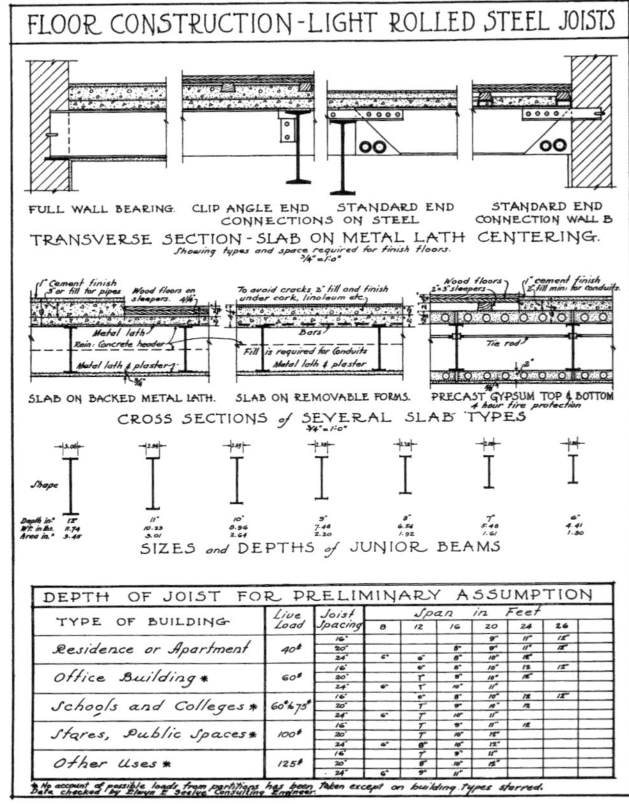

8.7 “바닥 공사-경량 압연 강판 장선”, 『아키텍추럴 그래픽 스탠더드』, 1판, 1932

를 취했다면,『아키텍추럴 그래픽 스탠더드』는 기율 내부의 재현 형식을 확보했다. 이 재현 형식은 건축 지식을 사실로 표시(denote)한 다이어그램이었다.

다시 강조하건대, 대량 생산에 기반을 둔『아키텍추럴 그래픽 스탠더드』는 표준화된 유형의 재현 방식, 즉 역사 양식·장식·제품 모델의 논리를 거부한 다이어그램의 재현 방식을 도입했다. 한 서평에서 지적했듯이,『아키텍추럴 그래픽 스탠더드』는 "치수의 백과사전"이었다.[23] 평면·단면·입면·투시도를 하나의 도판으로 보여주던 포트폴리오나 기존의 핸드북과 달리,『아키텍추럴 그래픽 스탠더드』는 대부분의 시공 상세를 오직 단면만으로 제시했다. "변형, 디자인 또는 발전"이 가능하다는 전제하에, 단면 도판들에서 "장식적인 의

8.8 "인체 형상의 치수",
『아키텍추럴 그래픽 스탠더드』,
3판, 1941. 1932년의
『아키텍추럴 그래픽 스탠더드』
1판에는 표준 인체 도판이
없었지만, 프리즈의 인체 형상
(그림 7.25)은 1946년『레코드』판
『타임 세이버 스탠더드』뿐만
아니라 1937년『타임 세이버
스탠더드』에 수록되어,『아키텍추럴
그래픽 스탠더드』3판에 등장하게
되었다.

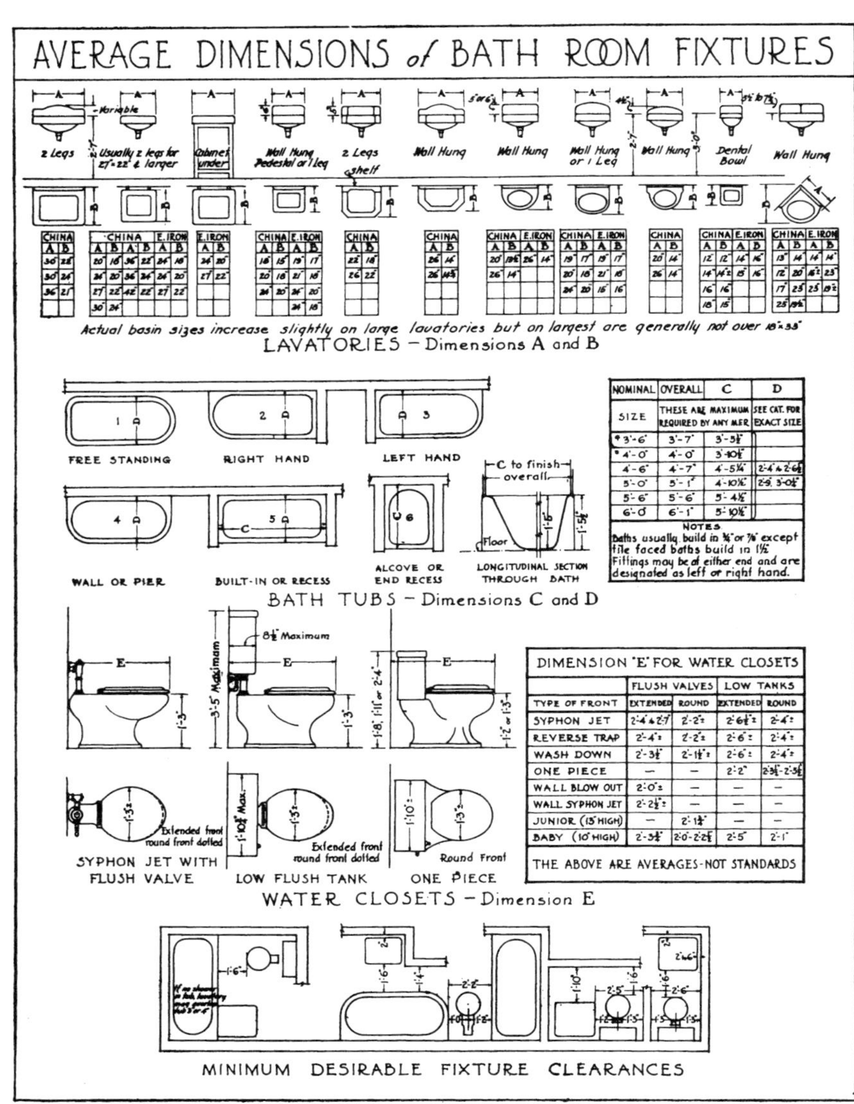

NOMINAL SIZE	OVERALL (THESE ARE MAXIMUM REQUIRED BY ANY MFR)	C	D (SEE CAT. FOR EXACT SIZE)
3'-6"	3'-7"	3'-5½"	
4'-0"	4'-0"	3'-10¼"	
4'-6"	4'-7"	4'-5¼"	2'-4 & 2'-6¼
5'-0"	5'-1"	4'-10½"	2'-9, 3'-0½
5'-6"	5'-6"	5'-4½"	
6'-0"	6'-1"	5'-10½"	

TYPE OF FRONT	FLUSH VALVES EXTENDED	FLUSH VALVES ROUND	LOW TANKS EXTENDED	LOW TANKS ROUND
SYPHON JET	2'-4 & 2'-7	2'-2	2'-6½	2'-4
REVERSE TRAP	2'-4	2'-2	2'-6	2'-4
WASH DOWN	2'-3½	2'-1½	2'-6	2'-4
ONE PIECE	—	—	2'-2	2'-3¼-2'-3½
WALL BLOW OUT	2'-0	—	—	—
WALL SYPHON JET	2'-2½	—	—	—
JUNIOR (15"HIGH)	—	2'-1½	—	—
BABY (10"HIGH)	2'-3½	2'-0-2'-2½	2'-5	2'-1

8.9 "욕실 설비의 평균 치수",
『아키텍추럴 그래픽 스탠더드』 1판

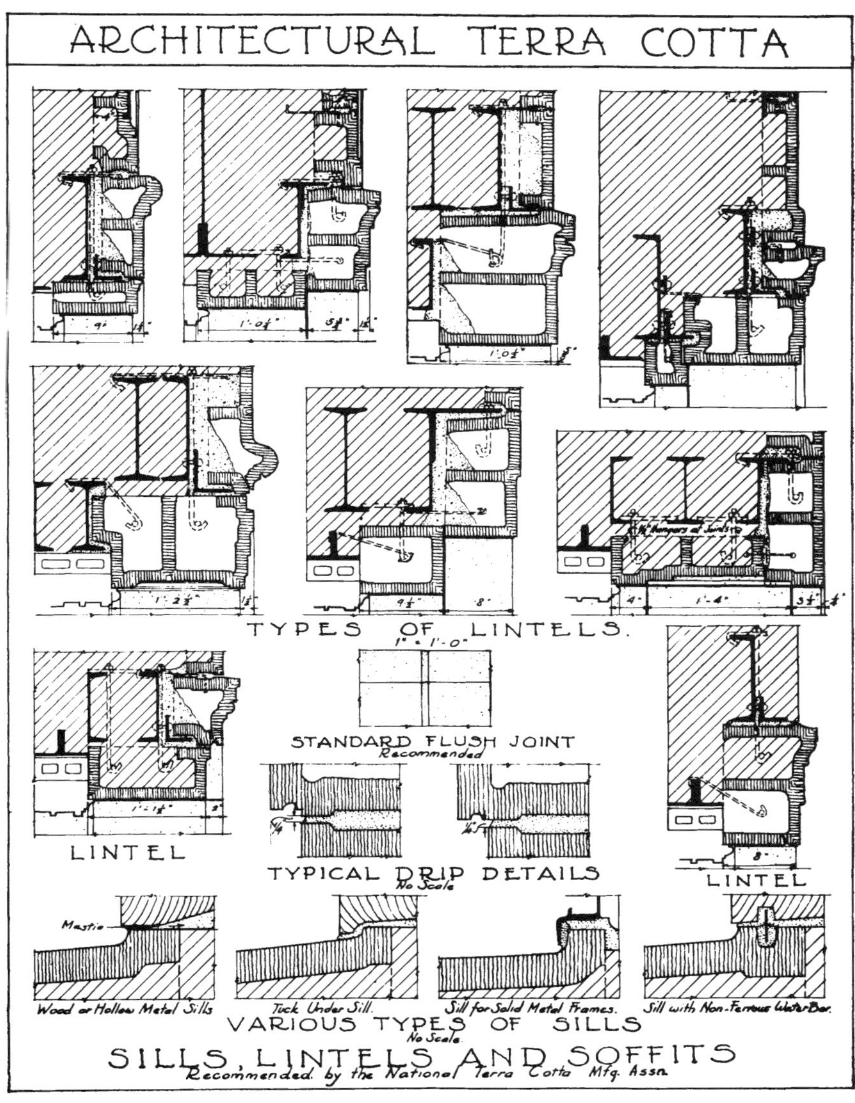

8.10 "건축용 테라코타",
『아키텍추럴 그래픽 스탠더드』 1판

미의 디자인이 완전히 제거되었다".24 『아키텍추럴 그래픽 스탠더드』는 설계를 위한 모델을 보여주는 것이 아니라, 슬리퍼가 "핵심 또는 골격 자료"라고 부른 치수 유형을 제공했다.

이전의 자료 매뉴얼과 마찬가지로『아키텍추럴 그래픽 스탠더드』의 데이터도 기술과 사회 발전의 영향을 받았다. 법규의 개정과 기술 변화에 맞춰 도판도 바뀌어야 했다. 예를 들어, 알루미늄 사용이 증가하자 3판에 새로운 섹션이 추가되었고, 금주법 폐지로 증류소와 술집에 관한 자료가 들어가게 되었다. 자료가 구식이 되면 대체되어야 한다는 것은 매뉴얼의 기본 전제다.『아메리칸 아키텍트』의『타임 세이버 스탠더드』와『펜슬 포인츠』의『제도사 자료 일람』(*Draftsman's Data Sheets*)은 바인더에 철해져 자료가 낡으면 해당 도판만 버리고 새로운 자료로 대체할 수 있었다. 이런 매뉴얼들은『스위트 건설 카탈로그』와 마찬가지로 정보가 빨리 바뀌어야 한다는 점을 인정했다. 그러나『아키텍추럴 그래픽 스탠더드』는『스위트 건설 카탈로그』처럼 매년 내용을 개정하지 않아도 되었다.25 제조업체의 모델은 수시로 바뀌어도, 산업 표준은 상대적으로 천천히 변하기 때문이다.

테크놀로지가 가속적으로 발전한다는 것은 기술 자료가 더 빨리 바뀌어야 한다는 뜻이다. 이론상으로 램지와 슬리퍼의『아키텍추럴 그래픽 스탠더드』는 개정판이 훨씬 더 자주 나와야 하지만, 실제로는 그렇지 않다. 건축가 개개인이 점점 복잡해지고 광범위해지는 사실 자료(factual matter)를 알 것이라고 기대해서는 안 된다. 설령 자료가 간단하고 표준화된 형태로 제시된다 하더라도 말이다.26

『아키텍추럴 그래픽 스탠더드』 2판에 대한 위의 서평에 따르면, 테크놀로지에 관한 상세한 지식을 갖고 있어야 한다는 부담으로부터 건축가를 자유롭게 해준 것이 이 매뉴얼의 가장 중요한 기여였다. 제조업체들이 "구조 부재와 설비의 디자인을 주도하면서", 건축가는 "상세에 신경을 쓰지 않고, 벽체나 방 전체가 하나의 유닛으로 건축가가 제시한 성능 기준에 따라 시방서에서 다루게 되었다". "이런 노동 분화와 함께, 건축가들은 거주자의 요구 사항을 탐구하고 건물의 각종 시스템을 통합하는 데에 집중할 수 있게 되어 이전보다 훨씬 큰 스케일의 디자인을 할 수 있는 자유가 생긴 것"이라고 익명의 평자가 통찰했다.[27]

『타임 세이버 스탠더드』와 『아키텍추럴 그래픽 스탠더드』의 관계는 이런 "노동 분화"의 틀 안에서 이해할 수 있다. 최초의 『타임 세이버 스탠더드』 시리즈의 그래픽 편집은 『아키텍추럴 그래픽 스탠더드』와 달랐지만, 이들이 다루었던 소재는 근본적으로 같았다.[28] 그러나 『아키텍추럴 레코드』가 펴낸 두 번째 『타임 세이버 스탠더드』 시리즈는 다른 종류의 참조 매뉴얼이었다. 『아키텍추럴 그래픽 스탠더드』에 실렸던 상세 단면·장비 치수·표준 평면과 같은 그래픽 자료가 있었지만, 포맷과 내용은 기능주의 계획의 규범적인 담론으로 바뀌었다. 예를 들어, 병원 계획을 다룬 『아키텍추럴 레코드』 1939년 12월호 기사는 "종합병원의 동선과 공간 조직의 일반적이고 포괄적인 패턴"을 보여주는 버블 다이어그램과 계획 원칙에 대한 일반론으로 시작했다.[29] 그다음 부분에서 관리부·서비스 영역 등 병원의 개별 섹터에 초점을 맞추었다. 여기서도 일반 원칙에 대한 설명으로 시작하면서 각 영역의 버블 다이어그램과 실제 프로젝트의 평면들이 곁들여졌다. 각 섹션은 장비와 공간에 대한 표와 나머지 설명으로 마무리되었다. 그림 8.11에서 볼 수 있듯이 버블 다이어그램은 『타임 세이버 스탠더드』의 가장 중요한 구성 요소가 되었다. 『아키텍추럴 레코드』의 건물 유형 섹션에 실린 기사들이 단행본으로 편집되면서, 잡지 시리즈에 게재되었던 많은 글과 사진이 빠져 『아키텍추럴 그래픽 스탠더드』의 그래픽 체제와 비슷하게 편집되었다. 1946년판 『타임 세이버 스탠더드』는 1930년대 중반 『아메리칸 아키텍트』와 1937년 바인더 본에 실렸던 인체 치수 데이터가 포함되어 있었다. 『타임 세이버 스탠더드』 편제의 중심에는 기능주의 계획이 자리 잡고 있었고, 『아키텍추럴 그래픽 스탠더드』의 자료도 이 체제 안으로 편입되었다. 『아키텍추럴 그래픽 스탠더드』가 기초부터 지붕, 인테리어로 진행되는 공사 순서에 따라 차례가 만들어진 반면, 『타임 세이버 스탠더드』는 건물 유형별로 편집되었다.[30]

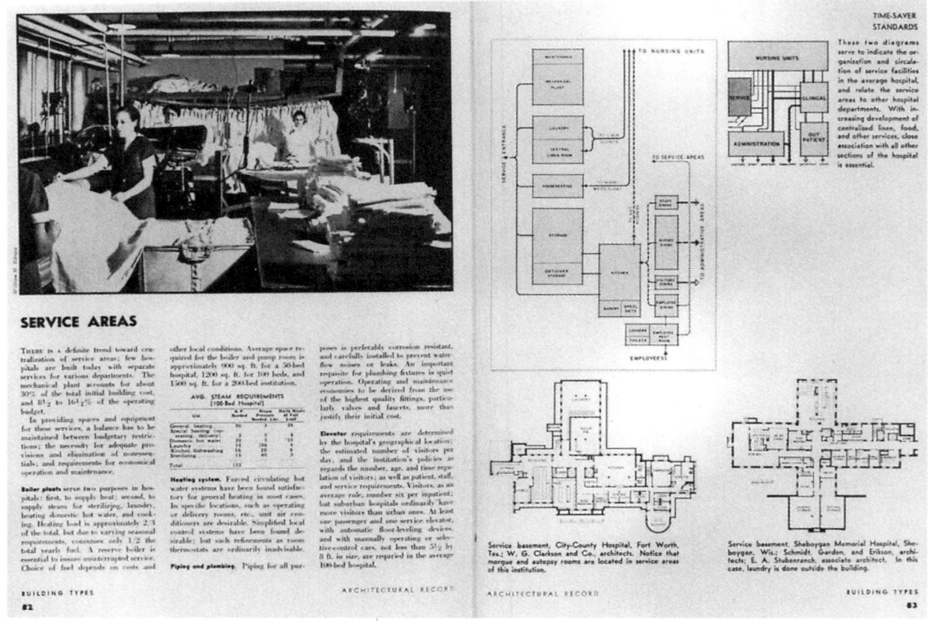

8.11 병원 서비스 영역을 다룬
기사의 펼침면 페이지 레이아웃,
『아키텍추럴 레코드』, 1939년
12월

8.12 『아메리칸 아키텍트』
1935년 9월호에서 가져온
1946년판 『타임 세이버
스탠더드』의 인체 치수 데이터

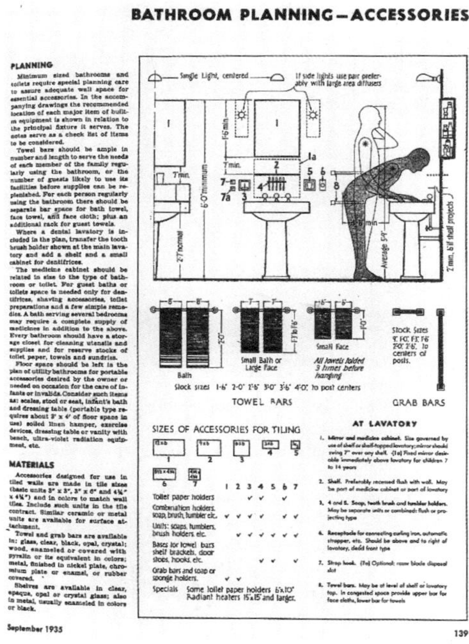

　　디테일과 설비 표준을 다루는 『아키텍추럴 그래픽 스탠더드』
와 계획의 표준을 다루는 『타임 세이버 스탠더드』는 설계 과정의 소
의 "노동 분화"를 구현하여 자료 집성 담론에서 상호보완적인 역할
을 했다. 해럴드 슬리퍼가 자료 집성 3부작을 완성하기 위해 두 편의
매뉴얼을 추가로 저술한 것도 이런 측면에서 이해할 수 있다. 1940
년 "통합 빌딩 시스템"을 다룬 『건축 견적』(*Architectural Specifica-
tions*)이 출간되었고, 슬리퍼의 『타임 세이버 스탠더드』에 해당하는
『건물 계획과 디자인 스탠더드』(*Building Planning and Design Stan-
dards*)가 1955년에 출간되었다. 『건물 계획과 디자인 스탠더드』가

"삶의 요구 조건"을 다룬 계획 각론 매뉴얼이라는 측면에서 슬리퍼는 『아키텍추럴 그래픽 스탠더드』에서 "자연스럽게 발전"한 것이고, 이를 "보완"한 것이라고 보았다. 『타임 세이버 스탠더드』의 순서와 마찬가지로, 건물 유형에 관한 각 섹션은 "공간 관계와 요구 조건을 보여주는 다이어그램"으로 시작해, "평면 유형"과 치수 유형을 다루었다. 이것은 『아키텍추럴 그래픽 스탠더드』에서 이미 다루었던 내용이지만, 이제는 "포괄적인 프로그램과 개략적인 예비 도면의 작성에 도움이 되는 정보를 제공"하도록 편집되었다.[31]

　　근대적인 자료 집성의 탄생은 건축 기율의 담론에서 기술적인 데이터의 위상이 크게 바뀌었다는 것을 보여준다. 새로운 시공 방법, 시설 계획에 관한 연구, 설비의 표준화는 여전히 건축 영역 바깥의 문제지만, 건축 기율 내부의 지식으로 재구성하는 것이 새로운 매뉴얼들의 목표였다. 이 목표는 설계 과정과 통합된 다이어그램을 통해 지식을 시각화하여 달성했다. 그렇다고 『아키텍추럴 그래픽 스탠더드』가 포트폴리오의 도판을 대체했다고 볼 수는 없다. 새로운 자료 집성은 다른 장르(포트폴리오·카탈로그·도학 매뉴얼·공사 핸드북·건축 이론서·계획 매뉴얼)에 속하던 지식을 백과사전식으로 모아 다이어그램으로 재구성했다. 이런 기술적인 형식은 건축적인 규범의 권위를 갖기보다는 건축 담론의 위계를 평준화했다. 그 결과 건축을 예술적 확신이나 역사적 가치가 부재한 일련의 수단으로 취급하는 니힐리즘의 담론이 탄생했으며, 이런 담론은 지금까지 이어지고 있다. 이런 의미에서, 통합적인 건축 기율이 이제는 불가능해졌다는 애커먼의 생각을 단적으로 보여주는 담론이었다.

건축 잡지의 재구성

사진은 언제나 페이지를 압도했다. 모든 건축 잡지에서, 사진이 "도판"(plate)이던 시절, 사진 한 장이 페이지 전체를 차지했고 그 효과를 높이기 위해 종종 옆면을 완전히 비우던 시절이 있었다. 그 시절에는 글이 있다 하더라도 사진과 따로 떨어져 있었다.

지금 우리에게 익숙한 사진 잡지는 요즈음에 나타난 경향이다(사실상 완전히 자리를 잡았다고 할 수 없을지도 모른다). 사진·평면·단면·캡션·텍스트가 통합되어 소통이 이루어지도록 해야 하며, 이런 요소들은 반복되기보다 서로를 보완한다. 나는 『아키텍추럴 레코드』의 초창기 편집자들이 오늘날 우리가 말하는 "이중"(double) 독해를 고려했을 것 같지 않다. 지금 우리는 훑어보기와 탐구하기, 이런 두 가지 유형의 독해를 염두에 두고 많은 "프레젠테이션"을 의식적으로 배치한다. 한편 시간이 없는 독자를 위해 메시지를 빨리 전달할 수 있게 하고, 다른 한편 더 꼼꼼한 독자(다른 상황에 처한 같은 사람일 수도 있다)를 보상해주도록 이야기를 짜는 것이다.[32]

이것은 1966년 『아키텍추럴 레코드』 창간 75주년을 맞아 발행된 특집호에 나오는 에머슨 고블의 말이다. 『아키텍추럴 레코드』의 편집자로서, 고블은 19세기 말 건축 잡지가 태동한 이래 미국 최고 건축 잡지의 중요한 변화를 짚어주고 있었다. 건축 잡지가 "도판" 중심의 담론에서 "사진·평면·단면·캡션·텍스트" 중심의 담론으로 바뀌었다는 사실이 얼마나 중요한지를 강조하면서, 1940년대 중반까지 "어떠한 잡지도 이런 종류의 노력을 기울인 적"이 없다고 주장했다.[33] 반복의 담론이 보완의 담론으로 바뀌었다고 통찰한 고블은 어느 정도 이 변화의 중요성을 이해했던 것으로 보이지만, 그 시점과 범위에 대해서는 정확하게 알고 있지 않았다. 1920년대 말『아키텍추럴 레코드』뿐만 아니라『아메리칸 아키텍트』와『아키텍추럴 포럼』이 새로운 편집 정책을 발표하면서 잡지의 포맷이 바뀌기 시작했다. 결과적으로 건축 잡지들은 별도의 섹션으로 구분되었던 전통적인 편집 체제가 와해되었고 다이어그램의 담론을 수용하게 된 것이다.

건축 잡지들이 새로운 체제로 바뀐 데에는 두 가지 주요한 요인이 있었다. 첫 번째는 계획과 자료를 중심으로 한 편집 체제가 정착

8.13 벤저민 베츠, "…… 그리고 여전히 프로페션이라 부른다!"의 펼침면 레이아웃,『아메리칸 아키텍트』, 1931년 1월

하게 된 점이다. 앞에서 언급했듯이 『아메리칸 아키텍트』, 『아키텍추럴 레코드』와 『아키텍추럴 포럼』의 새로운 편집 정책은 계획·비즈니스·공학을 크게 강조했다. 『아키텍추럴 레코드』와 『아키텍추럴 포럼』의 초기 전략은 이런 현실적인 문제를 다루는 별도 부서를 만드는 것이었다. 『아키텍추럴 레코드』는 테크니컬 뉴스와 리서치 섹션을, 『아키텍추럴 포럼』은 비즈니스와 엔지니어링 섹션을 창설했다. 이런 이원적인 구도에서 포트폴리오는 여전히 잡지의 독자적인 섹션으로 남아 있었다. 1928년 판형을 확대하면서 1924년부터 시작한 『아키텍추럴 레코드』의 "최근 건축의 포트폴리오"가 잡지에서 가장 눈에 띄는 섹션이었다. 이제 허스트 출판사* 계열의 잡지가 된 『아메리칸 아키텍트』는 초기에 훨씬 더 급진적인 변신을 했다. 1929년 10월 "비즈니스로서 건축"이라는 편집 방침의 일환으로 포트폴리오 섹션을 완전히 없앴다. 이 시대의 문제를 다루는 기사는 "정리해서 철하는 것이 아니라 읽어야" 한다고 주장하며, 『아메리칸 아키텍트』는 대중 잡지와 같이 기사 중심으로 나아갔다.[34] 이런 체제로 개편한 첫 2년 동안 『아메리칸 아키텍트』는 건축의 주제에 따라 잡지를 편집하는 것이 아니라 대중 잡지의 그래픽과 레이아웃을 따라갔다. 그러나 허스트 계열의 건축 잡지로서도 수용하기 너무 급진적인 정책이어서 『아메리칸 아키텍트』는 바로 질서 잡힌 포맷으로 되돌아갔다. 1932년 6월호에 "도판 섹션"을 되살렸고, 이어 8월호에는 "아메리칸 아키텍트 자료 집성"이라는 계획 관련 시리즈를 출범시켰다.

　『아키텍추럴 레코드』와 『아키텍추럴 포럼』은 몇 년간 이원적인 체제를 유지하다가 미학과 실무를 분리하는 정책에서 벗어나기 시작했다. 『아키텍추럴 포럼』은 1933년 1월호에 새로운 표지 디자인

---

* [옮긴이] 『하퍼스 바자』,
『코스모폴리탄』 같은 대중적인
잡지를 펴내는 미국의 대표적인
잡지 출판사.

The AMERICAN ARCHITECT

Volume CXXXVII
Number 2580

FEBRUARY
1930

FOUNDED 1876

The Cover

ANTIBES is a quaint fishing town between Caen and Nice, and is one of the oldest on the French Riviera. In the distance is the cathedral, located in the center of the town. The composition was first drawn in pencil and the outlines then inked in. A type of water color pigment made in Germany and little known in this country was then laid on in flat areas.

Millard Sheets, a native of Los Angeles, won the 1929 International Competition for a painting in oils of ranch life, conducted under the auspices of the Witte Museum of San Antonio. He has designed many murals, among which are those in the Chapel of the Pasadena Y. M. C. A. and the Belmont Beach Club, Long Beach, Cal.

Next Month

50 YEARS—*C. H. Blackall tells what he has seen pass before his eyes in fifty years of practice.*

INSULATION—*The first formula showing how much insulation to use.*

HEATING—*An efficient way to heat by electricity.*

COMMITTEES—*Ever have trouble in handling them? An architect tells how he does it.*

BENJAMIN FRANKLIN BETTS, A.I.A., *Editor*
ERNEST EBERHARD, *Managing Editor*   H. J. LEFFINGWELL, *Advertising Manager*
RAY W. SHERMAN, *Editorial Director*   EARLE H. McHUGH, *General Manager*

In This Issue

Cover, a water color by Millard Sheets

THE AMERICAN ARCHITECT, *Published monthly by* INTERNATIONAL PUBLICATIONS, INC.
Fifty-seventh Street at Eighth Avenue, New York, N. Y.

8.14 『아메리칸 아키텍트』, 1930년 2월호 차례. 분야별로 구분된 체제(그림 1.17), 건물 유형 체제(그림 8.15)와 비교해보라.

THE
ARCHITECTURAL
FORUM

CONTENTS FOR SEPTEMBER 1933

BUILDING MONEY

Detailed Contents on Page 231

VOLUME LIX　NUMBER THREE

KENNETH KINGSLEY STOWELL, A.I.A.
Editor

JOHN CUSHMAN FISTERE

RUTH GOODHUE

•

WASHINGTON DODGE, II
Building Money

MAX FORESTER

•

HEYWORTH CAMPBELL
Format

•

CONTRIBUTING EDITORS

Kenneth M. Murchison
Alexander B. Trowbridge
Charles G. Loring
Harvey Wiley Corbett
Rexford Newcomb
Aymar Embury II

THE ARCHITECTURAL FORUM is published monthly by Rogers and Manson Corporation, Howard Myers, President: Publication Office, 10 Ferry Street, Concord, N. H. Executive, Editorial and Advertising Offices, 220 East 42nd Street, New York. Advertising Manager, George P. Shutt, Business Manager, W. W. Commons. Subscription Office, 350 East 22nd Street, Chicago, Illinois. Address all editorial correspondence to 220 East 42nd Street, New York. Yearly Subscription, Payable in Advance, U. S. A., Insular Possessions and Cuba, $7.00. Canada, $8.00. Canadian duty 60c. Foreign Countries in the Postal Union, $9.00. Single issues, including Reference Numbers, $1.00. All copies Mailed Flat. Trade Supplied by American News Company and its Branches. Copyright 1933, Rogers and Manson Corporation.

8.15 건물 유형별로 정리된
『아키텍추럴 포럼』, 1933년 9월호
차례

과 활자체를 선보이면서 편집 체제를 바꾸기 시작했다. 1월호에 엔지니어링과 비즈니스 섹션과 디자인 섹션의 구분은 없어졌지만 포트폴리오는 본문과 여전히 분리되어 있었다. 같은 해 9월호 공공 프로젝트 특집호부터 기사와 화보의 구분이 느슨해졌다. 공공프로젝트 일반에 관한 기사를 먼저 실은 뒤, 시청에서 우체국에 이르는 공공 건축의 다양한 유형에 관한 내용이 뒤따랐다. 건물 유형에 관한 각 섹션은 같은 체제가 반복되었다. "표와 글"이 건물의 도해보다 먼저 나왔으며, 때로는 시공·가구·설비에 관한 자료가 추가되기도 했다. 이런 방식으로 『아키텍추럴 포럼』 자료집 판의 표준 체제가 확립되었다.

8.16 "소방서의 기능표",
『아키텍추럴 포럼』, 1933년 9월

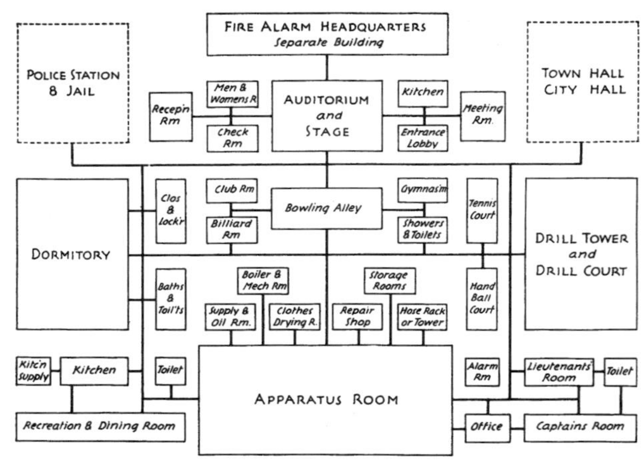

Captain's and Lieutenant's Rooms, area 150 to 180 sq. ft., bath adjoining; closet in each room; second floor.

Dormitory, for resident firemen, second floor, equipped with simple metal cots and lockers and linen closets; allow 60 sq. ft. minimum to 120 sq. ft. per man; plaster walls and ceiling, painted; cement base; resilient floor. A standard steel locker 30 in. deep, 24 in. wide, 6 ft. 5 in. high, containing a drawer, shelf and hooks may be placed in dormitory alongside of cot or in center of room back to back. Dressing room, with individual lockers, may be arranged allowing 25 to 35 sq. ft. per man instead of dormitory lockers.

Toilet and Wash Room, tiled walls and floors and plaster ceiling; ceiling enameled; equipped with w.c.'s, lavatories and showers. Minimum standards in use by the New York Fire Department: 6 men to one w.c.; 4 men to one lavatory; 7 men to one shower., Bath tubs and urinals are not used in the New York City Fire Department.

Boiler, Mechanical and Fuel Rooms, located in basement, occupy approximately 5 per cent of floor area in building. The boiler room shall have a boiler, hot water heater, hot water tank and electric blower and sink; usual fuel room, coal storage or oil tanks.

Storage Room, in basement, for storing equipment, hose machinery, tools, etc.

RECREATION FACILITIES

Recreation Room, approximately 400 sq. ft. minimum area, clublike, with a fireplace and well furnished. More recreation facilities, depending upon the community served and the budget.

Added features for recreation may include:

a. *Gymnasium,* approximately 30 x 40 ft. minimum; high ceiling desirable. A standard calisthenics gymnasium is approximately 60 x 85 x 20 ft.

b. *Bowling Alley,* in basement, standard size for a double alley, 14 ft. 6 in. x 95 ft.; includes space for congregating. (Alley plus pit, 78 ft. long.)

c. *Billiard Room,* 15 x 25 ft., minimum; includes space for spectators.

d. *Tennis Court.* A standard minimum size court for singles and doubles is 60 x 120; this includes space all around the play portion.

e. *Hand Ball Court.* Usually outdoors. A standard one-wall court 46 x 22 ft.

『아키텍추럴 레코드』도 1937년 잡지의 재편과 함께 비슷한 방식으로 변했다. 1937년 첫 호에서 테크니컬 뉴스와 리서치 섹션이 없어지고 "건물 유형 : 설계와 계획 연구"라는 새로운 섹션이 출범했다. 같은 해 6월호부터는 '빌딩 뉴스', '디자인 트렌드', '건물 유형'이라는 세 섹션으로 구분되었다. 이 세 가지 섹션은 잡지가 제공하는 정보의 "발전 단계"에 따라 구분된 것이다. '빌딩 뉴스'에서 최근 소식을 요약하여 보도하고, "유사한 성격의 사건이 되풀이되어 트렌드가 형성될 만하면" '디자인 트렌드'에서 "분석적으로" 다루었다. 그리고 그 트렌드가 "표준"으로 발전하면, 특정 건축 유형과의 관계를 '건물 유형'에서 다루는 식이었다.[35] 『아키텍추럴 포럼』에서처럼 건물 유형 섹션이 등장하고 이에 따라 잡지를 재편하는 과정에서 독립

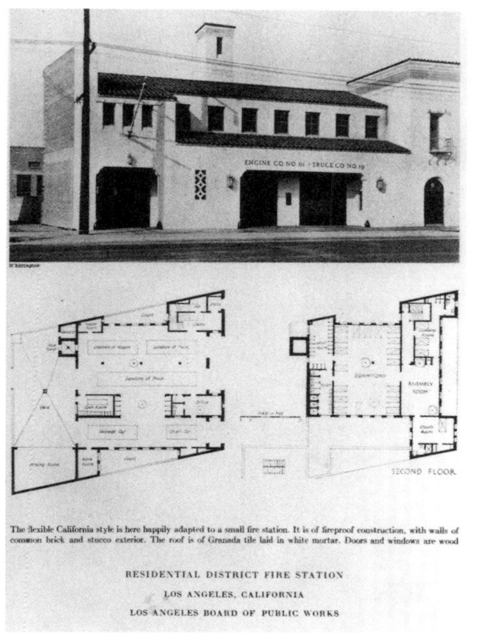

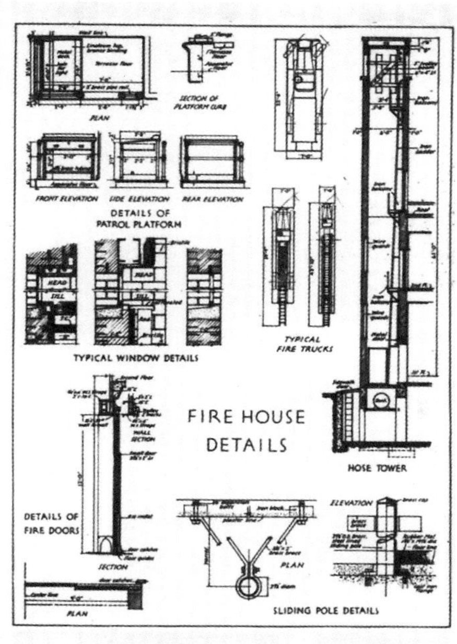

8.17 소방서 사례,『아키텍추럴 포럼』, 1933년 9월

8.18 소방서 시공 상세,『아키텍추럴 포럼』, 1933년 9월

된 포트폴리오가 없어진 것이다. 이 삼분할 구성에서, '최근 건축의 포트폴리오'는 '픽토리얼 레코드'(Pictorial Record)라는 이름으로 바뀌어 '디자인 트렌드' 섹션에 편입되었다. '픽토리얼 레코드' 자체는 몇 달 가지 못하고 1937년 10월호에서 막을 내렸다. 그 결과, 특집기사가 아닌 경우 대부분 건물 사진이나 도면은 '빌딩 뉴스' 섹션의 "새로운 건물 소개", 또는 '건물 유형' 섹션의 "사례 연구"로 소개되었다. 포트폴리오가 별도로 분리되어 있던 이전 체제와는 달리 일러스트레이션이 잡지 전체에 퍼지게 된 것이다. 특정 건물 유형으로 묶이기도 하고, (전시회나 박람회 같은) 화제의 이벤트로 보도되기도 했으며, 단순히 건축계 소식으로 소개되기도 했다.

건축 잡지의 재구성을 촉발한 두 번째 요인은 광고 담론의 변화다. 광고는 잡지에 삽입되는 방식과 광고 문구 자체의 표상 방식, 두 가지 측면에서 변화가 있었다. 19세기 말과 20세기 초 건축 잡지에 실리는 광고의 양과 형식은 잡지마다 다소 차이가 있었지만 앞서 언급했듯이 잡지의 시작과 끝에 광고를 배치하고 본문과는 별도로 쪽수를 매기는 것이 보통이었다.[36] 광고 포맷의 급격한 변화를 촉발시킨 계기는 역시 『아메리칸 아키텍트』의 새로운 편집 방침이었다. 1929년 10월호 『아메리칸 아키텍트』는 기사의 마무리 부분을 다양한 광고가 실린 잡지 끝에 끼워 넣는 기법, 이른바 꼬리 물기(tailing) 기법을 도입했다. 대중 잡지에서는 널리 사용된 이 방식은 독자들이 확실히 광고에 노출되도록 하는 효과가 있었다. 『펜슬 포인츠』는 일종의 꼬리 물기 기법을 1920년 창간 당시부터 사용했지만, 기사의 끝부분과 광고를 섞지는 않았다는 점에서 분명히 달랐다. 상업주의를 표방한 『아메리칸 아키텍트』와 달리, 『펜슬 포인츠』는 텍스트와 도판을 구분하고 각 면의 통일성을 여전히 고수하고 있었다. 꼬

8.19 꼬리 물기의 예, 『아메리칸 아키텍트』, 1930년 4월. 그림 1.16의 업종별 분류 광고와 비교해보라.

리 물기를 도입하자 광고에 본문과 별도의 쪽수를 매기지 않게 되었으며, 이로써 광고가 본문 안으로 들어갈 수 있는 길이 열리게 되었다. 1930년대 초 『아키텍추럴 포럼』과 『아키텍추럴 레코드』도 이 기법을 도입했다. 1937년 『아키텍추럴 레코드』가 삼분할 구성을 시작하면서, 각 섹션은 광고로 시작해 광고로 끝났다. 결과적으로 광고가 잡지의 한가운데에 자리 잡게 되었다.

　새로운 광고 양식이 등장하면서 건축 광고 역시 바뀌게 되었다. 1920-30년대 광고가 건축 잡지 본문 안으로 들어가기 이전에 이미 새로운 광고 문구가 나타나기 시작했다. 포토 몽타주와 혁신적인 레터링 기법을 도입한 광고가 전면 도판 광고와 업종별 광고와 같은 기존의 포맷과 나란히 실리기도 했다. 본문에 컬러 인쇄를 도입하기도 전에, 컬러 광고는 1920년대 중반 이후 욕실 설비 광고를 중심으로 자주 등장하기 시작했다. 나중에 카탈로그를 통해 입수할 수 있도록 정보를 주는 것보다는 독자의 눈길을 끄는 것이 광고의 가장 중요한 기능이었다. 이런 새로운 광고 전략은 1920년대 광고 산업 전반에 걸친 변화의 맥락에서 이해해야 한다. 이 시기 동안 기업과 광고주들은 같은 제품을 여러 차례 구매하도록 기술 발달과 사회적 수요의 측면에서 제품의 대체 주기를 가속시키고자 했다. 20세기 초반 엄청나게 확장되었던 시장의 추세를 유지하는 것이 그들의 주된 관심사였다.[37] 이런 광고 전략은 두 가지 목표를 지향했다. 첫 번째는 제품의

8.20 광고와 디자인 트렌드 섹션의 펼침면 레이아웃, 『아키텍추럴 레코드』, 1937년 1월

8.21 치이스 브라스 앤드 코퍼 컴퍼니의 광고, 『아키텍추럴 포럼』, 1935년 5월

가치를 유용성과 필요의 논리에서 편리함, 사회적 지위, 여가의 미학적 논리로 옮기는 것이고, 두 번째는, 스튜어트 이언의 말대로, 소비자가 "시장의 '해법'에 발맞추어 비판적 자의식"을 갖도록 하는 것이다.[38] 따라서 광고는 독자들로 하여금 제품에서 사용자의 상황으로 관심을 돌리도록 만들어야 한다. 그림 8.21에서 보는 것처럼 제품 자체의 충실한 설명보다 제품의 사회적·경제적·문화적 의미를 강조하는 것이 훨씬 중요해진 것이다.

이 전략에 따라 카탈로그와 전통적인 건축 잡지 체제에서 흔히 사용되던 대상 중심의 광고와 결별하게 되었다. 그 당시까지 카탈로그의 표현 양식은 재현에 의존하고 있었다. 카탈로그의 일러스트레이션은 실제 물건과 닮아야 하고, 이를 통해 실제 물건을 대신할 수

8.22 오언스·일리노이 인술럭스
글래스 블록의 펼침면 광고,
『아키텍추럴 포럼』, 1936년 10월

8.23 허버트 매터의 "건축가와
디자이너를 위한 전시
프레젠테이션"의 펼침면 레이아웃,
『아키텍추럴 레코드』 1938년 1월.
건축가들에게 "새로운 전시 기법"인
포토 몽타주를 사용하라고 독려하고
있다.

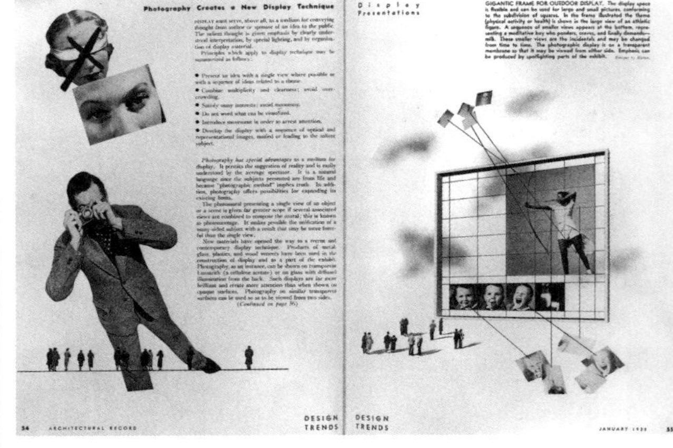

있어야 한다. 즉, 이미지의 진실성이 카탈로그의 생명이었다. 예를 들어, 1911년 스탠더드 사는 카탈로그의 도판이 "제품을 사진으로 직접 복제하여, 보는 위치와 방식대로 그대로 설치되어 있는 것"이라고 자랑스럽게 주장했다. "이런 일러스트레이션 방법은 무엇보다 탁월하며 구매자들에게 만족감을 준다. 이 도판은 실제 사진을 그대로 복사한 것이지, 제품을 잘 모르는 화가가 그려서 상세한 부분이 미흡한 그림이 아니기 때문이다."[39] 광고뿐 아니라 건축 잡지의 본문에서도 대상 중심의 재현 양식을 버리자 파편화된 이미지가 등장하기 시작했다.

　건축 잡지가 계획 담론의 원리에 따라 편성되고, 광고가 잡지 본문 안으로 들어가면서, 사진-텍스트 복합 포맷(composite photographic text)이라고 규정할 수 있는 담론 양식이 건축 잡지를 지배하게 되었다. 전면 도판이 포트폴리오를 구성하고 텍스트가 본문을 지배하는 것과 대조적으로, 사진-텍스트 복합 포맷은 사진·텍스트·평면·그림·다이어그램이 하나의 레이아웃 안에서 조합되는 것이 특징이다. 사진-텍스트 복합 포맷이란 표현은 복합 사진-이미지(포토 몽타주)를 변형한 용어이지만, 여기서는 몽타주와 아상블라주(assemblage)라는 근대적 표현 기법뿐만 아니라 다양한 이미지와 글의 조합 양식을 포섭하는 보다 넓은 의미로 사용하고자 한다. 포토 몽타주는 그 자체가 중요한 주제이지만, 건축 기율의 담론 체계를 묻는 입장에서는 사진-텍스트 복합 포맷의 특정 기법으로 접근해야 한다. 전형적인 아방가르드의 표현 기법이었던 이 멀티미디어 텍스트는 1930년대에 즈음해서 『레이디스 홈 저널』이나 『굿 하우스키핑』 같은 대중 잡지들이 널리 사용한 레이아웃 형식이 되었다.[40] 건축계에서도 광고뿐만 아니라 프레젠테이션이나 전시 등에서도 포토 몽타주와 아상블라주의 새로운 표현 기법을 적극적으로 사용하는 상황이 되었다. 이는 건축 일러스트레이션에 즉각적으로 영향을 미쳤다. 이미지의 크기가 작아지고 흰색 테두리가 사라졌으며 텍스트·평면·다이어그램이 같은 페이지 안에서 조합되었다.

다이어그램 또한 복합 사진-텍스트를 구성하는 요소로 건축 잡지 담론에 체계적으로 편입되었다. 아래는 공공건물에 관한 1933년 9월호『아키텍추럴 포럼』의 기사에서 발췌한 인용문이다.

> 연구 분석으로 도출된 이런 공간과 기능 표는 당면 과제를 분명하게 하고 당국과의 협의 과정과 그 뒤에 이어질 실제 계획을 간단하게 만드는 역할을 한다. 첨부 도판에 소개되는 각각의 건물 유형과 연결지어 기능 표가 제시되어 있으며, 특정 문제를 위해 발전시킬 수 있도록 했다. 기능 표는 전형적인 포맷을 가지고 있으며 해당 건물의 통상적인 요구 조건을 포함한다. 그다음 평면과 사진을 통해 여러 부서 기능을 하나의 건물 또는 복합시민센터에 배치하는 사례를 보여준다.[41]

『아키텍추럴 포럼』의 레퍼런스 시리즈, 그리고 1939년 이후『아키텍추럴 레코드』'건물 유형' 섹션의 사진-텍스트 복합 포맷에서 다이어그램이 건축 잡지 속에 체계적으로 자리를 잡았다. 이 섹션의 전형적인 순서는 다음과 같다. 먼저 일반적인 계획 원칙에 대한 텍스트로 시작한다. 그다음『아키텍추럴 레코드』가『아메리칸 아키텍트』로부터 1938년에 인수한『타임 세이버 스탠더드』가 따라온다. 이어 "사례 연구"라는 제목 아래 건물 일러스트레이션이 나오고, 마지막으로 참고 문헌 목록이 실린다. 언급한 대로『타임 세이버 스탠더드』

는 다양한 재현 양식으로 구성되어 있었다. 기본 아이디어에 대한 설명게서 시작해, 다이어그램으로 간 뒤 평면과 사진으로 마무리하는 식이다. 이런 분산된 포맷은 그림 8.16-8.18처럼 순서에 따라 펼쳐질 수도 있고, 그림 8.11과 그림 8.24처럼 한 면이나 양쪽 면에 편성될 수도 있다.

이런 그림에서 보는 바와 같이, 독자는 하나의 이미지에 집중할 수 없고 여러 재현 양식 사이를 옮겨 다녀야만 한다. 분산된 읽기 방식에서 건축 일러스트레이션은 포트폴리오처럼 독자적인 위상을 지킬 수 없었다. 『아키텍추럴 포럼』이 말한 대로, 참조호에서 사진과 평면은 "부서 기능을 …… 배치하는 사례"로 기능했다.[42] 『아키텍추럴 레코드』 '건물 유형' 섹션의 일러스트레이션도 역시 비슷한 기능을 수행했다. "전체적으로 이 시리즈의 일러스트레이션은 최근의 디자인 트렌드, 그리고 이런 트렌드를 이끄는 실제적인 상황에 관한 아

8.24　더글러스 해스켈의 "모던 간호사 학교"의 레이아웃, 『아키텍추럴 레코드』, 1938년 3월

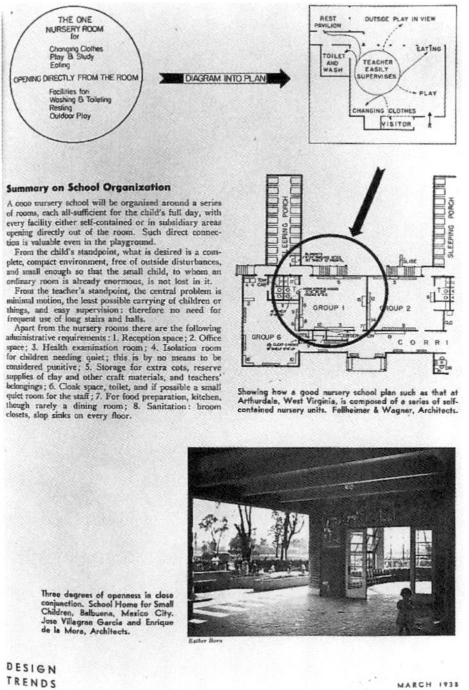

이디어를 제공한다."[43] 다시 말해, 포트폴리오와는 대조적으로 이런 일러스트레이션은 따로 기능하기보다는 말·평면·다이어그램의 분산된 체계 속에 편입되었다. 이러한 이미지들을 개별적으로 읽기보다는 수평적으로 연결된 일련의 형상(figure)으로 읽어야 한다는 뜻이다.

이런 종류의 독해는 포트폴리오뿐만 아니라 초기 계획 매뉴얼의 담론 양식과도 달랐다. 건축 평면을 기술하는 방식에 초점을 맞추어 1939년 『아키텍추럴 레코드』 병원 특집호와 1913년에 출간되어 널리 사용되었던 혼스비와 슈미트의 병원 매뉴얼을 비교해보자. 1913년의 매뉴얼은 아래의 구절로 병원 평면(그림 8.25)을 따라 독자를 안내한다.

> 입원하려고 병원을 찾은 환자를 따라가 보자. 그는 큰 양문 현관을 지나 우회전해 세 면에 의자가 있는 대기실로 간다. 검사받을 차례가 되자 검사실로 간다. 그곳은 창이 크고 예비 검사를 위한 의학 장비로 가득 차 있다. 입원이 결정되면, 남성이나 여성 담당 보조사를 따라 내부 복도를 지나 욕실로 안내를 받는다. 그는 그곳에서 옷을 갈아입는다. 갈아입은 옷은 꾸러미로 묶여서 딱지를 붙인 다음 투하 장치로 던져진다. 목욕 후에 복도 끝 옷장에서 병원복을 받아 입고, 엘리베이터가 있는 중앙 복도로 간다. 그리고 목적지인 위층으로 향한다.[44]

이 담론 체제에서 모든 말은 평면에 수렴한다. 평면이 담론의 중심에 있다. 기능은 다이어그램으로 명시되는 것이 아니라, 순서에 따라 각 실에서 일어나는 특정한 행위로 묘사된다. 그러니까 평면의 치수·설비·작업을 서사적 순서에 따라 말로 설명한다. 저자들에 따르면, 매뉴얼의 평면은 "개요"나 "이상적인 배치"이므로 "어떤 방식으로든 발전시키거나, 사실의 요구에 맞추어 축소될 수도 있다."[45] 다시 말해, 이 평면들은 파르티 유형, 즉 폴 필립 크레가 "전체 구성의 다이어그램"(84쪽을 보라)이라고 부른 종류의 그림으로 기능한다. 그림 8.11이나 8.24와 같은 사진-텍스트 복합 포맷에서 평면과 다이어그램은 해당 페이지의 중심 역할을 하기보다는 지식과 시각을 분산시킨다. 텍스트·다이어그램·평면·표와 사진은 각각 다른 종류의 지식

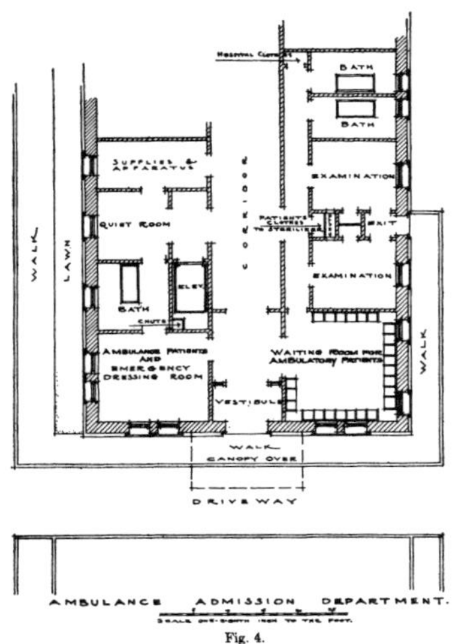

ing, as a preliminary to his reception, and he must be taken upstairs at once. But, again, there are many patients who come to a hospital in an ambulance in such a filthy condition that it is out of the question to admit them to the clean hospital wards until some sort of effort has been made to free them at least from the vermin with which they are infested, and for that purpose there is a bath-room, just off the quiet room, where these patients can be bathed and reclothed with hospital garments; and, as with the other class of patients, the clothing

Fig. 4.

can be done up in bundles, labeled carefully, and thrown into the chute. The last room on this side of the corridor is reserved for stretchers, stores, and dressings. In smaller institutions, or where the admission department is of small importance, there need be only one reception-room, and that can be used for both classes of patients, with the one examining-room off it, which may be used also for a quiet room. Under such conditions there can be one bath, one clothes closet, and one chute, through which to drop the patient's clothing to the sterilizing room, and thence to the lockers in the basement.

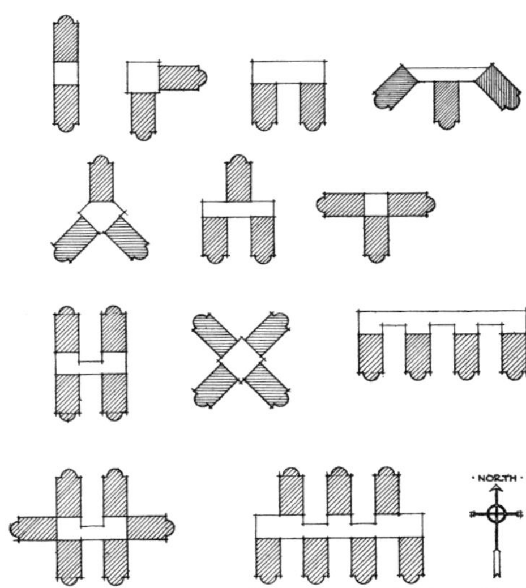

and the few absolutely necessary administrative offices; toilet, bath, slop, sink-room, nurses' retiring-room, supply room, and a sun porch in the semicircle at the end.

The following plans illustrate combinations of two, three, four, and more units and the manner in which they are customarily assembled to obtain different capac-

Fig. 3.—Various combinations of units assembled in various ways to suit varying capacities and conditions.

ities, and huge institutions are merely modifications of these arrangements, to meet particular conditions, special sites, or individual taste. Under the chapter on the Architecture of the Small Hospital, we have gone somewhat into detail concerning economies in space, cost, and convenience, but the units themselves are the same.

8.25 병원 응급-입원 영역 평면, 존 혼스비와 리처드 슈미트, 『현대병원』(The Modern Hospital), 1913

8.26 병원 평면 유형, 『현대병원』

을 전달하며, 독자들로 하여금 여러 재현 양식들 사이를 오가게 만든다.

　　19세기의 전통적인 잡지 체제의 경우, 아카데미 담론의 위계가 포트폴리오, 본문·광고가 분할된 재현 양식에서 그대로 나타났다. 1930년대에 이 분할 체제는 사진-텍스트 복합 포맷으로 대체되었다. 건축 계획 기사·광고·화보·에세이 사이의 차이가 거의 없는, 분산되어 있고 반복적인 편제로 바뀐 것이다. 또한 광고가 잡지 본문 안으로 들어가면서 광고의 공격적인 그래픽 기법이 시각적으로 압도했다. 다음 장에서 자세히 다루겠지만, 새로운 담론 체계는 평면·다이어그램·사진을 어떻게 보고 읽느냐는 문제와 함께 이해해야 한다. 이것은 사소한 외관상의 변화가 아니라 건축계의 엄청난 충격이었다.[46] 화가 난 한 『아메리칸 아키텍트』 구독자는 "『보그』(*Vogue*)와 만화 잡지가 결합한 것 같고 (오랫동안 그랬던 것처럼) 도판이나 글을 잘라서 철할 수 없다"고 새로운 체제에 항의했다. 또 도판과 기사 대부분이 광고와 뒤섞여 있다고 한탄하며, "유행을 좇는 이런 것들은 건축 사무실에 아무런 쓸모가 없다"고 결론 내렸다.[47] 『아키텍추럴 레코드』가 삼분할 체제로 바뀌고 난 뒤 또 다른 건축가는 잡지의 "편성에 완전히 화가 났으며", 독자의 "목구멍에 광고를 쑤셔 박을 필요"는 없다고 말했다.[48] 이것은 결코 과민 반응이 아니었다. 잡지 지면을 떼내어 철하고, 이를 따라 그리고 베낄 수 없다면, 건축가들에게 잡지는 무슨 쓸모가 있는가? 건축 담론의 변화에 대한 반발의 이면에는 건축 기율 자체가 기로에 서 있다는 자각이 깔려 있었다.

　　미국의 주요 건축 잡지 가운데 가장 보수적인 입장을 견지했던 『펜슬 포인츠』는 1942년에 기사 중심의 편집 체제를 받아들였다. 따라서 1940년대 초가 되면, 미국 동부 지역에서 발행되던 세 개의 주요 잡지, 『아키텍추럴 레코드』(1938년에 『아메리칸 아키텍트』를 매입했다), 『아키텍추럴 포럼』, 『펜슬 포인츠』가 포트폴리오 체제를 완전히 버렸다. 1933년 『아키텍추럴 포럼』의 레퍼런스 시리즈를 출범시키는 사설에서 케네스 스토웰은 다음과 같이 밝혔다. 『아키텍추럴 포럼』은 건축 잡지가 건축의 "특별한 세계"를 지탱해주는 수단이어야 한다는 매킴의 입장으로부터 완전히 떠났다는 것이다.

> 『아키텍추럴 포럼』이 건축 사무실 안에서뿐만 아니라 건축주나 예비 건축주와 회의하면서 사용될 것이라는 점을 충분히 감안하고, 또 그런 목적으로 사용되기를 희망하며 이번 호를 디자인했다. 건축주에게 가장 친숙한 활자체를 사용했고, 사진과 사실을 드라마틱하게 제시해 다양한 자극을 줄 수 있는 스타일로 포맷을 구성했다.[49]

이런 담론의 "다양성"(variety)은 에머슨 고블이 규정한 "픽토리얼 저널리즘"(pictorial journalism)의 시작을 알렸다. 건축 잡지는 더 이상 제도실에서만 유통되는 것이 아니다. 건축주와 광고주, 건설 산업에 반응하면서 동시에 건축 기율과 프로페션의 정체성을 유지해야 한다. 이제 건축 잡지는 건축 지식 내부의 거울일 뿐만 아니라 외부 세계로 열린 창이 되어야 한다.

9

건축 담론의 탈구

상세한 디테일 도면을 출간하는 잡지들이 정작 건축에 기여를 하는 것이 아니다.
…… 사진만으로 충분하다.

반 뷔렌 머고니글, "높은 곳에서",
『펜슬 포인츠』, 1934

평면은 아무것도 보여주는 것이 없다.

지크프리트 기디온, 『공간, 시간, 건축』
(*Space, Time and Architecture*), 1941

평면으로서 다이어그램, 다이어그램으로서 평면

1930년대 다이어그램 담론의 속성에 관해서는 프랑스에서 공부한 미국 건축가 폴 넬슨이 가장 명쾌하게 설명한 바 있다. 1937년『아키텍추럴 레코드』에 기고한 "건축 설계 방법"에서 다이어그램 담론의 다양한 개념과 수사를 동원해 다이어그램의 임무와 가능성을 요약했다. 넬슨에 따르면 디자인 과정은 세 단계로 나누어진다. "비건축적 분석(삶의 관점에서 추상), 건축적 분석(공간의 관점에서 추상), 건축적 종합(건축의 관점에서 구체화)"이다. 예상할 수 있듯이, 다이어그램은 형태에 대한 선입견으로 물들지 않은 생각에서 나와야 한다. 따라서 넬슨의 첫 번째 단계에서 "건축가·컨설턴트·건축주 모두 건축에 대해 말하거나 생각해서는 안 된다. 그렇게 하면 건축의 자연스러운 성장이 왜곡되고 만다. 형태·양식 등에 관한 어떠한 선입견도 건축의 생명을 제한시킨다. 건축은 반드시 삶에서부터 탄생하며 삶이 부과한 유기적 형태를 취해야만 한다".[1] 이 구절이 암시하듯이, 넬슨은 다이어그램의 과정이 반드시 보편적인 논리를 취해야만 한다고 생각했다. 새롭고 독창적인 결과를 낳는 합리적이고 창의적인 과정이어야 한다. 두 번째 단계는 "비건축적 분석을 건축적 프로그램으로 바꾸는 것"이다. 이 과정에서 다이어그램은 아이디어를 형태로 번안하는 핵심 역할을 한다. 넬슨에게 다이어그램은 "지배적인 아이디어와 원칙, 즉 이데올로기"로부터 나온 "도식적이면서 공정(flow process)을 보여주는 그림"이다. "이상적인 공간 배치"와 "이상적인 도식"을 보여주는 다이어그램은 마지막 세 번째 단계에서 "예상치 못한" 건축으로 "구체화"된다. "예상치 못하는 이유는 …… 이런 건축 형태, 이런 조화, 이렇게 다양한 복합체를 만들어내는 삶의 프로그램은 헤아릴 수 없기 때문이다. 이를 예측할 수 있는 건축가는 아무도 없을 것이다."2

여기서 다이어그램은 이중의 부담을 안고 있다. 먼저, 다이어그램은 프로그램에서 나와야만 한다. 이때 프로그램은 보는 것이 아니라 아는 것으로 구성되어야 한다. 다이어그램은 건물의 시각적 표상이 아니라, 당시 어떤 설비 엔지니어가 말했듯이 건물의 기능을 "머릿속의 그림"(mental picture)으로 표상한 것이다.3 두 번째로, 다이어그램은 프로그램 요구 조건의 필연적인 결과물로서 건축 형태를 발생시켜야 한다. 기능 평면이 점차 건축 평면으로 "풀려가고"(스탠리 테일러, 120쪽을 보라), 건물은 목적에서부터 번안되어야 한다(로버트데이비슨, 199쪽을 보라)는 논리가 다이어그램이 짊어진 과제인 것이다. 다시 말해서, 다이어그램은 증상이자 치료제다. 아이디어와 형태 사이의 간극을 인정하면서, 동시에 이 둘을 하나로 묶겠다고 약속한다.

하지만 이 약속을 지키는 것은 불가능했다. 다이어그램은 평면을 프로그램에 묶어두려고 하지만, 아주 간단한 프로젝트에서도 하나의 프로그램이 무수히 많은 다이어그램을 만들어낸다. 한편, 조지 하우의 다이어그램(그림 7.19)이나 자료 집성의 기능도(그림 8.11)를 보면 평면이 다이어그램에서 도출되었다는 주장에 동의할 수 없다. 대부분의 다이어그램은 분석의 도구이거나 이미 완성된 평면을 따라 새로 더한 그림이다. 다른 한편, 폴 넬슨의 "과학 박물관" 다이어그램(그림 9.1)은 그 아래에 있는 엑소노메트릭과 아주 닮은 것을 볼 수 있다. 이 경우에 다이어그램은 이미 건축 형태라고 단정지을 수밖에 없다. 실제로 다이어그램을 "이상적인 공간 배치"라고 규정한 넬슨은 다이어그램이 건축적인 형상이라는 것을 부인하지 않았다. 다만 다이어그램을 엑소노메트릭 전에 만들었다고 고집했다. 다이어그램은 기존 유형으로부터 자유로우며 "삶의 정신적·물질적인 기능"에서 태어난 형태라는 것이다.[4] 넬슨의 유기체론에 대한 평가는 차치하더라도, 그의 다이어그램은 결국 파르티 스케치라는 결론을 내리게 된다.『타임 세이버 스탠더드』의 기능 표이든 넬슨의 버블 다이어그램이든, 다이어그램이 아이디어도 아니고 형태도 아닌 것이, 프로그램도 아니며 평면도 아닌 것이, 양자를 연결하는 기능을 한다는 주장은 설득력이 없다. 그렇다면 다이어그램의 담론은 온전히 이데올로기일 뿐이라고 단정 지어야 할까. 이렇게 쉽게 결론을 내리기보다는, 다이어그램의 구체적인 성격을 보다 주의 깊게 살펴보도록 하자. 다시 말해서, 다이어그램의 기능이 무엇인지를 보자는 것이다. 책의 서두에서 강조했듯이, 텍스트를 담론으로 접근한다는 것은 텍스트의 참과 거짓보다는 텍스트가 어떻게 사용되느냐에 관심

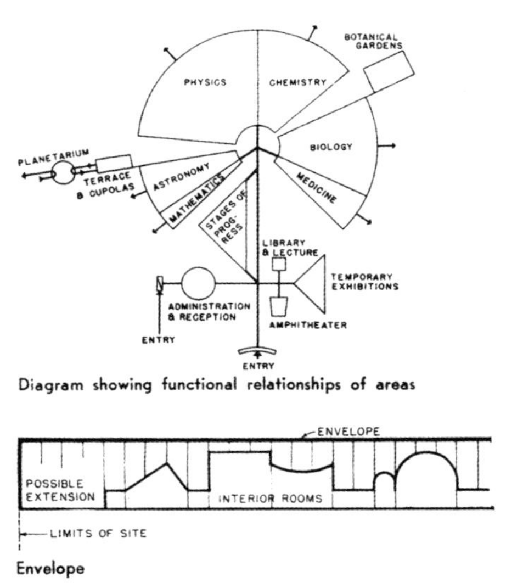

Diagram showing functional relationships of areas

Envelope

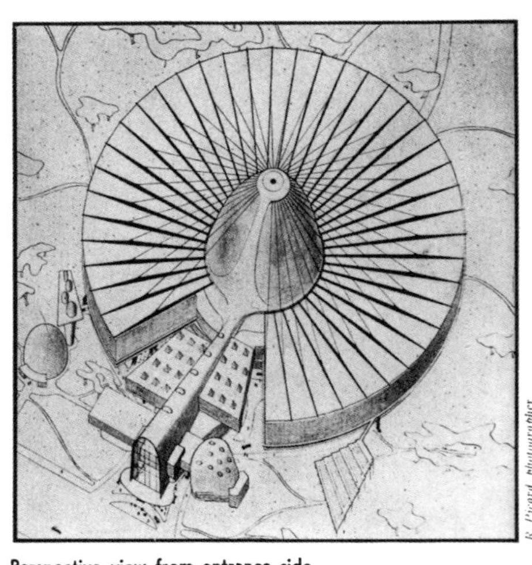

Perspective view from entrance side

9.1 폴 넬슨, "과학 박물관(또는 발견의 전당)",『아키텍추럴 레코드』, 1939년 2월. 1937년 파리 국제 박람회 제출작

을 기울이겠다는 뜻이다. 우리는 여기서 다이어그램 담론을 고정된 실체로 보는 것이 아니라, 다이어그램이 설명하는 근대 건축의 조건과 경계를 탐구하는 것이다.

1930년대에 과중한 부담을 안게 된 다이어그램이 구체적으로 어떻게 작동했는지는 하우징 분야에서 가장 분명하게 드러난다. 하우징을 민간시장이 공급할 것인지 공공 부문이 직접 개입해야 하는지의 문제를 떠나 주거는 새로운 건축 프로페션과 기율의 역량을 시험해볼 수 있는 영역이었다.[5] 다른 어떤 건축 유형보다도, 디자인이 엄격하게 사회·경제·기술의 제약을 받았던 분야이기 때문이다. 단독주택의 디자인·생산·공급과는 달리, 건축이 하우징이라는 상대적으르 새로운 프로그램을 다룰 때의 어려움을 상기해야 한다. 플랜 북이나 "소규모 주택 건축 서비스국"에 대한 논의에서 지적했듯이, 기성 평면의 논리는 건축의 자율적인 기율의 권위를 저버리는 것이기 때문에 건축계가 받아들일 수 없었다. 또 특정한 건축주와 거주자를 설정할 수 없었기 때문에 구체적 요구 조건에 꼭 맞는 하나의 설계안을 만든다는 전통적인 건축 설계 개념을 유지할 수 없었다. 따라서 1930년대에 루이스 멈퍼드가 질문한 것과 같이, "현대의 주택이란 무엇인가?"라는 근본적인 문제가 제기되었다. 멈퍼드는 "본질적 기능이란 관점에서 주택이 무엇인지를 스스로 질문하는 것"으로 이 문제에 답했다.[6] 다시 말해, 현대 주택의 해답은 관습적인 형태에서는 나올 수 없으며 보다 근본적인 현실에 대해 다이어그램이나 언어의 담론으로 대응해야 했다. 공공 하우징에 관한 한 최소 표준이라는 규범적인 형태나 소위 "평균적인 미국 가족"을 위한 프로그램이 답으로 제시되었다. 존 핸콕 캘런더의 표현을 빌리자면, "문제는 한 세대가 아니라 수천 세대 가족을 위한 설계의 기초 자료를 얻어내는 것"

9.2 단위 평면과 블록 모델을
이용한 설계 방법, 공공사업위원회
주택국,『아키텍추럴 레코드』,
1935년 3월

이었다.[7] 따라서 하우징은 인간의 신체·산업 표준·채광·공조 등의 요구 조건이 건축 프로그램의 소재로 전유되는 담론의 장을 열었다. 다이어그램 담론을 매개로 건축에 대한 경제적·기술적·사회적 제약이 일반적인 프로그램의 성격을 가질 수 있게 되었다.

건축 프로그램에 대한 이런 태도는 하우징을 담당했던 공공조직의 설계 방법에서 가장 명확하게 드러난다. 1935년 미국 공공사업위원회(PWA) 주택국은 일군의 "샘플 평면"과 설계 기준을 만들어『아메리칸 아키텍트』,『아키텍추럴 레코드』, 그리고 별책 정부 문서를 통해 발표했다.[8] PWA 주택국이 진행했던 연구를 보완하는 의미에

서: 『아키텍추럴 레코드』는 로런스 코커의 주도로 "아파트 계획 요구 조건"의 "체크 리스트"를 제공했다.[9] "빌딩 디자인"이라는 제목 아래, 이 시스템의 논리적 기반을 다지기 위해 "전국 주택 당국자 협의회"와 가정 경제학 전문가들의 권고 사항들이 동원되었다. 미국의 가정은 스스로 무엇을 원하는지 모를뿐더러 요구 사항이 너무 제각각이어서 "디자인의 기반으로 삼을 수 없다"고 여겼다. 연구의 목적은 주거 단위의 수와 크기를 결정하여 "세대 크기의 분포"를 도출하는 것이었다. 공공사업위원회는 샘플 평면이 가정경제학의 과학적 연구에서 도출한 "최소한의 효율적인 방 크기와 주거 설비"에 근거한다고 주장했다.[10]

T-PLANS

Contrary to the general belief that this type of plan should be used only where a break occurs in a series of straight ribbon plans, it has been found that the T-plan is most adaptable for ribbon use. In apartment house design the T-plan not only reduces stair and incinerator costs but it also lowers the amount of exterior wall perimeter expressed in terms of lineal feet per room. Some critics may say that the deep stairwell characteristic of the T-plan is waste space; to offset this argument, careful checking will indicate that the actual depth of the stairhall is hardly any greater than is found ordinarily.

ON-CENTER COLUMN VS. OFF-CENTER COLUMN: The placing of the line of columns between the two exterior walls has long been a subject of argument among architects. There are advantageous factors as well as disadvantages attached to each arrangement, and for that reason only types are presented. Actual examples have proven no appreciable difference exists in construction cost between the two methods, although the greater plan possibilities of the off-center column plans should be noted.

CHIEF CHARACTERISTICS OF UNIT PLANS:
Incinerator for each unit.
Juxtaposition of kitchen and bath in each suite.
Bathrooms uniformly of standardized dimensions.
Kitchens designed for dining space.
Living rooms designed for possible use as bedrooms.
Minimum space in hallways.
Passage from any room to front door without disturbing privacy of other rooms.
Standardized span of 27'-0" from outside wall to outside wall.

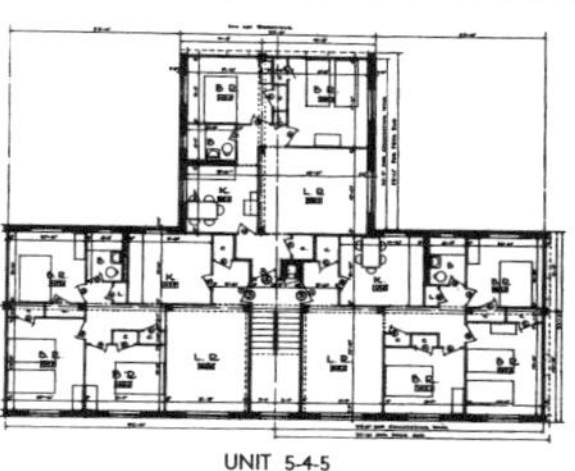

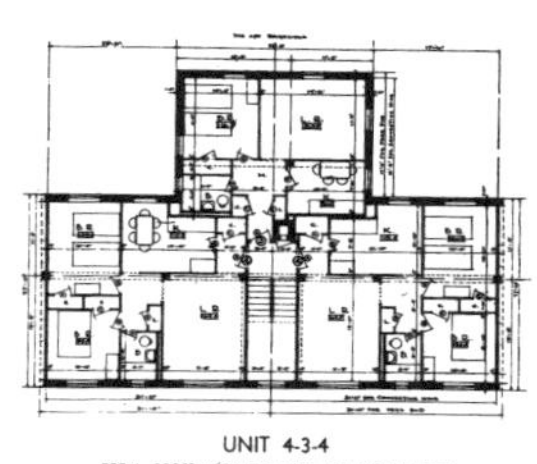

9.3 공공사업위원회 주택국이 개발한 "T자형 평면", 『아키텍추럴 레코드』, 1935년 3월

9.4 "기본 치수를 포함한 아파트 계획 요구 조건", 『아키텍추럴 레코드』, 1935년 3월

9.5 "소형 욕실 및 화장실의 최소 크기", 『아메리칸 아키텍트』, 1934. 나중에 『아키텍추럴 그래픽 스탠더드』에 수록되었다.

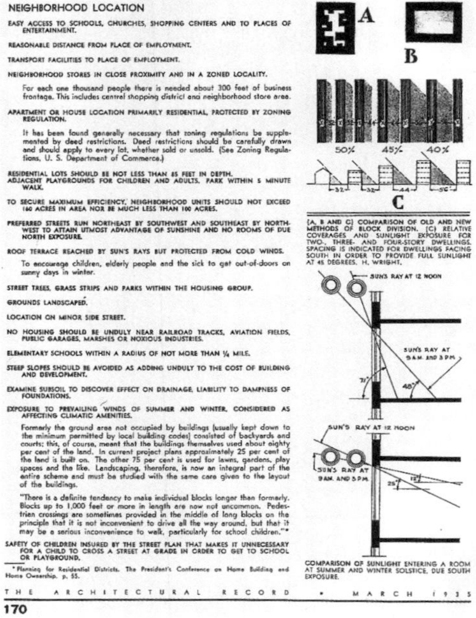

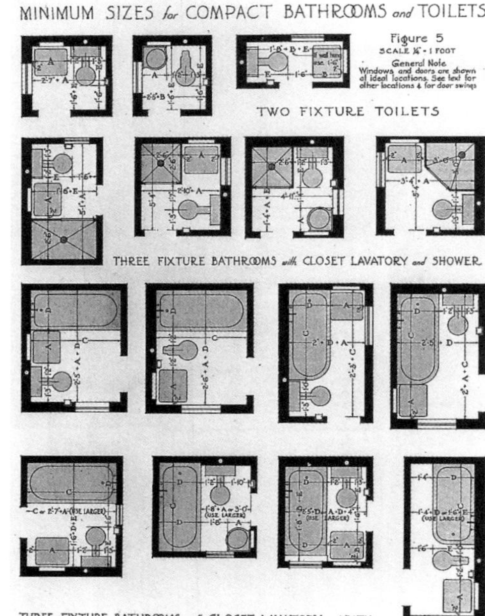

　　이런 과정은 기본적으로 복잡하지 않아서 당시의 학생 작품에서
도 볼 수 있다. 예를 들어 1934년 "저비용 도시 주거 단위"라는 MIT
의 논문을 보면, 포괄적인 일반 프로그램에서 다이어그램, 그리고 마
지막에 평면으로 진행해가는 과정이 간명하게 드러나 있다. 이 논문
은 당시 헨리 라이트가 진행했던 연구 작업에 의존하면서『아키텍추
럴 그래픽 스탠더드』와『타임 세이버 스탠더드』, 공공사업위원회의
체크리스트에서 보았던 프로그램 자료에 기대고 있었다. 논문의 설
계 과정은 공간 유닛을 거실·부엌·식당 같은 언어적 범주로 지정하
는 것으로 시작한다. 그림 9.6에서처럼, 처음에는 각 유닛이 치수 없
이 버블 다이어그램으로 배열된다. 각 버블 유닛을 둘러싸는 선은 가
설적으로 늘어나거나 줄어들거나 다른 버블과 포개질 수 있다. 각 유
닛은 그림 9.4나 그림 9.5와 같이 합리화된 요구 조건에 따라, 적절
한 크기의 사각형으로 규정된다. 이제 건축 형태의 감이 분명히 주어
진 단위들을 조합하여 몇 개의 평면 유형이 도출되고, 이 평면 유형
들은 다시 더 큰 유닛 평면을 만들었다. 공공사업위원회의 아파트와

9.6 버블 다이어그램, 올레그 드본,
"저비용 도시주거 유닛", MIT 논문,
1934

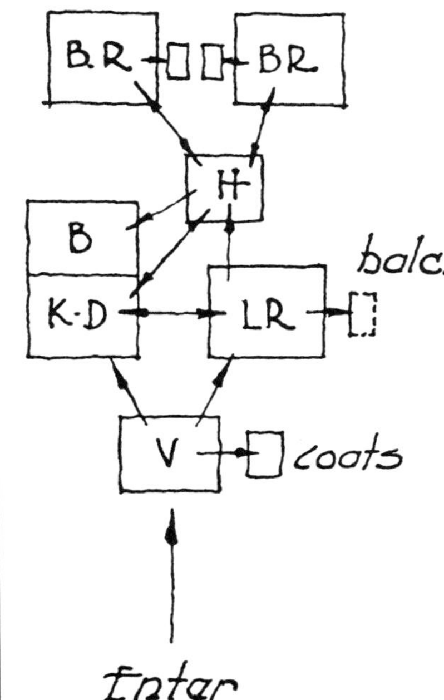

9.7 치수가 있는 기본적인 기능 유닛, "저비용 도시주거 유닛"

9.8 평면과 엑소노메트릭 도면, "저비용 도시주거 유닛"

9.9 입면, 올레그 드본, "저비용 도시주거 유닛", MIT 논문, 1934

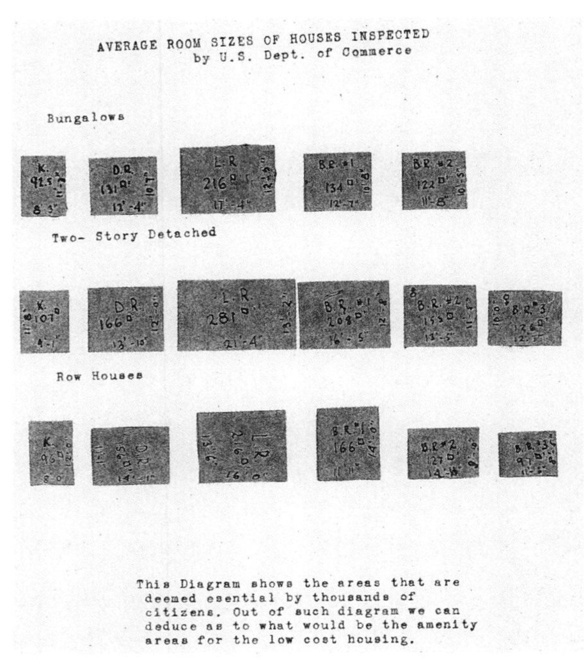

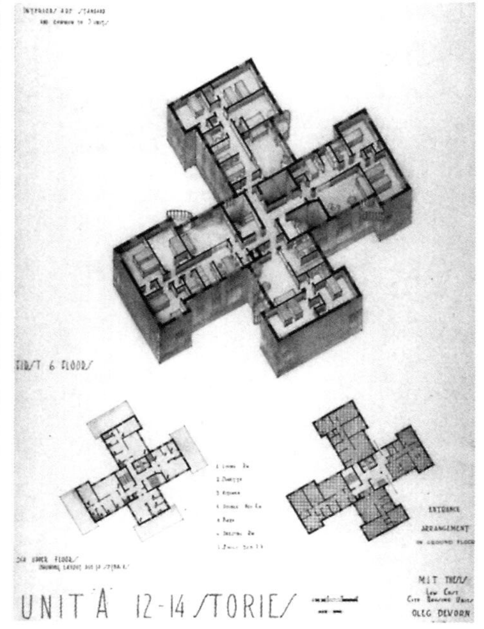

같이 단순한 일(一)자형에서 L자형, T자형, 십자형 등 여러 유형이 선택된다. 그림 9.8에서 보는 것처럼, 유닛들은 최종적으로 십자 평면으로 조합된다. 설계 과정의 마지막 단계에서 비로소 구조 시스템과 외부 파사드가 고안된다.[11]

이런 종류의 간단한 과정은 민간의 주택 설계에서도 분명히 나타난다. 1930-40년대, 건축 잡지에 구체적인 주거 설계와 계획 방법에 대한 기사가 넘쳐났는데, 주택 시장의 활성화를 기대하고 만든 것이다. 주목할 만한 예로 1936년 『아키텍추럴 포럼』 특집호에 부동산 개발 사업에 활발히 참여했던 건축사무소 포다이스 앤드 햄비 (Fordyce and Hamby)의 "문명화된 미국을 위한 소규모 주택"을 들 수 있다. "주택의 규모나 시장의 성격과 무관하게 어떠한 개발 사업에도 활용" 가능한 "방법론"을 제공하는 것이 이 기사의 목적이었다. 이 방법론은 기사의 첫머리에 다음과 같이 요약되어 있다.

9.10 시공 도면, "저비용 도시주거 유닛". 1920년 말부터 MIT는 학위 프로젝트에 시공 도면을 요구했다.

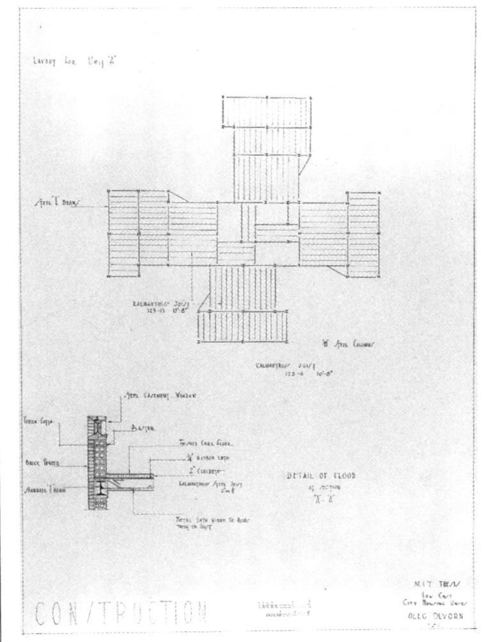

건축은 어떤 이유 때문에 에워싸인 공간이다. 그래서 그 이유가 무엇보다도 중요하다. 소규모 주택 건축에는 이런 "이유"에 관한 조리 있고 과학적인 자료가 없다는 것을 인식하기 때문에, 우리는 주택의 방 하나 하나를 연구하고 공간을 용도로 정의한다. 주택에 맞추어 사회를 개척하겠다는 생각이 아니라, 기존의 요구에 맞게 주택을 새롭게 하려는 것이다. 따라서 "이유"를 분석하는 것에서부터 시작해 최소한의 기준을 세운다. 특허 의약 처방도 마술도 아니다. 포다이스 앤드 햄비는 주택을 소비재, 즉 상품으로 취급한다.[12]

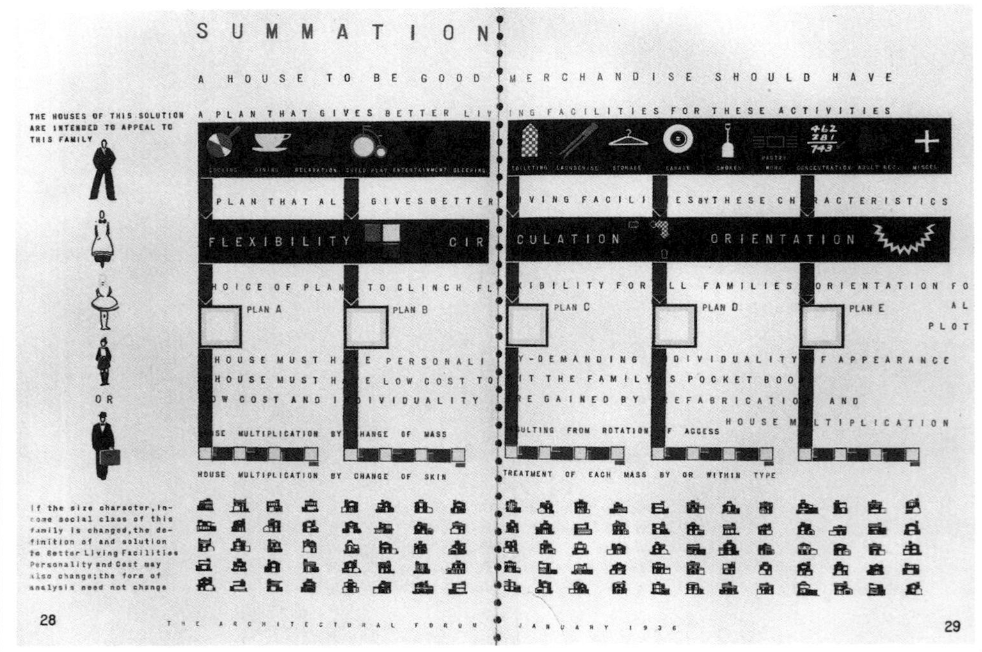

9.11 요약 표, 올먼 포다이스와
윌리엄 햄비, "문명화된 미국을 위한
소규모 주택", 『아키텍추럴 포럼』,
1936년 1월

이런 논리는 공공 하우징의 권위주의적인 태도를 뒤집어놓기는 했지만, 그 설계 원칙은 마찬가지였다. 포다이스 앤드 햄비에 따르면, 첫 번째 원칙은 "보다 나은 삶을 위한 시설"의 디자인에 관한 네 가지 일반 기준으로 구성되어 있다. 즉, 유용성·유연성·순환·적응"의 기준은 간단한 공식 같은 문구로 이루어져 있으며, 다이어그램으로 변환된 다음 궁극적으로 간단한 블록 매스들이 만들어진다. 포다이스 앤드 햄비에게 가장 중요한 문제는 유용성이었으며, 이를 위해 "공간을 기능에 맞추는" 과정이 확보되어야 했다.[13]

　"공간을 기능에 맞춘다." 이 책에서 여러 차례 등장한 이 말은 다이어그램의 담론이 내세우는 과정 논리다. 디자인이란 무엇보다 "인간의 요구를 충족시키는 구획된 공간의 배치와 비례"라고 말한 보스워스와 존스의 건축 교육 보고서에서 이 논리를 보았다(139쪽). 또 메리 패티슨의 가정공학에서, 그리고 스탠리 테일러의 "기능적 관점에서 공간을 할당"하는 방법에서도 보았다(120쪽). 이러한 다이어그램의 과정이 볼륨을 지닌 단위(각 버블 유닛)와 말로 규정된 기능(거실·부엌 등)을 일대일 대응시켜 만들어낸 것이라는 사실을 잘 알고 있다. 매스의 측면에서 포다이스 앤드 햄비의 디자인이 PWA 아파트보다 훨씬 다양하다. 하지만 포다이스 앤드 햄비의 다이어그램이 직접 벽체선이 되지는 않더라도, 평면의 윤곽선으로 변형되는 방식은 PWA와 동일하다. 두 경우 모두 평면과 다이어그램을 연결하는 유비적 밀도는 희석되었지만, 조작의 대상으로서 "버블" 다이어그램 기능을 지시하는 말과의 관계 속에서 그 위상(topology)을 계속 유지한다. 다시 말해서, 다이어그램과 평면은 설계 과정에서 각각 다른 단계가 아니다. 다이어그램의 선과 평면의 선은 꾸준히 유비적 관계로 이어져 있다는 것이다. 그렇다면 어떤 지점에서 다이어그램은 평면이 되는가? 바꾸어 질문을 한다면, 그림 9.2의 블록 모델이나 그림 9.7의 치수 유닛은 건물의 재현인가? 아니면 다이어그램인가? 소박한 이 질문들에 간단한 결론이 있다. 넬슨의 프로젝트(그림 9.1)에서 이미 확인했듯이, 다이어그램이 건축 평면으로 바뀌는 것이 아니다. 형태를 발생시키는 다이어그램이 있다면, 그 다이어그램은 의미 형태다.

다이어그램이 형태라면, 그 논리에 따라 형태가 곧 다이어그램이라는 명제가 성립된다. 더 나아가 건축 형태가 다이어그램의 속성을 갖고 있다는 명제는 건축 유형의 개념과 불가분의 관계를 갖는다. 다이어그램의 담론은 다이어그램이 형태에 대한 선입견으로부터 자유롭다고 주장하고 평면은 프로그램에서 도출된다고 주장하지만, 유형은 다이어그램의 과정에서도 여전히 핵심 개념이다. 더욱이 주거 프로젝트에서는 보자르 체제와 마찬가지로, 평면 유형이 가장 중요한 다이어그램이다(MIT 논문이 U자·T자·십자가 평면을 파르티 유형이라고 부른 점에 주목하자). 예컨대, 헨리 라이트가 장방형 중정 평면을 단계적으로 실제 아파트 평면으로 바꾸어가는 그림 9.12의 설계 과정을 보자. 라이트가 제시한 다섯 단계, 그리고 그 뒤에 이어질 과정들에서, 어디까지가 다이어그램이고 어디부터 평면인지를 구분하는 것은 무의미할 뿐만 아니라 아예 불가능하다. 이런 이유로 라이트가 기능 다이어그램에서 출발한 것이 아니라 그림 2.14와 그림 8.26 같은 보자르 파르티에서 시작했다고 말할 수 있는 것이다.

9.12 "건축 문제를 해결하는 다섯 단계", 헨리 라이트, "현대 아파트", 『아키텍추럴 포럼』, 1929년 3월

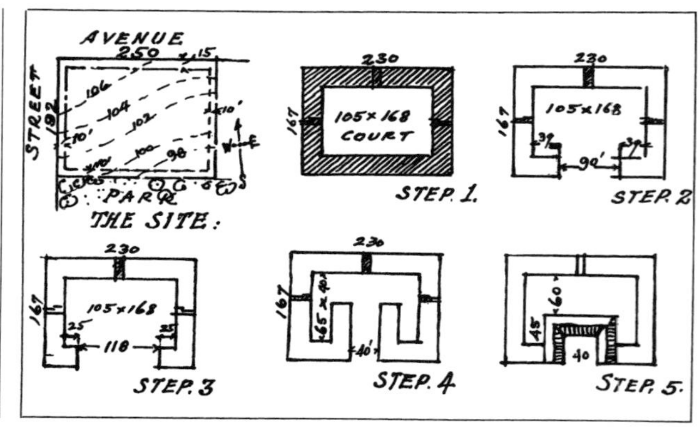

그렇다면 문제는 보자르의 파르티 다이어그램과 기능주의 버블 다이어그램을 어떻게 구분하느냐는 것이다. 이미 살펴본 대로, 이것은 단순히 형태와 비형태의 문제가 아니다. 버블 다이어그램은 건물 자체의 표상이 아니라고 주장하지만, 사실 건축의 형상을 느슨하게 보여준다. 그것은 사람의 움직임과 행동에 대한 말로 규정된 볼륨 사이의 관계를 암시한다. 파르티 다이어그램의 경우, 유형이란 "완벽하게 베끼거나 모방해야 할 사물의 '이미지'라기보다는 모델의 규칙으로 삼아야 할 요소에 관한 '아이디어'"라는 콰트르메르 드 캥시의 유명한 정의를 염두에 두어야 한다.[14] "요소에 관한 아이디어"라는 콰트르메르의 명제는 건축의 요소가 그 자체만으로 인식될 수 없고 반드시 더 큰 전체와의 관계 속에서 인식되어야 한다는 뜻이다. 예컨대 기둥은 엔타블러처와 기단과의 관계, 열주랑은 중정과의 관계, 주탑은 도시 조직과의 관계로 인식되어야 하는 것이다. 다시 말해, 보자르 파르티 역시 관계의 체계이지만 파르티 다이어그램의 선 안에서 변형이 일어나는 체계다. 보자르 다이어그램은 평면 안에 있다. 그렇기 때문에 분석과 투사, 추상과 형상화가 포트폴리오의 선과 표면에서 일어난다. 에스키스는 파르티 다이어그램의 초기 스케치로 방의 배치, 형태의 디테일을 비롯해 출입·동선·빛·공조·조망까지 아우르는 디자인의 전반적인 성격을 보여준다. 넬슨 굿맨의 표현을 빌리자면, 보자르 평면은 통사론적으로 농밀하고 정교한 체계를 이루고 있기 때문에, 아날로그로서 기능할 수 있다.[15] 하지만 다이어그램 담론이 대두하면서 아날로그의 고리가 끊어진다. 다이어그램이 농밀하고 폐쇄된 체계로부터 빠져나온다. 언급한 대로 이는 다이어그램이 프로그램으로부터 도출된다는 논리의 결과이자, 동시에 에스키스와 최종 설계안을 연결시켜주는 아날리티크의 기율이 무너진 결과다. 건물의 입면·단면·상세를 암시해주지 않는 버블 다이어그램은 에스키스의 밀도가 없다. 그렇다면 다이어그램 담론의 핵심 문제는 다음과 같다. 선 안에 있다고 전제했던 부분과 전체 사이의 농밀한 관계가 사라졌을 때, 이 선들이 거의 모든 유추의 힘을 상실했을 때, 이러한 다이어그램의 기능은 무엇인가?

　　위의 질문에 대한 해답을 찾는 과정에서, 새로운 담론 체계가 전혀 다른 종류의 응시 방식과 다른 양식의 유용성을 요구한다는 것을 발견하게 된다. 하지만 프레더릭 애커먼이 경고한 대로, 담론 자체가 새로운 기율을 보장하는 것은 아니다. 이번 장의 모든 그림에서 보듯이, 건축가의 응시는 마치 포트폴리오의 선을 보는 것처럼 다이어그램에 초점을 맞추고 있다. 버블 다이어그램이 평면으로 변형되는 과정에서, 건축가는 밀도를 거의 상실한 앙상한 선을 집요하게 응시한다. 클라우스 헤르데크가 말한 것처럼, 이것은 결국 “치장된 다이어그램”으로 귀결되고 만다.[16] 앞서 이런 종류의 다이어그램을 몇 차례 보았는데, 그림 4.6과 그림 4.7의 건축 콤포지션에서 그 속성이 명확히 드러난다. 피커링의 『건축 설계』(*Architectural Design*)에 실렸던 이 그림들은 아카데미 체계가 와해되어 등장한 “매스”의 형식주의적 원칙을 보여주고 있다. 치장된 다이어그램은 “형태 대 기능”이라는 이원론에 예속되어 있다. 합리적으로 도출된 평면에 외관을 입히는 기능주의적 과정의 전형적인 산물이다. 아이러니라 할 수도 있지만 이런 이원론의 자연스러운 산물이다. 헤르데크가 지적했듯이, 치장된 다이어그램은 “평면과 외관이 극단적으로 분리”되어 나타나는 증상이다.[17]

　　이런 증상은 또 다른 방식으로 포다이스 앤드 햄비의 주택 디자인과 폴 넬슨의 과학박물관 프로젝트에서 명백하게 나타난다. 전자는 평면과 외관이 분리되어 있다는 사실을 의도적으로 사업의 핵심으로 내세웠다. 포다이스 앤드 햄비는 "다양한 외관", "상술", "색깔" 등은 기능적인 평면에 덧붙이는 것이라고 거리낌 없이 주장했으며, 로버트 데이비슨과 같이 합리주의와 상업주의를 조합했다(199쪽을 보라). 또한 "감각에 호소"하여 소비를 자극할 수 있는 요인들을 규정했으며, 이것들은 소비자 선호도 조사로 결정하는 것이 가장 좋다고 주장했다.[18] 헤르데크식의 분석을 계속한다면, 넬슨의 과학박물관 다이어그램은 "프로그램의 기능을 중립적으로 조직"하는 것이 아니라 건축가가 "재미있는 볼거리"를 만들 수 있는 자유를 주는 것이다.[19] 넬슨은 합리적 유기주의를 주장했지만, 그의 다이어그램은 건물의 볼륨을 규정하는 피커링의 메마른 선과 똑같은 기능을 한다. 폴 넬슨은 포다이스 앤드 햄비의 논리, 또는 1920년대의 벌거벗은 고전주의에 결코 동의하지 않았다. 그러나 넬슨도 건축 형태에 일정한 표현력을 부여하기 위해서 프로젝트의 선에 집착하고 있었다.[20] 자기 건축을 돋보이게 하기 위해서 다이어그램 "자체가 장식"이 되어버렸다. 넬슨의 평면 다이어그램은 아날리티크의 종말 이후 뼈대만 살아남은 에스키스라고 볼 수 있다. 부지불식간에 아카데미 기율의 폐허 위에 서 있었던 것이다.

건축가가 선을 응시할 수 없다면 어떻게 다이어그램에 접근해야 하는가? 이것은 근대 건축의 핵심 질문이다. 이 질문에 답하는 한 가지 방법은 지난 세기 탁월한 건축가들의 기율을 분석하고, 평면이 다이어그램이 되어버린 상황에서 그들이 건축 작업을 어떻게 하는지를 확인하는 것이다. 하지만, 이것은 이 책이 다룰 수 없는 방대한 과제다. 다만 지금까지 살펴본 일련의 다이어그램, 바로 근대적인 자료 집성의 도판을 상기해본다면 이 질문에 일정한 해답을 줄 수 있을 것이다. 앞 장에서 지적했듯이 『아키텍추럴 그래픽 스탠더드』의 다이어그램은 실제 제품을 지시하는 것이 아니다. 그것들은 카탈로그에서 선택해야 할 제품의 사진도 아니고 포트폴리오에서 모사하는 모델도 아니다. 『아키텍추럴 그래픽 스탠더드』의 다이어그램은 일련의 표준 치수를 도해한 것이다. 사실과 외양을 구분함으로써, 『아키텍추럴 그래픽 스탠더드』는 건축가들이 특정한 형태를 취하지 않고서도 설계안의 관계를 시각화하고 인식할 수 있도록 해주는 다이어그램을 제공했다. "장식적인 의미에서 디자인을 완전히 뺀" 다이어그램들이기 때문에 베껴서는 안 된다. 설령 욕실 세면대나 창문 단면의 선을 따라 그린 그림이라 하더라도(또는 오토캐드 메뉴에서 이를 클릭한다 하더라도), 이것은 사물의 공간적인 경계를 지시하는 것이다. 이 디자인에 따라 나중에 카탈로그에서 제품을 지정하거나 주문 제작하면 된다. 프레더릭 애커먼이 명쾌하게 지적했듯이, 『아키텍추럴 그래픽 스탠더드』의 다이어그램은 온전히 사실만을 도해했으며, 형태에 대해 아무런 가치를 두지 않는다. 이런 매뉴얼을 사용할 때, 버블 다이어그램을 이용할 때와 마찬가지로, 건축가들은 "도면을 한눈에 파악"해야 한다.[21] 그의 시선은 다이어그램에 머물러서는 안 되고, 공간을 지시하는 이 단순한 선들의 안팎으로 움직여야 한다.

근대 건축에서 다이어그램이 곧 형태이고, 형태는 곧 다이어그램이다. 같은 명제처럼 보일지 몰라도, 각기 건축에 대해 상당히 다른 태도를 대변한다. 전자의 경우 건축가의 시선은 선에 고착되어 있다. 이번 장에서 보았던 하우징 디자인처럼, 시선이 고정되면 르 코르뷔지에가 말했던 "평면 유형(type-plan)에 대한 환상적인 집착"이 생긴다. 르 코르뷔지에는 이런 집착이 황량한 건축으로 귀결된다는 것을 잘 알고 있었다. 따라서 그는 기술의 발달과 표준화는 평면 유형이 아니라 "요소 유형"(type element)을 만들어야 한다고 주장했다.[22] 깊은 관습의 세계에서 탈출한 유형은 이제 촘촘한 유비적 체계의 중심에 있는 시각적 대상이 아니라, 느슨한 형상을 가진 다이어그램이다. 줄리오 카를로 아르간의 표현을 빌리자면, 유형은 "가치 판단"에서 자유로운 "정교한 공간 체계"다.[23] 그렇다면 형태를 다이어그램으로 접근한다는 것은 무엇을 의미하는가. 다이어그램과 평면의 유비적 고리가 끊어지고 건축 기율이 선에서 분리되었을 때, 건축가의 시선은 그 선들을 떠나야 한다는 뜻이다. 르 코르뷔지에의 주택 평면과 『아키텍추럴 그래픽 스탠더드』의 도판은 전혀 다른 것같이 보이지만 모두 치수 유형의 간단하고도 어려운 교훈을 담고 있다. 그것들은 각기 다른 방식으로 건축 기율이 더 이상 선 안에 머물러 있지 않다는 사실을 말해주고 있다. 이러한 다이어그램의 기호(mark)는 어떠한 내재적 가치도 없다. 그것은 건축적 규범을 만들어가는 수단이 아니라 분리시키고, 분화하고, 분산시키는 도구다.

사진 담론의 전치(displacement)

하지만 『아키텍트』의 새로운 섹션 "인기 정보"에서 마음에 안 드는 것이 하나 있다. 바로 건축가들이 좋아하는 건물 디테일을 게재하는 것이다. 너무 무식하고 너무 게을러 스스로 설계할 줄 모르는 따라쟁이들이 유혹을 느끼게 할 뿐이다. …… 게재 작품이 옛것이든 새것이든 스케일이 정확한 이런 디테일을 출판하는 편집자는 건축에 아무런 기여를 하지 않는다. 이런 "특집"과 "섹션"을 전부 없앴으면 한다. 사진으로 충분하다.[24]

이것은 모더니스트의 말이 아니다. 아카데미 교육을 받은 보수적인 건축가 해럴드 밴 뷰런 머고니글이 기고한 글에서 인용한 것이다. 매고니글은 1930년대에 이르러 "스스로 설계"하려는 보자르 건축가들조차 건축가라면 모사 행위를 거부했다는 사실을 다시 한번 보여주고 있다. 이 점은 포트폴리오의 종언과 아카데미 기율이 와해되는 과정을 다루면서 강조했던 바다. 이러한 역사적 상황은 필연적으로 건축 이미지의 문제를 제기한다. 전통적인 포트폴리오가 담보했던 보기와 그리기의 기율이 더 이상 유효하지 않다면, 점점 늘어나는 건축 이미지는 건축가들에게 무슨 의미가 있는 것일까? 모사적 설계가 갈수록 거센 비판을 받았음에도 불구하고, 1920년대와 1930년대 내내 아키텍추럴 북 퍼블리싱 컴퍼니, 윌리엄 헬번, 스크라이브너 같은 출판사들은 현대 건축과 역사 양식 모두를 다루는 포트폴리오와 작품집을 계속 펴냈다. 물론 건축 잡지가 1930년대에 재편성될 때까지 포트폴리오가 잡지의 가장 중요한 섹션이었다. 새로운 편집 체제에서 건축 일러스트레이션은 크기가 작아지고, 산만해지고, 사진 일색이었지만, 여전히 지면에서 빠질 수 없는 부분이었다. 머고니글이 감정적인 어조로 기술했듯이 스케일 도면이 표절의 전조며 "사진으로 충분하다"면, 건축 기율의 관점에서 이런 사진은 어떤 기능을 하는 것인가?

사진은 건축 도면과 기본적으로 두 가지 조건에서 다르다. 첫 번째, 퍼스의 기호 분류 방식에 따르면 사진 이미지는 도상(icon)일 뿐만 아니라 지표(index)다.[25] 다시 말해, 사진 이미지의 원인(cause)은 표면상으로 언제나 그 이미지 안에 있다.* 사진 매체 특유의 재현 코드에도 불구하고, 롤랑 바르트가 사진을 현실의 "완벽한 아날로그"; "코드가 없는 메시지"로 정의한 것도 이 때문이다.[26] 사진은 현실과 항상 밀착되어 있는 이미지, 강력하고 유례없는 진실 효과를 지닌 그림으로 오랫동안 취급되었다. 두 번째, 사진은 언제나 현실의 파편, 즉 그 부분적인 이미지다. 카메라는 언제나 사진의 공간 안에 있으며, 카메라의 파인더와 인화기의 트리밍 보드를 이용한다. 이렇게 사진가는 현실의 한 부분을 선택한다는 간단하지만 중요한 사실을 인식해야 한다. 사진에 국한된 문제는 아니지만 보는 주체와 카메라의 위치가 동일시됨으로써, 주체와 객체의 현존과 부재는 사진의 중요한 주제로 등장한다.[27]

언급한 대로, 초창기의 건축 사진은 도면의 논리를 따랐다. 입면과 평면의 재현 양식을 따랐기에 사진 매체 고유의 특성이 드러나지 않았다. 즉, 포트폴리오의 담론은 사진을 수용하면서도 그 파편적인 성격을 억제했다. 포트폴리오는 사진의 도상적 기능을 강조하면서 동시에 사진의 지표적 속성을 이용하여 대대로 이어진 건축 전통을 확인했다. 반면, 근대 건축은 새로운 시각 양식을 표방했다. 사진 고유의 특성이 새로운 시각과 필연적인 관계를 가졌다고 할 수 없지만 적어도 이를 가장 효과적으로 표현했다고 할 수 있다. 예를 들어 특수한 카메라 앵글(조감과 앙시), 과장된 렌즈 효과(광각과 망원 렌즈의 왜곡), 극단적인 카메라 거리(접사) 등 매체의 고유한 기법이 근대 건축을 사진에 담는 데 사용되었다. 매체에 대한 관심이 커지면서 최근에는 사진과 건축 사이의 공생 관계에 대해 주목을 하고 있다.[28] 1920-30년대 새로운 건축 사진의 흐름이 어느 정도 정리가 되어 있긴 하지만, 근대 건축과 새로운 사진이 역사적으로 수렴했던 방식에 대해 연구해야 할 것들이 아직 많다.[29] 여기서 강조하고 싶은 것은 근대 건축이 다양한 방식으로 사진에 담겼다는 사실이다. 사진이 어떻게 사용되느냐는 것이 이 책의 관심이라는 점에서 보다 관습적인 근대 건축 사진도 살펴봐야 할 것이다.

* [옮긴이] 기호학자이자 철학자인 찰스 샌더스 퍼스(Charles Sanders Peirce, 1839-1914)는 이미지를 상징(symbol)·도상·지표로 구분했다. 이 중 지표는 지시 대상의 일부이거나 그 대상과 인과적 관계를 지닌 것으로 인식되는 이미지를 말한다. 예컨대, 연기는 불의 지표이고 지문은 도둑의 지표다. 연기의 원인이 불이듯, 사진 이미지의 원인은 사진 안에 있다는 뜻이다.

1920-30년대 건축 사진에 평이하게 접근했지만 영향력이 컸던 중요한 사례로 프랭크 여브리의 작품을 들 수 있다. 대부분 런던 AA 스쿨의 동료 하워드 로버트슨과 협업으로 만들어진 여브리의 사진은 당대 여러 잡지와 책의 화보에 실렸다.[30] 이 사진들을 통해 유럽 대륙의 모더니즘이 미국과 영국에 소개되었다. 하지만 『프랑스 근대 건축 사례』(*Examples of Modern French Architecture*), 『네덜란드 근대 건축』(*Modern Dutch Buildings*), 『콘크리트건축 디자인』(*Architectural Design in Concrete*)등 여브리의 책을 일견하면, 그의 사진이 모더니즘의 원칙에 따라 편집된 것이 아니라 최근 화보집처럼 절충식으로 모았다는 것을 쉽게 알 수 있다. 한편, 이 책들에는 전통적인 포트폴리오와 달리 건물의 평면이 게재되지 않았다. 다른 한편, 포트폴리오와 같이 텍스트가 거의 없었으며, 이는 여브리가 사진만으로 그의 뜻을 전달하려고 했던 것으로 보인다. 그러나 여브리의 사진은 그런 전달력이 없다. 출판 당시에는 선풍적인 인기를 누렸지만, 여브리의 사진은 전혀 활기가 없다. 예컨대, 당대의 한 평자는 『프랑스 근대 건축 사례』를 "사진을 통해 인상"[31]을 담은 책이라고 칭했고, 최근에 서빈 로빈슨은 여브리가 "특정한 목적 의식을 갖지 않고 사진을 찍었다"고 평했다.[32] 여브리와 로버트슨은 스스로 "저자"라기보다는 "편찬자"라고 부르면서, 특정한 경향성을 가질 의도가 전혀 없었음을 밝혔다.[33]

왜 여브리의 사진에는 시각적인 힘이 없을까? 불량한 인쇄 상태와 사진의 크기가 상대적으로 작았다는 것이 분명 요인이다. 하지만 문제의 원인은 대상에 대한 그의 근본적인 접근 태도에 있다. 즉, 역사주의 건물이건 르 코르뷔지에의 작품이건 여브리는 시종일관 대상 중심적인 태도를 고수했다. 예컨대, 그의 라로슈-잔느레 주택 사진(그림 9.13과 그림 9.14)은 라로슈 갤러리의 곡선 외벽과 현관의 튀어나온 계단참을 독자적인 건축 요소인 양 보여주고 있다. 여브리는 르 코르뷔지에의 건축이 포트폴리오 담론이 요구하는 집중된 응시와는 다른 시각 양식을 전제한다는 점을 이해하지 못했다.[34] 전통적인 포트폴리오의 보기와 그리기의 기율이 전제되어 있지 않기 때문에, 여브리 화보집들의 대상 중심 이미지는 단순한 이미지의 카탈로그일 뿐이다. 설령 이 사진책들이 인기를 누리며 베끼는 데 이용되었다 하더라도,[35] 그 이미지들에는 통합된 기율이 지지해주는 힘이 없다. 여브리의 사진에는 기념비적인 건축의 영속적인 역사 속에 자리 잡을 이미지들이 없다. 여기엔 어떤 공백이 있다. 여브리의 책을 앞뒤로 뒤적인다고 해도, 잃어버린 것들을 이 공백에서 찾을 수가 없다.

　이미지와 건축의 통합된 기율의 지지를 받지 못하는 이런 사진의 기능은 무엇일까? 단지 홍보 수단이거나 누가 무엇을 설계했는지에 관한 정보인가? 설사 새로운 방식으로 사진을 찍었다고 해서, 이런 사진들이 새로운 방식의 보기·읽기·설계 행위를 동반한 기율 체계를 확보할까? 그렇지 않다면, 시장의 주목을 끌기 위한 시각 장치일 뿐인가? 이 논의의 서두에서 인용했던 머고니글의 글에서 이 질문들에 대한 해답의 실마리를 찾을 수 있다. 머고니글은 잡지에서 치수 상세를 없애야 잠재적인 표절꾼들이 단념할 것이라고 생각했다. 더 중요한 것은, 잡지들이 사진만 보여주어 독자들이 "사물의 정신을 잡을 수 있도록" 해야 한다고 믿었다.[36] 바꾸어 말하면, 건축 도판은 아이디어를 자극하는 수단이며 묘사된 건축들의 개념을 전달하는 장치라는 것이다.

9.13 라로슈 갤러리의 곡선 외벽.
라로슈·잔느레 주택, 하워드
로버트슨과 프랭크 여브리,『프랑스
근대 건축 사례』, 1928(사진:
프랭크 여브리)

9.14 라로슈·잔느레 주택 내부,
『프랑스 근대 건축 사례』(사진:
프랭크 여브리)

머고니글은 염두에 두었던 건축을 보여주지는 않았다. 하지만 그가 생각하고 있었던 사진과 아이디어의 관계는 근대 건축의 "도구적 역사"(operative history)에서 분명하게 드러난다. 도구적 역사는 새로운 건축의 존재와 원리를 입증하려는 뚜렷한 목적을 갖고 있다. 셸던 셰니는 독자들에게 『신세계의 건축』(*The New World Architecture*)을 다음과 같이 읽으라고 권한다.

> 새로운 건축은 무척 다르다. 옛 건축과 비교했을 때 어느 한 장소에서 모아 보기 어렵다. 독자들은 글을 계속 읽어나가기 전에 도판 전체를 빠르게 훑어볼 것을 제안한다. 그러면 특정한 성격을 분명하게 파악한 상태에서 텍스트로 돌아갈 수 있을 것이다.[37]

책의 도판을 두루 모으면 새로운 건축의 공통된 아이디어를 전체적으로 전달할 수 있다는 말이다. 셰니에게 이런 일러스트레이션은 "새로운 건축 예술의 시작"을 알리는 "가장 중요한 증거"다.[38] 이 책에서 근대 건축은 사진으로 보여주고, 파르테논·로마의 콜로세움·고딕 성당·19세기 별장 등, 역사 건축의 일러스트레이션은 가는 선 드로잉으로 보여준 것도 우연은 아니다.

셰니의 『신세계의 건축』은 히치콕의 『근대 건축』, MoMA의 『국제주의 양식』과 『기계 예술』(*Machine Art*), 멈퍼드의 『갈색 시대』와 『기술과 문명』, 기디온의 『공간, 시간, 건축』 등 미국 건축에서 느슨하게 형성된 건축 역사서의 계보 속에 자리매김할 수 있다. 앞에서 언급했듯이, 멈퍼드는 모더니티의 이미지가 자기 말로 제시했던 목표와 규칙에 맞지 않았기 때문에 이미지에 온전히 몰입할 수 없었다. 머뭇거렸던 멈퍼드와 달리, 히치콕과 존슨은『국제주의 양식』의 사진 이미지에 현실을 상징하는 원대한 역할을 부여했다. 그렇다고 『국제주의 양식』의 사진 이미지가 자율적인 위상을 확보한 것은 아니다. 베아트리스 콜로미나는『국제주의 양식』이 "미국에 근대 건축을 퍼뜨리기 위한 홍보 무기"였으며, 텍스트가 전략적으로 선택된 이미지 아래에 있었다고 평가한 바 있다. 콜로미나의 주장을 인정한다 하더라도, 기율의 관점에서 보면 시각적인 것이 언어적인 것에 오히려 복속되었다고 해야 한다.[39] 존슨이 이를 노리고 있었다는 사실은 히치콕과 함께 새로 펴낼 책을 구상하고 있던 1930년 유럽 여행 중에 쓴 편지에서 확인할 수 있다. 존슨에 따르면, 이 책은 히치콕의『근대 건축』에 도판을 풍부하게 삽입해 "글이 먼저 나오고 그 다음에 그림을 모아 대중적으로 새로 쓰는 것"이었다.[40] 다시 말해서, 모아 놓은 일러스트레이션은 새로운 국제 양식의 공통된 특징을 반복해서 보여줌으로써 글에서 출발한 아이디어를 증명해준다는 것이다. 멈퍼드는 이미지가 글로써 기능하기를 원했다면, 히치콕과 존슨은 글을 위해 이미지를 사용했다.『국제주의 양식』의 사진이 여브리의 대상 중심 이미지와 크게 다르지 않았지만, 전자에는 말로 표현된 비교 척도(볼륨·규칙성·반장식)와 사진 속의 공백을 보완해주는 텍스트가 있었다.

1930년대 이후 건축 잡지들의 새로운 편집 체제에서 등장한 글과 이미지의 보완적인 관계를 앞 장에서 살펴보았다. 지적한 대로, 사진-텍스트 복합 포맷에서 건축 사진은 독자가 인식하는 경험의 세계에서 분산되어 있고 변형된 여러 요소 중 하나다. 이런 새로운 담론 체제에서 건축 사진의 의미는 그 자체의 선과 표면 안에 있는 것이 아니라 평면·텍스트·다이어그램과의 관계 속에서 만들어지는 것이다. 앞 장에서는 레퍼런스와 계획의 담론 체계에 초점을 맞추었다면, 여기서는 도구적 역사의 텍스트 전략과 사진-텍스트 복합 포맷 간의 접점을 보고자 한다. 이 논의의 출발점으로 지크프리트 기디온이 편집에 참여한 『아키텍추럴 레코드』 1934년 5월호를 자세히 보도록 하자. "건축 교육을 증진시키기 위해 무엇을 할 것인가"를 권두 기사로 시작해 "현대 건축의 위상"에 관한 포괄적인 "포트폴리오"까지, 이 특집호의 글과 이미지, 레이아웃은 기디온의 편집 전략을 따르고 있다. 『공간, 시간, 건축』의 시각 기법을 예고하는 펼침면에서 기디온은 인디언의 푸에블로 주택, 캘리포니아의 방갈로 그리고 어빙 길이 설계한 주택을 나란히 놓았다. 기디온은 일찍이 『프랑스의 건축, 철 건축, 철근콘크리트 건축』(*Bauen in Frankreich, Bauen*

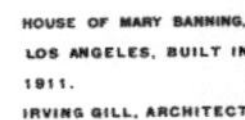

A native American architecture is found in the pueblos of Indians of the Southwest. These buildings for dwelling purposes exhibit an unusually well balanced harmony of living requirements, structural methods and formal expression. There are no parts that exist for purely sentimental or decorative purposes. At the same time essential needs are expressed with a refined knowledge of appearance. Such architecture is at once timeless and modern.

In certain contemporary American architecture we discover forms that are strikingly similar to the Indian pueblos of New Mexico. With a natural architecture the form is a consequence of planning requirements and structural methods. In the three cases illustrated there is a grouping of rooms for dwelling purposes. Since a cube represents the most compact and practical shape for a room, we can expect the economical grouping of such rooms to result in a rectangular composition.

376　　THE ARCHITECTURAL RECORD　　MAY 1934　　**377**

9.15 뉴멕시코 푸에블로, 캘리포니아
방갈로 그리고 어빙 길이 설계한 주택을
나란히 배치한 지크프리트 기디온,
『아키텍추럴 레코드』, 1934년 5월

in Eisen, Bauen in Eisenbeton)에서 사진-텍스트 복합 포맷을 사용한 바 있었다. 이 책의 서두에서 "성격 급한 독자들이 캡션이 달린 도판을 통해 발전 경로를 이해할 수 있도록" 책을 "쓰고 디자인"했다고 언급할 정도로 기디온은 이 포맷에 이미 익숙해 있었다.[41] 『아키텍추럴 레코드』 특집호에서 기디온은 "우리 삶과 활동의 새로운 조화를 이루기 위해 계획과 건설의 새로운 방법에 관한 진실된 표현을 찾는 움직임"이 있었음을 입증하기 위해 14세기부터 당대까지 열아홉 개의 완성된 프로젝트를 포트폴리오에서 보여주었다.[42] 『국제주의 양식』, 그리고 셰니와 멈퍼드와도 대조적으로 기디온은 사진과 평면뿐만 아니라 디테일·단면·엑스노메트릭·배치도 등 시각 자료를 폭넓게 동원했다. 새로운 건축은 예술적인 전통에서 생성될 뿐만 아니

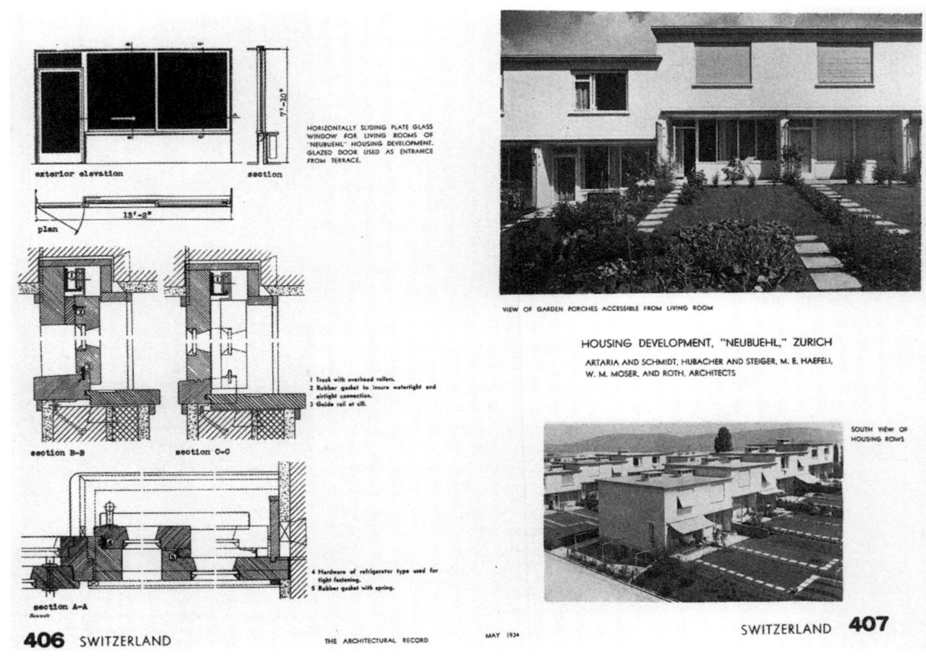

9.16 노이뷜 주거 단지를 다룬
펼침면 레이아웃, 지크프리트
기디온, "현대 건축의 상황",
『아키텍추럴 레코드』, 1934년 5월

라 기술·경제·사회 등 다양한 영역의 발전에 대응한다는 사실을 보여주기 위해서 도판 캡션에서 기술의 혁신을 강조했다.

이런 담론 체제를 통해 기디온이 MoMA의 『국제주의 양식』과 『기계 예술』의 양식주의를 비판했다고 볼 수 있다. 물론 건축 일러스트레이션에 관한 한 기디온의 태도와 1930년대 초반 MoMA의 전략은 공통점도 많다. 『국제주의 양식』의 저자들만큼이나, 기디온도 이미지를 적극적으로 설득의 도구로 사용했다. 그러나 기디온의 경우 새로운 사진과 근대 건축의 역사적 만남이 제기하는 복합적인 이슈들이 훨씬 풍부하다. "뉴 비전"의 프로그램에 완전히 몰두한 기디온은 근대 건축의 새로운 공간 원칙에 맞추어 새로운 시각과 표상 체계가 필요하다고 믿었다. 그는 『프랑스의 건축, 철 건축, 철근콘크리트

320. Rockefeller Center. *Photomontage. Expressions of the new urban scale like Rockefeller Center are forcefully conceived in space-time and cannot be embraced in a single view. To obtain a feeling for their interrelations the eye must function as in the high-speed photographs of Edgerton.*

becomes aware of a new fantastic element inherent in the space-time conception of our period. The interrelations which the eye achieves between the different planes give the clearly circumscribed volumes an extraordinary new effect, somewhat like that which a rotating sphere of mirrored facets gives to a ballroom when the facets reflect whirling spots of light in all directions and into every dimension.

Such a great building complex presupposes not the single point of view of the Renaissance but the many-sided approach of our own age. The difference can be indicated by comparing it with such thirteenth-century structures as the leaning towers of the two noble families of Asinelli and Garisenda in Bologna (*fig.* 319). Private patrician fortresses, they rise up magnificently into the sky, but they can be embraced at a single glance, in a single view. There is no uncertainty in the observer concerning their relation to each other. On the other hand,

Space-Time and Rockefeller Center

mous slabs which makes it impossible to bind them rationally together. The Time and Life Building, completed in 1938, has through its free orientation the decisive force of planes separated by air but moved and combined unconsciously by the observing human eye. Out of these well-calculated masses one

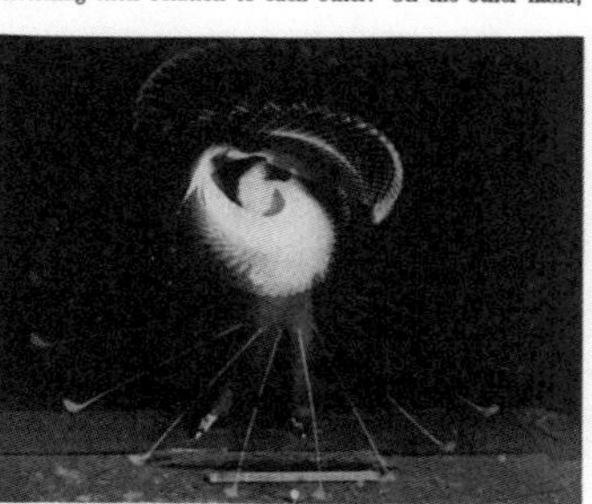

321. EDGERTON, Speed photograph of golf strike. *In Edgerton's stroboscopic studies, in which motions can be fixed and analyzed in arrested fractions of 1/100,000 of a second, a whole movement is separated into its successive components, making possible comprehension in both space and time.*

640

641

9.17 록펠러 센터와 해럴드 에저턴의 초고속 사진의 포토 몽타주 펼침면, 지크프리트 기디온, 『공간, 시간, 건축』, 3판, 1954.

레이아웃과 사진은 1941년 1판에서 1967년 5판까지 똑같이 유지되었다.

건축』에서 『공간, 시간, 건축』에 이르기까지 "동시성"과 "상호 관입"에 대해 논했다. 이런 공간적인 속성은 한 장의 이미지나 단순한 반복으로는 포착할 수 없으며, 연속적으로 움직이는 반독립적인 관찰자를 통해서만 파악된다는 논지를 견지했다. 주체의 위치가 고정되어 있지 않기 때문에 언어 개념으로 이미지가 규정되는 것이 아니며 이미지들 간의 상호작용이 중요해졌다. 그로피우스의 바우하우스처럼, 록펠러 센터도 "한 번의 눈길"로 파악할 수 없으며, "르네상스의 단일 시점이 아니라 우리 시대의 다면적인 접근"을 전제한다는 것이다. 평면은 "아무것도 알려주지 않기" 때문에 평면에 의지할 수 없다. 이제 인간의 시각은 포토 몽타주와 고속 촬영의 새로운 기법을 받아들여야 한다. 이를 통해 "개별 조망을 하나씩 포착하고 이들

9.18 데지레 데프라델르와
스테판 코드먼, 대강당 건물의 복합
도면, 캘리포니아 버클리 대학교,
피비 허스트 공모전 출품작 중,
1899년경

을 서로서로 연결시키고 조합해 하나의 타임 시퀀스를 만들어낼" 수 있다.[43] 따라서 인간의 눈은 끊임없이 움직이는 카메라처럼 작동해야 한다.[44] 하나의 프레임 안에 있는 이미지는 전통적인 투시도의 고정된 관찰자의 논리를 따르지만, 동시에 수없이 많은 또 다른 조망의 가능성을 암시한다. 기디온에 따르면, 근대 건축은 다양한 사진의 파편으로부터 재구축된 통합체다. 이러한 기디온의 논지와 함께 우리는 소크라티스 게오르기아디스가 "인식적 도구"(perceptive apparatus)라고 부른 문제와 대면하게 된다. 필자는 이것을 카메라(관찰자)와 그 대상, 그리고 프레임과 현존(presence)이 교차하는 문제라 부르겠다.[45]

근대 건축의 조건으로 사진의 세계가 담고 있는 의미를 좀 더 깊이 파고들어 보자. 먼저 보자르 체계로 돌아가 프레임과 현존의 문제가 포트폴리오 담론 안에서 어떻게 작용하는지 살펴보자. 비교 분석을 위해 19세기 말에서 20세기 초까지 MIT에 재직했던 저명한 교수 데지레 데프라델르의 도면(그림 9.18)을 보도록 하자.[46] 이것은 캘리포니아 버클리 대학교의 피비 허스트 공모전에 데프라델르가 출품한 작품으로 그의 부드럽고 자신감 넘치는 터치가 돋보이는 아름다운 건축 그림이다. 전체 구성에서 가장 눈에 띄는 것은 그림의 다차원적인 시각 양식이다. 그림 가운데에는 대강당의 주입면이 있고, 오른쪽에는 단면이 자리 잡고 있다. 입면과 단면은 맞물려 마치 테라스에서 투시도로 관망하는 파노라마를 이루고 있다. 테라스 위에 있는 사람들은 긴 코트와 중산모를 쓰고 있지만, 기단부는 이상적인 고대의 풍경으로 그려져 있다. 테라스와 데프라델르 프로젝트 사이의 큰 공간뿐 아니라 테라스 위의 그리스 신전과 조각, 그리고 나무 모두 일초점 투시도로 그려져 있다. 테라스 오른쪽에 보이는 강당의 평

9.19 보스턴 공공도서관 입면과
상세, 『미국 건축의 걸작』, 1930.
비슷한 복합 구성을 그림 1.11에서도
볼 수 있다.

면(자세한 도면은 이 책의 그림 2.8 참조)은 도리아식 주두 입면 위에 놓여 있다. 이렇게 이 그림은 다양한 재현 양식을 콜라주해놓았다. 회화적인 구도와 정투영도가 공존하고, 이상적으로 설정된 가설의 공간이 직접 투사된 건축과 공존하는 콜라주다.[47]

이 아상블라주에는 모더니스트 몽타주의 부조화가 없다. 창을 통해 바라본 것, 거울에 비친 것, 지도 위에 그려진 것이 아무런 마찰 없이 한데 섞일 수 있는 세계다. 멀리서 보는 원경과 세심하게 다루어야 할 디테일이 통합되어 있어 잘 훈련된 건축가라면 그 사이를 오갈 수 있다. 기존 건물에 대한 충실한 재현이 새로운 건물의 투사로 주저 없이 옮겨 간다. 렌즈·필름·뷰파인더·인화지·트리밍 보드의 선택이 거울과 같은 사진의 세계에서 무엇보다 중요하다면, 데프라델르 도면에서의 경계는 도면의 크기를 규정하는 외곽선일 뿐이다. 재현의 통일성을 깨뜨리지 않으면서 이 경계 안에 여러 가지 이질적인 요소와 시선을 삽입할 수 있다. 여기서는 배치를 얼마나 잘하느냐가 문제다. 항상 이렇게 수려하지는 않지만 이것이 전통적인 포트폴리오가 제공하는 조망 양식이다. 앞서 언급한 대로, 이런 조망이 가능한 까닭은 보자르 체계의 요소가 파편이 아니라 통일체의 한 부분이며 그 자체가 하나의 통일체이기 때문이다. 건물의 작은 조각이라 할지라도 건축의 요소는 유비적 체계의 통일체로서 프레임 안쪽에 자리를 잡는다. 데프라델르의 프로젝트에 힘을 실어주는 가설적인 고대의 세계를 통해 우리는 관찰자가 무한한 공간 안에 있음을 알 수 있다. 이 공간에서 의미 있는 사물은 프레임의 경계선 안에 프레임과는 독립적으로 존재한다. 건축 세계의 모든 것이 표면과 선 안에 농밀하게 침전된 채 울타리 안에 머물러 있다.

넓으면서도 제약된 이 세계 속에 건축가는 어디에 있을까? 그림 9.20에서 보듯이, 그 해답은 버클리 프로젝트의 극적인 배치도에 있다. 여기서 데프라델르는 새로운 캠퍼스를 내려다보는 조물주로 자리를 잡았다. 기술적인 비유를 하자면, 이것은 지도 제작자의 위치다. 지도를 읽고 그리고 이해하기 위해서, 지도 제작자는 땅을 내려다보는 무한이라는 가상의 자리에 있어야 한다. 그가 대상으로부터 계속 떨어져 있을 수 있는 이유는 지도의 코드를 읽을 수 있을 뿐만 아니라 이를 활용하고 변환시키는 훈련을 받았기 때문이다. 마찬가지로 보자르 건축가는 고전 건축의 코드화된 체계에 완전히 몰입되어 있기 때문에, 창작의 독립적인 주체로 자리할 수 있다.[48]

9.20 "보라!", 데지레 데프라델르와
스테판 코드먼, 전체 프로젝트를
보여주는 조감도, 피비 허스트
공모전

　　포트폴리오와 대조적으로, 근대적인 건축 사진은 공간 안에 있는
관찰자의 위치, 즉 카메라가 있는 위치의 지배를 받는다. 기디온에
서 이미 보았으며, 1930년대부터 근대 건축 사진가로 명망이 높았던
F. S. 링컨의 작업에서도 확실히 볼 수 있다. 촬영 대상이 모더니즘을
표방한 렉스 스타우트 주택이든 콜로니얼 윌리엄스버그든, 링컨의
사진은 보는 이와 대상 사이의 공간 관계가 가장 중요하다. 링컨은
공간의 깊이를 강조하기 위해서 공간의 여러 겹과 투시도 효과를 극
적으로 표현할 수 있는 위치에 카메라를 두었다. 특히 렉스 스타우트
주택 사진에서, 건축이 사진의 대상일 뿐만 아니라 사진 프레임의 일
부임을 볼 수 있다. 더 정확히 말하면 건물의 파편이 프레임의 가장

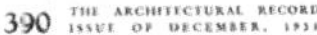

C.21 의사당 내부를 다룬 펼침면,
"버지니아 콜로니얼 윌리엄스버그의
복원", 『아키텍추럴 레코드』,
1935년 12월(사진: F. S. 링컨)

자리에 끼어들어 조망 메커니즘의 일부를 이루고 있다. 건축을 보는 것만큼이나 건축을 통해서 보고, 건축과 함께 본다.[49]

데프라델르에서 본 것과 같이, 포트폴리오 담론의 평면은 투사와 재현, 요소와 전체 사이의 연결고리다. 렉스 스타우트 주택에 관한 『아키텍추럴 레코드』의 기사에 주택 평면은 있지만 여기서 독자가 읽어낼 수 있는 것은 많지 않다. 평면은 입구·개구부·공간의 경계에 관한 기초적인 정보를 제공하는 다이어그램이 되었다. 잡지 페이지를 넘기는 독자는 우선 사진에 주목하면서 사진을 찍은 위치에 선다. 평면에 내재된 특성을 통해 프로젝트를 이해하는 것이 아니라 사진을 통해 프로젝트를 따라간다. 사진은 빛과 조망의 느낌, 구축 방식에 대한 일별, 가상적인 건물의 경험 등을 사진이 제공한다. 평면을

9.22 윌리엄 앤드 메리 대학 외관, 펼침면, "버지니아 콜로니얼 윌리엄스버그의 복원", 『아키텍추럴 레코드』, 1935년 12월(사진: F. S. 링컨)

좌표 체계로 이용하여 독자는 공간 안에 자신을 집어넣기 위해 카메라와 동일시한다. 건물을 이리저리 돌아보고 있는 동안 사진-텍스트 복합 포맷이 독자에게 일련의 질문을 던진다. 예를 들어, 렉스 스타우트 주택을 보면서, 주택의 특징으로 제시된 모서리 창에서 강한 인상을 받을 수 있다. 한편, 야심 만만한 건축학도가 마치 아날리티크를 하듯이 사진을 베끼는 것을 상상할 수 있다. 수전 손택의 표현을 빌리면, 이 초심자는 이 사진을 "사물이 드러나는 방식의 규범"으로 받아들이고 있는 것이다.[50] 다른 한편, 숙련된 현대 건축가가 단면의 디테일, 프로그램과의 관계, 창문 공간을 조절하는 방식을 숙지하는 모습을 상상할 수도 있다. 숙련된 독자는 기디온이 간파했듯이 지면을 앞뒤로 넘기면서 다양한 이미지·드로잉·텍스트를 통합할 것이

9.23 로런스 코커와 게르하르트 치글러, 렉스 스타우트 주택, 펼침면, "렉스 스타우트 주택, 페어필드, 코네티컷", 『아키텍추럴 레코드』, 1933년 7월(사진: F. S. 링컨)

다. 하지만 비판적인 독자는 복합적인 레이아웃으로 프로젝트를 완전히 이해하지 못한다. 텍스트는 답을 주기보다는 더 많은 질문을 유발한다. 그래서 텍스트의 독해는 끝없는 심문 행위다. "현실이 사진에 얼마나 충실한지 심문당하고 평가받는다"는 손택의 말에 동의한다면, 이런 심문을 어떻게 하느냐는 문제는 얼마나 충실한지의 문제만큼 중요할 것이다.[51]

렉스 스타우트 주택의 복합적인 포맷과 달리, 데프라델르의 프로젝트는 모든 질문과 답을 하나의 프레임 안으로 불러들인다. "기계 복제 시대의 예술 작품"에서 벤야민의 표현을 빌리자면, 데프라델르의 프로젝트는 화가의 "총체적"인 작품이라면, 렉스 스타우트 주택의 레이아웃은 카메라 맨의 생산품이며 "새로운 법칙으로 조립된 여

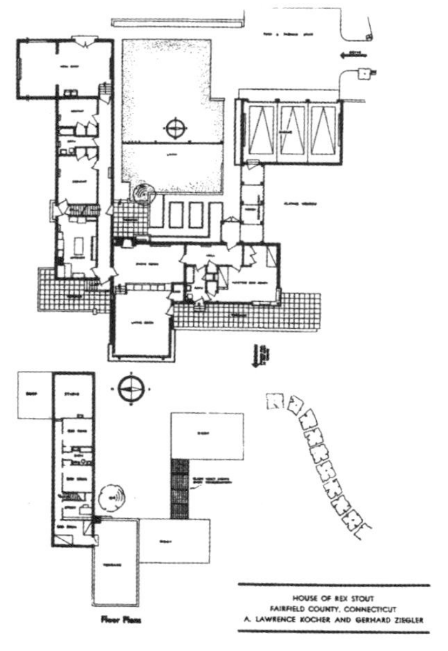

9.24 평면과 실내 사진의 펼침면 복합 포맷, "렉스 스타우트 주택, 페어필드, 코네티컷", 『아키텍추럴 레코드』, 1933년 7월(사진: F. S. 링컨)

러 파편"이다.[52] 새로운 사진 담론은 독자와 저자 모두에게 새로운 태도를 요구한다. 벤야민은 바로 사진 파편의 조합이 야기한 "특정한 종류의 접근 방식"을 분석했기 때문에 그의 에세이에서 많은 것을 배울 수 있다. 벤야민은 관조와 몰입이라는 이중의 과정으로 이 접근 방식을 설명한다. 무엇보다 예술 작품이 주술적 가치를 상실하는 과정이며, 아우라의 붕괴라는 유명한 논제로 이어지는 과정이다. 초상 사진이 주술적 가치의 마지막 순간을 간직하고 있다면, 앗제가 찍은 묘연한 파리의 풍경은 완전한 관조의 첫 장면이라고 벤야민은 생각했다. 앗제의 사진은 본질적으로 건축 사진이다. 앗제의 사진에서 비로소 전시 가치가 제의적 가치보다 우위에 서게 된다. 부재와 불확정성이 지배하는 그의 사진은 "보는 이를 당혹스럽게 한다".[53] 마치 사진의 대상이 없는 듯이 보이기 때문에 사진의 의미에 관한 단서를 다른 곳에서 찾아 나선다. 벤야민의 논지를 이어받은 빅터 버진은 이 방랑(wandering)이 "부재하는 타자에 대한 주체의 인식" 때문이라고 주장한다. 그 결과 사진은 시각을 분산시킨다.

> 이미지는 더 이상 우리의 시선을 받아주지 않는다. 우리가 세상의 중심에 있다는 것을 부정하며 오히려 우리의 시선을 피한다. …… 그러므로 사진을 오래 볼 필요가 없도록 이용되는 것도 우연은 아니다. 한 사진에서 시선을 옮기면 항상 다른 사진이 전치된(displaced) 시선을 받을 수 있는 위치에 있다.[54]

사진-텍스트 복합 포맷처럼, 독자들이 눈길을 돌려야 할 곳을 일러주는 "푯말"이 있다고 버진은 이야기한다. "사진 캡션과 이미지를 가로지르고 에워싸고 지탱하는 여러 형식의 언어적 표현"[55] 이 언제나 사진과 함께 한다. 바로『국제주의 양식』처럼 전치된 시선이 방향을 제시해준다.『국제주의 양식』에서 각각의 이미지가 제기한 질문에 대해 말의 권위가 최종 답을 제시한다. 끊임없는 전치 과정을 종결하는 가장 쉬운 방법이다.

따라서 물러선 관조는 언제나 담론에의 몰입을 동반한다. 이 과정은 기디온에게서도 볼 수 있다. "관찰자는 사진의 중심으로" (lo spettatore nel centro del quadro)라는 미래파의 모토인 "관찰자는 바깥의 동떨어진 위치가 아니라 그림의 한가운데에 위치해야 한다"로, 몰입에 대한 기디온의 생각을 요약할 수 있다. "관찰 행위와 관찰의 대상이 하나의 복합적인 상황을 형성한다는 사실, 즉 무언가를 관찰하는 행위는 그것에 관여하고 변화를 준다는 사실"[56]은 기디온의 역사 작업뿐만 아니라 모더니티 자체를 이끌어가는 원칙이었다. 그러나 기디온은 이 "복합적인 상황"을 온전히 그려낼 수 없었다. 건축이 "부분들의 조합으로 통일체"를 만들 수 있다고 믿었지만, "파편으로 우리 시대의 이미지를 불완전하게 추적"하는 것이 자기가 할 수 있는 전부라 생각했다.[57] 하지만 기디온은 적어도 멈퍼드와 근본적으로 입장이 달랐다. 몽타주 사진은 "사실상 사진이 아니고 사진을 이용한 회화의 한 종류다. 모자이크를 의도한 정신 없는 퀼트 조각보 같은 그림이다" 이런 멈퍼드의 말에서 볼 수 있듯이 그는 결코 파편을 이해하지 못했다. 반면 기디온은 사진 복합체에 대한 탐구를 끝까지 포기하지 않았다.[58] 기디온의 머뭇거리는 모습에서 불확정적인 근대 세계 속에서 건축 재현의 근본적인 어려움을 다시 확인하게 된다.[59]

기디온이나 멈퍼드처럼 미래의 통합된 건축에 대한 긍정적인 비전이 없는 경우, 재현의 불확실성은 다른 종류의 담론 전략을 낳았다 주제·페이지 레이아웃·사진 기법의 가장 급진적인 혁신은 1930년대 프레더릭 키슬러가 주로 『아키텍추럴 레코드』에 기고한 기사에서 찾아볼 수 있다. 링컨의 건축 사진이 『아키텍추럴 레코드』 1934년 1월호에 실린 키슬러의 스페이스 하우스 특집호에서 가장 극적이었다는 것도 결코 우연이 아니다. 기사 서두의 양면 외부 정면 사진을 제외하면, 나머지 사진은 두 종류의 이미지가 주조를 이루었다. 그림 9.25와 같이 첫 번째 종류의 이미지는 카메라의 상대적 위치와 건축의 인테리어를 강조했다. 두 번째 종류의 이미지는, 그림 9.26에서 보듯이, 주택에 사용된 재료를 극단적으로 클로즈업한 것이다. 첫 번째 종류는 렉스 스타우트 주택이나 콜로니얼 윌리엄스버그에서 본 공간 해석 방식과 크게 다르지 않다. 두 번째의 클로즈업

9.25 프레더릭 키슬러의 스페이스
하우스 인테리어, 펼침면,
『아키텍추럴 레코드』, 1934년 1월
(사진: F. S. 링컨)

은 프로젝트를 잡지에 소개할 때, 건축 상세를 사진으로 보여주는 전형적인 방식이라 할 수 있다. 오히려 레이아웃 전체에서 가장 놀라운 점은 투시도적인 조망과 클로즈업 이미지 사이의 극적인 간극이다. 여기에는 사진들을 읽는 데 지침이 될 만한 다이어그램이나 평면이 없다. 오히려 독자가 머릿속에서 건물을 재구성할 수 없도록 했고 건물 안에서 위치를 잡을 수 없도록 했다. 클로즈업은 전체 형태를 짐작할 만한 단서를 제공하지 않았다는 점에서 일반적인 디테일 일러스트레이션과 달랐다. 건축을 부분과 전체로 보는 개념에 반대하는 입장에서, 키슬러는 스페이스 하우스를 "연속적인 구조체", 즉 조인트와 요소가 없는 건축으로 인식했다. 잡지의 양면 구성에서 전통적인 포트폴리오 도판에서 예외 없이 사용되는 테두리 여백이 완전히

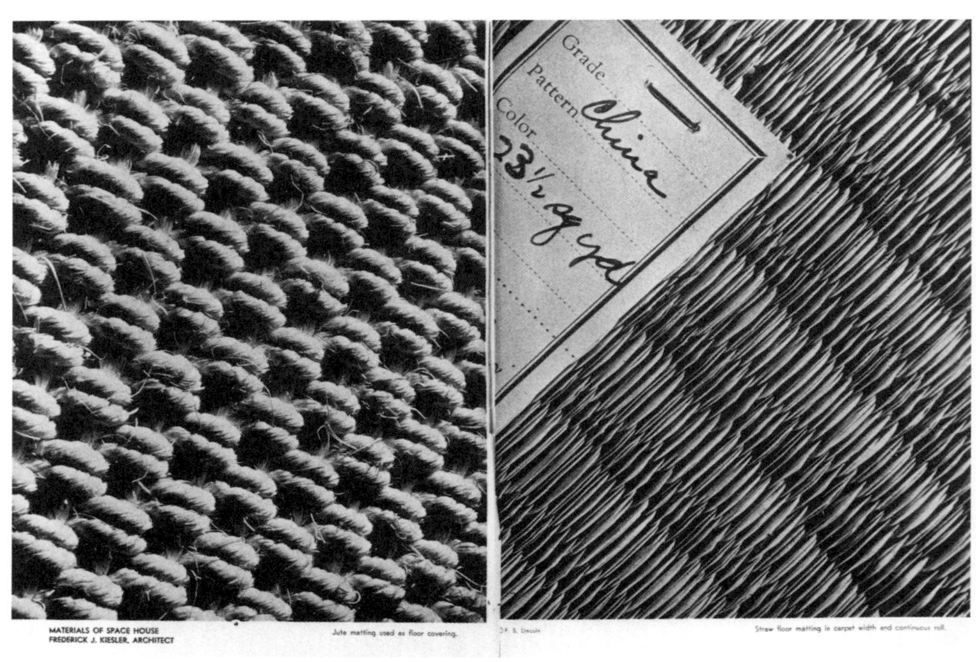

9.26 프레더릭 키슬러의 스페이스
하우스에 사용된 밀짚 매트, 펼침면,
『아키텍추럴 레코드』, 1934년 1월
(사진: F. S. 링컨)

사라진 점도 주목해야 한다. 흰 테두리가 없어졌다는 것은 대상의 콤포지션을 깨뜨리지 않고 사진에 있는 이미지가 무한히 확장할 수 있다는 뜻이다.[60] 키슬러는 사진 파편에 관심이 있었지만, 기디온과 달리 그 조각들이 재통합될 수 없을 것이라고 생각했다. 이러한 파편들은 원초적인 "기술의 상징"이다. 다시 말해 형태와 재료, 형태와 아이디어를 재통합하는 데 필요한 텍토닉이 지금 없다는 사실을 되새기게 한다.[61] 하나의 그림이 아니라 복합적인 사진의 구성을 이용하여, 보는 이를 의도적으로 혼란스럽게 만드는 피라네시다운 전략이다.

사진의 도상적 기능으로부터 완전히 탈피한 링컨의 스페이스 하우스 사진은 매체의 지표적 속성을 파고들었다. 즉, 표면에 보이는 것의 뒤에 깊게 감추어진 근원을 드러낼 수 있는 잠재력을 파헤쳤다. 여기서 사진은 초현실주의의 "자동기술법"(automatism)의 도구와도 같은 것이다. 로절린드 크라우스의 표현을 빌리면, 자동기술법은 "가장 깊은 자아를 드러내는 것이기 때문에, 재현이 아닌 재현"이다.[62] 그런데 이상적으로 정의된 다이어그램이 개념의 이미지 또는 마음의 지도라는 기능을 똑같이 수행하는 것이 아닌가? 또한 사진이 엄연한 현실에 대한 지표라고 한다면, 다이어그램은 주체의 편견이 없는 객관적인 도형으로 취급받는 것이 아닌가? 만약 그렇다면, 사진은 "특정한 담론·실천 행위·제도·권력 관계에 동원될 뿐, 고유한 가치가 없는" 테크놀로지라는 존 태그의 정의를 다이어그램으로 확장해볼 수 있을 것이다.[63] 물론 다이어그램과 사진의 역할은 다르다. 다이어그램이 시각의 기억으로부터 자유로운 지식의 형태라면, 사진은 필연적으로 이미 존재하는 것의 기록이다. 이 이상적인 구도에서 다이어그램은 재현이 배제된 투사이며, 사진은 투사가 배제된 재현이다. 그러므로 이 둘은 다이어그램 담론 안에서 서로 교차하며 상보적인 관계를 형성한다. 보자르의 모사 체계가 허물어지고, 재현과 투사 사이의 간극, 지식과 믿음 사이의 간극이 커져가는 과정 속에서, 이 패러독스의 증상이자 치유제로 다이어그램과 사진이 등장한다. 이런 결정적인 순간, 사진과 다이어그램이 건축 기율의 대상으로부터 이탈하면서, 이들의 선과 표면에 건축가의 시선이 더 이상 머무르지 않는다. 결국 다이어그램과 사진은 당혹스러우면서도 매혹적인, 가능성을 여는 예측불허의 도구가 되어버렸다.

에필로그:
근대 건축의 도구

특허 의약 처방도 마술도 아니다. 포다이스 앤드 햄비는 주택을 소비재, 즉 상품으로 취급한다.

"문명화된 미국의 소규모 주택",
『아키텍추럴 포럼』, 1936

"세인트루이스의 빈민가를 수술한다."

프루이트 아이고 아파트단지에 관하여,
『아키텍추럴 포럼』, 1951

여유로우면서 특유의 화려함으로 그녀는 자신의 스타일을 지킨다. 이렇게 그녀는 현대 도시 생활의 현실을 규정하고, 이를 계획안으로 번안한다. 규약에 얽매어 있는 기존 사회에서는 찾을 수 없는 여유로움과 화려함으로 그녀는 정확하게 사회 현실을 꿰뚫을 수 있는 것이다.

세지마 가즈요에 대해
이토 도요, "다이어그램 건축",
『엘크로키』, 1996

화가와 사진가를 비교하는 구절은 "기계 복제 시대의 예술 작품"에서 벤야민의 통찰력이 가장 돋보이는 부분 중 하나다. 벤야민은 화가를 주술사로 보았다. 주술사는 "환자와의 거리를 자연스럽게 유지한다. 환자에게 손을 얹어 가까이할 때도 있지만, 본래 권위적으로 환자와 거리를 둔다"[1] 주술사의 손과 도구는 언제나 신체 바깥에 있다. 반면에 사진가는 외과의사다. 주술 치료사와 달리, 외과의사의 힘은 환자의 몸 안에서 작동한다. 외과의사의 칼은 병든 몸의 조직과 장기 속으로 들어간다. 앞서 화가와 사진가를 비교한 벤야민의 논지를 통해 보자르 포트폴리오의 "총체적" 시각과 새로운 사진 담론의 파편화된 시각의 차이에 대해 논했다. 벤야민의 비유를 포트폴리오와 사진의 담론 양식에 확장하여 아카데미 프로페션과 떠오르는 "현대 건축가"의 이질적인 이미지를 효과적으로 비교할 수 있었다. 보자르 건축가가 주술사라면, 현대 건축가는 자신이 외과의사라고 주장했다. 전자가 바깥 세계와 단절된 일련의 테크닉·개념·담론 양식을 개발하여 현실과 거리를 둔다면, 후자는 사회 조직에 칼을 대어 "현실의 그물망 깊숙이 들어간다"[2] 아카데미 프로페션은 시들어가는 건축 "오라"의 마지막 장면을 연출했다. 건축의 옛 오라는 모뉴멘트가 만드는 "오브제의 권위"와 뗄 수 없이 얽혀 있었다. 반면 근대 건축은 재현의 객관적인 가치를 인정하지 않았다. 1940년대 초, "건축가-외과의사"라는 모델이 건축 담론에 확고히 자리를 잡았다. 그 분명한 사례를 『아키텍추럴 레코드』 1941년 3월호에서 볼 수 있다. 이 호는 『아키텍추럴 레코드』의 50주년 기념호로 1월호부터 석 달 동안 미국 건축의 성과에 대하여 회고하고 전망했다. "어제의 건축가가 아니라 오늘의 건축가"의 모습을 보여주며,[3] 전쟁의 혼란기 동안 팽배했던 건축계의 불안을 뒤로하고 제2차 세계대전 이후 건축가의 역할을 낙관적으로 바라보았다. "사회 제도 속의 건축가"라는 섹션에서, 건축주와의 원만한 관계로 잘 알려진 린든, 스미스 앤드 윈 건축사무소의 "다섯 가지 정책"이 제시되었다.

1. 꼼꼼한 토론으로 요구 사항을 결정할 것. 건축적인 결과와 관계없이 일반인의 생각을 존중해야 한다. 많은 경우, 건축주는 자신의 생각을 경험을 통해서, 또는 "건축적"이지 않은 방법으로 전달할 수밖에 없다. 건축주의 제안을 합리적으로 분석하고, 이런 제안의 배경 요인을 꼼꼼하게 조사하면, 건축가들의 선입견 때문에 놓칠 수 있는 놀라운 가능성을 종종 발견한다.

2. 문제를 규정하는 개별 요소들을 완벽하게 정리할 것. 이를 위해 각 요소에 대한 접근과 동선과 체계, 그리고 요소의 기능적인 측면에서 상호 관계를 보여주는 다이어그램 표를 사용한다. 이 단계의 다이어그램은 건축 콤포지션을 생각하지 말아야 한다.

3. 조직 다이어그램으로부터 건물 설계안을 도출해낼 것.

4. 각 요소를 충분히 분석하고, 이것들이 어디에 속하는지 확실할 때까지 예비 스케치를 제출하지 말 것. 계획안은 언제나 실현 가능해야 한다.

5. 건축주가 평면의 조직과 개별 요소의 구성을 이해할 수 있도록 계획안을 프레젠테이션할 것. 훌륭한 건축 프레젠테이션은 건축주가 완전히 이해할 수 있는 일상적인 언어로 제시하는 것이다. 일단 건축주가 설명을 듣고 분석이 얼마나 성실하고 철저하게 이루어졌는지를 이해하면, 건축주는 그 디자인을 경험하게 되는 것이다. 그렇게 되면 건축주는 말로만 옳은 건물에서 사는 것이 아니다.[4]

이 과정이 잘 보여주듯, 건축가–외과의사는 프로그램을 통해 사회적 현실로 침투한다. 다시 말해 프로그램은 건축의 정당한 탐구 대상이며, 건축가가 갖추어야 할 지식의 핵심이 되었다는 뜻이다. 다이어그램의 담론은 이런 중대한 건축 제도의 변화를 이끌었다. 건축 기율이 건축계 바깥의 세계, 즉 신체라는 자연 영역과 이상적인 패턴으로 조직된 사회 영역을 지향한 것이다. 건축의 가치와 방법을 건축주, 사회 일반과 공유하면서, 건축계는 스스로 세상에 열려 있다고 선언했다.

린든, 스미스 앤드 윈은 물론 당대를 대표하는 건축사무소는 아니다. 하지만 미국의 많은 건축가들이 건축을 통해 사회에 개입해야 한다고 확신했던 것은 사실이다. 건축의 사회적 책무가 부각되었던 사례로 그로피우스가 주도했던 하버드의 교육 프로그램, 프루이트 아이고 아파트단지,* 그리고 크리스토퍼 알렉산더의 다이어그램 등이 잘 알려져 있다. 이런 사례들이 후대에 많은 비판을 받아 유명해졌지만 제2차 세계대전이 끝날 무렵 프로그램을 통해서 건축이 사회에 관여할 수 있다는 생각은 몇몇 사례를 넘어 건축계에 널리 퍼져 있었다. 실무를 중시하는 건축가들뿐만 아니라 존 서머슨 같은 저

---

* [옮긴이] Pruitt-Igoe Apartment: 미노루 야마사키가 설계해 1955년 세인트루이스에서 완성된 대규모 아파트단지. 완공 직후부터 주거 환경이 악화되기 시작해 1972년 3월 16일 폭파되었다. 실패한 근대 건축의 상징으로 통용되어왔으나, 최근 이를 비판적으로 재평가하는 움직임도 있다.

명한 역사학자도 같은 생각을 하고 있었다. 1957년 "'현대' 건축 이론을 위하여"라는 강의에서 서머슨은 현대 건축의 "통합된 원천"은 건축 프로그램의 "사회적 영역"에 있다고 선언했다.[5] 서머슨의 강의는 "현대 건축에 적용 가능한" 일관된 "원리"가 있는가 하는 문제의식에서 출발했다. 문제는 현대 건축이 너무 다양해서 건축 형태의 공통된 문법이나 일관된 사고의 흐름을 찾으려는 모든 시도가 설득력이 없다는 것이다. 르 코르뷔지에의 『건축을 향하여』나 모호이너지의 『건축의 재료에 관하여』(Von Material zu Architektur)는 모범적인 모더니스트 텍스트이지만, 예전에 알베르티와 로지에의 글이 갖고 있었던 "궁극적인 권위"가 없다는 것이다. 그럼에도 불구하고 르 코르뷔지에의 합리주의와 모호이너지의 생명주의를 환기시켰던 이유가 있었다. 그것은 서머슨이 가장 중요한 현대 건축론의 선언이라고 믿었던 브루노 제비의 "건축 유기체 개념"을 소개할 명분을 위해서다. 제비의 이론이 중요한 이유는 그것이 형태가 아니라 사회에 관한 이론이었기 때문이다. 다시 말해, 현대 건축의 통합 원칙은 사회가 만들어내는 프로그램에 있다는 것이다.[6]

다이어그램의 담론에 완벽하게 발맞추어, 서머슨은 프로그램을 "사회 패턴의 일부분"이라고 보았다. "공장의 공정, 학교의 교과 과정, 집에서의 일상적인 가사 활동 또는 동선 체계 등, 단순 반복되는 움직임과 같이 리듬을 갖고 반복되는 패턴"이 프로그램이라는 것이다.[7] 서머슨은 이 기본 전제를 받아들이면서도 프로그램 담론의 딜레마를 잘 알고 있었다. 그의 명성에 걸맞게, 서머슨은 이런 테제가 어떤 결과를 갖고 올지 정확하게 인식하고 있었다.

프로그램에 몰두해서 나온 개념들은 어떤 시점에서 최종 형태로 구체화되어야만 한다. 건축가가 그 시점에 도달하면 그의 개념에 대하여 스스로 판단을 해야 한다. 전체 디자인을 결정하고 해당 관계를 시각적으로 파악할 수 있는 전체로 통합하는 확신과 권위를 갖고 있어야 한다. 건축가는 프로그램에서 일련의 상호 관계들을 도출해 일종의 생물학적 통일체를 만들어낼 수 있다. 그러나 그는 여전히 엄청나게 많은 변수에 질서를 부여해주어야 하는데, 이것을 어떻게 하는지가 관건이다. 이 시점에서 어떤 일이 일어나는지, 어떤 일이 일어나야만 하는지에 관한 공통된 이론적 합의가 없다. 여기서 잠시 멈추어야 한다.[8]

위의 구절이 보여주듯, 서머슨은 프로그램과 형태, 관습과 창작 사이의 이원적 대립이 딜레마의 원인이라는 것을 잘 알고 있었다. 그러나 이 기본적인 대립구조를 비판 없이 받아들였기 때문에, 둘 중 어느 하나를 선택하는 것 말고는 대안이 없었다.

프로그램이 통합의 원천이라고 받아들인다면, 즉 프로그램이 건축 창작의 근간이라는 것을 인정한다면, 자기를 돋보이게 하려는 건축가의 갈망을 충족시키기 위한 설계 과정의 또 다른 목적, 또 다른 창작의 근간을 상정할 수는 없는 것이다. 두 마리 토끼를 동시에 잡을 수는 없다. 분명 통합의 근원이 두 가지일 수는 없다. 프로그램이 원천이든가, 아니든가 둘 중 하나다.[9]

서머슨은 건축가가 통합의 원천으로 프로그램을 받아들이지 않는다면 두 가지 대안이 있다고 보았다. 건축 형태의 공통 언어를 찾거나, 창조적인 표현을 하고픈 주관적 충동에 의지해야 한다는 것이다. 전자의 경우, 서머슨은 건축 기율의 토대를 제공했던 "건축의 고전적 언어"와 같은 형식 문법을 염두에 두었다. 그러나 그러한 언어가 가능하리라고는 도무지 생각할 수 없었고, "잃어버린 언어는 잃어버린 채로 있을 것"[10]이라며 체념한 상태였다. 두 번째가 더 현실적인 대안이긴 하지만, 서머슨에게는 수용하기 힘든 것이었다. 강의 서두부터 건축가의 의지가 만드는 양식은 현대 건축의 원리를 제공해주지 못한다는 것을 분명히 했다. 하지만 공통의 건축 언어가 없는 상황에서 "최종 형태로 구체화"하기 위해서는 건축가의 주관적인 의지가 반드시 필요하다는 사실이 그를 당혹케 했다.

스스로가 제기한 이 딜레마에도 불구하고, 명쾌한 사고력과 역사의식을 겸비한 서머슨의 통찰력이 돋보인다. 다이어그램 담론이 냉혹한 비판을 받았던 1960-70년대, 그가 강의에서 제시했던 구도에 따라 공격받았다는 것은 우연이 아니다. "근대 건축의 실패"를 주장하는 이들에게 근대적 이데올로기의 상징으로서 다이어그램 담론은 손쉬운 표적이 되었다. 건축가들이 "빈민가를 수술"한다는 이데올로기에 적극적으로 동참했던 것이 사실이었기 때문에 "포스트모던" 전략이 제기한 문제는 일부 명분이 있었다.[11] 1930년대에 프레더릭 애커먼이 예상했듯이 "건축가들은 권한도 없고 성취 가능성도 거의 없는 영역에서 책임"지느라 진땀을 흘리고 있었다.[12] 이 병든 사회를 수술한다는 이념을 비판하는 여러 생산적인 방법이 있었지만, 미국에서는 두 가지 상반되는 경향이 가장 두드러지게 나타났다. 첫 번째는 포트폴리오를 다시 사용하는 것이었다. 『아메리칸 비뇰라』가 미국의 명문 대학과 사무실에서 다시 등장한 것이다. 프로그램에 대한 이러한 종류의 반동은 서머슨이 이미 예상했던 바다.

> (프로그램이 통합의 원천이라는) 전제를 받아들일 수 없다면, 결국 건축 이론은 1920년대나 1800년대, 또 1750년대의 상황에 머물러 있는 것이 아닌지, 양식이나 표현에 관심을 가진 건축가는 고전주의나 신고전주의, 또는 최대한 그럴싸하게 표현하자면 좀비 상태의 신고전주의(crypto-Neoclassicism)로 돌아가는 입장이 아닌지를 생각해봐야 한다.[13]

서머슨은 프로그램을 거부하고 공통의 건축 언어를 찾아나서는 것은 기존의 언어로 회귀하는 것, 기껏해야 복고의 복고의 복고일 뿐이라고 예상했다.

　근대 건축의 사회적 이념에 대한 두 번째 반동의 예로 피터 아이젠만의 작업을 들 수 있다. 이 논의에서 아이젠만이 특히 흥미로운 것은 사회 참여 이념에 대한 반대급부가 노골적인 다이어그램 작업으로 이어졌기 때문이다. 1960년대 말과 1970년대의 일련 번호 주택 작업부터 컴퓨터 프로그램을 이용한 최근작까지 아이젠만은 건축 형태가 사회·기능·관습에 의해 결정되어서는 안 된다는 일관된 입장을 취해왔다. 아이젠만은 자신의 건축, 그리고 특히 작품집을 통해 건축 형태가 만들어지는 과정이 설명될 수 있도록 치밀하게 준비한다. 아이젠만은 설계 초기에 잡은 선형의 콤포지션을 이동시키는 결정적인 방법으로 작업을 한다. 이 과정에서 교차하지만 겹치지 않는 선형의 "흔적"들이 만들어진다. 최종안에서 어떤 흔적은 지워지고, 다른 흔적들은 벽·바닥·난간·계단 등 건물의 요소로 변환된다.

최근 폼지 같은 프로그램을 사용하기 전까지,[14] 주로 평면에서 건축 형태를 이끌어내는 전통적인 평면 기반의 설계 방법에 의존했다. 이를테면, 아이젠만의 평면은 보자르의 핵심 기율을 연상시키는 형태 다이어그램으로 작동한다. 다이어그램의 선에 주목하는 표상 체계를 개발했다는 의미에서, 역논리로 보자르의 설계 방법을 다시 확인한다. 아이젠만은 이 과정을 "탈콤포지션"이라고 부른다. 탈콤포지션은 "다양한 구조와 시각 현상의 분석을 통해, 초기 이미지를 다듬기보다는 이를 바탕으로 더 많은 가능성을 찾는다"는 의미에서 "콤포지션의 역과정"이라고 설명한다.[15] 이 과정은 선 자체의 변환에 초점을 맞춘 보자르와는 달리, 분화(differentiation)의 시스템이라고 아이젠만은 주장한다. 선 하나를 그리는 순간, 또 다른 움직임을 좇아 이전의 선이 흔적으로 변환된다. 이런 과정을 통해 아이젠만은 자신이 실증적 현실로부터 자유로워졌다는 것을 표현하고 시각화한다. 하지만 분산의 제스처처럼 보이는 이 방법은 사실상 다시 건축의 선에 시선을 집중시킨다. 아이젠만이 강조했듯이, 이 선은 이미 오래전에 아날로그의 깊이를 상실했다. 그의 표현을 빌리자면, 다이어그램은 "저자라는 주체, 건축의 대상, 그리고 이를 수용하는 주체 사이의 관계에 집중하는 동인으로 작동한다".[16] 아이젠만은 이 과정을 통해 서머슨의 딜레마를 해결했다고 주장한다. 즉, 주체를 지우는 형식 언어를 만드는 것, 서머슨의 표현을 빌린다면, "돋보이는 자기 표현을 갈망"하는 주체를 지웠다고 주장한다.

새로운 다이어그램을 이용해 현대 건축의 딜레마를 극복했다는 아이젠만의 주장은 컴퓨터에 경도된 젊은 건축가의 작업에서도 볼 수 있다. 벤 판 베르클과 그렉 린 같은 건축가들은 디지털 기술이 제공하는 새로운 표상의 가능성에 빠져 있다. 이들의 작업에서도 다이어그램이 매우 중요한 역할을 한다. 이들도 아이젠만과 마찬가지로 자신의 건축은 20세기의 유형론과 기능주의를 탈피했다고 생각한다. 예를 들어, 그렉 린은 새로운 다이어그램 건축에서 "개념적 다이어그램과 구체적인 구축이 비선형적이고 비결정론적인 관계"를 갖고 있다고 주장한다.[17] 최근 다이어그램 건축의 주동자인 벤 판 베르클과 캐롤라인 보스는 "1930년대의 다이어그램은 우리 주제와는 아무런 상관도 없다"고 주장하며 근대적 기능주의를 기각한다.[18]

물론 이는 사실무근이다. 서머슨의 강의 이후 40년이 지났지만 건축의 직능과 기율의 문제는 여전히 서머슨이 제기한 구도를 벗어나지 못하고 있다. 세지마 가즈요의 작업을 "다이어그램 건축"이라고 규정했던 이토 도요가 세지마의 건축 설계 과정을 어떻게 설명하는지 보도록 하자.

대부분의 건축가들은 다이어그램을 변환하는 복잡한 과정을 매우 어려워한다. 다양한 기능적인 조건을 공간의 관점에서 실제 구조로 읽어내는 과정 말이다. 관습적인 계획 방법에 따라 공간에 대한 기본안이 건축적인 코드로 변환되고, 여기서 3차원 형태가 나오는데, 이것은 건축가 개인의 자기표현에 따라 좌우된다. 이 과정의 많은 것들이 "건축"이란 사회적 제도에 밀착된 선입견의 심리에 따라 좌우된다. "아키타입"이란 건축의 관습은 계획 과정에 많은 영향력을 행사한다. 또한 어떻게 보더라도 객관적인 다이어그램이 공간으로 번안되기 이전에, 소통을 하고 싶은 지극히 자의적인 욕망이 낳는 개인의 비전은 기존의 다이어그램을 상당히 왜곡한다. 따라서 사회 속에서 건축의 위상을 규정한다면, 아키타입으로 고착된 진부한 관습에 기초한 개인의 예술적 의도라고 설명할 수 있을 것이다. 이 사실에 대해 곰곰히 생각해보면, 거의 모든 건축이 두 가지 적대적인, 완전히 상반된 조건 속에서 나온다는 것은 불가사의한 일이다.[19]

서머슨처럼 이토도 주관적인 표현을 원하는 개인의 욕망이 프로그램의 사회적·객관적 요구 사항과 충돌한다고 보았다. 하지만 관습의 중요성을 인식하고 있다는 점에서 이토는 서머슨과 최근의 다이어그램주의자들을 넘어서는 통찰력을 보여주고 있다. 그리고 이런 상황을 명쾌하게 파악한 건축가, 바로 세지마를 발견한 것이다.

> 그녀는 건물이 수용해야 하는 기능적 조건을 배치하여 최종 공간 다이어그램을 만든다. 그런 다음, 이 개략적인 도식을 바로 현실로 전환한다. 계획이라는 일반적인 과정이 그녀의 작업에서는 생략되어 있는 이유가 이 때문이다. 세지마의 경우 우리가 계획이라고 부르는 건축적인 관습을 전적으로 공간의 다이어그램에 의존한다. 심지어 구조 디테일조차도 다이어그램 자체의 한 부분을 활용한 배열이나 진배없다.[20]

다이어그램을 프로그램과 형태의 매개체로 보지 않는다는 점에서 다이어그램 건축에 대한 이토의 관찰은 정확하다. 필자가 이야기했던 것처럼, 오히려 이토는 평면·단면·입면과 같은 전통적인 건축 그림 자체가 다이어그램이라고 지적한다. 나아가 세지마의 평면-다이어그램이 프로그램에서 나오는 것이 아니라 "사회를 바라보는 그녀의 직관적인 비전"에서 나온다고 주장한다.[21] 이토에 따르면 그녀는 현대 건축의 딜레마를 인지하고 있지만 그에 무심한듯 작업한다. 전혀 과시하지 않으면서, 세지마는 건축가가 프로그램을 해석한다는 것을 확인한다. 필자는 이토의 입장에 동의하면서, 이 "직관적인 비전"은 개인적인 해석의 문제이기도 하지만 윤리의 문제이기도 하다는 점을 덧붙이고 싶다. 해석은 주관적인 창작 행위인 만큼이나 사회적이고 윤리적인 실천 행위이다. 이토와 세지마는 이원론의 구속을 벗어던진 다이어그램의 담론을 취한다. 세지마는 아무런 유감없이 본인의 건축 드로잉이 다이어그램이 되었다는 사실을 직면한다.

세지마와 이토가 다이어그램 담론의 기본을 터득한 최초의 건축가들은 물론 아니다. 근대적인 건축 기율의 가장 근본적인 혁신을 이끌었던 르 코르뷔지에의 자유로운 평면(plan libre)과 미스의 구축(Bauen)은 건축 도면에 그려진 점과 선에 절대적인 가치가 내재되어 있지 않다는 것을 전제하고 있었다. 컴퓨터의 특별한 성능과 관련해, 변해가는 평면의 기율에 대한 컴퓨터의 도전이 최근 다이어그램 건축의 중요한 이슈라 하겠다. 다이어그램이 텍토닉, 유형학, 그리고 관습의 문제를 무색하게 할 것이라는 그 어떤 주장보다도, 최근 다이어그램 건축을 기율의 역사의 한 국면으로 접근하는 입장이 가장 설득력이 있다. 최근의 실험적인 작업들이 대부분 새로움을 무비판적으로 추구하고 있다는 것은 매우 부정적인 현상이다. "다이어그램을 이용한 디자인은 끊임없는 시각 기호의 침입을 거부한다. 그래서 재현적 설계 기법에 대한 대안이 될 수 있다"는 판 베르클의 주장이 대표적인 예라 하겠다.[22] 세지마와 달리, 판 베르클은 아이젠만이나 젊은 다이어그램주의자들과 마찬가지로 과잉(redundancy)의 전략을 택한다. 이미 다이어그램이 되어버린 드로잉을 다이어그램으로 전환하는 과정을 내보이느라 많은 에너지를 소모하는 목적은 무엇인가? 다이어그램이 건축으로 단순히 번안될 수 없는데, 디자인이 단선적으로 진행되는 과정이 아닌데, 이러한 다이어그램을 "홍보"하는 이유는 무엇인가?[23]

다이어그램 건축을 둘러싼 최근의 논의를 보면, 건축의 점·선·면과 결별하기가 얼마나 어려운지를 다시 확인하게 된다. 물론 건축의 선을 완전히 버릴 수는 없다. 다이어그램 건축가들은 그들이 내보이는 선이 권위적인 기호로 기능하지 않는다고 공언하지만, 이런 다이어그램의 여전한 권위주의는 비판받아 마땅하다. 그들의 전략은 서머슨이 불가능하다고 선언했던 것을 가능케 하는 것이다. 프로그램에서, 또는 형태 변환의 메커니즘에서 권위를 확보하면서 동시에 "자기 표현을 돋보이게 하려는 건축가의 갈망"을 충족시키려는 것이다. 보자르 체계가 몰락하면서, 새로운 권위의 기반을 만들어가려는 건축의 역사를 앞서 살펴보았다. 필자는 현대 건축의 "절대적 권위"가 가능한지, 또 그런 권위가 필요한지를 물었으며, 서머슨 강의에 대해서도 같은 질문을 던졌다. 이들의 이원론은 자유로운 주체와 시대에 예속된 주체, 도구로서의 다이어그램과 미적 대상으로서의 다이어그램, 양극을 오가지만, 자율적 주체, 주목받는 자기 중심적인 오브제의 배타적인 기득권을 유지한다.

다시 강조하건대, 다이어그램으로 건축하는 것이 어려운 이유는 안과 밖 양쪽으로 움직여야 하기 때문이고, 바라볼 뿐 아니라 통해서 봐야 하기 때문이다. 사진이 "특정한 방식의 접근 태도를 요구"한다는 발터 벤야민을 따라, 다이어그램의 표면에 몰입하면서도 표면에서 한 걸음 물러설 줄 알아야 한다. 프로그램의 권위와 건축 형태의 자유가 설정하는 이원론이 건축가-외과의사를 도저히 책임질 수 없는 길로 유도한다는 점을 기억하며, 사진가-외과의사라는 벤야민

의 비유를 다시 한번 살펴보자. 여기서 벤야민의 논의를 확장할 자리
는 아니지만, 복잡한 현대의 조건을 수용하면서 현실과 관계할 수 있
는 대안을 발견할 수 있다는 점을 강조하고 싶다. 앞서 이야기했지
만, 벤야민은 카메라를 보는 주체뿐만 아니라 그 대상과도 동일시했
다는 점이 매우 중요하다. 벤야민은 카메라를 고립된 기계 장치라고
보지 않았다. 변해가는 사회·경제·문화와 얽힌 복합적인 기술 환경
으로 카메라를 바라보았기 때문에, 동시적인 시각 경험을 설정할 수
있었다. 이렇게 규정된 카메라는 기계를 전통의 파괴자라고 했던 베
블런의 정의, 또는 "창의력과 천재성, 영원한 가치와 미스터리 같은
케케묵은 개념들을 일소"하는 벤야민의 기계 개념과 유사하다.[24] 새
로운 개념의 "정치 예술"을 실현할 수 있는 도구로서 사진의 가능성
에 시종일관 희망을 품었음에도 불구하고, 벤야민은 정치 예술이 현
실이 되기에는 아직 사회·정치·경제 조건이 마련되지 않았다는 점
도 잘 알고 있었다.[25] 베블런처럼 그 역시 새로운 테크놀로지의 장치
가 자본주의와 그 하수인들에 의해 필연적으로 왜곡될 것이라는 점
을 깨닫고 있었다. 결국, 테크놀로지는 제의적 가치의 생산에 헌신하
게 될 것이며, 그 논리의 극단은 전쟁이라는 것을 인식하고 있었다.
이러한 측면에서 벤야민은 프레더릭 애커먼과 루이스 멈퍼드의 베
블런적 계보와 같은 흐름선상에 있다. 그들 모두 자본주의의 방해 때
문에 생산력을 "자연의 원리"에 따라 활용할 수 없게 되었다고 믿었
다. 전쟁은 "사회가 기술을 유기적으로 통합할 만큼 성숙하지 못했
고 기술이 기본적인 사회의 힘과 맞설 만큼 발전하지 못했다는 증거"
라는 벤야민의 생각에 멈퍼드와 애커먼도 전적으로 동의했을 것이
다.[26] 벤야민의 정지된 변증법, 멈퍼드의 전체론(holism), 애커먼의
퇴행적 합리성은 각자의 방식으로 전체가 파악될 수 없는 미래를 보

여주어야 하는 과제에 직면했다. 아직 형상화되지 않은 진정한 근대의 형태를 상정하고, 이것이 자본주의 상품의 무상함과 환상에 맞서야 하는 이원론 속에서 각자 분투했다.

벤야민의 테제는 완결될 수 없다. 하지만 벤야민의 테제는 애커먼의 퇴행이나 멈퍼드의 전체론이 제기할 수 없는 질문을 던진다. 기계 장치에 의해 매개되는 세계에서 주체와 대상은 어떤 관계를 갖는가? 카메라의 주체가 자리 잡고 있는 환경 그 자체가 기술 장치의 속성을 가질 때, 이 인공적인 환경은 카메라의 대상인가, 아니면 카메라라는 거대한 기계 장치의 일부인가? 이런 질문의 해답을 현대 도시의 급변하는 풍경을 이야기한 벤야민의 에세이에서 엿볼 수도 있지만, 카메라에 대한 벤야민의 정의를 통해 찾을 수 있다. 즉, 벤야민은 시각의 대상뿐만 아니라 시각의 도구로서 건축에 주목했다. 데틀레프 메르틴스가 지적한 대로, 벤야민은 철 구조체를 "무의식과 뒤엉킨 공간을 엿볼 수 있게 해주는 광학 장치"라고 규정한 기디온의 명제에 매혹되었다. 기디온은 구조물 그 자체가 아니라 "구조물이 가능케 한, 예전에는 상상치 못했던 도시 풍경"에 초점을 맞추었다.[27] 건축을 자율적인 주체와 완전히 별개의 대상으로 보았던 멈퍼드는 생각하지 못한 이슈를 기디온이 제기한 것이다. 주체가 객체의 상황에 함께 엮여 있다는 것을 멈퍼드는 인식하지 못했고, 따라서 파편을 통해 보고 생각하는 방법을 몰랐다. 통합된 세계에서 통합된 건축을 다시 만들어야 한다는 목표만을 바라본 그는 근대적인 건축 기율의 가능성을 간파할 수 없었다. 반면 애커먼은 그런 기율이 아예 가능하지 않다고 생각했다.

건축을 순수한 매체로 간주하는 벤담의 파놉티콘은 멈퍼드의 유토피아에 필적하는 다른 종류의 비장소(nonplace)이다. 파놉티콘은 카메라와 건물, 즉 주체와 지식의 대상을 완벽하게 동일시한다. 이들은 완벽하게 같기 때문에 시각 장치가 주체의 시야에 들어오지 않는다. 시각을 통제하는 도구이기 때문에, 이 장치는 어떤 시야에는 방해를 주어서 안 된다. 벤담의 "건축 아이디어"와 과학적 관리론의 기능주의 유토피아에서, 다이어그램은 투명한 비장소를 재현하는 데 반드시 필요한 도구다. 다이어그램은 한편 즉각적인 효력을 발휘해야 하고, 다른 한편 은유법의 불확정성을 가진 역설이다. 파놉티콘 다이어그램을 어떻게 사용하느냐에 따라, 감옥의 음산한 시선이 만들어질 수도 있고 극장의 섬세한 빛과 그림자가 만들어질 수도 있다. 다이어그램은 그 고유의 시적 힘을 스스로 해치는 장치로 전락할 수 있다. 그런가 하면, 바라보는 것과 통해서 보는 것, 안에 있는 것과 바깥에 있는 것, 이들 간의 긴장 관계를 만들면서 주체와 객체의 구분을 흐리는 장치로 사용될 수도 있다.

평면을 그리는 것은 다이어그램을 그리는 것이다. 다이어그램은 애초부터 그 불확정성으로 정의된다. 다이어그램 자체는 다이어그램 담론의 동인이 아니라 이 담론의 가장 분명한 증상이다. 다이어그램은 다이어그램 담론의 가장 원초적인 이상형이다. 이런 근대적인 유토피아는 "명료함의 미덕"이 그 매력이다.[28] 다이어그램이 자의적인 형태가 되면 주체는 그 영역 안에서 자유로운 인자처럼 자신을 표현하려고 한다. 그러나 자의성은 방법·기술·태도가 아니라 조건이다. 그리고 이러한 조건은 꼭 표현하거나 드러내야 하는 것은 아니다. 자의성을 표현하려는 것은 힘 있는 기율을 만드는 것보다는 남의 마음을 바꾸는 힘에 더 관심이 있다는 뜻이다. 다이어그램을 아이디어의 필연적인 산물로 보는 순간, 다이어그램은 이 아이디어를 배신한다. 다이어그램이 사물로 변환되는 순간, 다이어그램이 약속한 프로그램을 지킬 수 없게 된다. 주체는 "아이디어"와 무관하게 건물을 사용하면서 프로그램이 예상하지 못한 것을 보고 행하고 말한다. 건축을 아이디어에 묶어두는 것이 불가능하다는 사실은 건축에 내재되는 딜레마가 있다는 뜻이 아니라 근대 세계에서 건축과 아이디어의 관계가 불안정하다는 뜻이다. 건축의 형태에 내재하는 불변의 아이디어가 없다면, 건축가들이 『아키텍추럴 그래픽 스탠더드』와 오토캐드의 메뉴를 사용해야 한다면, 생명력이 있는 건축 기율을 어떻게 만들 것인가? 건축이 도구라면 가치 있는 기율을 어떻게 만들 것인가? 이것이 다이어그램 담론의 도전이다.

책을 옮기고

이 책은 2002년 MIT 대학 출판사에서 출간된 *The Portfolio and the Diagram*의 한국어판이다. 첫 한국어판은 2013년 동녘에서 출판되었고, 한동안 절판 상태에 있다가 2026년 마티에서 재출간되었다. 지도 교수님의 책을 번역하는 일은 큰 부담이자 영광이었다. 이 책을 다시 펴내는 데 또다시 기여할 수 있어 기쁘다. 내용상의 차이는 거의 없고, 기존 판의 외국어 표기법, 원어 병기 등의 오류를 수정했다. 13년 만에 재출간되지만, 이 책이 처음 한국에 소개될 때의 유효성과 시의성은 크게 달라지지 않았다. 19세기 말 20세기 초 미국을 중심으로 건축 담론의 변화를 치밀하고 방대한 사료를 통해 추적한 이 책을 읽는 방법은 무척 다양할 수 있고, 그 갈래마다 풍성한 후속 연구가 가능할 것이다. 그 가운데 큰 세 가지 줄기만 짚어보고자 한다.

먼저 이 책은 건축을 "담론적 실천 행위"로 이해한다. 우리는 흔히 건축을 지어진 물리적 대상으로 이해한다. 그러므로 건축의 역사를 주요 건축물과 이를 설계한 이들의 연대기로 간주하곤 한다. 그러나 우리가 일상생활에서 무엇을 건축이라고 하는지만 헤아려봐도 건축은 그리 간단한 말이 아니다. 건축을 건물이나 부동산과 나누고 또 불법 건축을 가려내고, 건축가의 사회적 역할과 위상을 결정하는 것은 무엇일까? 건축에 대한 사회적 통념, 이 통념을 생산해내는 매체와 잡지·교육기관·건축을 법의 테두리 안에 묶어두는 법규와 제도, 건축가의 실천 행위 등이 모두 모여 우리가 말하는 "건축"을 빚어낸다. 말하자면, 건축은 건축의 경계를 느슨하게나마 유지시키는 외부적·내부적 힘(권력)의 결과물인 것이다. 저자는 이 중에서 특히 내부적 힘에 주의를 기울인다. 푸코에 따르면 저자(author)·주석(note)·기율(discipline) 등이 담론을 내부에서 단속하는 기제들이다. 간단히 말하면 어떤 담론이 제멋대로 해석되고 자기 영역 바깥으로 튀어나가는 일을 막는 것들이다. "프로이트가 말하길~"이나 "『꿈의 해석』에 따르면~"만큼 정신분석학이란 영역을 수호 하는 것이 있겠는가. disciplinary power를 규율 권력으로 옮기는 것처럼 discipline은 몸을 직접 움직여 실천하는 행위를 내포한다. 건축가는 무언가를 해야, 무엇을 읽고 보고 모사하고 분석해야 건축을 생산할 수 있다. 저자가 discipline을 '기율'로 옮기고 주목하는 것도 이 때문이다. 미국 건축의 급변기에 건축가들은 건축을 하기 위해 무엇을 했는가가 이 책의 주된 관심이다. 보자르 건축가와 근대 건축가가 생산한 최종 결과물도 달랐지만, 이 결과물을 생산해내기 위한 실천 자체가 어떻게 변모했는지를 추적하는 것이다. 이는 자연스레 건축가를 길러낸 교육 체계와 제도, 보고 읽은 책과 잡지, 동원한 방법론과 도구에 대한 관심으로 나아간다. 건축의 직능과 기율에 큰 변화가 일어나고 있기에, 이 책을 읽는 맥락은 처음 출간 시점과 크게 다를 수 있을 것이다.

두 번째는 이 책은 근대 미국 건축사와 보자르 체계로 우리의 시야를 확장해준다. 르네상스-바로크-19세기 절충주의-근현대 건축으로 이어지는 양식사 중심과 유럽 중심의 건축사는, 사회경제사를 포괄하고 동서양 건축을 한데 아우르는 세계 건축사로 바뀌는 추세다. 하지만 초점은 여전히 유럽에 맞추어져 있고, 서구 아방가르드의 야심 찬 시도와 실패는 근현대 건축을 이해하기 위한 기준점이다. 또 보자르 건축은 20세기 근대 건축의 승리를 돋보이게 하는 배경으로만 이해되기 일쑤다. 『포트폴리오와 다이어그램』은 이 편향된 이해를 보충하는 적절한 짝으로 읽을 수 있다. 몇몇 아방가르드의 신화적 인물들의 영웅담은 고사하고, 건축가라는 온전한 직능이 없던 미국, 기성 평면을 사고팔며 건축의 대중화와 근대화가 이루어지던 미국의 상황은 건축의 근대성에 대해 되묻게 한다. 무테지우스, 아돌프 로스, 르코르뷔지에 등 수많은 유럽 건축가들이 미국발 충격에 대응하면서 자신의 건축론을 정립해왔음에도 불구하고, 국내에서 미국 근대 건축에 대한 이해는 전혀 없었다고 해도 무방한 수준이다. 더욱이 보자르 건축이 구체적으로 어떤 체계였는지를 다룬 국내 최초이자 유일한 책이다. 이런 사정은 처음 한국어판이 나온 지 십수 년이 지난 지금도 마찬가지다.

세 번째로는, 이 책이 지난 수십 년 동안 건축계를 뜨겁게 달군 개념인 다이어그램을 역사적으로 엄밀히 분석한다는 점을, 국내 독자들에게 던지는 시사점으로 꼽고 싶다. 인문학에서 코기토로 대변되는 근대적 주체를 부정하는 것이 주요 흐름이듯, 건축에서는 모든 것을 관장하고 조절하는 주체로서의 건축가를 기각하려고 한다. 이 주체를 지우는 데 가장 효과적인 도구로 대두된 것이 바로 다이어그램이다. 사이트와 프로그램에서 추출한 데이터나 매개 변수 등으로 다이어그램을 만들고, 이 다이어그램을 곧장 형태로 옮김으로써 주체로서의 건축가를 지웠다고 주장하는 많은 이들이 있다. 그들은 형태의 필연성보다는 우연성을 내세우며 기능주의나 유형을 벗어났다고 믿는다. 그러나 저자의 말을 빌리자면 이는 "사실무근이다". 주체는 그런 소박한 제스처로 극복할 수 있는 간단한 과제가 아니다. 철학적·논리적 허점들은 차치하더라도, 그들의 형태가 다른 누구보다 고유한 개성을 뽐내는 것은 어떻게 설명할 것인가? 다이어그램 담론은 디지털 혁신과 전 지구화에 따른 건축의 정치경제학적 지도가 재편되는 상황과 맞물려 부상했다. 그래서 마치 새롭고, 심지어 탈역사적인 것처럼 보였던 것도 사실이다. 그러나 실상은 그렇지 않다는 것을, 20세기 건축 전체가 다이어그램 담론과 함께했음을 이 책에서 확인할 수 있다. 근대 건축이 태동하던 시점에 이미 다이어그램 담론이 제기하는 딜레마를 풀기 위해 고심했던 노력들이 있었다는 것이 저자의 주장이다. 다이어그램을 누구보다 도구적으로 활용해온 OMA가 2024년 베네치아에서 "Diagrams"라는 전시를 개최하며, 그간의 방법론을 회고한 바 있다. 전 세계적으로 유행한 다이어그램의 시효가 이제 끝났다는 고백인지, 다이어그램의 갱신을 알리는 신호일지 분명히 말하기는 어렵다. 분명한 것은 다이어그램을 둘러싼 역사적 상황이 크게 달라지고 있다는 사실이다.

현대 건축이 등장한 이래, 건축이 딛고 서 있는 토대에 대한 불신과 회의가 지금처럼 크게 제기된 때는 없다. 건축을 근원으로 거슬러 올라가 규범적으로 정의하고 건축이 얼마나 중요한지 되뇌이는 것으로는 이 불신에 답하기 어렵다. 20세기를 거치며 부풀려진 건축이 어떤 바탕에서 빚어져왔는지를 세밀히 추적함으로써 건축을 담론적 실천로 파악하는 태도는 역사적 변화를 살필 수 있는 시선을 제공한다. 훌륭한 책이 다 그렇듯『포트폴리오와 다이어그램』은 다르게 읽을 수 있는 새로운 맥락에 따라 시의성을 다시 획득했다. 현대 건축이 어디에서 왔는지 살피기에 지금보다 더 적절한 때가 있을까.

박정현

주

들어가며

1 담론 체계라는 용어는 미셸 푸코가 *Archaeology of Knowledge and The Discourse on Language* (New York: Pantheon, 1972); 『지식의 고고학』(이정우 옮김, 민음사, 2000)에서 제시한 정교한 개념과 관계는 있지만 다소 다르다. 이 책은 주로 기율의 경계에 초점을 맞추지만, 푸코는 이를 넘어선 폭넓은 주제를 다룬다. 푸코의 더 큰 기획은 광범위한 사회적 제도 사이의 "규칙"(regularity)을 발견하는 것이다. "일련의 언표들 사이에서 분산의 체계들을 기술할 수 있을 때, 대상들 사이에, 언표의 유형들 사이에, 개념들 사이에, 테마(전략)적 선택 사이에 규칙성(질서, 상호 관계, 위치와 기능 작용, 변환)을 정의할 수 있을 때 …… 담론 체계를 다루고 있는 것이다"(p. 38; 한국어판 67-68쪽. 한국어판을 참조하되, 필요에 따라 번역을 수정했다. 이하 한글 번역판의 쪽수는 원서 쪽수 다음 세미콜론[;] 다음 표기한다). 푸코는 『지식의 고고학』 후반부에서 이를 "에피스테메"의 개념과 통합한다. 에피스테메는 "일종의 세계관, 모든 인식들에 공통된, 그리고 각자에 동일한 규범들과 동일한 가정들을 부과하는 역사의 단편, 이성의 일반적인 단계, 한 시대의 인간들이 피하지 못하는 사유의 어떤 구조와도 같은 것이다"(p. 191; 266쪽). 이런 목표에 비교하면 이 책의 프로젝트는 훨씬 소박하다. 특정한 역사적 조건 속에서, 담론의 형식들이 어떻게 묶이고, 안정되고, 건축 실천으로 엮여 들어가는지, 그래서 하나의 관습이 되고 이 관습을 통해 사회와 건축 제도가 기율의 기능을 확인하는지에 관심을 두는 것이다. 건축 담론이 여러 기관과 제도로 퍼져나가 더 큰 담론 체계를 만들어내기는 하지만, 더 큰 규칙들을 추적하는 것은 이 책의 범위를 벗어나는 일이다. 이 책의 초점은 건축이 어떻게 구성되느냐는 데 있다.

2 건축의 "기율"과 "직능"의 구분은 Stanford Anderson, "On Criticism," *Places* 4, no. 1 (1987)을 따른 것이다. 기율이란 용어는 특히 "비판적 관습주의"와 물리적 환경의 준자율성이라는 앤더슨의 개념에서 영향을 받았다. 앤더슨의 "Critical Conventionalism: The History of Architecture," *Midgård* 1, no. 1 (1987)과 "The Profession and Discipline of Architecture: Practice and Education," in Andrzej Piotrowsky and Julia W. Robinson, eds., *The Discipline of Architecture* (Minneapolis: University of Minnesota Press, 2001)를 보라.

3 Anderson, "On Criticism," p. 7.

4 Alan Colquhoun, "The Modern Movement in Architecture," *British Journal of Aesthetics* (January 1962), reprinted in his Essays in *Architectural Criticism* (Cambridge, MA: MIT Press, 1985), p. 25.

5 Michel Foucault, "Discourse on Language," in *Archeology of Knowledge*, p. 222; 『담론의 질서』(이정우 옮김, 새길, 1993), 26쪽.

6   푸코에 따르면 devenir(영어판에서는 development, 한국어판에서는 생성)는 역사를 "연속적인 것의 담론"으로 전제하고 인간 의식을 "모든 역사적 발전의 고유한 주제"로 만드는 일종의 분석적인 태도를 지칭한다. *Archeology of Knowledge*, pp. 3-17; 『담론의질서』, 27-41쪽.

7   페브스너의 역사 서술 방식에 관해서는 그의 *The Sources of Modern Architecture and Design*에 관한 스탠퍼드 앤더슨(Stanford Anderson)의 서평을 *Art Bulletin* 53 (June 1971)에서 참조할 것. "그의 다른 글에서처럼 여기서도 페브스너는 '시대를 위한 양식'을 찾고자 노력한다. 페브스너에게 시대는 인간이 반드시 파악해야만 하는 단단한 현실이다. 공교롭게도 '근대'라는 시대는 고정된 실체일 뿐만 아니라, 페브스너에 따르면 산업 혁명의 완전한 발전이 낳은 거칠고 기계적인 대중 문명이다. 그러나 거친 문명의 구조가 논쟁의 여지 없이 명백한 만큼, 인간은 이 정제되지 않은 상황을 개선시킬 수 있다고 믿었다. 예술가의 임무는 시대의 양식을 발견하는 것이다. 심지어 이 거칠고 타협 없는 시대조차도 형태로 표현되어야 하는 것이다"(p. 274). 페브스너의 시대정신에 대한 유사한 비판으로 Panayotis Tournikiotis, *The Historiography of Modern Architecture* (Cambridge, MA: MIT Press, 1999)를 참조하라.

8   Manfredo Tafuri, *Architecture and Utopia: Design and Capitalist Development* (1973; translation, Cambridge, MA: MIT Press, 1976), p. ix. 이 책의 문맥에서 페브스너와 타푸리를 충분히 논의할 수는 없다. 특히 후자의 글은 분류하기 불가능할 정도로 난해하다. 1980년대 이후 많은 건축 역사학자와 비평가에게 타푸리의 글은 영감을 주기도 하고 고민거리이기도 했다. 필자 역시 타푸리가 *Theories and Histories of Architecture* (1976; translation, New York: Harper and Row, 1980; 『건축의 이론과 역사』(김일현 옮김, 동녘, 2009)에서 보여준 통찰의 도움을 받았다. 하지만 제도와 관련해서 타푸리의 *Architecture and Utopia*에 두 가지 문제를 지적하고자 한다. 첫 번째, 건축의 제도가 자신의 관심사라고 했던 타푸리의 말을 곱씹어봐야 한다. 타푸리는 이와 관련해 *Theory of the Avant-Garde* (1974; translation, Minneapolis: University of Minnesota Press, 1984); 『아방가르드의 이론』(최성만 옮김, 지만지, 2009)에서의 페터 뷔르거의 논지에 동조하고 있다. 뷔르거는 모더니즘과 아방가르드를 제도적인 체제로 봐야 한다고 주장한다. 타푸리는 주체의 개입에서 제도의 규칙성으로 확대해가면서 제도를 설명한다. 그는 또 아방가르드의 작업이 건축 실천이라는 더 큰 담론 체계를 파고들어 이를 드러낸다고 생각한다. 하지만 타푸리는 자칭 극단적인 주체들이 움직이는 더 큰 제도적 틀에 대해서는 설명하지 않는다. 두 번째로 자본주의 사회에서 건축이 무용지물이 되었다는 자신의 테제를 세우기 위한 장치로써, 타푸리는 대문자 'A'로서의 건축의 본질을 가정한다. *Architecture and Utopia*에서 타푸리는 다음과 같이 주장한다. "모순되게도 건축에 주어진 과제는 건축을 넘어서고 비켜선 것이다. 역사적으로 확증된 이 상황을 인식하면서, 필자는 그 어떤 회한을 표하는 것이 아니다. 왜냐하면 기율의 역할이 없어졌을 때, 사태의 흐름을 멈추려고하는 것은 최악의 퇴행적 유토피아일 뿐이기 때문이다. 사태가 매일매일 우리 눈앞에서 벌어지기 때문에 이것은 예언이 아니다. 분명한 증거를 원하는 이들은 건축가들이 실제로 건축을 하는 비율을 확인하는 것으로 충분할 것이다"(pp. ix- x, 필자의 강조). 이 구절의 첫 문장에서 타푸리는 "건축"을 다른 두 가지 방식으로 사용한다.

첫 번째는 제도를 지칭하고 두 번째는 어떤 보편적인 체제, 자본주의 이전의 이상적인 체제를 말하고 있다. 그러나 타푸리는 후자를 제대로 규명하지 않기 때문에, 건축 생산에서 "이데올로기의 무용함"이라는 그의 테제를 이해하는 데에 혼란을 야기한다.

9   Frederic Jameson, "Architecture and the Critique of Ideology," in Joan Ockman, et al., eds., *Architecture, Criticism, Ideology* (Princeton: Princeton Architectural Press, 1985), p. 59.

10   푸코의 파놉티콘론에 대한 들뢰즈의 독해, 그리고 다이어그램을 "기호의 체제"라고 부른 들뢰즈의 영향을 받아, 다이어그램의 도구성은 최근 흥미로운 건축 주제로 부상하고 있다. 유명한 들뢰즈의 정의에 따르면 다이어그램은 "추상 기계"다. "그것은 실체가 아니라 물질에 의해 움직이고, 형태가 아니라 기능에 의해 작동한다"[Gilles Deleuze and Felix Guattari, *A Thousand Plateaus: Capitalism and Schizophrenia* (1980; translation, Minneapolis,University of Minnesota Press, 1987), p. 141; 『천 개의 고원』(김재인 옮김, 새물결, 2001)]. 건축에 관한 그의 관심을 감안할 때 들뢰즈의 관찰은 아주 재미있다. 그러나 다이어그램의 "재발견"은 마치 건축의 새로운 계시인 양 지적 기회주의에 휩쓸려갔다. 필자는 들뢰즈가 제안한 다이어그램의 기능은 20세기의 많은 건축가들이 오랫동안 알고 실천해온 것을 철학자가 뒤늦게 깨달은 개념이라고 생각한다. 들뢰즈의 개념은 역사적으로 접근할 때 건축을 이해하는 데 도움이 된다. 이 책이 들뢰즈를 직접 논하지는 않지만, 철학자의 말을 보다 엄밀하게 접근할 수 있는 가능성을 열어줄 것으로 기대한다.

11   Foucault, *Archeology of Knowledge*, p. 55.

12   "What is Enlightenment," in Paul Rabinow, ed., *The Foucault Reader* (New York: Pantheon, 1984), p. 48.

13   푸코의 "기능으로서의 저자" 개념은 "What is an Author?," in Donald F. Bouchard, ed., *Language, Counter-Memory, Practice* (Ithaca: Cornell University Press, 1977)에 가장 잘 설명되어 있다. 비슷한 개념을 칼 포퍼의 "제3세계의 사물"에서도 볼 수 있다. "객관적 구조는 꼭 의도하지 않았으나 …… 일단 만들어지면, 정신과 의도와 독립적으로 존재하는 정신의 산물이다." 포퍼가 지적한 대로, 이것은 주체성을 지워버리는 것이 아니다. "첫 번째(물질세계)와 세 번째 세계는 두 번째 세계, 즉 주관적이고 개인적인 경험 세계의 개입 없이는 서로 아무런 영향도 미치지 못한다." 또 "세 번째 세계가 인간 행위의 산물로써 생겨난다는 걸 인정하면서도, 현실 또는(소위) 세 번째 세계의 자율성을 인정할 수 있다"[Karl Popper, *Objective Knowledge* (Oxford: Clarendon Press, 1982), pp. 153-190]. 푸코의 담론 개념과 포퍼의 객관적 구조를 비교하는 논문으로 Robert D'Amico, "What is Discourse?," *Humanities in Society* 5 (Summer & Fall 1982)와 *Historicism and Knowledge* (London: Routledge, Chapman & Hall,1989), pp. 96-118을 참조할 것.

1. 담론·대중 건축·아카데믹 프로페션

1 미국에서 건축 프로페션의 역사에 관한 가장 포괄적인 저술은 Mary N. Woods, *From Craft to Profession: The Practice of Architecture in Nineteenth-Century America* (Berkeley: University of California Press, 1999)이다. 보자르의 독특한 사회적 위치에 관해서는 David Brain, "Discipline and Style. The Ecole des Beaux-Arts and the Social Production of an American Architecture," *Theory and Society* 18 (1989)을 보라.

2 C. H. Reilly, "The Modern Renaissance in American Architecture," *Journal of the Royal Institute of British Architects*, 3rd ser. (June 25, 1901), p. 630 (필자의 강조).

3 이 주제에 관해 많은 선행 연구가 있다. David P. Handlin, *The American Home. Architecture and Society, 1815–1915* (New York: Little, Brown, 1979); Gwendolyn Wright, *Moralism and the Model Home: Domestic Architecture and Cultural Conflict in Chicago, 1873–1913* (Chicago: Chicago University Press, 1980); Clifford E. Clark, *The American Family Home, 1800–1960* (Chapel Hill: University of North Carolina, 1986); and Marlyn F. Motz and Pat Brown, *Making the American Home: Middle-Class Women and Domestic Material Culture, 1840–1940* (Bowling Green: Bowling Green State University Popular Press, 1988)를 보라. 필자는 아래의 글도 참조했다. Martha C. McClaugherty, "Household Art: Creating the Artistic Home, 1868–1893," *Winterthur Portfolio* 18 (Spring 1983); Simon J. Bronner, "Manner Books and Suburban Houses: The Structure of Tradition and Aesthetics," *Winterthur Portfolio* 18 (Spring 1983).

4 패턴 북에 관한 탁월한 논의로 다음을 참조하라. Dell Upton, "Pattern Books and Professionalism: Aspects of the Transformation of Domestic Architecture in America, 1800–1860," *Winterthur Portfolio* 19 (Summer/Autumn, 1984); Vincent Scully, *The Shingle Style and the Stick Style* (New Haven: Yale University Press, 1971); Robert P. Guter and Janet Foster, *Building by the Book: Pattern Book Architecture in New Jersey* (New Brunswick: Rutgers University Press, 1992); Michael A. Tomlan, "Popular and Professional American Architectural Literature in the Late Nineteenth Century (Ph.D. dissertation, Cornell University, 1983); William B. O'Neal, "Pattern Books in American Architecture, 1730–1930," in Mario di Valmarana, *Building by the Book*, 3 vols.(Charlottesville: University Press of Virginia, 1896); Henry Russell Hitchcock, *American Architectural Books: A List of Books, Portfolios, and Pamphlets on Architecture and Related Subjects Published in America before 1895*, 3rd ed.(Minneapolis: University of Minnesota, 1962); Wright, *Moralism and the Model Home*.

5 19세기 빌딩 카탈로그에 관한 2차 문헌으로는, Herbert Gottfried, "Building the Picture; Trading on the Imagery of Production and Design," *Winterthur Portfolio* 27 (Winter 1992)를 보라. 이 책은 플랜 북도 다루고 있다. 카탈로그를 제작한 몇몇 제조업체에 관한 연구로 Diana S. Waite, *Architectural Elements* (Princeton, Pyne Press, 1972)를 보라.

6 팰리저와 쇼펠의 역사에 관해서는 James L. Garvin, "Mail Order House Plans and American

Victorian Architecture," *Winterthur Portfolio* 16 (Winter 1981); and Chapter 6, "George Palliser and the Development of Mail-Order Architecture," in Michael A. Tomlan, *Popular and Professional American Architectural Literature in the Late Nineteenth Century* (Ithaca: Cornell University, 1983)를 보라. 학술 논문은 아니지만 Patricia Poore, "Pattern Book Architecture," *Old House Journal* 12 (December 1980)도 도움이 된다. 이것들의 표상 방식에 관해서는 Jan Jennings, "Drawing on the Vernacular Interior," *Winterthur Portfolio* 27 (Winter, 1992)를 참조하라. 당시의 실무에 관한 해석을 비롯해 산업 전반에 대해서는, "Stock Plan Services and Plan Shops," in Robert Gutman, *The Design of American Housing* (Princeton: Princeton University Press, 1985)을 보라.

7　가장 유명한 빌더즈 가이드는 애셔 벤저민(Asher Benjamin)과 마이너드 레이피버(Minard Lafever)가 썼다. 이에 관해서는, Talbot Hamlin, "Greek Revival in America and some of its Critics," *Art Bulletin* 24 (1942)와 Dell Upton, "Pattern Books and Professionalism"; Vincent Scully, *The Shingle Style and the Stick Style*; Henry Russell Hitchcock, *American Architectural Books*를 보라.

8　Scully, *The Shingle Style and the Stick Style*, pp. xxv-lix와 Henry Russell Hitchcock, *American Architectural Books*, p. iii. 양식의 진화라는 동일한 관점에서 서술했지만, Talbot Hamlin, *The Greek Revival Architecture in America* (New York: Oxford University Press, 1944)는 픽처레스크에 대해서는 견해가 다르다.

9　Bob Reckman, "Carpentry: The Trade and Craft," in Andrew Zimbalist, ed., *Case Studies on the Labor Process* (New York: Monthly Review Press, 1979)와 Robert A. Christie, *Empire in Wood: A History of the Carpenter's Union* (Ithaca: Cornell University, 1956)을 보라.

10　Daniel Boorstin, *The Americans: The Democratic Experience* (New York: Vintage,1974), p. 128.

11　Burton J. Bledstein, *The Culture of Professionalism: The Middle Class and the Development of Higher Education in America* (New York: W. W. Norton, 1976), pp. 87-88.

12　"자율성의 이데올로기"의 관점에서 프로페션의 자율성에 관한 논의로 Sibel B. Dostoglu, "Lincoln Cathedral versus the Bicycle Shed," *Journal of Architectural Education* 36 (Summer 1983)를 볼 것. 이 논문은 건축의 전문화 과정에서 동원되었던 "정당화의 도구"를 정의하는 데 "전문가의 우월성을 주장하기 위한 근거로써 …… 지식, 이론, 기술, 언어의 총합 또는 문화 자본"(p. ii)이라는 앨빈 굴드너(Alvin Gouldner)의 개념을 사용했다.

13　예를 들어 팰리저와 쇼펠은 자신을 건축가라고 불렀다. 모순적이지만 쇼펠은 자신의 사업이 건축가 비용을 지불하기를 꺼리는 사람들의 욕구를 채워주는 것이라고 인정했다. 하지만 자신의 사업이 취향을 고취시키기 때문에, 건축가의 일이 더 늘어날 것이라고 덧붙였다. 패턴 북 작가들의 자기 정체성에 관해서는 Gwendolyn Wright, *Moralism and the Model Home: Domestic Architecture and Cultural Conflict in Chicago, 1873-1913*, pp. 46-55를 보라. 라이트에 관한 논의는 Clifford Edward Clark, *The American Family Home, 1800-1960*의 3장, 그리고 Mary N. Woods, "The American Architect and Building News, 1876-1907"(Ph.D.

dissertation, Columbia University, 1983), pp. 66-68과 Woods, *From Craft to Profession*, pp. 85-92를 보라.

14 표준 계약서의 역사에 관심을 가지게 된 데에는 Richard Michael Levy, "The Professionalization of American Architects and Civil Engineers, 1865-1917"(Ph.D. dissertation, University of California, Berkeley, 1980)의 도움이 컸다.

15 David Emerson, "The Growth of the Specification," *Pencil Points* 11 (February 1930), pp. 149-151을 보라.

16 Charles Baudelaire, "The Painter of Modern Life," 1863, translated in *The Painter of Modern Life and Other Essays* (Oxford: Phaidon, 1964), p. 12.

17 Alan Trachtenberg, *The Incorporation of America* (New York: Hill and Wang, 1982), p. 213. 컬럼비아 박람회가 아카데믹 프로페션과 대중 건축의 간극을 물리적 현실로 표출시켰다고 보는 관점은 Alan Trachtenberg and Lawrence Levine, *Highbrow/Lowbrow: The Emergence of Cultural Hierarchy in America* (Cambridge, MA: Harvard University Press, 1988)에 근거를 두었다. 소설가 클라라 루이스 버넘은 소설 『달콤한 클로버』(*Sweet Clover*)의 등장인물을 통해 이와 같은 입장을 전달한다. "미드웨이는 단지 물질의 표상일 뿐이다. 그리고 이 위대한 백색 도시는 정신의 상징이다." Robert Rydell, "Rediscovering the 1893 Chicago World's Columbian Exposition," in *Revisiting the White City* (Hanover, NH: The University Press of NewEngland, 1993), p. 55에서 인용했다.

18 Henry Van Brunt, "Architecture at the World's Columbian Exposition," *The Century Magazine* 44 (1892). Coles and Reed, eds., *Architecture in America: A Battle of Styles* (New York: Appleton-Century-Crofts, 1961), p. 158에 재수록되었다.

19 Charles Moore, *Daniel Burnham: Architect, Planner of Cities*, Vol 2 (Boston: Houghton Mifflin, 1921), p. 90.

20 1905년 1월 11일 워싱턴 AIA 39회 총회에서 있었던 루트의 연설에서 인용. Henry Saylor, *The AIA's First Hundred Years* (Washington, DC: The Octagon, 1956), p. 136; Charles Moore, *The Promise of American Architecture* (Washington, DC: AIA, 1905). 비슷한 관점으로 David Brain, "Discipline and Style"을 참조하라. "프로페션 조직을 유지해야 하는 특정한 역사적 상황에서 보자르 디자인의 담론과 미국적 상황 간의 이해관계가 '일치'했다. 보자르가 수용될 수 있었던 까닭은 건축가들의 설계 능력 때문만이 아니라, 시장에서 권위 있는 실천 행위로서 '건축'을 재생산하는 일관된 토대를 제공할 수 있었기 때문이다"(p. 812).

21 목록은 다음의 문헌을 분석하여 만들어진 것이다. "The Best Twenty Books for an Architect's Library," *American Architect* 21 (February 12, 1887); Edward R. Smith, "A List of Standard Architectural Books for Office and Public Libraries," *Brickbuilder* 17 (July-September, 1909); "The Current Index of Architectural Literature," *JAIA* 3 (January, 1915); Lawrence Kocher, "The Architect's Library," *Architectural Record* 56-57 (1924-1925); Charles B. Wood, III, "A Survey and Bibliography of Writings on English and American Books Published before 1895," *Winterthur Portfolio* 2 (1965); and "The Architectural Book

in Nineteenth Century America," in Mario di Valmarana, ed., *Building by the Book*; Michael J. Crosbie, "'From Cookbooks to Menus': The Transformation of Architecture Books in Nineteenth Century America," *Material Culture* 17 (Spring 1985); Henry Russell Hitchcock, *American Architectural Books*; Adolf K. Placzek, ed., *Avery's Choice: Five Centuries of Great Architectural Books* (New York: G. K. Hall, 1997).

22 Thomas Nolan, introduction to *"Sweet's" indexed Catalogue of Building Construction* (New York: The Architectural Record Company, 1906). 스위트의 배경에 관해서는 Susan R. Lichtenstein, "Editing Architecture: Architectural Record and the Growth of Modern Architecture, 1928-1938"(Ph.D. dissertation, Cornell University, 1990), pp. 51-59을 참조하라.

23 물론 이 분야의 개척자였던 스컬리의 글 *The Shingle Style and the Stick Style*을 말하는 것이다. 부제는 "Architectural Theory and Design from Downing to the Origins of Wright"로 1955년에 처음 출간되었다.

24 Barr Ferree, "An 'American Style' of Architecture," *Architectural Record* 1 (July-September,1891), p. 39.

25 Marvyn E. Macartney, *The Practical Exemplar of Architecture being Measured Drawings and Photographs of Examples of Architectural Details* (London: The Architectural Review, 1907), p. 2.

26 필자가 MIT 박물관의 "프로그램 북"을 분석한 결과다. 이 자료에는 MIT 건축학과 2학년부터 6학년까지의 학생 프로젝트와 프로그램, 1905년과 1906년에 있었던 콩쿠르가 실려있다.

27 Theodore Wells Pietsch, "The Superiority of the French-Trained Architect," *Architectural Record* 25 (February 1909), pp. 113-114. 투시도보다 정투영도가 우월하다는 점에 관해서는 Eileen Michels, "A Developmental Study of the Drawings Published in American Architect and in Inland Architect through 1895"(Ph.D. dissertation, University of Minnesota, 1971), pp. 145-146와 James F. O'Gorman, *On the Boards: Drawings by Nineteenth-Century Boston Architects* (Philadelphia: University of Pennsylvania Press, 1989), p. 11을 보라.

28 Mary N. Woods, "The Photograph as Tastemaker: The American Architect and H. H. Richardson," *History of Photography* 14 (April-June 1990).

29 Lauren M. O'Connell, "Viollet-le-Duc on Drawing, Photography, and the 'Space Outside the Frame'," *History of Photography* 22 (Summer 1998); Michael Harvey, "Ruskin and Photography," *The Oxford Art Journal* 7, No. 2 (1985). 초창기 건축 사진의 재현 전략에 대한 유사한 해석으로는 Cervin Robinson and Joel Herschman, *Architecture Transformed: A History of the Photography of Buildings from 1839 to the Present* (Cambridge, MA: MIT Press, 1987), p. 58을 보라.

30 Mary N. Woods, "The American Architect and Building News, 1876-1907," pp. 88-90.

31 같은 책, p. 169.

32 사설은 다음과 같이 말한다. "『리프린트』는 구하기 어렵고 비싼 책을 독자들에게 아주 저렴한 가격에 제공한다. 도판 설명이 필요한 경우를 제외하곤 글이 없다. 『아키텍추럴 리프린트』의 작업이 끝날 때면, 저렴한 가격으로 세계에서 가장 훌륭한 건축 책을 모두 제공했을 것이다"["Announcement," *Architectural Reprint* 2 (April, 1902)].

33 Lichtenstein, "Editing Architecture," pp. 58–59.

34 Beatriz Colomina, *Privacy and Publicity* (Cambridge, MA: MIT Press, 1994), p. 43.

35 "Editorial," *New York Sketchbook of Architecture* 1 (January 1874), Leland Roth, ed., *America Builds* (New York: Harper Row), 1983, p. 232에 재수록. 『뉴욕 스케치북 오브 아키텍처』(*New York Sketch Book of Architecture*, 1874–1876)와 보스턴에서 출간된 『아키텍추럴 스케치북』(*Architectural Sketch Book*, 1873–1876)은 당대 작품의 도판을 주로 게재했다. 포트폴리오 클럽을 결성한 보스턴의 건축가와 제도사가 후자의 도판을 선별하고 공급했다. 이 잡지에 대한 연구로는 Eileen M. Michels, "A Developmental Study of the Drawings Published in American Architect and in Inland Architect through 1895"와 Mary N. Woods, "The American Architect and Building News, 1876–1907"가 있다.

36 Percy C. Stuart, "Architectural Schools in the United States. Columbia University," *Architectural Record* 10 (July 1900), p. 6. 설계 프로젝트가 특정한 건물 유형을 참조할 필요가 있을 때 인기 있는 도판이 어떤 방식으로 제본에서 분리되어 도서실에 보관되었는지에 관한 흥미로운 설명이 기사에 포함되어 있다.

37 괴르트 피세켄(Goerd Peschken)의 카를 프리드리히 싱켈(Karl Friedrich Schinkel) 연구서에 있는 말이다. Dalibor Vesely, "Architecture and the Conflict of Representation," *AA Files* 8 (January 1985), p. 30에서 인용했다.

38 Goodman, *Languages of Art* (Indianapolis: Hackett, 1976). 굿맨은 자필적 예술과 대필적 예술을 구분한다. "예술 작품의 원작과 표절의 구분이 중요할 경우에만, 더 정확히 말해 가장 정확한 복제도 원본으로 인정받지 못할 때에만" 자필적 예술이다. 회화는 자필적 예술이지만, 기보에 충실한 모든 퍼포먼스는 오리지널로서 인정을 받기 때문에 음악 작곡과 건축은 대필적 예술이다.

39 Paul Cret, "The Utility of Exhibitions," *T-Square Club Catalogue (1904–05)*, pp. 9–12. George E. Thomas, "Pecksniffs and Perspective," in James F. O'Gorman, *Drawing Toward Building: Philadelphia Architectural Graphics, 1732–1986* (Philadelphia: Pennsylvania Academy of Fine Arts, 1986), p. 123에서 인용했다.

40 "변하지 않는 유동체"는 Bruno Latour, "Drawing Things Together," Michael Lynch and Steve Woolgar, ed., *Representation in Scientific Practice* (Cambridge MA: MIT Press, 1990)에서 핵심 개념이다.

2. 포트폴리오와 아카데미

1 William Robert Ware, *American Vignola*, 2 vols.(Boston: American Architect and Building News, 1902-1906).『아메리칸 비뇰라』가 나오기 전에 학생들은 비뇰라의 프랑스어판『건축의 기초 연습』(*Traité élémentaire pratique d'architecture*)을 보았다. 이 책은 웨어의 책만큼 접근이 쉽지 않았다.『아메리칸 비뇰라』는 고전 건축의 규칙을 매우 쉽게 설명해 표준 교과서로 금세 자리 잡았다. 이 책으로 1학년 건축과 학생들이 오더를 공부했다.

2 예를 들어, Mohamed Chaoul, "The Rhetoric of Composition in Julien Guadet's Elements et theories"(Ph.D. dissertation, University of Pennsylvania, 1987)는 구아데의『건축의 이론과 요소』와 보자르 체계가 뒤랑의 "아날리티크-콤포지션(analytique-composition)의 이항 개념"에 의존했다고 주장한다. 뒤랑의『건축 강의록』이 보여주듯이 보자르 이론을 이해하는 설득력 있는 방법이다. 하지만 필자가 평가하기에, 이 논문은 뒤랑의 말이 보자르 설계 방식을 직접적으로 반영하는 것으로 잘못 읽고 있다. 베르너 잠빈(Werner Szambien) 등이 지적했던 바와 같이, 뒤랑과 보자르 사이에는 모순과 간극이 있다.

3 보자르에 관한 2차 저작물은 너무 많아서 언급하지 못할 정도다. 보자르 체제의 교육에 관한 가장 탁월한 입문서로는 Richard Chafee, "The Teaching of Architecture at the Ecole des Beaux-Arts," in Arthur Drexler, *The Architecture of the Ecole des Beaux-Arts* (Cambridge, MA: MIT Press, 1977). 로런스 앤더슨(Lawrence Anderson)과 피터 콜린스(Peter Collins)가 편집한 1979년 11월 특집호 *Journal of Architectural Education* (Vol. 33, No. 2)도 근대 건축 교육의 기원과 보자르의 관계에 관한 문헌으로 언급할 만하다. 최근 미국 건축가들이 보자르에서의 개인적인 체험과 교육 체제에 관해 여러 잡지에 기고한 글도 유익하다.

4 Albert Randolph Ross, quoted in Charles C. Baldwin, *Stanford White* (1931; reprint, New York: Da Capo, 1976), pp. 262-263. 화이트 밑에서의 건축 실무 경험에 관한 유사한 설명으로는 Harold van Buren Magonigle, "Half Century of Architecture - 6," *Pencil Points* 15 (September 1934)을 참조할 것.

5 Steven Bedford, et al., *Between Traditions and Modernism* (New York: National Academy of Design, 1980), p. 18에서 인용했다.

6 A. D. F. Hamlin, "The Influence of the Ecole des Beaux-Arts on Our Architectural Education," *Architectural Record* 23 (April 1908), p. 243.

7 Marco Frascari, "The Tell-the-Tail Detail," *VIA* 7, 1984, reprinted in Kate Nesbitt, ed., *Theorizing a New Agenda for Architecture* (New York: Princeton Architectural Press, 1996), p. 501.

8 David Varon, *Indication in Architectural Design* (New York: William T. Comstock, 1916), p. 19.

9 Richard F. Bach, "Three Books for Draftsmen," *Architectural Record* 42 (December 1917), p. 584.

10 Varon, *Indication in Architectural Design*, pp. 27-28.

11 같은 곳.

12 Frascari, "The Tell-the-Tail Detail," p. 502.

13 John Galen Howard, "The Paris Training," *Architectural Review* 5 (January 1898), p. 6.

14 Alberto Pérez-Gómez, *Architecture and the Crisis of Modern Science* (Cambridge, MA: MIT Press, 1983, pp. 279-291)와 그의 최근작인 *Architectural Representation and the Perspective Hinge* (Cambridge MA: MIT Press, 1997), pp. 84-85. 페레즈 고메즈가 프랑스 건축 이론에 관한 가장 돋보이는 연구를 했으나, 보자르 체제가 "실천을 합리적 이론으로 환원(*Architecture and the Crisis of Modern Science*, p. 197)했다"는 입장에는 동의할 수 없다. 앞으로 언급하겠지만, 보자르 체계의 가장 매력적인 점은 이론 안에서 뿐만 아니라 실천·시각·이론 사이의 이접(disjunction)이 일어났다는 데에 있다.

15 J. Stewart Barney, "The Ecole des Beaux Arts: Its Influence on Our Architecture," *Architectural Record* 22 (November 1907), p. 336. 보자르 체계의 장점을 둘러싼 가장 재미있는 논쟁은 바니·햄린·크레가 『아키텍추럴 레코드』 22 (1907)에 기고한 일련의 글에서 볼 수있다.

16 "Mais il y a de beaux plans, et je trouve l'expression trés légitime - mais il y a debeaux livres, beaux parce qu'on y lit, ou une belle partition est belle par ce qu'ellecontient." *Éléments et thérie de l'architecture* (Paris: Lib. de la Construction Moderne, 1901-1904) 3장에서 인용했다. 영어 번역은 Leland Roth, ed., *America Builds* (New York: Harper and Row, 1983), p. 332을 따랐다.

17 Barney, "The Ecole des Beaux Arts," p. 337. 보자르 평면에 관한 유사한 설명은, Alan Colquhoun, "The Beaux-Arts Plan," in *Essays in Architectural Criticism* (Cambridge, MA: MIT Press, 1981)과 Richard A. Moore, "The Beaux-Arts Tradition and American Architecture" (Catalogue of Exhibition by the National Institute for Architectural Education, New York, 1975)를 참조하라.

18 Reginald Blomfield, *Architectural Drawing and Draughtsmen* (New York: Cassell, 1912), p. 8.

19 Ernst Gombrich, "Mirror and Map: Theories of Pictorial Representation," in *The Image and the Eye* (London: Phaidon, 1982)를 보라. 건축가의 평면 시각에 관한 통찰력 있는 분석으로는 David Leatherbarrow, "Showing What Otherwise Hides Itself," *Harvard Design Magazine* (Fall 1998)을 참조할 것.

20 Paul Philippe Cret, "Design," in *Book of the School, Department of Architecture, University of Pennsylvania, 1874-1934* (Philadelphia: University of Pennsylvania, 1934), p. 29.

21 Howard, "The Paris Training," p. 6. 다른 좋은 글로 펜실베이니아 대학교 학생이었던 조지프 에셔릭의 체험기가 있다. Joseph Esherick, "Architectural Education in the Thirties and Seventies: A Personal View," in Spiro Kostof, ed., *The Architect* (New York: Oxford University Press, 1977). "공간 다이어그램의 본질로서 평면을 집중적으로 연구하는 것이 가장 중요했다. 나는 지금도 평면으로 건축을 읽고 마음속에서 공간의 개념을 만드는 성향이 있다"(p. 263, 필자의 강조).

22 David van Zanten, *Designing Paris* (Cambridge, MA: MIT Press, 1987), pp. 59-60. 비슷

한 해석에 대해서는 Barry Bergdoll, *Leon Vaudoyer: Historicism in the Age of Industry* (Cambridge, MA: MIT Press, 1994)를 참조할 것.

23 Paul Phillipe Cret, "Styles-Archeology," 1909, reprinted in Theophilus B. White, ed., *Paul Phillipe Cret: Architect and Teacher* (Philadelphia: Art Alliance Press, 1973) p. 49. 이 구절에 관심을 가지게 한 것은 Gwendolyn Wright, "History for Architects," in Gwendolyn Wright and Janet Parks, eds., *The History of History in American Schools of Architecture 1865-1975* (Princeton: Princeton Architectural Press, 1990) 때문이다.

24 John Chewning, "William Robert Ware and the Beginnings of Architectural Education in the United States, 1861-1881"(Ph.D. dissertation, MIT, 1986); Richard Plunz, "Reflections on Ware, Hamlin, McKim, and the Politics of History on the Cusp of Historicism," in Wright and Parks, eds., *The History of History in American Schools of Architecture*; Mary N. Woods, "The American Architect and Building News, 1876-1907"(Ph.D. dissertation, Columbia University, 1983), pp. 274-304.

25 William Ware, "Drawing, Designing, and Thinking," *Architectural Record* 26 (September 1909), p. 161.

26 Richard Plunz, "Reflections on Ware, Hamlin, McKim," p. 53에서 인용했다. 플런즈는 William T. Partridge, "Reminiscences of Charles McKim," in William R. Ware Collection, Avery Architectural and Fine Arts Library, Columbia University에서 인용했다. 비슷한 구절 을 Nathaniel Curtis, *Architectural Composition*, 3rd ed.(Cleveland: J. H. Jansen, 1935)에서 볼 수 있다. 커티스는 "독서가 건축가를 만들지는 않는다. 그의 적절한 연구 대상은 언제나 건물이어야 한다"(p. 269)라는 레지널드 블롬필드(Reginald Blomfield)의 말을 소개한다.

27 David Van Zanten, "Architectural Composition at the Ecole des Beaux-Arts from Charles Percier to Charles Garnier," in Drexler, *The Architecture of the Ecole des Beaux-Arts*, p. 112. 따라서 에콜의 용어 사용법에 따르면, 미국인들이 건축 디자인이라고 부르는 것은 예술 이론과 재현 방법을 뜻하는 데생(dessin)보다 콩포지치옹(composition, 구성)에 더 가깝다. 콤포지션은 MIT의 선택 과목이었던 "콤포지션과 렌더링"에서처럼 드로잉 기법이기도 했다. MIT의 교과목 일람은 "Massachusetts Institute of Technology, Department of Architecture Course of Instruction," *Architectural Record* 21 (June 1907), p. 444와 "The Course in Architecture," *Technology Architectural Record* 1 (May 1907), pp. 3-5를 참조했다.

28 David Van Zanten, "Le System des Beaux Arts," *Architectural Design* 48 (November/December 1978). 구아데의 『건축의 이론과 요소』 2권과 3권은 전적으로 건물의 유형을 다룬다. 주거 건축에서 시작해 다양한 공공기관을 거쳐 마지막으로 종교 건축을 다루는데, 3권 전체를 종교 건축에 할애했다. 19세기 프랑스 건축 이론은 매우 복잡하고 깊이 있는 연구가 필요한 분야여서 이 책에서 충분히 다룰 수는 없다. 필자는 이 분야에 관해서는 데이비드 반 잔텐의 연구에 크게 도움을 받았다. 에콜데보자르의 역사·이론·작업 방식에 관한 그의 저술들은 엄밀하고 날카로운 통찰력이 있다. 반 잔텐은 보자르 체제가 미국에 수출되면서, 유형보다는 방법으로서의 콤포지션이 더 강조되었다고 말한다. 이 견해에 전적으로 동의하면

서, 유형의 이용과 이해는 콤포지션과 따로 떼어서 생각할 수 없다는 점을 덧붙이고 싶다. 19세기 후반에 건축의 주변 상황이 급속하게 변했음에도 불구하고, 프랑스의 아카데미 이론은 미국에서보다 훨씬 더 생명력을 갖고 있었다. 많은 역사학자들은 이는 부분적으로 콤포지치옹의 포괄적이고 실용적인 특성에서 그 원인을 찾는다. 복잡한 역사에서 보듯이, 프랑스 아카데미 이론은 건축 디자인의 이데올로기를 유지하면서도, 반대파의 비판을 체계 속으로 흡수하는 능력이 있었다.

29 Guadet, *Éléments*, translated in Roth, ed., *America Builds*, p. 327.

30 영미권의 콤포지션 책이 많았다는 사실은 Colin Rowe, "Character and Composition; or Some Vicissitudes of Architectural Vocabulary in the Nineteenth Century," *Oppositions* 2 (1974), reprinted in *The Mathematics of the Ideal Villa and Other Essays* (Cambridge, MA: MIT Press, 1976)를 통해서 처음 주목하게 되었다. 데이비드 반 잔텐과 리처드 무어도 20세기 첫 30년 동안 미국과 영국에서 수많은 콤포지션 책이 출간되었음을 지적하지만 이를 깊이 있게 분석하지는 않는다. 콤포지션을 다룬 여러 영미권 책 가운데, 구아데의 『건축의 이론과 요소』의 체제를 수용하려고 한 유일한 책은 Robert Atkinson and Hope Bagenal, *Theory and Elements of Architecture* (New York: McBride, 1926)이다.

31 로빈슨과 반 펠트의 책은 개정되어 각각 *Architectural Composition* (1908)과 *The Essentials of Composition as Applied to Art* (1913)로 출판되었다. 콤포지션에 관한 책을 비롯해, 도면·시공·양식에 관한 다양한 책들이 1900년 전후에 출판되었다.

32 John Van Pelt, *A Discussion of Composition* (New York: Macmillan, 1902), pp. 1-39.

33 John B. Robinson, *Architectural Composition* (New York: D. Van Nostrand, 1908), pp. 12-14. 반대쪽에는 조지 L. 레이먼드(George L. Raymond)의 비교 미학 시리즈를 위시한 건축 표상이론이 있었다. 이 시리즈의 마지막 권인 *Painting, Sculpture and Architecture as Representative Arts* (New York: Knickerbocker Press, 1895; 2nd ed., 1909)에서 레이먼드는 "건축 형태는 구축의 물리적인 방법과 디자인의 정신적 목적을 표상한다"(p. 320)는 견해를 피력했다.

34 Van Pelt, *A Discussion of Composition*, p. 120. 특히 "시각적 효과" 장을 보라(pp. 120-153).

35 같은 책, pp. 71-72.

36 같은 책, p. 97.

37 *The International Correspondence Schools, A Treatise on Architecture and Building Construction* (Scranton, PA: Colliery Engineer Co., 1899), p. 2. "학생 설계에서 뒤랑의 가치는 역사적 관점에서 건축 모뉴멘트를 연구한 것(물론 가치가 있지만)보다는 콤포지션의 관점에서 파르티를 연구한 것에 있다"는 커티스의 평을 지적할 수 있다(*Architectural Composition*, 3rd ed., 1935, p. 279).

38 Werner Oechslin, "The Well-Tempered Sketch," *Daidalos* 5 (September 1982), p. 103. 이 논문은 데지레 데프라델르의 도면과 스케치(MIT 박물관 소장)에 관심을 갖게 된 데에도 도움을 주었다.

39 "대부분의 경우 그것은 종합적일 것이며, 당신의 정신에 완전한 형태로 갑자기 떠오를 것이다; 전통적 논리학의 이론과 방법들을 혼란스럽게 하고, 베이컨과 데카르트를 부정하는 이

러한 창작 방식, 이것이 바로 직관이며 예술적 아이디어의 진정한 탄생이다"(Guadet, *Élé-ments*, vol. I, pp. 100-101).

40 '정신적 기율의 관점에서 보면 에스키스는 대단한 가치를 갖고 있다. 에스키스를 지키면 서 문제를 푸는 기율은 강력하고 일관성이 있어 느슨하고 모호하게 생각하는 습관을 고칠 수 있다"[John Harbeson, *The Study of Architectural Design* (New York: Pencil Points Press, 1927), p. 8].

41 Alan Colquhoun, "The Beaux-Arts Plan," p. 168.

42 Ralph Adams Cram, *My life in Architecture* (Boston: Little, Brown and Company, 1936), p. 37 (필자의 강조).

43 A. D. F. Hamlin, "American Schools of Architecture. 1: Columbia University," *Architectural Record* 21 (May 1907), p. 329. 햄린은 건축 외관의 기본은 "비례·매스·창문, 빛과 그림자의 분배, 스케일과 표현"이라고 말하며, 반 펠트와 로빈슨에 동조했다. 아카데미 건축에 관한 문헌들은 종종 설계를 콤포지션과 계획이라고 불렀다. 컬럼비아나 버클리 같은 건축 학교 에는 구성과 계획 수업이 있었다. 컬럼비아 대학교에서 윌리엄 보링(William Boring)은 콤 포지션의 원리와 계획 원리를 별개의 과목으로 가르쳤다.

44 계획을 보편적인 원리에 입각해 논의한 몇 안 되는 책 가운데 하나가 Percy L. Marks, *The Principles of Planning: An Analytical Treatise for the Use of Architects and Others* (London: B. T. Batsford, 1901)이다. 계획을 논의의 중심에 두었기 때문에 디자인이란 용어가 입면을 표 현하는 예술적 속성에 국한하여 사용되었다는 점이 매우 흥미롭다(p. 92).

45 A. D. F. Hamlin, "The Influence of the Ecole des Beaux-Arts on Our Architectural Educa-tion," *Architectural Record* 23 (April 1908), p. 245. 구아데의 유형론이 미국의 실정에 맞지 않다고 지적한 글이 많다. 예를 들어 존 드레이퍼는 존 갤런 하워드가 버클리에서 했던 구아 데『건축의 이론과 요소』강의에 대해 "하워드는 프랑스의 건물 유형을 미국적 패턴에 끼워 맞추지 못했고, 따라서 미국 학생들이 구아데의 원리에서 배울 수 있는 내용이 제한되어 있 었다"고 말했다(Draper, "The Ecole des Beaux-Arts and the Architectural Profession in the United States: The Case of John Galen Howard," in Spiro Kostof, ed., *The Architect*, p. 233).

46 1900년 전후에 출간된 두 예는 William H. Birkmire, *The Planning and Construction of High Office Buildings* (New York: John Wiley and Sons, 1898)와 *The Planning and Construction of American Theatres* (New York: John Wiley and Sons, 1896)이다. 제1차 세계대전이 끝나 기 전에 출간된 병원 매뉴얼의 예로는 Albert Ochsner and Meyer Sturm, *The Organization, Construction and Management of Hospitals* (Chicago: Cleveland Press, 1907); John Hornsby and Richard Schmidt, *The Modern Hospital: Its Inspiration; Its Architecture; Its Equipment; Its Operation* (Philadelphia: W. B. Saunders, 1913); Edward F. Stevens, *The American Hospital of the Twentieth Century* (New York: Architectural Record Pub. Co., 1918) 등이 있다. 미국병 원협회의 기관지였던 *The Modern Hospital*은 병원 계획에 관한 정보원으로 널리 사용되었다.

47 19세기와 20세기 초까지 병원 평면은 기본적으로 병원 설계 경험이 있는 건축가의 도움 을 받아 의사들이 만들었다. 20세기 초만 하더라도 존스 홉킨스(Johns Hopkins)가 1875년

에 펴낸 『병원 평면』(*Hospital Plans*)과 헨리 버데트(Henry Burdett)의 『세계의 병원과 요양소』(*Hospitals and Asylums of the World*)가 주요 참고 문헌이었다. 1920년대에는 주 46에서 언급한 병원에 관한 정기간행물과 매뉴얼들을 보았다. 그러나 공간 구성의 새로운 개념과 새로운 건물 유형의 창안에는 건축가들보다는 의료단체의 전문가들이 더 크게 기여했다. John D. Thompson and Grace Goldin, *The Hospital: A Social and Architectural History* (New Haven: Yale University Press, 1975); Paul Starr, *The Social Transformation of American Medicine* (New York: Basic Books,1982); Allan M. Brandt and David C. Sloane, "Of Beds and Benches: Building the Modern American Hospital," in Peter Gallison and Emily Thompson, ed., *The Architecture of Science* (Cambridge, MA: MIT Press, 1999)를 보라.

48 Peter Collins, *Changing Ideals in Modern Architecture* (Kingston: McGill-Queens University Press), pp. 219-220. 콜린스는 18세기의 병원과 관공서, 19세기의 은행·사무실·호텔, 철도역과 같은 새로운 건물 유형이 프랑스 에콜데보자르 프로그램을 구성했다고 주장한다.

49 "콜로니얼 인스티튜트"를 위한 이 프로그램은 E. L. 마스크레(E. L. Masqueray)가 썼으며 *Society of Beaux-Arts Architects, Winning Designs: Paris Prize in Architecture, 1904-1927* (New York: The Pencil Points Press, 1928)에 실렸다. 이 책은 미국에서 아카데미 프로그램이 변화하는 모습을 검토하는 데 가장 좋은 자료 가운데 하나다. 이 프로그램은 Joseph Esherick, "Architectural Education in the Thirties and Seventies: A Personal View," in Spiro Kostof, *The Architect*, p. 252에 재수록되었다.

50 Collins, *Changing Ideals in Modern Architecture*, p. 229. 『건축의 요소와 이론』 4권에 나오는 "건축가의 임무"(Les Devoirs de l'architecte)에 관한 장을 보라.

51 Ernest Flagg, "The Planning of Hospitals," *Brickbuilder* 12 (June 1903), pp. 113-116.

52 Ernest Flagg, "The Ecole des Beaux-Arts, Third Paper," *Architectural Record* 4 (July-September 1894), p. 39.

53 Varon, *Indication in Architectural Design*, pp. 37-38.

54 Louis Sullivan, *Autobiography of an Idea* (1924; reprint, New York: Dover, 1956), p. 240 (필자의 강조).

55 A. D. F. Hamlin, "American Schools of Architecture. 1: Columbia University," *Architectural Record* 21 (May 1907), pp. 328-329.

56 Harbeson, *The Study of Architectural Design*, p. 1.

57 White, ed., *Paul Philippe Cret: Architect and Teacher*, p. 27에서 인용했다.

58 Burton J. Bledstein, *The Culture of Professionalism: The Middle Class and the Development of Higher Education in America* (New York: W. W. Norton, 1976), pp. 88-90.

59 "주석과 달리 기율에서는 처음부터 발견되어야 할 의미나 반복되어야 할 동일성을 가정하지 않는다. 그것은 새로운 언표들의 구성을 위해 필요한 것이다. 따라서 기율이 존재하기 위해서는 새로운 명제들을 만들 수 있는, 그리고 계속 만들 수 있는 가능성이 있어야 한다"[Michel Foucault, "The Discourse on Language"(1971), translated in *The Archeology of*

Knowledge and The Discourse on Language (New York: Pantheon, 1972), p. 223; 『담론의 질
서』(새길, 1993), 26쪽].

60 콤포지션을 반대하는 설리번의 입장은 "사람은 콤포지션이라는 과정을 만들었고, 자연은
언제나 조직화(organization)를 낳았다"라는 그의 유명한 말에 잘 담겨 있다. 설리번의 자연
주의 철학에 관해서는 Narciso Menocal, *Architecture as Nature: The Trancendentalist Idea of
Louis Sullivan* (Madison: University of Wisconsin, 1981)을 보라.

3. 아카데믹 프로페션의 위기

1 3장에서 다루는 주제, 특히 건축 산업의 재편과 AIA의 개혁에 관해서는 Paul Bentel, "Mod-
ernism and Professionalism in American Modern Architecture, 1919-1933"(Ph.D. disserta-
tion, MIT, 1992)가 자세하게 그리고 포괄적으로 설명했다. 미국 건축의 중요한 이 시기에
관한 역사적 사실과 여러 통찰을 이 책에서 얻었다. 필자의 연구가 담론상의 변화에 초점을
맞춘 데 반해, 벤텔의 연구는 주로 직능의 역사를 다룬다는 점에서 서로 상보적이다.

2 시어스 사의 역사에 관한 자료는 많다. Boris Emmet and John E. Jeuck, *Catalogues and
Counters: A History of Sears, Roebuck and Company* (Chicago: University of Chicago, 1950)
가 대표적인 예이다. Katherine Cole Stevenson and H. Ward Jandl, *Houses by Mail: A Guide
to Houses from Sears, Roebuck and Company* (Washington, DC: The Preservation Press, 1986)
은 특히 모던 홈 디파트먼트의 역사를 다루었다. Alan Gowans, *The Comfortable House: North
American Suburban Architecture, 1890-1930* (Cambridge, MA: MIT Press, 1986)는 유용하
지만, 시어스의 사업을 "보통 사람들"을 위한 민주적인 토속문화로 지나치게 낭만화했다.

3 Albert L. Brockway, "Results Justify Affiliation of Bureau with AIA," *American Architect* 141
(February 1932), p. 17. 모던 홈 디파트먼트는 1925년에 연간 3만 채를, 1930년에는 거의
5만 채를 판매했다.

4 George B. Ford, "Beauty Snubbed by City Planners," *Journal of the American Institute of Ar-
chitects* 4 (July 1916), p. 296.

5 Henry Wright, "The Architect, The Plan, and the City," *Architectural Forum* 54 (February,
1931), p. 219.

6 Albert Kahn, "Organization for Service in Industrial Building," *Journal of the Proceedings of
the 51st Annual Convention of the AIA* (1918), p. 96.

7 C. Stanley Taylor, "The Architect of the Future, Part 1," *Architectural Forum* 30 (January
1919), p. 2. 앨버트 칸과 윌리엄 스타렛처럼 큰 사업을 확보한 건축가들은 이미 사무실을
효율적인 비즈니스로 재편했기 때문에 "진보적"이라고 여겨졌다. AIA는 전시 프로젝트에
참여하기 위해 보고서를 만들고 윌슨 대통령에게 보낼 공개서한을 준비했다. 전쟁부(War
Department)를 위해 AIA가 할 일을 만들어내는 것을 목표로 공병부대에서 대령으로 복
무한 윌리엄 스타렛은 전쟁산업위원회의 비상건설 부문 위원회 의장을 맡았다. 공학계가

제시한 유사한 프로그램은 전쟁부에서 환영을 받았지만, AIA의 안은 기각되었다. Bentel, "Modernism and Professionalism," p. 98을 보라. 제1차 세계대전과 건축계의 관계에 대해서는 Richard Michael Levy, "The Professionalization of American Architects and Civil Engineers, 1865-1917"(Ph.D. dissertation, University of California, Berkeley, 1980)을 참조하라.

8 Christian Topalov, "Scientific Urban Planning and the Ordering of Daily Life: The First War Housing Experiment in the United States, 1917-1919," *Journal of Urban History* 17 (November 1990), p. 15. 또한 Roy Lubove, "Homes and 'A Few Well Placed Fruit Trees': An Object Lesson in Federal Housing," *Social Research* 27 (1960), pp. 469-486. 크리스틴 M. 실비언(Kristin M. Szylvian)은 최근 연구에서 다음과 같이 주장한다. "콜로니얼 복고 건축과 계획은 EFC와 델라웨어 밸리 조선사가 조선소의 갈등과 노동문제를 덮는 수단으로 사용되었다. 어지러운 조선소와 유리된 세상을 만들어 겉보기에는 경제적·사회적 질서가 잡혀 있는 것처럼 보이려고 했다. 노동자들이 과학적 관리와 전문경영인에 대해 저항하지 않고 노동조합을 결성하지 않아도 된다는 믿음을 갖도록 한 것이다"["Industrial Housing Reform and the Emergency Fleet Corporation," *Journal of Urban History* 25 (July 1999), p. 669].

9 건축가의 고용과 직무를 다룬 이 보고서의 일부가 1920년 1월호 *Journal of the American Institute of Architects* 부록(pp. 1-8)으로 출간되었다. 전시 주거와 미국 국회와의 관계에 관해서는 Szylvian, "Industrial Housing Reform and the Emergency Fleet Corporation," pp. 673-677을 보라.

10 Richard W. Tudor, "The Architectural Profession in the Present Day," *Journal of the American Institute of Architects* 8 (March, 1920), pp. 125-127.

11 1910년대 말, AIA의 개혁에 관해 Paul Bentel, "Modernism and Professionalism" 중 2장 "Redefining and Instituting the Conventions of Professional Service, 1919-1925"(pp. 93-156)가 포괄적으로 설명했다.

12 "Post-War Committee on Architectural Practice: Announcement of Preliminary Program for the Inquiry into the Status of the Architect," *Journal of the American Institute of Architects* 7 (1919), p. 7.

13 Frederick Ackerman, "Post-War Committee Program on Education," *Proceedings of the 52nd Annual Convention of the AIA* (1919), pp. 80-81.

14 "Report of the Post-War Committee on Architectural Practice," *Journal of the American Institute of Architects* 8 (July 1920), pp. 20-23.

15 1864년 "화가·목수·조각가 등 건축 예술과 관련된 일을 하는 이들을 포함시키는 새로운 회원 제도"를 논의해야 한다는 캘버트 복스(Calvert Vaux)의 제안에 대한 R. G. 햇필드(R. G. Hatfield)의 반응을 헨리 세일러(Henry Saylor)의 글에서 재인용했다. *AIA's First Hundred Years* (Washington D.C.: The Octagon, 1956), p. 32를 보라.

16 William Harber, *Industrial Relations in the Building Industry* (Cambridge, MA: Harvard University Press, 1930), p. 532n.

17 "The Organization and Aims of the Producers Council, Incorporated," in *Annuary of the Producers' Council (1929-1930)*, p. 2. 더 자세한 논의는 Bentel, "Modernism and Professionalism," pp. 143-147을 참조하라.

18 Thomas Holden, "Outside Business Factors as Competitors of the Architect: The Architects' Small House Bureau as an Answer," *Journal of the American Institute of Architects* 13 (August 1925), p. 310.

19 ASHSB는 이 당시 시작되었던 주택 소유 운동의 일환으로 이해할 수 있다. AIA가 공인했을 뿐만 아니라 1921년 통상부(Department of Commerce)의 지원도 받았다. ASHSB의 간략한 역사는 Thomas Harvey, "Mail Order Architecture in the Twenties," *Landscape* 25, No. 3 (1981)와 Bentel, "Modernism and Professionalism," pp. 252-253를 참조하라.

20 Brockway, "Results Justify Affiliation of Bureau with AIA," p. 85.

21 Architects' Small House Service Bureau, Introduction to *Your Future Home* (St. Paul, MN: Weyerhauser Forest Products, 1923), p. 7.

22 Thomas Harvey, "Mail Order Architecture in the Twenties," *Landscape* 25, p. 5에서 인용했다. 다른 글에서 로버트 존스는 다음과 같이 말했다. "서비스국은 건축가들이 유행이라고 여기는 모든 종류의 것을 제거하려고 노력했다. 대중의 취향에 맞춘다면 서비스국은 분명히 훨씬 많은 시공 도면들을 팔 수 있을 것이다. 돈을 벌기 위해 건축가의 대의를 진작시킬 기회를 버리지 않았다. 주택들은 어떤 건축적 관점에서 봐도 훌륭하다"["The Architects' Small House Service Bureau," *Architectural Forum* 44 (March 1926), p. 204].

23 1만 1,500명에게 질의서를 보내 2,512명이 회신을 했다. 이 중 AIA의 후원을 2,009명이 반대했고 503명이 찬성했다. 이 설문 결과는 *American Architect* 141 (June 1932), pp. 18-19에 게재되었다.

24 Bentel, "Modernism and Professionalism," p. 156.

25 Talbot Hamlin, "The Architect and the Depression," *The Nation* 137 (August 1933), p. 153.

26 "Post-War Committee—Some Opinions," *Journal of the American Institute of Architects* 7 (October 1919), p. 458. Bentel, "Modernism and Professionalism," p. 115에서 인용했다.

27 같은 책, p. 114.

28 보스턴에 연고를 둔 『브릭빌더』는 1892년에 창간했다. 제호가 밝히듯이, "지난 시대 흙이라는 건축 재료로 일궈낸 것을 역사적인 에세이, 기사, 작품의 치수 도면과 작업 스케치 등을 통해" 보여주는 것이 편집 방침이었다[*The Brickbuilder* 1 (January 1892), p. 1]. 『아키텍추럴 포럼』의 편집자들은 이전의 제목이 폭넓은 "계획·설계·시공·재료·비즈니스에서의 진보"를 반영하지 못한다고 느꼈다["Editorial Comment" and "Notes for the Month," *Architectural Forum* 26 (January 1917), p. 26]. "모든 종류의 출판물 표준이 권고하는 기준에 근접한" 1917년 7월호는 9×12인치로 축소되었다["Editorial Comment," *Architectural Forum* 27 (July1917), p. 30].

29 1918년 『아키텍추럴 포럼』은 "건축가는 폭넓은 인정을 받기 위해서 어떤 방법론과 수단을 개발해야 하는가?"라는 질문을 건축가들에게 던지고, 그 응답을 실었다. 1년 후에 전후 건

축실천위원회가 제기한 이슈들에 관한 논평이 뒤따랐다. 질의서에 대한 응답들은 *Architectural Forum* 28 (March and May 1918)에 실렸다. 전후위원회에 관해서는 *Architectural Forum* 31 (July and October 1919)을 보라.

30 "The Post-War Committee on Architectural Practice," *Architectural Forum* 31 (July 1919), p. 17.

31 "건축 및 건설 경제부"(Department of Architectural and Building Economics)는 "건축 설계의 영향을 받는 도시 개발과 건설 산업 분야의 효율성과 경제 요인을 연구"하는 데 전력을 기울였다[C. Stanley Taylor, "Architectural and Building Economics," *Architectural Forum* 30 (June 1919), p. 181].

32 위원회가 관장한 주제로는 금융·조합금융·자동화 빌딩 건설·방재 공학·농업학과 법적 문제 등이 있다.

33 Taylor, "Architectural and Building Economics," p. 181.

34 *The Ballinger Company, Buildings for Commerce and Industry* (Philadelphia, 1924), p. 3 (필자의 강조). 필라델피아와 뉴욕에 연고를 둔 밸린저 사는 상업 건축과 산업기지를 전문으로 다루는 대형 건축 및 엔지니어링 사무소였다.

35 Samuel Haber, *Efficiency and Uplift: Scientific Management in the Progressive Era, 1890–1920* (Chicago: Chicago University Press, 1964), p. 54. 엔지니어들이 산업 분야에서는 처음으로 비즈니스 경영에 공학과 과학의 방법론을 체계적으로 접목했다고 지적한다(pp. 8-30). 지금까지도 과학적 관리 운동에 대한 가장 뛰어난 연구서로 도움을 크게 받았다.

36 "(엔지니어는) 효율적인 기계를 생산하는 데 물리적인 법칙을 적용한다. 그는 복지 사업가나 사회학자가 아니라 생산 계획에서 노동이 제자리를 찾도록 하는 공학자로서 개입해야만 한다. 과학이 사회제도를 위협하는 불균형을 해결해줄 수 있는가? 공학 정신이 효율성을 제고하기 위해 기계와 재료의 생산 방식을 재편했듯이 인간의 요소를 재조직할 수 없는가?"[Henry D. Hammond, "Americanization as a Problem in Human Engineering," *Engineering News-Record* (1918), p. 1116].

37 Frederick Winslow Taylor, "Shop Management," *Transactions of the ASME (1902–1903)*, pp. 1386-1406, 그리고 *Principles of Scientific Management* (New York: Harper and Row, 1911)를 참조하라. 또 헤이버(Haber)의 *Efficiency and Uplift*를 참조하라.

38 Lillian Gilbreth, *The Psychology of Management* (New York: Sturgis and Walton, 1914), p. 192.

39 예를 들어 뉴욕시 조사국 국장이었던 프레더릭 클리블랜드는 과학적 관리론에 관한 최초의 컨퍼런스에서 "과학적 관리의 온전한 의미는 계획이라는 단어와 '계획의 실행'이라는 구절에서 포착된다"고 주장했다(Addresses and Discussion at the Conference on Scientific Management, Dartmouth College, 1912. Haber, *Efficiency and Uplift*, p. 167에서 재인용).

40 Winthrop Talbot, "A Study in Human Engineering," *Human Engineering* 1 (January 1911), p. 4.

41 목록은 Douglas Fryer, *Vocational Self-Guidance* (Philadelphia: J. B. Lippincott, 1925), p. 300
    에서 발췌했다.

42 Arthur G. Anderson, *Industrial Engineering and Factory Management* (New York: Ronald
    Press, 1928), p. 93. 엔지니어들이 주도적으로 설계하고 계획한 근대적 공장을 다룬 Lindy
    Biggs, *The Rational Factory: Architecture, Technology and Work in America's Age of Mass Pro-
    duction* (Baltimore: Johns Hopkins, 1996)을 보라.

43 이러한 매뉴얼과 잡지는 너무 많아서 전부 소개할 수는 없다. 예를 들어 1910년대 말부터
    20년대 초까지 오피스의 조직과 사무원의 업무 합리화를 다룬 매뉴얼로 Mary Cahill and
    Agnes Ruggeri, *Office Practice* (New York: Macmillan, 1917); William H. Leffingwell, *Sci-
    entific Office Management* (Chicago: A. W. Shaw, 1917); C. C. Parsons, *Office Organization
    and Management* (La Salle Extension University, 1917); Lee Galloway, *Office Management:
    Its Principles and Practice* (New York: Ronald Press, 1918); Geoffrey S. Childs, et al., *Office
    Management* (New York: Alexander Hamilton Institute, 1919); J. W. Schultz, *Office Ad-
    ministration* (New York: McGraw Hill, 1919); William H. Leffingwell, *Office Management:
    Principles and Practice* (Chicago: A. W. Shaw, 1925) 등이 있다.

44 C. Stanley Taylor and Vincent R. Bliss, eds., *Hotel Planning and Outfitting* (Chicago: Albert
    Pick-Barth, 1928). 필자는 "기능적 평면"(functional plan)이란 용어가 테일러의 것이라 판
    단했다. 1928년 1월호 『아키텍추럴 포럼』에서 테일러는 기능적 평면을 다음과 같이 정의한
    다. 그에 따르면 평면에는 두 가지 구성 요소가 있다. 첫 번째는 "공간 단위를 통해 필요 공
    간을 정확히 결정하는 것"이다. 두 번째는 금융과 시행 계획이다. C. Stanley Taylor, "Archi-
    tectural Service from the Business Point of View," *Architectural Forum* 48 (January 1928),
    p. 113.

45 Taylor and Bliss, eds., *Hotel Planning and Outfitting*, pp. 13-23.

46 같은 책, p. 26.

47 상업 건축용 프로그램들이 19세기 말과 20세기 초에 어떻게 작성되었는지를 이해하기 위
    해서는 실제 프로젝트에 관한 더 많은 연구가 필요할 것이다. 요구 조건에 대한 비교적 간
    단한 예는 1902년 12월에 작성된 라킨 빌딩 프로그램에서 볼 수 있다. Jack Quinan, *Frank
    Lloyd Wright's Larkin Building* (Cambridge, MA: MIT Press, 1987)의 부록에 전체 프로그램이
    실려 있다(p. 129).

48 Taylor and Bliss, eds., *Hotel Planning and Outfitting*, p. 23.

49 Sydney Wagner, "The Statler Idea in Hotel Planning and Equipment," *Architectural Forum* 27
    (November 1917), p. 118. 조지 포스트 앤드 선스(George B. Post and Sons) 사무실의 건축
    가가 쓴 이 글은 대형 호텔 체인의 소유주인 엘스워스 스태틀러(Ellsworth Statler)의 "서비
    스를 위한 계획"이라는 생각을 자세히 개진하고 있다.

50 Taylor and Bliss, eds., *Hotel Planning and Outfitting*, p. 23.

51 George R. Wadsworth, "Planning Methods for Large Institutions," *Pencil Points* 8 (March
    1927), p. 155.

52 Taylor, "Architectural and Building Economics," p. 181.

53 Sydney Wagner, "The Statler Idea," p. 118.

54 Philip Sawyer, "The Planning of Banks," *Architectural Forum* 38 (June 1923), pp. 263-264.

55 Laurence V. Coleman, *Museum Buildings* (Washington, DC: The American Association of Museums, 1950), p. 3.

56 Benjamin Ives Gilman, *Museum Ideals of Purpose and Method* (Cambridge: Riverside Press, 1918).

57 Wadsworth, "Planning Methods for Large Institutions," p. 155. 이 시리즈는 보자르 중심의 잡지인 『펜슬 포인츠』가 기능주의 계획을 다룬 첫 번째 사례다. 뉴욕주 건축가인 설리번 존스(Sullivan W. Jones) 사무실이 정신질환자를 위한 주립병원을 설계하면서 사용한 방법을 소개하고 있다. 저자는 뉴욕주 건축국, 시행 및 계획 조사부의 부장이었다.

58 같은 곳.

4. 아카데미 기율의 균열

1 이 범주의 아카데미 교과서로 John Haneman, *A Manual of Architectural Compositions: 70 Plates with 1,880 Examples* (New York: Architectural Book Publishing, 1923)와 Arthur Stratton, *Elements of Form and Design in Classic Architecture, Shown in Exterior & Interior Motives Collated from Fine Buildings of all Time on One Hundred Plates* (New York: Charles Scribner's, 1925)가 있다. 그리고 데이비드 배런의 두 번째 저술 *Architectural Composition* (New York: William Helburn, 1923)도 포함시킬 수 있다.

2 John Harbeson, *The Study of Architectural Design: With Special Reference to the Program of the Beaux-Arts Institute of Design* (New York: Pencil Points Press, 1926). 저자는 펜실베이니아 대학에서 폴 필립 크레의 지도하에 공부했고 당시 모교에서 조교수로 있었다.

3 하워드 로버트슨, 로버트 앳킨슨, 호프 배지널은 모두 런던의 AA스쿨과 관계를 갖고 있었다. 그들의 저서들은 AA의 수업과 연관이 있었지만, 미국에서도 널리 읽혔다. 그 외에 주목할 만한 책으로 William Wirt Turner, *Fundamentals of Architectural Design: A Textbook for Beginning College Students and Ready Reference for Architects* (New York: McGraw Hill, 1930); Frank Brown, et al., *Study of the Orders: A Comprehensive Treatise on the Five Classic Orders of Architecture* (Chicago: American Technical Society, 1928), American School of Correspondence에서 사용되었던 1906년과 1913년 교재의 재출간; A. Benton Greene, *Elements of Architecture* (New York: Harmo Press, 1931)가 있다. 드로잉 기법을 강조한 책으로는 Henry McGoodwin, *Architectural Shades and Shadows* (Boston: Batesand Guild, 1922 and 1926); Henry Van Buren Margonigle, *Architectural Rendering in Wash* (New York: Scribner's, 1921); Wooster B. Field and Thomas E. French, *Architectural Drawing* (New York: McGraw-Hill, 1922); Edgar G. Shelton, *Architectural Shades and Shadows* (New York: D. Van Nostrand,

1931)를 보라. 1929년 1월부터 『펜슬 포인츠』는 고전 건축 상세 제도 기법과 투시도에 관한 어니스트 프리즈의 연재를 시작했다.

4   『펜슬 포인츠』는 1926년 11월부터 "리커(Ricker) 문고 번역"이라는 제목으로 일리노이 대학 교수 토머스 오도넬이 구아데와 비올레르뒤크의 저술을 요약한 연재물을 시작했다. 알파벳순의 사전식 "용어" 해설 시리즈가 1923년 4월부터 11월까지 연재되었다. 1923년 『펜슬 포인츠』의 판매 부수는 9,731권으로 1만 부 이상이었던 『아키텍추럴 레코드』에 이어 두 번째 수준이었다(*N. W. Ayer & Sons Newspaper Annual and Directory*, 1923). 『펜슬 포인츠』가 바로 성공할 수 있었던 이유는 다른 잡지들이 독자층을 건축가에 국한시켰던 데 반해, 『펜슬 포인츠』는 "제도사·디자이너·시방서 작성자" 등 다양한 독자들에게 호소했기 때문이다["Introductory," *Pencil Points* 1 (June 1920), p. 5]. 이 잡지의 주제는 주로 역사 건축의 상세 같은 포트폴리오였지만, 제도나 시방서 등의 실제적 문제를 무시하지 않았다. 『펜슬 포인츠』는 또한 중요한 이론서를 번역하고 에콜데보자르의 설계 방법과 관련된 교육용 기사도 다루었다. 이 모두 1920년대 되살아난 절충주의의 영향이었다. 따라서 『펜슬 포인츠』는 건축 사무소의 직접적인 관심에 호응하고, 창간부터 학술 잡지를 표방했던 『아키텍추럴 레코드』에 비해 더 "실질적인" 잡지였다.

5   유사한 평가로 Peter Samuel Kaufman, "American Architectural Writing, Beaux Arts Style: The Lives and Works of Alfred Dwight Foster Hamlin and Talbot Faulkner Hamlin"(Ph.D. dissertation, Cornell University, 1986), pp. 133-135을 보라.

6   1920년대 건축 산업과 부동산 시장의 변화에 관해서는 Paul Bentel, "Modernism and Professionalism," pp. 191-208을 참조하라.

7   주목할 만한 사례는 미네소타 대학교(1912), 예일 대학교(1913), 프린스턴 대학교(1920), 그리고 신시내티 대학교(1922)다. Arthur C. Weatherhead, "The History of Collegiate Education in the United States"(Ph.D. dissertation, Columbia University, 1941); Frank H. Bosworth and Roy C. Jones, *A Study of Architectural Schools* (New York: Charles Scribner's Sons, 1932); James P. Noffsinger, *The Influence of the Ecole des Beaux-Arts on the Architects of the United States* (Washington, DC: Catholic University of America, 1955)를 보라.

8   Harbeson, *The Study of Architectural Design*, p. 299.

9   Geoffrey Scott, *The Architecture of Humanism* (1914; reprinted, New York: W. W. Norton, 1974), p. 153.

10   같은 책, pp. 157-183.

11   Howard Robertson (1888-1963)은 AA 스쿨과 에콜데보자르에서 훈련을 받았다. 『건축 콤포지션의 원리』 발간 당시 AA 스쿨의 학장(1920-29)이었다. 로버트슨은 대륙의 근대 건축에 대한 관심이 많았고 이를 영미권에 소개한 핵심 인물이다. 1920년대 말 그의 활동에 관해서는 *Travels in Modern Architecture, 1925-1930* (London: AA Publications, 1989)를 보라. *Architectural Review* 114 (1953)에는 레이너 버넘이 쓴 로버트슨의 짧은 전기가 있다 (pp. 160-168). 로버트슨은 특히 트리스탄 에드워즈의 『보이는 것들』과 클로드 브래그던 (Claude Bragdon)의 『아름다운 필연』(*Beautiful Necessity*)을 출처로 밝히고 있다. 콤포지션

의 원칙에 대한 다른 해설서로 William R. Greeley, *The Essence of Architecture* (New York: D. Van Nostrand, 1927)와 David Varon, *Architectural Composition* (1923)을 참조하라.

12 Colin Rowe, "Character and Composition; or Some Vicissitudes of Architectural Vocabulary in the Nineteenth Century," *Oppositions* 2 (1974). 이 에세이는 *The Mathematics of the Ideal Villa and Other Essays* (Cambridge, MA: MIT Press, 1976)에 재수록되었다.

13 Robert Atkinson, foreword to Howard Robertson, *The Principles of Architectural Composition* (Westminster: The Architectural Press, 1924, pp. v-vi). 앳킨슨은 로버트슨이 AA 스쿨 학장으로 재직하는 동안 교육 담당 책임자였다. 콜린 로는 자신의 글 "Character and Composition"에서 이 구절을 콤포지션 책의 전형적인 명제로 인용한다.

14 Robertson, *The Principles of Architectural Composition*, pp. 102-105.

15 같은 책, p. 155. 1920년대 콤포지션 책은 구아데의 영향을 받았지만 제1차 세계대전 이후에는 조르주 그로모르(Georges Gromort)의 강의와 비슷한 점이 더 많다. 그로모르는 양차 세계대전 사이에 에콜데보자르에서 가르쳤고, 1941년 그의 강의록이 『건축 이론에 관한 에세이』(*Essai sur la théorie de l'architecture*)로 묶여 나왔다. Lawrence B. Anderson, "Rereading Gromort," *Journal of Architectural Education* 33 (November 1979)를 보라. 세자르 달리에 관한 연구에서 리처드 베허러(Richard Becherer)는 구아데의 『건축의 이론과 요소』가 총체적 과정으로 건축 설계를 규정하는 이데올로기의 최후를 대변한다고 주장했다. 이런 이념이 구아데에서 정점에 달하자마자, 그 총체적인 형식과 이념이 흔들리기 시작했다는 것이다. 구아데/랄루 아틀리에는 에콜의 공식 독트린에 제시된 이념들을 통합하기보다는 이를 점차 분화시켜나갔다. *Science Plus Sentiment: César Daly's Formula for Modern Architecture* (Ann Arbor, MI: UMI Press, 1984), p. 251을 보라.

16 Robertson, *The Principles of Architectural Composition*, p. 1.

17 같은 곳.

18 Trystan Edwards, *Architectural Style* (London: Faber and Gwyer, 1926), p. 17.

19 Alan Colquhoun, "Composition versus the Project," *Casabella* 50 (January and February 1986). *Modernity and the Classical Tradition* (Cambridge, MA: MIT Press, 1989), pp. 39-45에 재수록되었다. 로버트슨의 『건축 콤포지션의 원리』의 기본 메시지는 콤포지션의 근본적인 규칙이 건축 양식과 무관하다는 것이다. "양식은 상대적인 가치를 지닌다. 이것들은 취향의 변화에 좌우된다. 반면 건축의 가치는 영속적이다." 유럽의 아방가르드와 콤포지션 책 사이의 관계에 대한 콜훈의 지론은 다소 모호하다. 콤포지션 개념이 20세기 아방가르드에 직접 영향을 주었지만 동시에 아방가르드의 이념과 태도가 보수적인 건축계에 퍼졌다는 것이다. 콜훈은 이런 상호작용의 사례로 콤포지션 책을 해석한다. 아카데미즘과 아방가르드 사이의 변증적 관계를 보려는 것은 흥미롭지만, 그의 입장이 선명하지는 않다(pp. 39-45).

20 Trystan Edwards, *Architectural Style*, p. 20.

21 Edward F. Stevens, foreword to *The American Hospital of the Twentieth Century*, 2nd ed. (New York: F. W. Dodge, 1928), p. iv.

22 Robertson, *The Principles of Architectural Composition*, p. viii.

23 Paul Phillippe Cret, preface to *Masterpieces of Architecture in the United States* (NewYork: Charles Scribner's, 1930), p. 1. 도면은 에드워드 워런 호크(Edward Warren Hoak)와 윌리스 험프리 처치(Willis Humphrey Church)가 그렸다. 이 포트폴리오는 Oliver Reagan, *American Architecture of the Twentieth Century* (New York: Architectural Book Publishing, 1927 and 1929)와 함께 묶여 *American Architectural Masterpieces* (New York: Princeton Architectural Press, 1992)로 새로 출간되었다.

24 Cret, preface to *Masterpieces of Architecture in the United States*, p. 3.

25 Rexford Newcomb, foreword to Ernest Pickering, *Architectural Design* (New York: John Wiley and Sons, 1933), p. ix.

26 Lloyd Warren, foreword to John Harbeson, *The Study of Architectural Design*, p. 5.

27 John Van Pelt, "Architectural Detail: Part I ," *Pencil Points* 2 (May 1921), p. 21.

28 Bosworth and Jones, *A Study of Architectural Schools*, p. 41.

29 같은 책, p. 45 (필자의 강조). 신입생이 곧바로 설계에 들어가는 학교로 예일 대학교, 코넬 대학교, 서던캘리포니아 대학교, 캔자스 대학교를 꼽았다. 신시내티와 플로리다는 "추상 디자인" 훈련으로 시작해 건축에 적용하기 전에 디자인을 익히도록 했다. 여기서 각 학교의 교육 체계가 어떻게 변했는지를 다룰 수는 없다. 안타깝게도 미국 건축 교육에 관한 대부분의 연구가 일반론적이어서 1930년대 교육 체계의 복잡한 변화를 완전히 파악하기 어렵다. 가장 좋은 연구로 Richard Oliver, ed., *The Making of an Architect, 1881–1981: Columbia University in the City of New York* (New York: Rizzoli, 1981)과 Jill Pearlman, "Joseph Hudnut's Other Modernism at the 'Harvard Bauhaus'," *Journal of the Society of Architectural Historians* 56 (December 1997) 등이 있다. 이 책의 맥락에서, 컬럼비아 대학교 건축 교육의 역사 가운데 흥미로운 사건은 1923년 윌리엄 보링에게 제출한 학생 불만 사항 목록이다. 불평의 핵심은 설계 작업에 시간이 더 필요하다는 것이었다. 설계 시간을 확보하기 위해 학생들은 다음과 같이 제안했다. (1) 고대 장식사 축소, (2) 장식 도판 요구 폐지, (3) 장식예술에서의 도판 요구 폐지, (4) 역사 연구를 필수에서 선택 과목으로 바꿀 것, (5) 스테레오토미(stereotomy) 폐지, (6) 음영과 그림자·사영기하학·스테레오토미를 한 과목으로 축소, (7) 도학 축소. 이러한 제안은 과거 건축 교육의 중심에 있었던 포트폴리오의 담론이 설계와 멀어졌음을 의미한다. 이러한 추상적인 개념의 디자인이 1919년 건축대학장으로 부임한 보링에 의해 도입된 것으로 보인다. 보링은 건축을 "순수 창작"이라고 믿었으며 "문제를 해결하는 가장 훌륭한 방법은 매스로 푸는 것"이라고 주장했다. 윌리엄 보링의 강의 노트는 Central Files and the Graduate School of Architecture and Planning Archives, Columbia University에 보관 중이다. 학생 불만 목록은 윌리엄 헨리 카펜터가 니컬러스 버틀러에게 보낸 1923년 2월 13일 자 편지(William Henry Carpenter Papers, Butler Library, Columbia University)에 기록되어 있다. 이 자료는 Susan M. Strauss, "History III, 1912–1933," in Oliver, ed., *The Making of an Architect*로 알게 되었다.

30 Pickering, *Architectural Design*, p. 170.

31 1920년대 상업적으로 성공한 뉴욕의 보자르 건축가들, 특히 뉴욕 건축 연맹 건축가들은 프로페션 안에서 가장 영향력이 있었다. 그래서 후드, 칸, 워커는 "건축의 작은 나폴레옹 3인"

으로 불렸다. Walter H. Kilham Jr., *Raymond Hood, Architect* (New York: Architectural Book Publishing, 1973), p. 81. 후드, 칸, 워커에 대해서는 "Three Modern Masters" in Robert A. M. Stern, et al., *New York 1930* (New York: Rizzoli, 1987)를 보라. 모더니즘을 둘러싼 폭넓은 논의는 Susanne R. Lichtenstein, "Editing Architecture: Architectural Record and the Growth of Modern Architecture, 1928-1938"(Ph.D. dissertation, Cornell University, 1990), pp. 140-186를 보라.

32 Harvey Wiley Corbett, "The American Radiator Building, New York City: Raymond Hood, Architect," *Architectural Record* 55 (May 1924), pp. 473-477.

33 Louise La Beaume, "Crabbed Age and Youth," *Journal of the American Institute of Architects* 16 (November 1928), p. 417.

34 Leslie W. Devereux, "The Condition of Modern Architecture," *Architecture* 45 (February 1922), p. 42. 유사한 해석으로 David Gebhard, "The American Colonial Revival in the 1930s," *Winterthur Portfolio* 22 (Summer/Autumn 1987), p. 110을 참조하라.

35 Henry-Russell Hitchcock, "Architectural Education Again," *Architectural Record* 67 (May 1930), p. 445.

36 Trystan Edwards, *Architectural Style*, p. 172.

37 "콤포지션 감각을 키우기 위해, 밝고 어두운 기하학적 형상이나 여러 톤으로 음영을 준 건축 매스 같은 간단한 형태들을 잘 배치하는 연습이 도움을 준다"(Robertson, *The Principles of Architectural Composition*, pp. 23-25). 로버트슨은 장차 대륙의 현대 건축을 영국과 미국에 소개해주는 주요 인물이 된다. 1932년 로버트슨은 *Modern Architectural Design* (London: Architectural Press)을 펴냈는데, 여기서 콤포지션에 관한 이전 책을 보완했다. 그는 또한 프랭크 여브리와 함께 현대 건축에 관한 사진집을 몇 권 출간했는데, 이 책 9장에서 다룰 것이다.

38 "'디자인의 문법'을 익힌 자라면 누구나 전통과 모더니티를 둘러싼 논쟁에서 자신의 입장을 분명하게 규정할 수 있다. 과거의 전통을 지나치게 존경하는 이들은, 건축이 형식적 규범을 준수하는 한에서만 가치가 있다고 말할 것이다. 문법이 과거의 유명한 건물이 존경받는 논리를 제공해주기 때문에, 최선을 다해 이 걸작들을 보존할 것이다. 또 언제나 반달리즘으로 이어지는 예술작품에 대한 무지로부터 이 걸작들을 보호할 것이다. 문법은 건축이 오래되었다고 해서 무비판적인 존경을 표해야 하는 의무감에서 해방시켜준다. 그리고 당대의 건축에 대한 입장 역시 동일한 방식으로 결정된다. 단지 과거에 대해 반발했다는 이유로 새로운 건축이 아름답다고 칭찬받아서는 안 된다. 오직 숫자·구두점·변형의 원칙을 잘 따를 때에만 칭찬받아야 한다. 이 조건을 따르는 한에서 새로운 형식이 끊임없이 만들어질 수 있다"(Edwards, *Architectural Style*, pp. 171-172).

39 Raymond Hood, "The Spirit of Modern Art," *Architectural Forum* 51 (November 1929), pp. 445-448. 비슷한 에세이로 Ely Jacques Kahn, "On What is Modern," in *Ely Jacques Kahn* (New York: McGraw Hill, 1931)이 있다.

40 드와이트 제임스 바움(Dwight James Baum)은 다음의 입장을 설명하기 위해 "근대적 전통

주의"(Modern Traditionalism)라는 용어를 사용했다. "우리의 건물들은 필연적으로 모던하다. 여기서 모던하다는 말은 이 건물들이 오늘날의 실질적인 요구 조건을 충족하고, 가장 적합하고 경제적인 재료와 공법으로 지어졌음을 의미한다. 그렇다고 과거를 연상시키는 모든 것을 없애버릴 필요는 없다. 공장처럼 보이거나 지그재그로 장식을 할 필요도 없다" ["Modern Traditionalism," *T-Square Club Journal* 1 (April 1931), p. 14].

41 Jens Frederick Larson and Archie MacInnes Palmer, *Architectural Planning of the American College* (New York: McGraw-Hill for the Association of American Colleges, 1933), p. 27.

42 Karl Popper, "On the Sources of Knowledge and of Ignorance," in *Conjectures and Refutations* (London: Routledge and Kegan Paul, 1963), p. 6. 포퍼의 통찰에 주목하게 한 글은 Stanford Anderson, "Architecture and Tradition That Isn't 'Trad, Dad,'" in Marcus Whiffen, ed., *The History, Theory and Criticism of Architecture* (Cambridge, MA: MIT Press, 1970)이다.

43 예를 들어 전통 진영의 역사가이자 비평가인 조지 엣젤은 『오늘의 미국 건축』에서 다음과 같이 평한다. "철 구조물에 대해 잘 알수록 디자인에서 그것을 표현할 필요가 점차 줄어든다. 벽이 하중을 견디지 못하는 외피라면, 이런 사실은 건물의 외관에서 드러나야 하지만 우리가 그 구축 방식에 익숙하면 할수록, 건물의 매스와 높이는 구축적 특성을 드러내고 있다는 사실을 깨닫게 된다. 석조벽이 35층에서 50층 높이를 지탱할 수 없다는 것은 생각하지 않아도 알게 된다. 이와 비슷하게, 우리는 설계에서 뻔한 것을 드러내려고 고집을 부려서는 안 된다. 문제는 구조의 표현보다 훨씬 넓다"[*The American Architecture of To-day* (New York: Charles Scribners & Sons, 1928), pp. 75-76].

44 Fiske Kimball, *American Architecture* (Indianapolis: Bobs-Merrill, 1928), pp. 147-168. 킴벌의 형식주의에 대해서는 킴벌과 엣젤에 대한 데보라 포킨스키의 논문을 보라. Deborah Pokinski, *The Development of the American Modern Style* (Ann Arbor, MI: UMI Press, 1984).

45 Kimball, *American Architecture*, p. 163. 킴벌에 대한 비슷한 해석으로 Lauren Weiss Bricker, "The Writings of Fiske Kimball: A Synthesis of Architectural History and Practice," in Elisabeth Blair MacDougall, ed., *The Architectural Historian in America* (Washington, DC: National Gallery of Art, 1990); David Brownlee, *Building the City Beautiful: The Benjamin Franklin Parkway and the Philadelphia Museum of Art* (Exhibition Catalogue, Philadelphia Museum of Art, 1989)가 있다. 킴벌은 로저 프라이(Roger Fry)의 형식주의 언어를 빌려 매킴 미드 앤드 화이트의 건축을 분석했다. 그들의 고전적 디자인이 색과 형태의 추상예술을 이뤄냈다는 점에서 세잔의 회화와 동등하다고 주장한 점을 브라운리가 지적했다.

46 킴벌이 폴 크레에게 보낸 1925년 5월 8일자 편지. *Architectural Record* 65 (May 1929), p. 431에 수록되어 있다.

47 킴벌이 월터 패치(Walter Pach)에게 보낸 1925년 5월 8일자 편지. *Architectural Record* 65 (May 1929), p. 433에 수록되어 있다. 이 글은 킴벌이 *American Architecture*, p. 205에서 인용했던 내용이다.

48 Talbot Hamlin, "Architecture," *International Yearbook* (1926), p. 59.

49 Ernest Pickering, *Architectural Design*, pp. 130-132.

50 Robertson, *The Principles of Architectural Composition*, p. 24.

51 페리스의 스케치는 Corbett, "Zoning and the Envelope of the Building," *Pencil Points* 4 (April 1923)에 처음 수록되었다. 나중에 *Metropolis of Tomorrow* (New York: Ives Washburn, 1929)에서 그의 유토피아 계획안과 함께 재출간되었다. 코빗에 관해서는 Carol Willis, "Zoning and Zeitgeist: The Skyscraper City in the 1920s," *Journal of the Society of Architectural Historians* 45 (March 1986)를 보라.

52 Corbett, "The Coming City of Setback Skyscrapers," *New York Times*, April 29, 1923. Carol Willis, "Zoning and Zeitgeist," p. 55에서 인용했다.

53 Rayne Adams, "Thoughts on Modern, and Other Ornament," *Pencil Points* 9 (January 1929), p. 7.

54 테렌스 라일리(Terence Riley)가 *The International Style: Exhibition 15 and The Museum of Modern Art* (New York: Rizzoli, 1992)에서 밝혔듯이, 국제주의 양식의 원칙을 만들어낸 것은 히치콕의 공이었다. 이 해석의 직접적인 출처는 1948년 2월 27일 앨프리드 바(Alfred Barr)가 루이스 멈퍼드에게 보낸 편지다. 바는 "국제주의 양식"을 건축에 적용한 것은 그였지만, 자신이 만든 공식이 아니라 "히치콕과 존슨의 것이며, 지금은 이 사실을 인정하지 않지만 존슨과 나의 스승이자 이론가였던 히치콕의 몫"이라고 언급했다(Lewis Mumford Papers, Van Pelt Library, University of Pennsylvania, published in "What is Happening to Modern Architecture," *Museum of Modern Art Bulletin* 15, Spring 1948, p. 21). 존슨의 전시회 초기 제안서에는 국제주의 양식의 형식 개념이 전혀 없다는 점도 이러한 해석을 뒷받침해준다.

55 Hitchcock, "Architectural Education Again," p. 445.

56 히치콕과 존슨이 설정했던 기능주의 개념에서 흥미로운 측면은 그들이 미국의 기능주의자와 유럽의 기능주의자를 구분했다는 점이다. 그들은 전자를 성공한 보자르 출신의 상업 건축가로 보았다. 히치콕과 존슨은 『국제주의 양식』에서 이들을 일일이 언급하지는 않았지만 1920년대 뉴욕의 마천루 건축가들을 분명하게 지목했다. 존슨은 전시회를 열기 1년 전에 이 그룹을 "근대 건축의 마천루파"라고 부른 적이 있다["The Skyscraper School of Modern Architecture," *Arts* 17 (May 1931), pp. 569-575]. 존슨이 보기에 미국의 문제는 건축가의 정당한 영역이 건축주의 미적 욕구에 종속되어 있다는 점이었다. 나중에 앨프리드 바가 "상업적 기능주의자"로 다시 명명한 미국의 기능주의자들이 기율적 자율성을 포기했다고 주장했다. 앨프리드 바는 1948년 MoMA 심포지엄에서 다음과 같이 말했다. "우리는 기능주의의 냉소적 패러디를 목도했고 이 또한 건축의 격을 떨어뜨리고 있다. 건축은 예술이 아니라 비즈니스이자 산업이어서 디자인은 피상적으로 추가하는 상품일 뿐이라는 이론을 말하는 것이다"("What is Happening to Modern Architecture," p. 6).

57 Henry-Russell Hitchcock, "The Decline of Architecture," *Hound and Horn* I (September 1927), p. 34.

58 Henry-Russell Hitchcock and Philip Johnson, *International Style* (1932; reprint New York: Norton, 1966), p. 37. 2년 후, "기계예술" 전시회에서 바는 생산의 기술 조건 안에서 건축가의 역할에 관한 히치콕의 정의를 되풀이했다. "기계 예술에서 예술가의 역할은 기능적으

로 적합한 여러 형태 가운데 미학적으로 가장 만족스러운 것을 선택하는 것이다. 그의 역할은 꾸미고 장식하는 것이 아니라 다듬고 단순화하고 완벽하게 하는 것이다"[Alfred Barr, foreword to *Machine Art* (New York: Museum of Modern Art, 1934), unpaged].

59 Manfredo Tafuri, *Architecture and Utopia: Design and Capitalist Development* (1973: translation, Cambridge, MA: MIT Press, 1976), p. I.

5. 프레더릭 애커먼, 루이스 멈퍼드, 그리고 형태의 위기

1 이 계통의 대표적인 저술은 루이 류보브의 *Community Planning in the 1920s: The Contribution of the Regional Planning Association of America* (Pittsburgh: University of Pittsburgh, 1963)이다. "사회를 위한 건축가"라는 용어는 류보브의 표현이다. 류보브는 "RPAA 프로그램의 핵심은 정부의 저율 대출로 자금을 조달하고 지역 도시의 건설을 목표로 하는 대규모 공동체 주거 설계에서 '사회를 위한 건축가'와 계획가가 협력하는 것"이라고 말했다(p. 47). 클래런스 스타인(Clarence Stein), 헨리 라이트(Henry Wright), 찰스 해리스 휘태커(Charles Harris Whitaker), 로버트 D. 콘(Robert D. Kohn), 프레더릭 애커먼(Frederick Ackerman) 등이 RPAA 건축가였다. 루이스 멈퍼드, 캐서린 바우어와 함께 1924년 결성된 RPAA라는 비공식 그룹의 건축분파라 할 수 있는 느슨한 그룹이었다.

2 같은 책, pp. 42-43. 그리고 다음 글을 참조하라. Francesco Dal Co, "From Parks to the Region: Progressive Ideology and the Reform of the American City," in Giorgio Ciucci, etal., *The American City: From the Civil War to the New Deal* (1973; translation Cambridge, MA: MIT Press, 1979), p. 236.

3 RPAA 연구자들은 대부분 프레더릭 애커먼(1878-1950)에 대해 스타인과 라이트와 함께 서니사이드와 래드번을 설계했으며 소스타인 베블런의 제자라는 정도의 내용에 그친다. 1906년 애커먼은 에콜을 졸업했던 알렉산더 트로브리지와 동업을 시작했다. 트로브리지는 코넬 대학교 건축대학 학장을 지낸 명망 있는 건축가이자 교수로 나중에 뉴욕 건축 연맹 회장을 역임했다. 재임기간이 제한되어 있었던 것으로 보이긴 하지만, 애커먼은 1915년 컬럼비아 대학교 건축 원리 과목 강사로 임명되었다. Susan M. Strauss, "History III: 1912–1933," in Richard Oliver, ed., *The Making of an Architect, 1881–1981: Columbia University in the City of New York* (New York: Rizzoli, 1981), p. 91을 보라.

4 애커먼·콘·휘태커는 1910년대 말 AIA 개혁을 위해 적극적으로 일했다. 세 명 모두 전후위원회의 집행위원이었고, 애커먼은 교육위원회 의장이었다. 콘·애커먼·스타인과 라이트는 전시 주거에도 적극적으로 참여했다. 한편, 『AIA 저널』편집장이었던 찰스 휘태커는 전시 주거 설계와 계획 원칙을 만드는 데 영향력을 발휘했다. 미해운부(U.S. Shipping Board) 비상선단협회(Emergency Fleet Corporation, 이하 EFC) 산하 주택 부서는 공식적으로 주거 및 수송부(Department of Passenger Transportation and Housing)로 불렸다. 의장은 A. 메리트 테일러(A. Meritt Taylor)고, 콘은 생산분과 책임자였다. 애커먼은 이 부서 설계팀의 책임자

였고 라이트는 주로 EFC에서 계획가로 일했다. 스타인과 이미 일을 같이 하고 있었던 콘이 라이트와 스타인을 엮어주었다. 스타인과 휘태커는 직접적으로 전시 마을 설계에 참여하지는 않았지만, 그들의 영향은 분명하게 나타난다. 특히 휘태커가 편집을 맡고 있던 『AIA 저널』은 1910년대 말과 1920년대 초 주택과 도시 문제에 대한 심도 있는 토론의 장을 제공해 주었다. 이 잡지의 후원을 받아, 애커먼은 영국의 전시 주거를 현지에서 연구할 수 있었다. 이 결과가 『AIA 저널』에 연재되었고 나중에 *The Housing Problem in War and Peace* (Washington, DC, 1918)로 출판되었다.

5 Lubove, *Community Planning in the 1920s*, pp. 38–39.

6 같은 책, p. 44. CCP에 관한 가장 중요한 문서는 "공동체 계획에 관한 위원회 보고서"["Report of the Committee on Community Planning," *Proceedings of the 58th AnnualConvention of the AIA* (1925)]로 전년도 보고서도 포함하여 소책자로 재출간되었다. 1927년 60회 총회의 위원회 보고서도 참조하라.

7 Ackerman, "Where Goes the City Planning Movement? V. Drifting," *Journal of the American Institute of Architects* 8 (October 1920), p. 353.

8 Donald Stabile, *Prophets of Order: The Rise of the New Class, Technocracy and Socialism in America* (Boston: Southend Press, 1984), p. 89. 전쟁이 끝난 직후 낙관적이고 진보적인 애커먼의 입장에 대해서는 Kristin M. Szylvian, "Industrial Housing Reform and the Emergency Fleet Corporation," *Journal of Urban History* 25 (July 1999), pp. 647–648을 보라.

9 Frederick Ackerman, "The Architect's Part in the World's Work," *Architectural Record* 37 (February 1915), p. 150. 이 글은 모교인 코넬 대학교 학생과 교수들을 대상으로 한 강연으로 시민 봉사와 민주 이념을 장려하는 내용 위주다. "세계의 과업"(the World's Work)이라는 구절은 월터 하인스 페이지(Walter Hines Page)가 편집한 동명의 개혁 성향의 잡지에서 따왔을 가능성이 크다.

10 Ackerman, "The Relation of Art to Education, II: Architectural Schools," *Journal of the American Institute of Architects* 4 (June 1916), p. 235 (애커먼의 강조).

11 같은 책, p. 237.

12 Ackerman, "The Battle with Chaos," *Journal of the American Institute of Architects* 3 (October 1915), p. 446.

13 뉴스쿨 오브 소셜 리서치에 부임하기 직전, 베블런은 『다이얼』(*Dial*)에 기고한 일련의 기사에서 자신의 입장을 피력했다. 1919년 4월에 「재건의 당면 문제」라는 제목으로 시작한 글들이 1921년 『엔지니어와 가격 체계』(*Engineers and the Price System*)로 출판되었다. 베블런식 프로그램의 기본 개요는, 첫째, 모든 부재 지주가 자발적으로 권리를 포기하고 기술자와 노동자 들로 대체되는 것이고, 둘째, 과학적으로 자원 배분을 하는 국가 감독 부서를 신설하는 것이었다. 베블런은 기계와 미국의 산업을 비합리적이고 자원을 낭비하는 체제로부터 해방시키면, 국가산업 생산량이 세 배에서 열두 배까지 늘어날 것으로 믿었다.

14 Thorstein Veblen, *The Instinct of Workmanship* (New York: Macmillan, 1914), p. 328.

15 기술동맹에 참여한 다른 RPAA 회원으로 벤튼 맥케이(Benton MacKaye)와 경제학자 스튜어트 체이스(Stewart Chase)가 있다. 또 애커먼과 휘태커가 집행위원회에서 일했다. 하지

만 아주 짧은 기간 운영되었던 이 조직의 활동에 대한 정보는 거의 없다. Henry Elsner Jr., *The Technocrats: Prophets of Automation* (Syracuse: Syracuse University, 1967)과 William E. Akin, *Technocracy and the American Dream: The Technocrat Movement, 1900–1941* (Berkeley: University of California Press, 1977)을 보라.

16 이 구절은 스탠퍼드 대학교 기계공학과 교수인 귀도 마르크스의 편지에서 인용한 것이며, Joseph Dorfman, "New Light on Veblen," in *Thorstein Veblen: Essays, Reviews and Reports* (Clifton, NJ: Augustus M. Kelley, 1973), p. 84에 실려 있다. 디트로이트에서 개최된 회의에는 열네 개 분야의 전문가들이 참석했다. 건축 대표단은 토머스 킴벌을 의장으로 전후위원회의 프로페션관계위원회로 구성되었다.

17 "장인본능"의 정의는 1914년 같은 제목의 책과 베블런의 여러 글에 산재해 있다. 그러나 *The Theory of the Leisure Class* (1899; reprint, New York: Mentor, 1953; 『유한계급론』, 우물이있는집, 2005)에 이미 잘 정의되어 있는 개념이다. "선택적 필요의 문제에 관한 한, 인간은 능동적인 주체(agent)다. 그는 모든 행위에서 구체적이고 객관적이며 비인격적인 목표를 달성하려고 노력하는 주체다. 이런 능동적 주체가 됨으로 인해, 효과적인 일을 좋아하고 헛된 노력을 싫어하게 되었다. 그는 유용함과 효율성의 이점과 헛수고, 낭비, 무능력의 단점을 안다. 이런 기질과 경향을 장인 본능이라 부를 수 있다"(p. 29). 베블런의 경제관에 관해서는 중요한 문헌들이 많은 데 반해, 베블런의 문화 이론에 관해서는 비판적 글은 상대적으로 적다. 그중 아도르노의 짧은 에세이 "Veblen's Attack on Culture," *Studies in Philosophy and Social Science* 9 (1941)과 John Patrick Diggins, *Thorstein Veblen: Theorist of Leisure Class* (Princeton: Princeton University Press, 1928), p. 414 (필자의 강조) 참조.

18 Wesley C. Mitchell, *Types of Economic Theory: From Mercantilism to Institutionalism*, ed. Joseph Dorfman (New York: Augustus M. Kelley, 1969), pp. 603–623.

19 Veblen, *The Theory of Business Enterprise* (New York: Charles Scribner's, 1904), pp. 9–10.

20 David Riesman, *Thorstein Veblen: A Critical Interpretation* (New York: Charles Scribner's, 1953), p. 59.

21 프레더릭 애커먼의 *Sticks and Stones* 서평, *Journal of the American Institute of Architects* 12 (December 1924), pp. 538–539.

22 Theodor Adorno, "Veblen's Attack on Culture," reprinted in *Prisms* (Cambridge, MA: MIT Press, 1981), p. 75.

23 Diggins, *Thorstein Veblen*, p. 68.

24 Ackerman, "Georgian Architecture," *Tuileries Brochures* (March 1930), p. 115.

25 Ackerman, "Dissertations in Aesthetics, IV," *Journal of the American Institute of Architects* 14 (February 1926), p. 49.

26 Ackerman, "Architecture," in Douglas Fryer, ed., *Vocational Self-Guidance* (New York: J. B. Lippincott, 1925), p. 303.

27 Ackerman, "Modern Architecture," *Journal of the American Institute of Architects* 16 (November 1928), p. 414 (필자의 강조).

28 같은 책, p. 414.

29 같은 책, pp. 414-415.

30 Ackerman, "The Function of Architectural Criticism," *Journal of the American Institute of Architects* 16 (April 1928), p. 145.

31 애커먼이 모더니스트 진영의 개개인을 지목하지는 않았지만, 그의 비판의 예봉은 4장에서 논의한 보자르 건축가들을 겨냥했다. 비록 함께 있었던 기간이 몇 달 되지 않지만, 애커먼과 레이먼드 후드가 1905년 하반기에 에콜데보자르에 함께 있었다는 점은 흥미롭다. 또한 일라이 자크 칸과 클래런스 스타인과 친구 사이였음은 잘 알려져 있다. 컬럼비아 대학교에서 동료였을 뿐 아니라 몇 년 후 함께 에콜데보자르에서 공부했다.

32 Ackerman, *Modern Architecture*, p. 415.

33 Ackerman, "Forces that Influence the Profession's Future," *American Architect* 141 (May 1932), p. 31.

34 Ackerman, "The Modern Movement, I: A Point of Theory," *Journal of the American Institute of Architects* 16 (December 1928), p. 465.

35 1931년 3월 10일 애커먼이 멈퍼드에게 보낸 편지. Van Pelt Library, University of Pennsylvania Special Collections.

36 Ackerman, "The Function of Architectural Criticism," p. 144.

37 Robert L. Davison, "Problems of Country House Design and Construction," *Architectural Record* 66 (November 1929); "Gymnasium Planning," *Architectural Record* 69 (January 1931); *Architectural Forum* 54 (June 1931) 대학 시설 계획 특집호.

38 Frederick Ackerman and William Ballard, *A Note on the Problems of Site and Unit Planning* (New York Housing Authority, 1937), p. 5.

39 같은 책, p. 8.

40 Ackerman, "Dissertations in Aesthetics, VI," p. 49.

41 같은 책, p. 51.

42 장인정신으로 회귀하고 때 묻지 않은 사실을 발굴하겠다는 애커먼의 역행 전략은 1930년대 정치-기술 활동까지 특징짓는 실천 원리였다. 당시 대공황의 경제위기 상황에서 기술지배주의 운동이 부활했다. 1932년 봄, 애커먼은 발터 라우텐스트라우흐(Walter Rauthenstrauch), 하워드 스콧(Howard Scott), RPAA 회원이자 전기공학자였던 배싯 존스(Bassett Jones)와 함께 테크노크라시 위원회(Committee on Technocracy)라는 모임을 결성했다. 애커먼은 테크노크라시의 원리에 관한 글을 발표하며 이 그룹에서 매우 적극적으로 활동했다. AIA에서의 영향력을 이용해, 애커먼은 뉴욕 건축가 비상구제위원회(Architect's Emergency Relief Committee of New York)를 설득해 기금을 마련하고 연구 인력을 충당했다. 그러나 테크노크라시 모임은 1919년 베블런이 전망했던 기술자 소비에트와는 거리가 멀었다. 공황이 끝나고 기술 지배 사회가 도래하리라는 새로운 희망에도 불구하고 테크노크라시 위원회는 혁명적인 목표를 공포하지 않았고 자신들의 기능은 "연구 조직"임을 밝혔다. 이 조직은 실제로 사회 변화를 이끌어낼 구체적인 행동 프로그램을 제안하지 않았다. 한편 기술 관료들이 근본적으로 순진했다고 해석할 수도 있고, 다른 한편 역사적 변화는 오랜 시

간이 걸린다는 그들의 진정한 믿음을 반영한 것일 수도 있다. 『테크노크라시와 미국의 꿈』 (*Technocracy and the American Dream*)에서 윌리엄 에이킨(William E. Akin)은 아래와 같이 분석했다. "정치이론의 문제를 효과적으로 장악하지 못하는(기술 관료들의) 무능력이 보여주는 것처럼, 그들의 주요 관심사는 기술 지배 사회의 성격과 새로운 질서를 유지할 수단을 정의하는 것이었다. 이는 기술지배운동에 어떤 구체적인 방향도 제시하지 못한 채, 사회 변화를 추동할 수단보다는 궁극적인 목표를 강조했다"(p. 117). 정치에 대한 애커먼의 불신이 여실히 드러나는 만큼 그 역시 이런 평가에서 벗어날 수 없다. "산업에 대한 통제가 금융 비즈니스의 영역에서 기술의 영역으로 옮겨 가는 것은 많은 사람들이 대출 신용과 은행 체계가 필연적으로 낭비와 박탈, 끊임없는 인플레이션으로 귀결된다는 것을 깨달을 때 결정될 문제이다. 이는 정치적 행동으로 결정할 문제가 아니다. 변화가 임박했다는 확신에서 나온 힘이 문제를 해결할 것이다. 다시 역사는 그렇게 흐른다"[Frederick Ackerman, et al., *Housing Famine* (New York: Dutton), 1920, pp. 242-243].

43 Ackerman, "The Planning of College and Universities," *Architectural Forum* 54 (June 1931), p. 692.

44 Mumford, "Machinery and the Modern Style," *New Republic* (August 3, 1921), reprinted in *Roots of Contemporary American Architecture* (New York: Dover, 1952), pp. 197-198.

45 Mumford, "Form in Modern Architecture," *Architecture* 60 (September 1929), pp. 125-126.

46 멈퍼드에 대한 연구는 상당히 많지만 베블런과의 관계는 자세히 연구된 적이 없다. 예를 들어, 로버트 보이토비치(Robert Wojtowicz)는 멈퍼드가 베블런의 『유한계급론』을 통해서 "자신의 성장기로부터 거리를 둘 수 있게 한 지적 관점을 제공받았다"고 지적한다. 후대에 패트릭 게데스(Patrick Geddes)의 견해와 엮여 근본적으로 영향이 지속되었다는 것이다[*Lewis Mumford and American Modernism: Eutopian Theories for Architecture and Urban Planning* (Cambridge: Cambridge UniversityPress, 1996), p. 31]. 이런 평가에도 불구하고 보이토비치는 구체적으로 베블런이 어떻게 멈퍼드에 영향을 주는지 분석하지 않는다. 한편 존 패트릭 디긴스는 『소스타인 베블런』(*Thorstein Veblen*)에서 멈퍼드는 베블런의 "가장 훌륭한 학문적 제자"(p. 68)이자 "가장 훌륭한 인류학 제자"(p. 91)라고까지 주장한다. 베블런의 많은 개념들이 멈퍼드의 『기술과 문명』(*Technics and Civilization*)과 관련이 있음을 지적하지만, 디긴스는 텍스트를 실제로 분석하지는 않는다. 멈퍼드에 관한 연구에서 베블런이 빠지는 이유는 멈퍼드 자신이 말년의 글에서 베블런을 배척했기 때문이다. 예컨대, 『기술과 인간 발전』(*Technics and Human Development*)에서 멈퍼드는 기술의 발전에서 기계를 강조한 사회사상가로 칼라일, 마르크스, 베블런을 한데 묶어버린다. 멈퍼드는 이들이 의도치 않게 근대의 거대 기계의 억압적 힘을 옹호하게 되었다고 결론 내린다[*The Myth of the Machine I: Technics and Human Development* (New York: Harcourt, Brace, and World, 1967), pp. 263-294]. 기계에 대한 본인의 초기 입장을 보다 관용적인 태도로 자평한 멈퍼드의 글로 Lewis Mumford, "An Appraisal of Lewis Mumford's Technics and Civilization (1934)," *Daedalus* 88 (Summer 1959)을 보라.

47 "우리의 산업예술과 장식예술이 겪는 어려움의 핵심은 이미 한 세대 전에 소스타인 베블런의 잊힌 고전 『유한계급론』이 다룬 바 있다"[Mumford, "The Economics of Contemporary Decoration," *Creative Art* 4 (January 1929), p. xix].

48 Mumford, *Technics and Civilization* (New York: Harcourt, Brace, 1934), p. 12.

49 Catherine Bauer, *Modern Housing* (Boston: Houghton Mifflin, 1934), p. 212.

50 같은 곳. Thorstein Veblen, *The Theory of the Leisure Class*, pp. 109-111에서 인용했다. 바우어의 인용은 이상하게도 순서가 뒤바뀌어 있다. 마지막 단락은 실제로 *The Theory of the Leisure Class*, 109쪽에 있으며 처음 두 단락은 베블런의 책 110-111쪽에 있다.

51 같은 책, p. 213.

52 Bauer, "Exhibition of Modern Architecture, Museum of Modern Art," *Creative Art* 10 (March 1932), p. 201. 이 구절에 이어 바우어는 다음 말로 이어간다. "이것은 동시대 사람들 대다수의 공통된 믿음과 의도를 전제로 한다. 그 이상으로 처음부터 끝까지 건축을 사회적 예술로 정의한다. 낱낱이 흩어져 개별화되는 것이 아니라 사람들을 한데 모으는 힘의 표현이다. 건축은 개인의 개성을 표현하는 매체가 아니다."

53 Mumford, "The Economics of Contemporary Decoration," *Creative Art* 4 (January 1929), p. xx. 기계의 "사회화"하는 힘은 *Technics and Civilization*에서 반복되는 기본 주제다. "기계는 공산주의자다"라는 자극적인 구절은 그대로 354쪽과 다음 쪽에서 반복된다.

54 Mumford, *Technics and Civilization*, p. 352. 멈퍼드는 *The Culture of Cities* (New York: Brace, 1938), p. 416에서 경제 원리에 관한 자신의 입장을 건축으로 확장한다.

55 같은 책, pp. 353-355.

56 Veblen, *The Theory of Business Enterprise*, p. 170.

57 David W. Noble, *The Paradox of Progressive Thought* (Minneapolis: University of Minnesota Press, 1958), p. 223.

58 Mumford, "The Economics of Contemporary Decoration," pp. xix-xxii.

59 1929년 2월 19일 애커먼이 멈퍼드에게 보낸 편지. Van Pelt Library, University of Pennsylvania Special Collections.

60 Veblen, *Theory of Business Enterprise*, pp. 178-179.

61 Mumford, "Frederick Lee Ackerman, FAIA, 1875-1950," *Journal of the American Institute of Architects* (December 1950), p. 249.

62 Mumford, *Sticks and Stones: A Study of American Architecture and Civilization* (1924; reprint, New York: Dover, 1955), p. 9.

63 같은 책, p. 14.

64 Frank Lloyd Wright, "Art and Craft of the Machine"(1901), in Edgar Kaufman and Ben Raeburn, eds., *Frank Lloyd Wright: Writings and Buildings* (New York: Meridian, 1960), p. 57.

65 Mumford, *Sticks and Stones*, p. 15.

66 Mumford, *Brown Decades: A Study of the Arts in America, 1865-1895* (1931; reprint, New York: Dover, 1971), p. 82.

67 같은 책, p. 62.

68 같은 곳.

69 Mumford, "Housing," in *Modern Architecture: International Exhibition* (New York: Museum of Modern Art, 1932), p. 183.

70 Mumford, "Acknowledgement," in *Sticks and Stones* (New York: W. W. Norton, 1924), unpaged. 1955년 2판에 도판이 추가되었지만, 초판에 도판이 수록되지 않았다는 언급은 없었다.

71 Mumford, "Steel Chimneys and Beet-top Cupolas," *Creative Art* 4 (May 1929), p. xliv.

72 Mumford, *Technics and Civilization*, p. 338.

73 Stanislaus von Moos, "The Visualized Machine Age: Or, Mumford and the European Avant-Garde," in Thomas P. and Agatha Hughes, eds., *Lewis Mumford: Public Intellectual* (New York: Oxford University Press, 1990), p. 228.

74 필자는 앞서 언급한 폰 모스의 글, 그리고 르 코르뷔지에의 책에서는 "이미지가 글을 '예시' 하기보다 텍스트를 구성하는 데 쓰였다"고 통찰한 베아트리스 콜로미나의 글에서 영감을 얻었다[Beatriz Colomina, *Privacy and Publicity: Modern Architecture as Mass Media* (Cambridge, MA: MIT Press, 1994), p. 119]. 폰 모스가 언급한 대로 멈퍼드는 이미지를 순전히 텍스트의 예시로 접근했다. 폰 모스의 날카로운 분석에도 불구하고, 멈퍼드의 사진을 기디온의 사진과 비교하는 부분에 동의할 수 없다. 기디온의 사진 이미지를 다루는 9장에서 이 점을 자세히 논할 것이다.

75 Mumford, *The Culture of Cities*, p. 421. *The Architecture of Good Intentions* (London: Academy, 1994), p. 45에서 콜린 로가 인용하여 주목하게 되었다.

76 같은 책, p. 414.

77 Mumford, "Preface: 1970," in *The Conduct of Life* (1951; reprint, New York: Harcourt Brace Jovanovich, 1970), p. v.

78 Mumford, "The Modern City," in Talbot Hamlin, ed., *Forms and Functions of Twentieth-Century Architecture*, vol. 4 (New York: Columbia University Press, 1952), p. 797. Leo Marx, "Lewis Mumford: Prophet of Organicism," in Hughes and Hughes, eds., *Lewis Mumford*, p. 179에서 인용했다.

79 Adorno, "Veblen' Attack on Culture," p. 85.

80 비슷한 맥락에서 로절린드 윌리엄스(Rosalind Williams)는 "'좋은' 기계와 '나쁜' 기계를 구분하고 자유를 주는 기계와 억압하는 기계가 어떻게 역사적으로 탄생했는지를 설명하려는 일생의 탐구"가 멈퍼드의 딜레마라고 설명한다("Mumford as a Historian of Technology," in Hughes and Hughes, eds., *Lewis Mumford*, p. 47).

81 Adorno, "Veblen' Attack on Culture," p. 84.

6. 건축 잡지의 인식론적 프로젝트

1   아카데미즘의 영향을 강하게 받은 『건축』과 『펜슬 포인츠』가 예외였다. 『건축』은 1938년
    『아키텍추럴 레코드』에 흡수될 때까지 아카데미즘에 상대적으로 충실한 입장을 견지했다.
    『펜슬 포인츠』에서의 변화는 보다 미묘하다. 1930년대 중반이 되서야 새로운 요소들이 지
    면에 나타나기 시작했다. 『아키텍추럴 레코드』를 제외한다면, 1920년대에 공표된 새로운
    편집 정책에 대해 건축 역사학자들이 관심을 갖지 않았다. 『아키텍추럴 레코드』의 변화를
    처음 언급한 것은 로버트 스턴(Robert A. M. Stern)이었다. 스턴은 1964년 "근대 건축 심포
    지엄: 1929-1939"에서 "10년의 의미"라는 제목으로 강연했는데, 여기서 잡지의 변화에 대
    해 잠시 언급했다[*Journal of the Society of Architectural Historians* 24 (March 1965), p. 9].
    『아키텍추럴 레코드』의 변화에 관해서는 Robert Benson, "Douglas Putnam Haskell (1899-
    1979): The Early Critical Writings"(Ph.D. dissertation, University of Michigan, 1987);
    Susanne R. Lichtenstein, "Editing Architecture: Architectural Record and the Growth of
    Modern Architecture, 1928-1938"(Ph.D. dissertation, Cornell University, 1987); William
    Braham, "The Heart of Whiteness: The Discussion of Color and Material Qualities in Amer-
    ican Architectural Journals Around 1930"(Ph.D. dissertation, University of Pennsylvania,
    1995)을 참조할 것.
2   Parker Morse Hooper, "The Editor's Announcement," *Architectural Forum* 48 (January
    1928).
3   케네스 스토웰(1894-1969)은 하버드에서 건축 교육을 받고, 1927년 『아키텍추럴 포럼』
    편집부에 입사해 1935년 『아메리칸 아키텍트』 편집장이 될 때까지 재직했다. 1939년부터
    42년까지, 스토웰은 역시 인터내셔널 퍼블리케이션스의 『하우스 뷰티풀』 편집장을 역임했
    다. 『아키텍추럴 포럼』의 편집자로서 스토웰의 활동에 대해서는 자세히 살펴볼 수는 없었
    지만, 『아키텍추럴 레코드』의 로런스 코커처럼 『아키텍추럴 포럼』이 유럽의 모더니즘에 관
    심을 가지게 하는데 중요한 역할을 했던 것으로 보인다.
4   『아메리칸 아키텍트』의 매각은 1920년대 미국 경제가 독점시장의 지배를 받는 양상의 일
    환으로 볼 수 있다. 규모가 작은 건축 잡지는 인수합병에 특히 취약했다. 건축 프로페션이
    확립된 20세기 초에도 건축 잡지는 재정의 어려움으로 항상 불안정했다. 이름 있는 잡지가
    재정상의 문제로 다른 잡지에 흡수되거나 대규모 출판사에 인수되는 일은 흔했다. 『아메리
    칸 아키텍트』는 1909년 『인랜드 아키텍트』를, 1921년에는 『아키텍추럴 리뷰』를 흡수했다.
    스크리브너스 사가 펴낸 『건축』, 그리고 건설 잡지와 『아키텍추럴 레코드』를 소유한 도지
    사는 1923년 합병되었다. 1929년 대형 출판사로 합병되면서 가장 큰 영향을 받은 잡지는
    다름 아닌 『아메리칸 아키텍트』였다.
5   허스트 소유의 『아메리칸 아키텍트』는 성격과 부수 면에서 완전한 대중 잡지가 되지는 못
    했고, 결국 1937년 『아키텍추럴 레코드』 아래로 합병되었다. 1923년 최대 발행부수 8,913
    권은 허스트 잡지 가운데 가장 부수가 적었던 『타운 앤드 컨트리』, 『모터 보팅』(*Motor
    Boating*)의 절반에도 미치지 못하는 수치였다. 같은 해, 『굿 하우스키핑』과 『픽토리얼 리

뷰』는 각각 191만 5,676부와 206만 1,736부를 발행했다. 이 수치는 Oliver Carlson and Ernest S. Bates, *Hearst: Lord of San Simeon* (New York: Viking Press, 1936), pp. 302-303의 내용을 따른 것이다. 또 Fremont Older, William Randolph Hearst, *American* (New York: D. Appleton, 1936)을 보라.

6   "The 'New Architecture' and the New 'American Architect'," *American Architect* 136 (November 1929), p. 20.

7   Ray W. Sherman, "More than a Designer," *American Architect* 137 (June 1930), p. 19.

8   "대중들은 건축가가 예쁜 건물 그림을 그리는 사람이라는 정의를 받아들였지만, 그 대신 건축가는 실질적이지 못하다는 단서를 달았다. 그 결과는 뭔가? 건축가의 업무는 사치스럽다는 것인가? 건축가의 손을 거치지 않고 건물이 지어질 수 있는가? 건축가는 전문적인 업무를 수행해 그에 합당한 사례를 받는 것이 아니라 수수료 기준으로 도면을 판다는 것인가?"[W. R. B. Wilcox, "Draftsmenship is not Architecture," *Architectural Record* 77 (April 1935), pp. 255-257]. 또 Henry S. Churchill, "Are We Architects or Merely Pencils?," *American Architect* 137 (February 1930)을 보라.

9   *American Architect* 137 (September 1930), p. 112.

10   Elmer Roswell Coburn, "Economics – The New Basis of Architectural Practice," *American Architect* 143 (September 1933), p. 53. 이런 입장에 대한 다른 기사로 Arthur T. North, "Architects Must Study Building Economics," *American Architect* 136 (November 1929)와 E. D. Pierre, "We Must Become Part of the Building Industry," *American Architect* 139 (May 1931)이 있다. 대공황 이후 비슷한 기사가 『아키텍추럴 레코드』에도 실리기 시작한다. Lionel M. Lebhar, "Architect or Building Economist?," *Architectural Record* 72 (December 1932)와 *Architectural Record* 73 (May 1933)의 특별 섹션 "How Can Architects Develop Business?"를 보라.

11   Coburn, "Economics - The New Basis of Architectural Practice," p. 53.

12   AIA는 공식문서 "전문 실무 원칙에 대한 권고 회람"(Circular of Advice Relative to the Principles of Professional Practice)에서 "광고가 프로페션의 위엄을 떨어뜨리는 경향이 있으므로 배척한다"고 단정지었다. "Official Notices to Members," *Journal of the American Institute of Architects* 11 (December 1923), pp. 489-490를 참조하라. 『아메리칸 아키텍트』는 건축 광고를 용인하는 수많은 기사와 사설을 실었지만 가장 명확하게 입장을 밝힌 것은 Benjamin F. Betts, "Every Architect Can Advertise Architecture," *American Architect* 137 (January 1930), p. 19이다.

13   Benjamin F. Betts, "The Stock Plan House Can Never Have a Soul," *American Architect* 136 (October 1929), p. 19.

14   Benjamin F. Betts, "Can We Sell Architecture to the Small House Buyer?," *American Architect* 139 (March 1931), p. 21.

15   "Modernism, Professionalism and the Definition of Service: Thomas Kimball and the Post-War Committee," in Bentel, "Modernism and Professionalism in American Architecture, 1919-1933"(Ph.D. dissertation, MIT, 1992), pp. 105-114.

16　"The Architect, The Draftsman and 1930!," *Pencil Points* 11 (January 1930), p. 1. 대공황 초기 대부분의 비즈니스가 그랬던 것처럼, 건축계와 건설 산업도 경제위기를 일시적인 불경기, 1년 안에 "회복하게 될 금융 불안"으로 여겼다.

17　"The Value of the Architect's Service," *Pencil Points* 11 (July 1930), p. 569. 이 구절은 "건축가란 무엇인가"(What is an Architect?)라는 섹션에 실렸다.

18　같은 책, p. 571. 이 소책자 자체가 양차 세계대전 사이에 진행된 미국 건축 담론의 변화가 얼마나 복잡하고 모호했는지를 잘 보여준다. 프로페션의 업무를 열거한 섹션에서, 계획가로서 건축가의 능력이 처음 등장하는데, 다음과 같이 묘사되었다.

> 건축가를 키우는 데 있어서 효과적으로 계획하는 능력에 초점이 맞추어져야 한다. 모든 건물 유형의 요구 조건을 공부하고 사용자들이 건물을 어떻게 이용하는지를 고려함으로써, 건축가는 다른 어떤 종류의 사람들보다도 이 주제에 관한 전문적인 지식을 획득한다. 건축가는 건물의 사용 가능 공간을 여러 부분으로 나누고 할당하는 최선의 방법을 안다. 그 결과 각 부분 또는 실들은 크기가 적당하고 모양이 쓰기에 편리하게 된다. 그는 여러 부분을 배치하는 방법을 안다. 그래서 각기 다른 부분과의 관계 속에서 전체 틀 안에 최선의 위치를 차지한다. 그가 설계한 건물은 돌아다니기 쉬우며, 최소한의 노력으로 그렇게 할 수 있다. …… 경제적 관점에서 봤을 때, 계획의 문제는 무엇보다도 중요하다. 건축가의 계획에서 매 평방피트가 최대한 이용된다. 당신의 특수한 문제를 해결하는 그의 계획을 통해 주어진 면적을 최대한 이용할 수 있다. 바꾸어 말하면, 당신의 요구를 최소한의 면적으로 충족시킨다. 불필요한 면적은 아무런 소득 없이 비용을 지불하는 것이기 때문에, 공간 낭비를 없애주는 방법을 가장 잘 아는 사람을 고용하는 것이 당신에게도 이익이 아닌가?(p. 571, 필자의 강조)

보수적인 잡지가 효율성과 계획을 건축가의 주요 임무로 언급했다는 점에서 이 구절은 주목할 만하다. 동시에 여기서 전제하고 있는 계획의 개념은 여전히 물리적 요소의 조작으로 보고 있다는 점에 주의해야 한다. 즉, 계획을 배치와 분배, 배열과 할당의 문제로 본다는 것이다. 건축가가 아름다운 디자인을 만들 수 있다는 것이 엔지니어나 건설업자와의 중요한 차이다. 그러나 아름다움은 상업적 가치로 정당화되었다. "건물의 아름다움이 눈앞의 편리함과 구조 통합의 실질적 요소들보다 훨씬 상업적 가치가 있다는 점에는 의문의 여지가 없다"(p. 574).

19　Harry W. Desmond, "By Way of Introduction," *Architectural Record* 1 (July-September 1891), p. 6. 『아키텍추럴 레코드』는 의류 제조업자 클린턴 스위트(Clinton Sweet)가 허버트 크롤리의 아버지인 저널리스트 데이비드 크롤리(David Croly)의 도움을 받아 창간했다. 스위트는 1868년 주간 『부동산 레코드와 빌더즈 가이드』(*Real Estate Record and Builders Guide*)로 출판업을 시작했다. 『부동산 레코드』의 상근 작가였던 해리 데스먼드(Harry Desmond, 1863-1913)가 『아키텍추럴 레코드』의 첫 편집장이었다. 데스먼드는 텍스트를 중점으로 잡지를 만들었고, 이 기조는 수십 년 동안 유지되었다. 본인의 소설 『레이먼드 리』를 『아키텍추럴 레코드』에 수차례 연재하기도 했다. 몽고메리 스카일러, A. D. F. 햄린, 허버트

크롤리와 같은 유명한 작가들과 작업하며 『아키텍추럴 레코드』는 미국의 건축비평 전통을 만드는 데 큰 역할을 했다. 『아키텍추럴 레코드』의 초기 역사와 데스먼드에서 미켈슨까지 편집장에 관해서는 Lichtenstein, "Editing Architecture," pp. 17-65를 보라.

20 1926년부터 코커는 버지니아 대학교 건축대학 학장을 역임했고 역사 건축과 관련된 작업으로 주로 알려져 있었다. MIT에서 보자르 교육을 받은 다음 코커는 펜실베이니아 주립대학에서 가르쳤다. 이곳에서 코커는 콜로니얼 건축에 관해 폭넓게 연구를 시작했다. "펜실베이니아 초기 건축"이라는 시리즈를 1920년부터 22년까지 『아키텍추럴 레코드』에 연재했다. 1925년 AIA의 "역사적 모뉴멘트와 경관위원회" 의장으로 임명되었고, 콜로니얼 윌리엄스버그의 복원에 중요한 역할을 했다. 코커는 유럽에서 미국으로 이주한 건축가와 일했다. 1929년부터 30년까지 게르하르트 지글러와 일했고, 수년간 파리에서 르 코르뷔지에와 일한 스위스 출신의 앨버트 프라이와도 공동작업을 했다. 그의 작은 사무실에서 진행할 수 있는 프로젝트들에 제한이 있긴 했지만, 몇몇 돋보이는 근대 건축물을 남겼다. 코커의 전기는 Lawrence Wodehouse, "Kocher at Black Mountain," *Journal of the Society of Architectural Historians* 41 (December 1982)과 Cynthia Z. Stiversons, *Architecture and the Decorative Arts: The A. Lawrence Kocher Collection of Books at the Colonial Williamsburg Foundation* (West Cornwall, CT: Locust Hill Press, 1989) 중 우드하우스의 서문, Lichtenstein, "Editing Architecture," pp. 115-130에서 볼 수 있다. 코커의 가장 유명한 프로젝트는 앨버트 프라이와 함께 작업한 알루미네어 주택(Aluminaire House)이다. 이에 대해서는 Joseph Rosa and Albert Frey, *Architect* (New York: Rizzoli, 1990)와 "The Aluminaire House, 1930-31," *Assemblage* 12 (April 1990)를 보라.

21 1959년 4월 10일 코커가 『아키텍추럴 레코드』의 출판 디렉터인 저드 페인(Judd Payne)에게 보낸 편지(Colonial Williamsburg Foundation Library, Kocher Collection, Box 1, Series 1). 『아키텍추럴 레코드』시리즈는 1920년대 말과 30년대 프랭크 로이드 라이트가 주류 미국 건축에 복귀하는 맥락에서 이해할 수 있다. 이에 대한 자세한 내용은 Donald Leslie Johnson, *Frank Lloyd Wright versus America: The 1930s* (Cambridge, MA: MIT Press, 1990)를 보라.

22 예일대 학생 헨리 창에게 보낸 1964년 4월 21일자 편지에서 모호하게 "변화의 기류"가 있었다고 언급할 뿐이었다(Kocher Collection, Box 1, Series 1). 코커는 데이비슨이나 뢴베리-홀름에게 어떤 크레디트도 주지 않았다. 편지에서는 전임 편집장들에게 깊은 존경을 표하고 있지만 미켈슨(1866-1941)의 역할에 대해서는 어떤 구체적인 언급도 없었다. 같은 편지에서 다음과 같이 기술한다. "건축 디자인이 전통이 아니라 현재의 요구를 충족시키는 방향으로 가는 데 내가 기여한 바가 있다면, 내가 『아키텍추럴 레코드』의 주제를 바꾼 1928년이 그 시작일 것이다. 나는 미국 건축가들의 최근작 화보와 이에 대한 피상적인 설명을 없애버렸다. 종종 건축가 사무소의 설계팀 직원이 쓴 칭찬 일색의 글들 말이다." 필립 존슨은 『아키텍추럴 레코드』를 변모시킨 핵심 인물로 로버트 데이비슨보다는 코커와 함께 뢴베리-홀름을 꼽는다["Rejected Architects," *Creative Arts* 8 (June 1931), p. 435]. 필자는 필립 존슨이 유럽인이었던 뢴베리-홀름의 역할을 과대평가했다고 생각한다. 뢴베리-홀름은 시카

고 트리뷴 현상설계안으로 많이 알려졌는데, 1929년 히치콕이 『근대 건축』에서 이 디자인을 높게 평가한 바 있다. 그러나 테크니컬 뉴스와 리서치 섹션의 책임자로 채용되었으며, 나머지 젊은 직원들 중 연장자였던 데이비슨이 코커를 제외하고는 가장 큰 영향력을 행사했다는 점은 분명하다. 나중에 존 피어스 재단의 책임자로 데이비슨은 주택 문제, 특히 조립식 주택에 집중했다. 데이비슨과 더글러스 해스켈 아카이브의 편지를 살펴보면 데이비슨과 해스켈이 『아키텍추럴 레코드』에 잠깐 같이 있는 동안 친해졌다는 것을 알 수 있다. 1929년에 채용된 젊은 직원이었던 시어도어 라슨과 뢴베리-홀름은 종종 기사를 같이 쓰고 버크민스터 풀러의 구조 연구회와 같은 모임에 관여했다. 하버드 대학교의 러브 도서관 특별자료실 (Loeb Library Special Collections of Harvard University)에 있었지만 1992년 여름부터 그 소재가 불분명하다. 1930년대 『아키텍추럴 레코드』의 또 다른 핵심 인물로는 1936년 후반에 합류하여 1937년 라슨 대신 기술 부문 편집자가 된 제임스 마스턴 피치(James Marston Fitch)가 있다. 1930년대 초반 미켈슨 후원하에 로런스 코커가 로버트 데이비슨, 뢴베리-홀름, 시어도어 라슨, 더글러스 해스켈, 하워드 피셔, 헨리 러셀 히치콕 등 국내외 출신의 젊은 건축가·계획가·비평가들을 이끌며 현대 건축의 리더로 『아키텍추럴 레코드』를 탈바꿈시켰다. 1930년대 이들의 활동에 대한 자세한 내용은 "Editing Architecture," pp. 130-139을 참조할 것.

23 『아키텍추럴 레코드』가 얼마만큼 현대 건축의 리더로 인식되었는지를 여지없이 보여주는 문헌으로 더글러스 해스켈이 로런스 코커에게 보낸 1929년 3월 23일자의 긴 편지가 있다. 이 시기는 해스켈이 막 『아키텍추럴 레코드』에서 자리를 잡던 시점이었다(Haskell Papers, Avery Library Special Collections). 그 당시 해스켈은 『크레이티브 아트』의 편집에도 기여했으며 현대 건축에 대한 여러 글을 기고했다. 그중에서 가장 주목할 만한 것은 르 코르뷔지에의 『건축을 향하여』에 대한 서평과 프랭크 로이드 라이트에 대한 비평이다. 후일 해스켈은 루이스 멈퍼드가 『아키텍추럴 레코드』를 알아보라고 추천했다고 코커에게 편지를 쓰면서 회고했다(August 26, 1958, Kocher Collection, Box 1, Series 1.). 1929년 3월 23일자 편지는 주거·도시계획·건설 등의 여러 이슈에 관한 해스켈의 모더니스트 입장을 축약적으로 보여준다. 미국 현대 건축의 역사에서 자신들의 역할이 잊힌 것에 대해 코커와 해스켈이 노년에 탄식한 것을 충분히 이해할 만하다(Benson, "Douglas Putman Haskell," pp. 137-175).

24 Michael A. Mikkelson, "A Word about the New Format," *Architectural Record* 65 (January 1928), p. 1.

25 같은 책, p. 2.

26 같은 곳. 사설은 다음과 같이 이어진다. "철근콘크리트, 건축 다채색, 그리고 예술 공예의 보다 효율적인 활용 방향에 대한 내용들이 게재될 것이다. 설리번이 시작해 프랭크 로이드 라이트가 발전시키고 해외에서 확장된 추동력이 유럽에서 반향을 불러올지도 모른다. 표준화된 형태와 기계로 생산한 표면이 디자인에서 타당한 위치를 확보할 것이다. 변화, 모험, 새로운 정서가 있을 것이라는 것은 이번 호에 어렵게 모은 자료, 특히 동료 로런스 코커가 애써 모은 자료에서 명백히 드러난다."

27 잡지의 잇따른 변화와 코커의 회고를 감안할 때, 미켈슨이 독자적으로 이 사설들을 쓴것이

가닌 듯하다. 확실치는 않지만 두 글은 편집부, 특히 코커와 당시 편집부에 채용된 데이비슨의 글로 보인다.

28 Mikkelson, "Two Problems of Architecture," *Architectural Record* 66 (January 1929), p. 65.

29 같은 곳.

30 같은 곳.

31 같은 곳.

32 같은 책, p. 66.

33 'Research Applied to Architecture: A New Editorial Policy," p. 2, ABP 메달 우수 편집 사례 공모전에『아키텍추럴 레코드』가 제출한 미출간 원고, Harvard University, Loeb Library Special Collections.

34 Mikkelson, "Two Problems in Architecture," p. 66.

35 Mikkelson, "Expansion of The Architectural Record for 1930," *Architectural Record* 66 (November 1929), p. 501 (필자의강조).

36 같은 책, pp. 501-502.

37 "Garages," *Architectural Record* 65 (February 1929), p. 179.

38 Eugene Clute, *The Practical Requirements of Modern Buildings* (New York: Pencil Points Press, 1928), p. 15.

39 『아메리칸 아키텍트』에 게재된 유사한 계획 관련 기사로 George E. Eichenlaub, "40% of Falls in Houses Occur on Stairways: Old Rules Should be Discarded for Comfort and Safety," *American Architect* 137 (January 1930). 이 기사는 몇 달 후 H. Weaver Mowery, "Material and Proportions are Both Factors in Stair Safety," *American Architect* 137 (July1930)에서 논박당한다. 디자인 표준 관련 기사로 Ernest I. Freese, "Correct Proportioning of Stair Treads and Risers," *American Architect* 143 (July 1933)와 "Walkways, Stairways, Climbways," *American Architect* 144-145 (March 1934)이 있다. 계단 설계에 관한 코커와 프라이의 "Stairways, Ramps, Escalators," *Architectural Record* 69 (January 1930) 기사도 참조할 것.

40 Robert L. Davison, "Prison Architecture," *Annals of the American Academy of Political and Social Science* 157 (1931), p. 35-39 (필자의 강조).

41 구아데의 발언은 Peter Collins, *Changing Ideals in Modern Architecture* (Kingston: McGill-Queens University Press, 1967), pp. 228-229에서 인용했다.

42 Davison, "Prison Architecture," p. 39.

43 Robert L. Davison, "Prison Architecture," *Architectural Record* 67 (January 1930), p. 70. "기능적 접근"과 "합리적 접근"이라는 용어는 그의 "Prison Architecture," *Annals of the American Academy of Political and Social Science* 157 (1931), p. 35, 39에 등장한다.

44 Bill Hillier and Adrian Leaman, "How is Design Possible?," *Architectural Research and Teaching* 3 (1974), p. 4. 또한 A. Lawrence Kocher and Robert L. Davison, "Swimming Pools," *Architectural Record* 65 (January 1929), p. 68도 참조하라. 여기서 저자는 "수영장 설계에서 선례를 지나치게 따랐던 건축가들이 창조적인 생각을 할 수 있는 분명한 기회가 왔다. 이

연구는 관습적인 실무가 아니라 바람직한 실무를 규정함으로써 건축 문제에 접근하고자 한다.” 1930년대 『아키텍추럴 포럼』의 계획 기사에도 유사한 정서가 있었다. “특정 문제를 푸는 데 과거의 선례가 적절한지 철저히 조사하지 않고 선례를 맹목적으로 따르는 것은 문제를 효과적으로 해결하기보다 통념적인 계획안을 계속 지키기 십상이다”[“The Planning of Public Buildings,” *Architecutral Forum* 59 (September 1933), p. 164].

45 Benson, “Douglas Putnam Haskell,” p. 143.

46 Mikkelson, “Two Problems in Architecture,” p. 66. 합리주의적 틀 안에서 형식주의의 원칙을 재규정하려는 이 시도는 미켈슨의 “Expansion of the *Architectural Record* for 1930”에서 되풀이된다. 『아키텍추럴 레코드』는 “어떠한 단일 실험 집단을 따르지 않는다. 하지만 『아키텍추럴 레코드』는 모던 디자인이 기계 생산 유형에 내재한 예술적 속성을 솔직하게 활용하여 선·색·형태의 경제성을 통해 그 효과가 나타난 모든 실험에 적용해야 한다고 생각한다. 따라서 건강한 기반을 가진 모던 디자인에 대한 관심이 과거에 확립된 콤포지션 원칙을 계속 존중하는 것과 상충하지 않는다”(p. 502).

47 “Garages,” *Architectural Record* 65 (February 1929), p. 78.

48 Davison, “Problems of Country House Design and Construction,” *Architectural Record* 66 (November 1929), p. 486.

49 같은 곳.

50 같은 책, pp. 486-489.

51 Robert L. Davison, “Effect of Style on Cost,” *Architectural Record* 65 (April 1929), pp. 402-409.

52 같은 책, p. 402.

53 Clifford Edward Clark, *The American Family Home, 1800–1960* (Chapel Hill: University of North Carolina Press, 1986), p. 201.

54 Mikkelson, “Expansion of The Architectural Record for 1930,” p. 502.

55 “Research Applied to Architecture: A New Editorial Policy,” p. 2.

56 Mikkelson, “Two Problems in Architecture,” p. 66.

7. 과학적 관리론과 다이어그램의 담론

1 건축과 과학적 관리의 관계가 새로운 연구 영역은 아니다. 하지만 대부분의 연구는 유럽, 특히 독일과 독일의 아메리카주의(Amerikanismus), 또는 르 코르뷔지에 같은 개별 건축가에 관한 것이고 이 관계의 담론 체계를 다루지는 않았다. 미국에서 20세기 초 과학적 관리론의 내러티브와 그 지배적인 양상에 관한 가장 흥미로운 연구로 Martha Banta, *Taylored Lives: Narrative Productions in the Age of Taylor, Veblen and Ford* (Chicago: Universityof Chicago Press, 1993)가 있다. “테일러화된 여성의 집”(Taylorizing Women’s House)과 “중간 경관의 협상”(Negotiating the Middle Landscape) 같은 주제를 논할 때에도 반타는 문학적인 분석을 위주로 하여 다이어그램을 다루지는 않는다.

2 Timothy J. Reiss, *The Discourse of Modernism* (Ithaca: Cornell University Press, 1982), p. 34.

3 같은 곳. 이는 과학적 관리론이 다이어그램을 접근했던 독특한 방식이다. 들뢰즈가 지적했 듯이, "많은 종류의 다이어그램적 기능과 물질이 존재한다. …… 이것은 모든 다이어그램이 시공간적 복합체이기 때문이다"[Gilles Deleuze, *Foucault* (1986, translation, Minneapolis: University of Minnesota Press, 1988), p. 34].

4 Friedrich Nietzsche, "On Truth and Lie in an Extra-Moral Sense"(1873), translated in Walter Kaufmann, ed., *The Portable Nietzsche* (New York: Penguin, 1976), p. 46.

5 이 구절은 자주 인용되는 상투어가 되었지만, 로크의 *An Essay Concerning Human Understanding*, Book 3, Chapter 10, "On the Abuse of Words"가 원출처라 할 수 있다.

6 John Younger, *Work Routing in Production* (New York: Ronald Press, 1930), pp. 98-99.

7 Daniel Bell, *Work and Its Discontents* (Boston: Beacon Press, 1956), pp. 7-8.

8 David Noble, *America By Design: Science, Technology, and the Rise of Corporate Capitalism* (Oxford: Oxford University Press, 1977), pp. 263-264.

9 John B. Watson, *The Ways of Behaviorism* (New York: Harper & Brothers, 1928), p. 2. 물론 인간-기계 개념은 17세기 데카르트가 규정한 이래 서구 사상에서 오랜 전통을 가지고 있 다. Jules Amar, *The Human Motor or the Scientific Foundations of Labour and Industry* (1914; translation, New York: E. P. Dutton, 1920); Frederick Lee, *The Human Machine and Industrial Efficiency* (New York: Longmans, Green, 1918), 그리고 Richard T. Dana and A. P. Ackerman, *The Human Machine in Industry* (New York: Codex Book Co., 1927). 신체에 대한 기계적 인 식의 역사에 관해서, 특히 프랑스와 독일의 상황에 관해서는 Anson Rabinbach, *The Human Motor: Energy, Fatigue, and the Origins of Modernity* (New York: Basic Books, 1990)을 보라.

10 프랭크 길브레스가 하청업자로 건설회사를 성공적으로 운영하던 당시 테일러의 과학적 관 리론을 접하게 되었다. 릴리언은 브라운 대학교에서 산업심리학으로 박사학위를 받았는데, 미국에서 이러한 학위를 받은 최초의 사람 중 한 명이었다. 두 사람이 함께 긴밀히 일하긴 했지만, 인간 신체를 관리의 대상으로 설명한 것은 휴고 뮌스터버그(Hugo Munsterberg) 와 월터 딜 스콧(Walter Dill Scott)을 공부했던 릴리언이었다. 불행히도 릴리언이 건축과 관련한 작업에 관한 정보는 거의 없다. 릴리언 길브레스의 전기로 Martha Moore Trescott, "Lillian Moller Gilbreth and the Founding of Modern Industrial Engineering," in Joan Rothschild, ed., *Machine ex Dea* (New York: Pergamon Press, 1983)가 있다. 그녀의 심리학 연 구와 상업적 관심에 대한 보다 비판적인 관점으로는 Laural D. Graham, "Critical Biography Without Subjects and Objects: An Encounter With Dr. Lillian Moller Gilbreth," *Sociological Quarterly* 35, No. 4 (1994), 그리고 같은 저자의"Beyond Manipulation: Lillian Gilbreth's Industrial Psychology and the Governmentality of Women Consumers," *Sociological Quarterly* 38, No. 4 (1997)를 보라.

11 Lillian Gilbreth, *The Psychology of Management* (New York: Sturgis and Walton, 1914), p. 65.

12 Arthur G. Anderson, *Industrial Engineering and Factory Management* (New York: Ronald Press, 1928), p. 52.

13 Michel Foucault, *Discipline and Punish: The Birth of the Prison* (New York: Vintage, 1979), pp. 143-144.

14 벤담이 파놉티콘을 감옥과 공장으로 모두 사용할 의도였다는 사실은 놀랍지 않다. 파놉티콘의 건축적 측면에 관해서는 Robin Evans, "Bentham's Panopticon: An Incident in the Social History of Architecture," *Architectural Association Quarterly* 3 (April-July 1971), 그리고 같은 저자의 *The Fabrication of Virtue: English Prison Architecture, 1750-1840* (Cambridge: Cambridge University Press, 1982)를 보라. 또 푸코와 자크 알랭 밀러(Jacques-Alain Miller) 기반을 둔 미란 보조비치(Miran Božovič)의 *Jeremy Bentham: The Panopticon Writings* (London; Verso, 1995)의 날카로운 서문 "An Utterly Dark Spot"이 큰 도움을 주었다.

15 Foucault, *Discipline and Punish*, p. 205.

16 같은 곳(필자의 강조).

17 이 구절은 벤담의 파놉티콘 문서 서문의 유명한 첫 문장이다. "도덕 개혁-건강 유지-산업 활성화-지도 편달 확산-공공 부담 경감-경제 반석 위에 앉히기-구빈법이라는 고르디아스의 매듭 끊지 않고 통합하기—이 모두가 건축의 간단한 아이디어를 통해서!"["Panopticon, or The Inspection-House, & C."(1787), reprinted in Miran Božovič, ed., *Jeremy Bentham: The Panopticon Writings*, p. 31].

18 Gilbreth, *The Psychology of Management*, p. 152.

19 길브레스 부부가 에드워드 마이브리지(Edward Muybridge)의 인간 동작 연구나 알퐁스 베르티용(Alphonse Bertillon)의 인체측정학을 알고 있었는지는 확실치 않지만, 의심할 바 없이 측정과 분류에 열광적이었다. 프랭크 길브레스는 분명히 에티엔-쥘 마레(Étienne-Jules Marey)의 크로노포토그래피(chronophotography)를 알고 있었다. 하지만 앤선 래빈바흐(Anson Rabinbach)가 지적했듯이, 길브레스는 마리가 응용에는 관심이 없다고 잘못 알고 있었다(Rabinbach, *The Human Motor*, p. 335). 길브레스 부부가 초기 인간 공학과 다른 것은 신체에 인접한 공간과 환경의 규범적 관계를 포착하려고 했다는 점이다. 신체의 사진 기법에 관한 논의는 Suren Lalvani, *Photography, Vision, and the Production of Modern Bodies* (Albany: State University of New York Press, 1996), 특히 "Photography and the Body of the Worker," pp. 144-152을 보라.

20 "Industrial Coach: How the Efficiency Engineer Studies the Human Machine," *Scientific American* (November 6, 1915). 길브레스 부부의 작업은 그들 자신의 저서뿐만 아니라 몇몇 2차 문헌에 잘 정리되어 있다. 그중에서도 *Motion Study* (New York: D. Van Nostrand, 1911); *Applied Motion Study* (New York: Sturgis and Walton, 1917); *Fatigue Study* (New York: Macmillan, 1919)가 신체의 움직임에 관한 연구를 잘 설명해준다.

21 Daniel Bell, *Work and its Discontents*, p. 8.

22 Frederick Winslow Taylor, *Principles of Scientific Management* (New York: Harperand Row, 1911). pp. 35-36.

23 이 구절과 "그래픽 매니지먼트"(graphic management)라는 용어는 C. E. Knoeppel, *Graphic Production Control* (New York: The Engineering Magazine Co., 1920)에 나온다.

24 Frederick Kiesler, "Pseudo-Functionalism in Modern Architecture," *Partisan Review* 16 (July 1949), reprinted in Yehuda Safran, ed., *Frederick Kiesler, 1890–1965* (London:Architectural Association, 1989), p. 57.

25 이 다이어그램은 Charles Francis Osborne, *Notes on the Art of House Planning* (NewYork: Wm. T. Comstock, 1888), pp. 18-20에 등장한다. 데이비드 핸들린(David Handlin)의 *The American Home: Architecture and Society, 1815–1915* (Boston: Little, Brown, 1979) 덕분에 이 자료를 알게 되었다. 질병 전염 이론과 공기 질의 영향을 둘러싼 논쟁이 일면서, 공기의 흐름을 보여주는 다이어그램이 통풍에 관한 대중과 전문 영역의 문헌 모두에서 널리 다루어졌다. 태양의 각도와 그림자에 관한 다이어그램 분석은 건축 담론에서 오랜 역사를 가지고 있다. 1887년 AABN에 "다이어그램"(Diagram)이라는 적절한 제목으로 태양 각도에 관한 E. T. 포터(E. T. Potter)의 기사가 19세기의 대표적인 사례다. 기능 도표와 동선 다이어그램과 함께 태양 각도 다이어그램들이 건축 잡지에 자주 나타나기 시작했다. 예를 들어 Howard T. Fisher, "Sunlight Analysis," *Architectural Record* 70 (December 1931); Erving I. Freese, "Pathways of the Sun," *American Architect* 145 & 146 (November 1934–January 1935); "Site Planning and Sunlight as Developed by Henry Wright," *American Architect* 149 (August 1936) 등이 있다.

26 크리스틴 프레더릭의 동선 다이어그램은 Bruno Taut, *Die neue Wohnung* (Leipzig: Klinkhardt & Biermann, 1924)에 나온다. 독일어권 연구에 관해서는 Günther Uhlig, *Kollectivemodell "Einküchenhaus": Wohnreform und Architekturdebatte zwischen Frauenbewegung und Funktionalismus, 1900–1933* (Berlin: Anabas-Verlag, 1981); Marjn Boot, et al., "La cucina 'razionale'nei Paesi Bassi e in Germania," in *La casalinga riflessiva: La cucina razionale come mito domestico negli anni '20 e 30'*(Rome: Multigrafica Editrice, 1983); Nicholas Bullock, "First the Kitchen—Then the Facade," *AA Files* 6 (May 1984) 등이 있다.

27 Alexander Klein, "Judging the Small House," *Architectural Forum* 55 (August 1931)를 보라. 클라인의 다이어그램은 Milton D. Lowenstein, "Germany's Bauhaus Experiment," *Architecture* 60 (July 1929)에도 수록되어 있는데, 바우하우스와 관계 있는 연구로 잘못 소개되어 있다. 이 글에는 르 코르뷔지에의 도미노 하우징, 리처드 노이트라의 러시 시티 프로젝트, 독일 지들룽겐 계획 등 바우하우스와 무관한 일러스트레이션들이 실려 있다. 클라인의 다이어그램 도판에 관해서는 "Planning the House Interior," *Architectural Record* 77 (May 1935)을 참조하라. 클라인의 연구에 대한 라이트의 논평은 그의 *Rehousing America* (New York: Columbia University, 1935) 14장과 15장을 보라.

28 평면이 기능 다이어그램에서 도출된다는 생각은 이미 1920년대에 확립되었지만, 1932년 전에는 다이어그램을 잡지에서 찾아볼 수 없었다. 예를 들어 필립 소여(Philip Sawyer)의 "The Planning of Banks," *Architectural Forum* 38 (June 1923)에서 건물의 "작동 조직"은 각 부서의 상호 관계를 규정한 다이어그램으로 명확히 알 수 있다고 쓰여 있다. 그러나 이 기사에 다이어그램은 등장하지 않는다. 1931년 『아메리칸 아키텍트』의 "조직 표로 설계한 N. W. 아이어 빌딩"이란 글은 "조직의 기능화에 대한 분석 연구"를 제공한 "경영공학과 건물

계획 전문가"(Management Engineers and Building Planning Specialists)의 도움을 언급했다. 이러한 다이어그램이 "다양한 부서의 상호 관계와 각 부서에서 이루어지는 작업의 일반적인 흐름을 밝혀"준다고 했지만, 기능 표와 동선 다이어그램을 보여주지는 않았다[Ralph B. Bencher, "The N. W. Ayer Building Designed from an Organization Chart," *American Architect* 139 (January 1931), p. 43].

29 1924년 남편이 작고한 뒤 릴리언 길브레스는 과학 관리론의 "인간적인 요인"을 계속 연구했다. 퍼듀 대학교 경영학과 교수로 부임했고, 그 이후 부엌의 합리화에 적극적으로 나섰다. 1930년 브루클린 보로 가스 컴퍼니, 헤럴드 트리뷴과 일했다. 헤럴드 트리뷴에서는 일요 잡지의 편집인인 윌리엄 멜로니 부인(Mrs. William B. Meloney)과 함께 일했다. 멜로니는 여성협회와 미국 주거개선협회(Better Homes in America association) 설립에 적극적이었다. 릴리언 길브레스와 함께 멜로니는 시범 부엌을 신문과 소책자로 널리 알렸다. 1931년 이 부엌은 독일에서 열린 주택과 커뮤니티 계획에 관한 국제 전시회의 주요 전시였다. 이 전시회는 건축 역사학자들에게는 미스 반 데어 로에가 기획한 베를린 건축 박람회로 잘 알려져 있다.

30 로버트 스턴은 와서먼 주택과 스파이서 주택을 *George Howe: Toward a Modern American Architecture* (New Haven: Yale University Press, 1975), pp. 162-174에서 다루고 있었으나 다이어그램은 전혀 언급하지 않는다. 하우의 작업에서 다이어그램이 갑작스럽게 등장한 한 가지 이유는 노먼 벨 게데스(Norman Bel Geddes)와의 협업 때문일 것이다. 하우는 윌리엄 레스카즈(William Lescaze)와 헤어진 뒤 게데스와 협업했다. 1935년 여름 짧은 기간의 협업에 대해서는 알려진 내용이 거의 없다.

31 James Ford and Katherine Ford, *The Modern House in America* (New York: Architectural Book Pub. Co., 1940), p. 61.

32 로버트 스턴은 *The New International Yearbook of 1931*에서 와서먼 주택이 르 코르뷔지에를 추종했지만 매우 "관습적인 평면"을 갖고 있다고 관찰한 탤봇 햄린을 인용한다(Stern, George Howe, p. 163).

33 Mary Pattison, *Principles of Domestic Engineering* (New York: The Trow Press, 1915), p. 200. 패티슨과 크리스틴 프레더릭은 1920-30년대 제도화된 가정환경에 대한 새로운 접근 태도, 즉 "가정공학" 초창기의 대표적인 인물들이다. 프레더릭의 저서들과 달리, 『가정공학의 원리』는 도판이 없는 이론적인 책이었다. 패티슨의 책 전반에 관해서는 David P. Handlin, "Efficiency and the American Home," *Architectural Association Quarterly* 5 (October-December 1973)를 보라.

34 Pattison, *Principles of Domestic Engineering*, p. 201.

35 같은 책, p. 78.

36 Frederic Arden Pawley, "The Country House: Room by Room," *Architectural Forum* 58 (March 1933), p. 195. 필자가 추적할 수 있었던 최초의 기능 표는 W. P. de Saussure, "Hotel Front Office Equipment," *Architectural Forum* 51 (December 1929), p. 737에 등장한다.

37 "부엌 설계에 적용한 효율성 방법"의 결과는 이미 "Efficiency Methods Applied to Kitchen

Design," *Architectural Record* 67 (March 1930), p.292에 발표되었다. Lillian Gilbreth, *The Kitchen Practical* (Brooklyn: Brooklyn Borough Gas Co., 1930)도 참조하라.

38 "농가 및 마을 주거 위원회"(Committee on Farm and Village Housing)의 기준에 따라 설계한 두 개의 조립식 농가 모델 하우스의 건축가로, 코커와 프라이는 기사 출간 한 달 전에 열린 "주택 건설 및 소유에 관한 대통령 협의회"(President's Conference on Home Building and Home Ownership)에 참석했다. 최소 기준 공간에 대한 사례로 "단위 계획"이란 제목의 1937년 『아메리칸 아키텍트』 시리즈가 있다. 아홉 차례의 연재에서 벽장·계단에서 부엌·욕실·교실에 이르는 단위평면과 표준배치를 소개했다. 『아메리칸 아키텍트』는 "표준화된 단위계획 자료"를 사용하면 건축 실무가 간단해지고 향상된다고 주장했다["Unit Planning," *American Architect* 150 (January 1937), p.87].

39 Ernest Irving Freese, "The Geometry of the Human Figure," *American Architect* 144-145 (July 1934), p.57. 프리즈는 "관습에 의거한 인간 형상"의 치수에 관해 참고문헌을 밝히지 않았다. 필자도 그의 5피트 9인치(약 175센티미터) 신체의 출처를 확인할 수 없었다. 20세기 초 인체 측정과 관련된 많은 연구 성과(미국통계협회와 미국물리교육진흥협회 같은 과학 단체나 교육단체가 제공한 보고서, 미술 매뉴얼, 『신체생물학』, 『미국 자연인류학 저널』 같은 의학, 인류학, 생물학 잡지)가 치수 자료를 제공해주었을 것이다. 흥미로운 점은 프리즈의 69인치(약 175센티미터)가 대부분의 통계 수치보다 크다는 것이다. 앞에서 언급한 연구에 따르면 성인 남자의 평균 키는 68인치(약 173센티미터) 이하다. 다이어그램 형상은 언제나 남자이긴 하지만, 프리즈가 남녀 치수를 구분하지 않았음을 고려하면 그의 치수는 다른 인체 자료와 비교했을 때 지나치게 크다. 반면에 이상적인 비례 개념을 고수한 미술 매뉴얼의 6피트(180센티미터) 신체 치수보다는 작았다.

40 John Hancock Callender, "Introduction to Studies of Family Living"(John B. Pierce Foundation, 1943), p.5.

41 John Hancock Callender, "The Scientific Approach to Design," *Prefabricated Homes* (May 1943).

42 Jane Callaghan and Catherine Palmer, "Measuring Space and Motion"(John B. Pierce Foundation, 1943), p.4.

43 필자는 사회적 통제와 건축의 공모 관계를 확인하고자 푸코의 글을 원용하는 비평가들에 반대한다. 대표적인 예로 Robert McAnulty, "Body Troubles"와 Mark Rakatansky, "Spatial Narratives"를 들 수 있는데, 두 글 모두 John Whiteman, et al., eds., *Strategies in Architectural Thinking* (Cambridge, MA: MIT Press, 1992)에 수록되어 있다. 로버트 매카널티는 푸코가 "건축은 권력의 규율 구조와 완전히 공모한다"(p.184)는 주장을 한 것으로 오독한다. 라카탄스키는 "사회제도의 구조와 건축의 구조"가 유사하기 때문에 거주와 경영은 서로 대신할 수 있게 되었다고 주장한다(p.205). 푸코 본인이 1982년 말에 말했듯이 그의 건축 분석은 "모호"하다. "건축은 공간상의 요소로 고려해야 할 뿐만 아니라, 특정한 효과를 내는 사회적 관계의 장에 적극적으로 개입하는 것으로 생각해야 한다"고 언급한 만큼 푸코는 건축이 규율 메커니즘에 참여한다는 점을 인식하고 있었다. 하지만 건축의 일상적인 실천 양식과 엄

격한 통제 메커니즘이 작동하는 강제 시설의 디자인을 구분해야 한다는 점에 신경 썼다. 푸코는 다음과 같이 말한다. "건축적인 수단이 어느 정도 사회적 위계를 재생산하는 몇몇 단순하고 예외적인 예가 있다. 예를 들어, 군대 주둔지 모델이 있다. 여기서는 각각의 계급에 따라 텐트와 건물이 차지한 위치로 인해, 군사적 위계가 공간 자체로 읽힌다. 건축으로 권력의 피라미드 구조를 그대로 재생산하는 것이다. 그러나 사회에서 군사적인 특권을 누리는 것은 예외적인 사례이며 지극히 단순한 것이다"["Space, Knowledge and Power," *Skyline* (March 1982), p. 20].

44 은유법은 "간단한 건축 아이디어"란 벤담의 명제에서 매우 중요하다. 벤담은 파놉티콘을 "인공적인 신체"에 비유했다. "모든 곳에 주재하지만 눈에 보이지 않는 감시자는 중앙 수위실에 자리 잡는다. 이곳은 인공적인 신체에 삶과 동작을 부여하는 '심장'이다"[Jeremy Bentham, *Panopticon Postscript* I (1790), quoted by Miran Božovič, ed., *Jeremy Bentham: The Panopticon Writings*, p. 19].

45 Robert L. Davison, "Prison Architecture," *The Annals of the American Academy of Political and Social Science* 157 (1931), p. 34 (필자의 강조).

46 John Hancock Callender, "New Day Elementary Schools: A Study of Architectural Developments Keeping Pace with the Requirements of Progressive Education," *Architectural Forum* 59 (December 1933), p. 481 (필자의 강조). 『타임 세이버 스탠더드』의 저자로 잘 알려져 있는 캘린더는 이 시리즈에 증류소에 관한 여러 기사를 기고했다.

47 Arthur G. Anderson, *Industrial Engineering and Factory Management* (New York: Ronald Press, 1928), p. 94.

48 Lindy Biggs, *The Rational Factory: Architecture, Technology, and Work in America's Age of Mass Production* (Baltimore: Johns Hopkins, 1996), pp. 47-54. 건축 잡지 기사로는 다음의 글을 참고하라. Basset Jones, "The Modern Building Is a Machine," *American Architect* 125 (January 30, 1924).

49 Lee Galloway, *Office Management* (New York: Ronald Press, 1919), p. iv.

50 Harrington Emerson, forward to *Pattison, Principles of Domestic Engineering*, pp. 21-22.

8. 새로운 장르와 새로운 담론 체계

1 『펜슬 포인츠』는 "제도사 자료 일람"(Draftsman's Data Sheets)을 1932년부터 42년까지 연재했다. 2년 후, 이 시리즈는 Don Graf, *Data Sheets: Thousands of Simplified Facts about Building Materials and Construction* (New York: Reinhold Publishing, 1944; 2nd ed., 1949)으로 묶여 나왔다. 책으로 묶여 출판되지 않은 자료 집성 중 주목할 만한 예로 7장에서 다룬 "치수" 시리즈를 포함하여 1931년에서 34년까지 『아키텍추럴 레코드』가 연재한 로런스 코커와 앨버트 프라이의 기사, 1932년 6월에 시작해 그해 연말에 중단된 "아키텍추럴 포럼 자료 및 상세 시트"등이 있다. 『건축』의 "시공 도면" 시리즈는 한 달에 한 단면 도판을 실었는데

잡지에서 중요한 부분은 아니었다. 근대적인 자료 집성으로 가장 대표적인 유럽의 사례는 Ernst Neufert, *Bau-Entwurfslehre* (Berlin: Bauwelt-Verlag)와 *Planning: The Architects Handbook* (London: Architecture and Building News)인데 두 책 모두 한 권으로 1936년에 출판되었다. 후자는 잡지 『건축과 건설 소식』(*Architecture and Building News*)에서 연재된 것이고 전자는 1년 전 잡지 『바우벨트』(*Bauwelt*)에서 페이지를 떼어낼 수 있는 가제식(looseleaf)으로 소개되었다. 또 다른 영국 정기간행물 『건축가 저널』(*Architect's Journal*)은 1933년부터 34년까지 연재한 자료 시트를 『인포메이션 북』(*The Information Book*)과 『건축가 저널 계획 정보 라이브러리』(*The Architects Journal Library of Planned Information*)로 출판했다. 일본의 자료 집성으로는 1941년 일본건축협회가 출간한 『건축 자료 집성』이 처음이다. 노 디페르트에 대해서는 Anna Teut, "Von Typen und Normen, Massreglern und Massregelungen," *Daidalos* 18 (December 1985)을 참조하라.

2   1936년의 2판에 추가된 많은 내용은 저자 해럴드 슬리퍼와 찰스 램지가 『아메리칸 아키텍트』에 기고한 기사에 포함되어 있었다.

3   Harold Sleeper, "The House of Wiley and a Century and a Half of Architecture," typewrittenmanuscript dated February 28, 1956, p. 6. Harold Reeves Sleeper (1893–1960) Papers, Department of Manuscripts and Archives, Cornell University.

4   슬리퍼와 램지가 정확히 어떤 상황에서 존 와일리 앤드 선스(John Wiley and Sons)와 계약을 했는지는 추적하지 못했다. 존 와일리 앤드 선스는 1807년 하우스 오브 와일리(House of Wiley)로 설립하여 공학 서적을 주로 펴내는 출판사였다. 19세기에 펴낸 중요한 건축 책으로는 *Downing's Cottage Residences* (1842), *Country Houses* (1848), 프랭크 키더(Frank E. Kidder)의 *Architect's and Builder's Pocket-Book* 등이 있다. 『아키텍추럴 그래픽 스탠더드』 학생판 1판 발행인 노트에서, W. 브래드퍼드 와일리(W. Bradford Wiley) 회사의 광고 및 영업 매니저인 마틴 매티슨(Martin Matheson)이 램지와 슬리퍼를 설득해 생각을 발전시키고 도판을 준비하게 했다고 전한다. 브래드퍼드 와일리는 램지가 일찍부터 와일리의 교과서를 집필하면서 출판사와 좋은 관계를 맺고 있던 결과라고 말한다. 와일리는 이 책의 제목을 정확히 언급하지는 않았지만 1924년 램지가 루이스 루이용과 함께 쓴 『건축 상세』(*Architectural Details*)로 추정된다.

5   애커먼이 1950년 사망한 다음, 그의 사무실은 슬리퍼, 램지 앤드 슈와츠만, 합동 건축사무소(Sleeper, Ramsey and Schwartzman, Associated Architects)로 이어졌다.

6   『아키텍추럴 그래픽 스탠더드』가 크게 성공하여 램지와 슬리퍼는 『아메리칸 아키텍트』에서 여러 참조 기사물에 관여하게 되었고, 이는 『아키텍추럴 그래픽 스탠더드』의 다음판에 통합되었다. 또한 로런스 코커로부터 『아키텍추럴 레코드』에도 기고를 해달라는 제안을 받았지만, 결실을 맺지는 못했다. 슬리퍼 문서고의 편지들을 보면 와일리가 프랭크 키더의 『건축가와 시공업자 포켓 북』의 새 판에 슬리퍼를 관여시키려고 했다는 것을 알 수 있다.

7   Ackerman, foreword to Charles G. Ramsey and Harold R. Sleeper, *Architectural Graphic Standards* (New York: John Wiley and Sons, 1932), unpaged. 1910년대에 기술 데이터를 정리하는 일은 일상 실무의 큰 문제여서 건축 사무실 별로 레퍼런스 체계를 만들어야만 했

다. 예를 들어 한 건축가는 사무실마다 "핸드 북, 교재, 건축 법규, 보험 규정, 잡지, 제조업체 카탈로그, 공책 등"에 흩어져 있는 정보를 정리해 사무실 전용 자료 카드를 만들어야 한다고 주장했다. 표준 상세가 있으면, "트레이싱지를 깔고 원하는 위치에 맞춘 다음 선을 그대로 따라 그리면 된다"[Vandervoort Walsh, "The Draftsman's Own Data File," *Architectural Forum* 33 (1920), p. 201]. 사무실별로 표준 상세 일람을 구비해야 한다고 주장한 Albert C. Woodroof, "Saving Time in the Drafting Room," *American Architect* 142 (October 1932)도 참조하라.

8 Ackerman, foreword to *Architectural Graphic Standards*, unpaged.

9 Charles G. Ramsey and Harold Sleeper, "Statement Concerning Proposed Book," 존 와일리 앤드 선스에 보낸 1930년 10월 29일자 메모, p. 2. Harold Reeves Sleeper Papers, Department of Manuscripts and University Archives, Cornell University. 메모를 쓸 당시 램지와 슬리퍼는 책 제목을 결정하지 못했고, 다음과 같은 후보를 제안했다. Architect Drafting Room Guide: Standards and Data for the Use of Architects, Engineers, Builders and Draftsmen; The Data Book: A Collection of Standards and Information Helpful to Architects, Engineers and Builders and Others Interested in Building, Presented Graphically for Drafting Room Use; Thumbtack Data for Architects: A Collection of Information and Standards Displayed Graphically for Use by Those in the Building Industry; Graphic Guide for Architects: A Collection of Data, Standards and Facts Graphically Shown for Drafting Room Use of Architects, Builders, Engineers and Students (같은 책, pp. 3-4). 『아키텍추럴 그래픽 스탠더드』가 출간되기 1년 전에 슬리퍼는 『아키텍추럴 포럼』 1931년 6월호 "University Housing Problems"에서 이 매뉴얼을 Architect's Drafting Room Guide로 적었다.

10 *Journal of the American Institute of Architects* 2 (July 1914), p. 357에 수록된 Standing Committee on the Standardization of Sizes of Advertising Matter의 요약 보고서에서 인용했다.

11 "Progress in Supplying Primary Buying Information," *Architectural Record* 79 (April 1936), p. 71 (광고 섹션), 그리고 "Sources of Buying Information Used in the Building Market," *Architectural Record* 79 (June 1936), p. 64 (광고 섹션).

12 Francis W. Chandler, *Construction Details Prepared for the Use of Students of the Massachusetts Institute of Technology* (Boston: The Heliotype Printing Co., 1892) 그리고 Clarence A. Martin, *Details of Building Construction* (Boston: Bates and Guild Co., 1899). 두 저자 모두 건축과 교수로 각각 MIT와 코넬 대학교 수업에서 섹션들을 발전시켰다.

13 Frederick Ackerman, "An Influence on Better Small House Design," *Architectural Forum* 32 (April 1920), p. 168.

14 제2권 서문에서, 유진 클루트(Eugene Clute)는 제1권의 인기와 레퍼런스에 대한 많은 수요에 힘입어 새 판본이 나오게 되었다고 언급했다. 새로운 도판과 두 권을 합본한 신판이 1931년에 나왔다. Eugene Clute, preface to *Philiph G. Knobloch, Good Practice in Construction*, part 2 (New York: Pencil Points Press, 1925). 건축가보다는 지역 건설업자와 하청업자를 겨냥한 매뉴얼들이 시카고에 근거를 둔 래드퍼드 아키텍추럴 컴퍼니에서 출판되었다. *Rad-*

ford's Portfolio of Details of Building Construction (1911)과 *Architectural Details for Every Type of Building* (1921)을 보라.

15 Thomas Hastings, preface to *Knobloch, Good Practice in Construction* (New York: Pencil Points Press, 1923), 필자의 강조.

16 『건축 시공』(*Architectural Construction*)의 저자인 월터 보스(Walter Voss)는 당시 웬트워스 인스티튜트(Wentworth Institute) 건축 시공학과 학과장이었고 랠프 쿨리지 헨리(Ralph Coolidge Henry)는 보스턴의 건축가였다.

17 Walter C. Voss and Ralph Coolidge Henry, preface to *Architectural Construction* (New York: John Wiley & Sons, 1925), p. v.

18 Martin, preface to *Details of Building Construction*, unpaged. 마틴은 매뉴얼이 자신의 수업 경험을 통해 착안되었다고 밝혔다. 본문의 도면들은 "오랜 실무 경험과 국내 최고 도서관의 드움을 얻어 준비되었고 유명 건축 사무실의 작업 도면 모음집에서 보완했다"고 한다.

19 Ramsey and Sleeper, "Statement Concerning Proposed Book," p. 2.

20 "인간의 신체는 인간이 동굴에서 나온 이래로 거의 변하지 않았다. 따라서 변함없는 신체 크기와 육체적 능력에 근거한 표준이 도출될 수 있다. 투탕카멘의 무덤에서 나온 의자는 오늘날에도 그대로 쓸 수 있다. 클레오파트라의 카우치는 여전히 편안할 것이다. 모든 가정용품·가구·건물은 인간의 스케일과 밀접한 관계가 있다. 이런 표준은 널리 인정받고 있지만 제조사들이 쉽게 참조할 수 있도록 제대로 규정된 적이 없다. 건축은 사람을 담아내고, 휴먼 스케일에 좌우되기 때문에 이런 표준을 많이 포함시킬 것이다"(같은 곳).

21 산업 표준 이론에 관해서는 N. F. Harriman, *Standards and Standardization* (New York: McGraw Hill, 1928); John Gaillard, *Industrial Standardization: Its Principles and Application* (New York: H. W. Wilson Co., 1934)을 보라. 20세기 초에 출간된 산업 표준화에 대한 여러 저술 중의 하나로 게일라드의 책은 기계 제품의 디자인을 "기능적 디자인"과 "생산 디자인" 두 단계로 나눈다. "기능적 디자인은 제품이 성능 기준을 충족시키는 데 집중한다. 따라서 기능적 디자인에서 가장 중요한 표준 유형은 성능 표준이다. 이는 제품을 실제 사용할 때 서비스의 한계 조건을 정하는 것이다"(p. 93).

22 Ackerman, Introduction to *Harold Sleeper, Architectural Specifications* (New York: John Wiley & Sons, 1940), p. v. 애커먼의 생각을 잘 드러내주는 글이다. 여기서 자신의 사무실에서 시방서를 작성하는 체계를 자세히 설명한다. 이를 통해 『아키텍추럴 그래픽 스탠더드』의 표상 전략의 기원을 소급해볼 수 있다. "도면과 시방서의 관계에 관한 일반적인 이론에 따르면, 도면은 치수로 명확한 정보를 제공하며 재료의 시방서로는 사용되지 않는다. 재료의 사용에 관한 정보는 오직 시방서에서만 볼 수 있는 것이다. 각 시공 분야 첫머리에 "업무 범위"로 시작하는 구절은 공사에 소요되는 특정 재료의 사용 범위를 분명하게 언급하는 식으로 작성해야 한다. 도면은 재료 사용에 관해서는 아무런 정보도 제공하지 않기 때문에, 도면과 시방서가 충돌할 가능성은 없다고 봐야 한다"(같은 곳). 애커먼의 매니페스토의 소재를 정확하게 확인은 못 했지만 "사무실 체계"라는 제목으로 비슷한 체제를 갖고 있는 일람표 매뉴얼이 있다. "Office System," dated Oct. 25, 1926, in Box 3 of the Harold R. Sleeper papers, Cornell University.

23 뉴욕 실내장식학교(New York School of Interior Decoration) 교장인 셰릴 휘튼(Sherrill Whiton)의 말을 『아키텍추럴 그래픽 스탠더드』의 2판 광고 소책자에 실었다.

24 Ramsey and Sleeper, preface to *Architectural Graphic Standards*, 1932, unpaged.

25 『아키텍추럴 그래픽 스탠더드』 2판과 3판은 각각 1936년과 1941년에 출간되었고, 산업 표준의 구성 원칙을 유지했다. 총 233쪽의 초판에서 내용이 늘어 3판은 344쪽이 되었다. 가장 눈에 띄는 변화는 최소표준평면이 증가한 점과 앞서 언급했던 인체공학 다이어그램이 추가된 점이다.

26 *Architectural Graphic Standards* 2판에 대한 서평, *Architectural Record* 80 (September 1936), p. 36.

27 같은 곳.

28 아래는 1932년 『아메리칸 아키텍트』가 처음 자료 집성 시리즈를 연재하기 시작하면서 언급한 편집 개요다. 이를 통해 『타임 세이버 스탠더드』 원판의 구성 원칙을 볼 수 있다. "건설 자재 업체들이 건축가들에게 광고를 할 때 정확한 카피의 중요성을 인식하고 있는 경우는 거의 없다. 정확한 정보가 되고 믿을 만하면 철해서 계속 참고할 수 있는 카피 말이다. 지금까지 어떤 잡지도 여기에 관심을 기울이지 않았다. 건축가들을 상대로 이 문제를 조사한 『아메리칸 아키텍트』는 해결책을 찾기로 했다. 이에 따라, 이번 호에서 건설 자재 광고에 혁신을 기했다. 건축가들이 용도에 맞게 쓸 수 있도록, 75쪽에 석유 버너에 관한 최신 자료를 다룬 기사가 있다. 이 기사 바로 다음에 석유 버너 장비업체의 광고가 있다. 이 광고들은 특별히 편집한 것이다. 정확한 사실이 일반 통념을 대체하고, 논리가 과장된 주장을 대체하도록 최선을 다했다"["Valuable Advertising," *American Architect* (August 1932), p. 41]. 카탈로그에서 실제 자료를 뽑아내고 구분하는 이 논리는 나중에 "광고 제품을 위한 타임 세이버 스탠더드"(Time Saver Standards of Advertised Products)라는 개별 자료 일람으로 정례화되었다. 『아키텍추럴 그래픽 스탠더드』와 달리 이 도판들은 카탈로그와 자료 집성이 뒤섞인 체제여서 제품의 사진과 치수 자료를 동시에 보여주었다.

29 "Planning the Small General Hospital," *Architectural Record* 86 (December 1939), p. 78.

30 『아키텍추럴 그래픽 스탠더드』의 순서와 구성은 1956년 5판까지 변하지 않았다. 1970년부터는 건설시방서협회가 마련한 건설 직종 및 전문 분야 분류에 맞추어 구성되었다. 차례상의 이 변화는 George Barnett Johnson, "Gardens of Architecture: Reflections on the Plates of Architectural Graphic Standards," *Proceedings of the 77th Annual Meeting of the ACSA* (Washington, DC: Association of Collegiate Schools of Architecture, 1989)에서 자세히 다루고 있다. 바넷은 『아키텍추럴 그래픽 스탠더드』 초판에서 4판까지는 제도사와 시공업자 사이의 가교 역할을 하는 유비적 구조를 유지했다고 평가한다. 바넷은 계몽주의 이전의 유기적 실천과 근대의 기계화된 실천이라는 낭만적인 이분법에 따라 『아키텍추럴 그래픽 스탠더드』를 분석했다. "비유적으로 말하자면, 『아키텍추럴 그래픽 스탠더드』는 건물을 펼쳐 놓은 것이다. 손으로 그린 도판들은 건축의 물질적 현실의 단서가 되는 사람의 따뜻함을 여전히 지니고 있다"(p. 225). 필자는 『아키텍추럴 그래픽 스탠더드』와 『타임 세이버 스탠더드』의 순서가 크게 의미를 갖고 있지 않다고 생각한다. 왜냐하면 실제 내용을 찾아가는 것

은 광범위한 상호 참조 체계와 매뉴얼 끝에 수록되어 있는 알파벳 순서의 색인을 이용하기 때문이다. Kent Keegan and Gil Snyder, "The Crisis of the Construction Pattern Book," in Marc Angelil, ed., *On Architecture, the City and Technology, Proceedings of the 8th Annual ACSA Technology Conference* (Washinton, DC: Association of Collegiate Schools of Architecture, 1991), p. 99을 참조하라. 이 논문은 근대적 자료 집성의 등장이 곧 시적 사유의 퇴락을 의미하는 것으로 해석한다.

31 Harold Sleeper, preface to *Building Planning and Design Standards* (New York: John Wiley and Sons, 1955), p. ix.

32 Emerson Goble, "Seventy-Five Years of Pushing Forward for Better Architecture," *Architectural Record* 140 (July 1966), p. 212.

33 같은 곳.

34 "The 'New Architecture' and the New 'American Architect'," *American Architect* 136 (November 1929), p. 20.

35 *Architectural Record* 82 (July 1937), p. 5와 "Why is Architectural Record Published in Three Sections?," *Architectural Record* 82 (1937), p. 96를 보라.

36 광고와 본문을 구분하는 일반적인 방법에 대해서는 Robert Craig, "Ideological Aspects of Publication Design," *Design Issues* 6 (Spring 1990)를 보라.

37 대공황 직전 10년 동안 미국의 잡지 광고 수입은 세 배 이상 증가하여 총 2억 달러에 달했다. 광고 전문분야의 부상과 광고 전략의 변화에 관해서는 Roland Marchand, *Advertising the American Dream: Making Way for Modernity, 1920–1940* (Berkeley: University of California, 1985)와 Stuart Ewen, *Captains of Consciousness: Advertising and the Social Roots of the Consumer Culture* (New York: McGraw-Hill, 1976)를 보라.

38 Ewen, *Captains of Consciousness*, p. 37. 이언은 Mike Featherstone, "The Body in Consumer Culture," *Theory, Culture and Society* 1 (September 1982)과 Marchand, *Advertising the American Dream*과 같은 후속 연구의 틀을 다졌다. *The Psychology of Advertising* (Boston: Small, Maynard & Co., 1913)에서 "정신에 영향을 미치는 것"이 광고의 가장 중요한 기능 (p. 2)이라는 월터 딜 스콧의 발언을 감안할 때 이언의 테제는 매우 설득력이 있다.

39 *"Standard Baths" And Plumbing Fixtures* (Standard Company 1911), p. 5. 제품 카탈로그의 표상 방식의 변화에 대해서는 Herbert Gottfried, "Building the Picture: Trading on the Imagery of Production and Design," *Winterthur Portfolio* 27 (Winter 1992)을 참조하라.

40 대중 여성잡지의 표상 기법에 관해서는 Sally Stein, "The Composite Photographic Image and the Composition of Consumer Ideology," *Art Journal* 41 (Spring 1981); "The Graphic Ordering of Desire: Modernization of a Middle-Class Women's Magazine, 1914-1939," *Heresies* 18 (1985); "'Good Fences Make Good Neighbors': American Resistanceto Photomontage Between the Wars," in Matthew Teitelbaum, ed., *Montage and Modern Life, 1919–1942* (Cambridge, MA: MIT Press, 1992)를 참조.

41 "The Planning of Public Buildings," *Architectural Forum* 59 (September 1933), p. 164.

42 같은 곳(필자의 강조).

43 Editorial foreword to "Building Types: Comprehensive Reference Studies on Design and Planning," *Architectural Record* 81 (January 1937), p. 3 (BT, 필자의 강조).

44 John Allan Hornsby and Richard E. Schmidt, *The Modern Hospital* (Philadelphia: W. B. Saunders, 1913), p. 41.

45 같은 책, pp. 40-51.

46 『아메리칸 아키텍트』의 경우 아카이브에 보관된 편지가 없었기 때문에, 『아메리칸 아키텍트』가 1929년 9월호에 수록된 편지에 의존할 수밖에 없었다. 『아키텍추럴 레코드』의 경우, 1929년 12월호에 코커가 "새로운 연재와 개선 사항에 관한" 의견, 특히 "프레젠테이션 방법"에 관한 실무 건축가들의 의견을 부탁하는 편지를 내보냈다. 이 답변의 일부가 "Research Applied to Architecture: A New Editorial Policy," Loeb Library, Special Collections에 수록되어 있다. 문서의 성격상 이 편지들은 대개 긍정적이기 마련이다. 시어도어 라슨과의 인터뷰에 근거한 로버트 벤슨의 논문이 지적하듯이 "잡지의 성격과 구성의 변화에 격하게 반대한" 편지도 있었다(Benson, "Douglas Putnam Haskell," pp. 176-177). 잡지의 편집과 체제의 변화에 대한 건축계의 여러 반응을 담은 120통 이상의 편지가 학교 계획 특집호인 『아키텍추럴 포럼』 1935년 1월호에 수록되어 있다.["Letters," *Architectural Forum* 60 (March 1935), pp. i-xvi].

47 *American Architect* 136 (November 1929), p. 20.

48 *Architectural Record* 82 (December 1937), p. 5.

49 Kenneth Kingsley Stowell, "The Editors' Forum," *Architectural Forum* 58 (January 1933), p. 10.

9. 건축 담론의 탈구

1 Paul Nelson, "A Method of Procedure in Architectural Design," *Architectural Record* 81 (June 1937), p. 54. 넬슨의 건축에 대해서는 Terence Riley and Joseph Abrams, eds., *The Filter of Reason: The Work of Paul Nelson* (New York: Rizzoli, 1990)을 보라.

2 Nelson, "A Method of Procedure in Architectural Design," p. 54.

3 W. P. de Saussure Jr., "Hotel Front Office Equipment," *Architectural Forum* 51 (December 1929), p. 737. 다이어그램에 대한 이런 인식은 1960년대에 다시 확인되었다. 크리스토퍼 알렉산더의 *Notes on the Synthesis of Form*과 도널드 애플야드(Donald Appleyard)와 케빈 린치(Kevin Lynch)의 *The View from the Road*의 도시 설계 이론이 대표적이다. 이는 디자인 방법론 연구에서 여전히 통용되는 개념이다. Stephen M. Ervin, "The Structure and Function of Diagrams in Environmental Design: A Computational Inquiry"(Ph.D. dissertation, MIT, 1989)에서 이를 확인할 수 있는데, 저자는 다음과 같이 말한다. "다이어그램은 그래픽적인 것과 비그래픽적인 것의 문턱에서 나타난다. 다이어그램 자체는 그래픽이지만, 동시에 명

저(언어/텍스트/논리/상징)의 형태를 띠고 있다. 다이어그램이 그래픽이기 때문에 그래픽적 추론을 통해 논증의 과정, 또는 추론의 고리로 새롭게 규정될 수 있다. 같은 맥락에서 다이어그램은 그래픽적이기 때문에 다른 그림으로 발전될 수 있다"(p. 44). 이런 다이어그램의 개념은 최근의 건축 논쟁에서도 볼 수 있다. Ben van Berkel and Caroline Bos, *Move*, vol. 3 (Amsterdam: UN Studio, 1999)에서 저자들은 다음과 같이 말한다. "다이어그램은 은유나 패러다임이 아니라 '추상 기계'다. 즉, 다이어그램은 내용이자 표현이다. 다이어그램이 지표, 아이콘, 상징과 다른 점이다. 다이어그램의 의미는 고정되어 있지 않다. 다이어그램적인 것 또는 추상 기계는 재현이 아니다. 기존의 대상이나 상황을 재현하는 것이 아니다. 새로운 대상과 상황을 생산하는 도구다."(p. 21) 또 "Diagrammania," *Daidalos* 74 (2000) 특집호도 참조하라. 여기서 헤릿 콘푸리우스(Gerrit Confurius)는 사설에서 다음과 같이 말한다. "다이어그램은 디자인 과정에서 형태의 결정에서 해방시켜줌으로써, 필수적인 예비 작업을 할 수 있는 여유를 준다. 다이어그램은 형태의 문제를 미루고 형태의 완성을 최대한 늦춘다. 디자인을 고정된 유형론으로부터 자유롭게 해주며 전체를 새롭게 인식하게끔 해준다"(p. 5).

4　Nelson, "A Method of Procedure in Architectural Design," p. 54.

5　건설 산업의 다른 영역에서 활동이 거의 없는 상황에서, 1930년대는 미국 건축 역사상 하우징이 주목을 받은 드문 시기였다. 대공황 이후 정부 관련 프로젝트, 연방주거 당국의 지원을 받은 대규모 민간 부동산 개발사업, 제조업 활성화를 위한 민간의 조립식 주택 사업 등이 건축계의 프로젝트로 인식되면서 하우징은 중요한 건축 이슈가 되었다. 유럽 이민계 건축가들의 작업에 초점을 맞추긴 하지만, Richard Pommer, "The Architecture of Urban Housing in the United States during the Early 1930s," *Journal of the Society of Architectural Historians* 37 (December 1978)은 1930년대 하우징에 관한 최고의 연구로 손꼽는다.

6　Lewis Mumford, "The American Dwelling House," *The Architect and Engineer* 101-102 (June 1930), p. 89.

7　John Hancock Callender, "Introduction to Studies of Family Living"(John B. Pierce Foundation, 1943), p. 5.

8　"Sample Plans," *American Architect* (February 1935)와 *Architectural Record* (March 1935) 그리고 U.S. Federal Emergency Administration of Public Works, *Sample Book* (Washington, DC, May 1935)을 보라. 주택과는 이러한 평면이 단지 가이드라인이며, "평면의 표준화라기보다는 계획의 기준을 확립"하기 위한 연구일 뿐이라고 주장했다. 볼프강 루도르프가 지적하듯이 표준 평면은 개별 프로젝트의 맥락에 상관없이 예측과 통제가 가능한 결과를 생산하는 시스템이었다. 또한 정부는 올바른 삶의 방식을 강요할 수 있는 과학적 근거를 마련했다[Wolfgang Rudorf, "The Housing Division of the Public Works Administration in its Architectural Context"(master's thesis, MIT, 1984, p. 11). 이런 비판에도 불구하고, 루도르프는 건축가들의 경험이 부족하고 즉각적인 성과를 내야 했기 때문에 재생산 가능한 모델이 제시된 표준 매뉴얼이 불가피했다고 지적한다(같은 책, p. 56). 샘플 플랜에 대한 당대의 반응은 Richard Pommer, "The Architecture of Urban Housing in the United States during the Early 1930s," pp. 242-243, 그리고 Richard Plunz, *A History of Housing in New York City: Dwelling Type and Social Change in the American Metropolis* (New York: Columbia University Press, 1990), pp. 225-227를 참조하라.

9 이 기사 자체에는 저자가 명시되어 있지 않다. 그러나 그 포맷이 1930년대 코커가 앨버트 프라이와 함께 저술한 다른 자료와 유사하다. Lawrence Kocher Collection, Colonial Williamsburg Foundation Library의 일람표에서 이 섹션을 코커의 글로 분류하고 있다.

10 "Apartment House Planning Requirements," *Architectural Record* 77 (March 1935), pp. 171-172.

11 Oleg Devorn, "Low Cost City Housing Units"(master's thesis, MIT, 1934). 대개의 학생 논문처럼 다이어그램이 본문에 삽입되어 있지만, 최종 도면은 수채물감으로 채색된 별도의 큰 프로젝트 렌더링(projet rendu)으로 제출되었다.

12 Allmon Fordyce and William I. Hamby, "Small Houses for Civilized Americans," *Architectural Forum* 64 (January 1936), p. 1. 몇 달 후 편집장에게 보낸 편지에서 볼 수 있듯이 기사는 큰 반향을 불러일으켰다. 포다이스 앤드 햄비의 기사에 대하여 한 편지는 다음과 같이 말한다. "드디어 우리는 '영감'이나 (더 직설적으로 말해서) '모사'를 하기 위한 포트폴리오 대신 연역적인 분석을 할 수 있는 접근 방법을 보았다"[조지 메츠커(George R. Metzger)의 편지, *Architectural Forum* 64 (March 1936), p. 9]. 루이스 멈퍼드가 투기성 주택 사업과 연관된 이 방법에 긍정적이었던 것은 흥미롭다. 멈퍼드가 1930년대에 합리주의 담론에 얼마나 젖어 있었는지를 단적으로 보여준다. "소규모 민간주택 사업에 관한 이 글에 많은 관심이 갔다. 왜냐하면 새로운 공동체를 설하는 사람들에게 내가 계속 주장했던 내용을 담고 있었기 때문이다"(같은 곳).

13 Fordyce and Hamby, "Small Houses for Civilized Americans," p. 8.

14 Quatremere de Quincy, "Type," in *Encyclopedie Methodique* (1825), translated in *Oppositions* 8 (Spring 1977), p. 148.

15 "상징도식(scheme)은 통사론적으로 밀도가 높을 때 아날로그라 할 수 있다. 구문론적으로나 의미론적으로나 체계(system)의 밀도가 높으면 그것은 아날로그라 할 수 있다. 따라서 아날로그 체계는 구문론과 의미론에서 극단적으로 연속되어 있다"[Nelson Goodman, *Languages of Art* (Indianapolis: Hackett, 1976), p. 160]. 아날로그는 디지털 도식과 대비된다. 디지털 도식은 "완전히 불연속적이다. 디지털 체계의 도식 기호는 불연속적인 대응 집합과 일대일로 상호관계를 맺는다"(p. 161).

16 Klaus Herdeg, *The Decorated Diagram: Harvard Architecture and the Failure of the Bauhaus Legacy* (Cambridge, MA: MIT Press, 1983). 미국 건축의 다른 시기를 다루고 있지만, 헤르데크의 책은 필자에 많은 영향을 주었다. 특히 다이어그램으로서 평면이란 이 장의 테제에 많은 자극을 주었다. 이 책의 주제와 연관지어서, 1940년대와 1950년대의 건축에 대한 헤르데크의 비판은 다이어그램 담론의 잘못된 접근 방식에 대한 통찰로 읽을 수 있다. 건물에 대한 분석이었지만, 르 코르뷔지에의 에라주리스 주택과 마르셀 브로이어의 1949년 MoMA 주택의 비교는 다이어그램의 여러 접근 방식에 대해 생각하는 데 큰 도움을 주었다(pp. 5-13).

17　같은 책, p. 48.

18　Fordyce and Hamby, "Small Houses for Civilized Americans," p. 22. 포다이스 앤드 햄비는 진정한 "양식"이 단순한 외관과는 다른 것이라고 덧붙이면서 묘하게도 보수적인 입장을 취하기도 했다. 그러나 너무 "복잡하고 철학적인" 문제라 하면서 이 이슈를 의도적으로 피했다. 따라서 주택의 외관은 합리적인 계획의 문제와는 완전히 별개의 것이었다. "문제는 사람들이 전통적인 유형을 원하는지 근대적인 유형을 원하는지가 아니라, 얼마나 많은 사람들이 각각의 유형을 원하느냐는 것이다. 이 답변에 따라 각각의 유형으로 지어야 할 집의 수가 합리적으로 도출될 것이다"(같은 곳).

19　Klaus Herdeg, *The Decorated Diagram*, p. 53.

20　같은 곳.

21　Charles Ramsey and Harold Sleeper, preface to *Architectural Graphic Standards*, 1st ed.(New York: John Wiley and Sons, 1932, 필자의 강조).

22　Le Corbusier, "The Significance of the Garden-City of Weissenhof, Stuttgart," *Architecture Vivante* (Spring/Summer, 1928), translated in *Oppositions* 15/16 (1979), pp. 201-203. 르 코르뷔지에는 표준 유형이 평면에 적용되어서는 안 된다는 것을 분명히 했다. "산업의 진보를 새로운 주택의 평면에 적용해야 한다고 말하는 것이 아니다. 평면의 무한한 변형을 가능케 하고, 삶의 다양한 양태에 대응할 수 있으며, 여러 존재 양식의 개념에 대응할 수 있으며, 작거나 중간 또는 큰 프로그램에 대응할 수 있는 풍요로운 구조를 가진 새로운 체계를 추구해야 한다는 것이다"(p. 199).

23　Giulio Carlo Argan, "On the Typology of Architecture," *Architectural Design* 33 (December 1963), p. 565. 이 장의 주제를 감안할 때, "과거의 예술이 아티스트에게 기준을 제공하는 모델로서 역할을 상실하는 순간 '유형'이 등장한다"라는 아르간의 통찰력이 돋보인다(같은 곳).

24　H. Van Buren Magonigle, "The Upper Ground 4," *Pencil Points* 15 (September 1934), p. 447.

25　Peter Larsen, "Writing about Photographs," in Lars Kiel Bertelsen, et al. eds. *Symbolic Imprints: Essays on Photography and Visual Culture* (Aarhus: Aarhus University Press, 1999), p. 21.

26　Roland Barthes, "The Photographic Message," *Image, Music, Text* (1977), reprinted in *A Barthes Reader*, ed., Susan Sontag (New York: Noonday Press, 1982), pp. 196-197.

27　앞으로 진행될 논의와 관련하여, 이 개념은 Victor Burgin, "Looking at Photographs," in Victor Burgin, ed., *Thinking Photography* (London: Macmillan, p. 189)에서 볼 수 있다. 여기서 버진은 "스틸 사진 담론이 봉합되는 순간은 주체와 카메라 위치가 동일시되는 형태를 취한다". 이 명제는 "관객이 카메라의 위치를 점한다"는 발터 벤야민의 생각과 함께 고려되어야 한다["The Work of Art in the Age of Mechanical Reproduction,"(1936) translated in Benjamin, *Illuminations* (New York: Schocken, 1969), p. 228].

28　현대 건축의 경우, 이 주제는 르 코르뷔지에 연구, 특히 베아트리스 콜로미나와 대니얼 내겔의 연구를 중심으로 논의되고 있다. 예를 들어 베아트리스 콜로미나는 다음과 같이 말한다.

"사진의 기능은 지어진 건축을 거울 이미지처럼 반영하는 것이 아니다. 집이 지어지는 것은 과정의 중요한 순간이지만 결코 최종 산물이 아니다. 사진과 레이아웃은 페이지의 공간에서 또 다른 건축을 만들어낸다"[Colomina, *Privacy and Publicity: Modern Architecture as Mass Media* (Cambridge, MA: MIT Press, 1994), p. 118]. 이와 비슷한 입장에서 대니얼 내겔은 사진을 "근대건축의 메타포"로 본다. "사진은 대상과 이미지를 갈라 놓는다. 그럼으로써 사진은 '근대건축에 대해' 이야기할 뿐만 아니라 '새로운 건축을 향한' 길을 열었다"[Daniel Naegele, "Guest Editorial," *History of Photography* 22 (Summer 1998), p. 98].

29 건축 사진에 관한 가장 탁월한 역사 개론서는 Cervin Robinson and Joel Herschman, *Architecture Transformed: A History of the Photography of Buildings from 1838 to the Present* (Cambridge, MA: MIT Press, 1987)이다. 또 Martin Caiger-Smith and DavidChandler, *Site Works: Architecture in Photography since Early Modernism* (London: Photographer's Gallery, 1991), 그리고 건축 사진 특집호인 *Daidalos* 66 (December 1997), *History of Photography* 22 (Summer 1998), *Harvard Design Magazine* (Fall 1998) 등이 있다.

30 출간된 여브리의 사진 책 목록은 다 언급할 수 없을 만큼 방대하다. 여브리에 대한 서지 정보는 Frank Yerbury, *Itinerant Cameraman: Architectural Photographs, 1920–35* (London: AA Publications, 1987)를 참조하라.

31 Arthur W. Colton, Book review of *Examples of Modern French Architecture, Architectural Record* 65 (February 1929), p. 206.

32 Robinson and Herschman, *Architecture Transformed*, p. 103.

33 Howard Robertson and Frank Yerbury, *Examples of Modern French Architecture* (London: Ernest Benn, 1928), p. 5.

34 르 코르뷔지에 건축의 이런 특성에 대해서는 여러 평자들이 언급한 바 있다. "공간도 조형적 형태도 중요치 않다. 오직 관계와 상호관입이다"[*Building in France, Building in Iron, Building in Ferro-Concrete* (1928, translation, Santa Monica: Getty Center, 1995), p. 196]라고 말한 기디온, 그리고 1920년대 르 코르뷔지에의 주택에서 "의도적인 시선의 분산"(*Privacy and Publicity*, p. 134)이 일어난다는 콜로미나의 주장 등이 대표적인 예다. 필자의 견해로 가르쉬 주택에 대한 콜린 로의 치밀한 분석이 가장 탁월하다. 로는 가르쉬 주택의 내부에 대해 다음과 같이 언급한다. "중심을 향한 초점은 시종일관 와해된다. 어떤 한곳에 집중할 수 없다. 그리고 중심에서 와해된 파편은 주변에 분산된 사건이 되고, 평면의 가장자리에 관심이 계속 이어진다"["The Mathematics of the Ideal Villa," *Architectural Review* (1947), reprinted in Rowe, *The Mathematics of the Ideal Villa and Other Essays* (Cambridge, MA: MIT Press, 1976), p. 12]. 로는 사진의 표상보다는 실제 공간 경험을 이야기하고 있지만, 르 코르뷔지에 건축이 요구하는 움직이는 시선을 명쾌하게 전한다.

35 Andrew Higgott, "Frank Yerbury and the Search for the New Style," in Frank Yerbury, *Itinerant Cameraman*, p. 8.

36 Magonigle, "The Upper Ground 4," p. 447.

37 Sheldon Cheney, *The New World Architecture* (1930; reprint, New York: AMS Press, 1969), p. 15.

38 같은 책, p. 13.

39 Beatriz Colomina, *Publicity and Privacy*, p. 210. 필자의 해석과 콜로미나의 해석이 다른 이유는『국제주의 양식』을 설정하는 맥락이 다르기 때문이다. 필자는 기율 안에서 이 책의 위치에 관심이 있는 반면, 콜로미나는 주로 미국의 문화적 담론의 영역 안에서 이 책을 보았다.

40 Terence Riley, *The International Style: Exhibition 15 and the Museum of Modern Art* (New York: Rizzoli, 1992) p. 12에서 인용했으며 보고되었다.

41 Sigfried Giedion, *Building in France*, 쪽수가 없는 서문. 스타니슬라우스 폰 모스도 주목했던 문구이기도 하다. 폰 모스는 비슷한 내용을 기디온의 *Befreites Wohnen*에서 지적했다. "저자의 뜻을 전하기 위해 한 번 정도 말을 사용하지 못하고 시각적으로 자신을 표현할 수밖에 없는 것은 괜찮다고 생각한다. 이 경우 비교(긍정적인 의미에서)와 레이아웃을 이용하여 논평하기보다는 명쾌하게 밝히는 것이다"["The Visualized Machine Age"에서 인용, Thomas P. and Agatha Hughes, eds., *Lewis Mumford: Public Intellectual* (New York: Oxford University Press, 1990), p. 217].

42 Sigfried Giedion, "The Status of Contemporary Architecture," *Architectural Record* 75 (May 1934), p. 378.

43 Sigfried Giedion, *Space, Time and Architecture* (Cambridge, MA: Harvard University Press, 1941), p. 404, 849.

44 *Building in France*에서 르 코르뷔지에의 페삭 단지를 다음과 같이 서술한 기디온의 말에 주목하자. "스틸 사진은 이 건물을 제대로 포착하지 못한다. 움직이면서 눈을 따라다녀야 한다. 오직 영화를 통해 새로운 건축을 파악할 수 있다"(p. 176).

45 "관찰자는 건물의 기하학적인 콤포지션의 영향을 받아서는 안 된다. 오히려 시선은 (어쩌면 필연적으로) 계획되지 않은 통찰을 하기 위해 조망을 계속 바꾸어나간다. 이로써, 기디온은 특정 대상과 무관한 지각 장치(perceptive apparatus)를 만들었다. 이 장치는 어느 방향으로든 움직일 수 있으며, 가속과 감속이 가능하며, 확대하거나 축소하고, 관계를 고립시키거나 만들 수도 있다"[Sokratis Georgiadis, *Sigfried Giedion: An Intellectual Biography* (1989; translation, Edinburgh: Edinburgh University Press, 1993), p. 57]. 게오르기아디스는 기디온이 "관찰자와 대상의 역할"을 서로 바꿈으로써 이 장치를 만들 수 있었다고 주장한다. 게오르기아디스의 탁월한 분석이지만, 어떻게 장치가 만들어지고 어느 정도로 자율성을 부여할 수 있는지는 논란의 여지가 있다.

46 콘스탄틴 데지레 데프라델르(1862-1912)는 MIT의 건축학과의 로치(Rotch) 석좌교수 (1893-1912)였다. 1882년 에콜에 입학했고 장 루이 파스칼 아틀리에 소속이었다. 1886년 학위를 받고 1889년 로마 대상에서 일등상 없는 특이등상(Premier Second Grand Prix)을 받았다. 데프라델르의 활동과 건축에 관한 연구가 거의 없지만, 자세한 이력은 Kimberly Shilland, "On the Work of Désiré Despradelle"(master's thesis, Boston University, 1989)를 참조하라.

47 피비 허스트 공모전에 제출한 데프라델르와 스테판 코드먼의 안은 출품작 150개 가운데 3위에 입상했다. 이 그림과 MIT 박물관 컬렉션이 소장한 데프라델르의 작품에 관심을 가지

게된 데에는 Werner Oechslin, "The Well-Tempered Sketch," *Daidalos* 5 (September 1982)의 도움이 컸다. 이 그림의 여러 표상 양식에 관한 필자의 설명에 더해, 그 도면 기법에 관한 욍슬린의 다음 관찰을 추가할 수 있다. "부차적인 요소는 스케치로 처리한 반면, 대강당처럼 중요한 영역은 이미 구체적인 건축 형태로 제시되어 있다"(p. 110).

48 건축가를 지도 제작자로 보는 개념과 관련해, 알도 로시는 길버트 라일(Gilbert Ryle)의 『정신의 개념』(*Concept of Mind*)에서 흥미로운 구절을 인용한 바 있다. 『정신의 개념』에서 라일은 지도 제작의 객관적 규칙과 제작자의 주관적 세계 사이의 관계를 이야기한다. "아날로그는 결과만 보고되는 과정에 의해 이미 포착된 사물로 이루어진다. …… '등고는 추상이다' 또는 '등고선은 추상적인 지도 기호다'는 지도-심사원이 잠재적 독자와 지도 제작자에게 줄 수 있는 유용한 지침이다. '등고선은 해수면 위의 높이를 인식하는 지도 제작자의 정신적 행위를 겉으로 표현한 것'이란 말은 꿰뚫어볼 수 없는 익명의 조사자의 그림자 같은 삶을 꿰뚫는 일이 지도 읽기라는 뜻이다"(Aldo Rossi, *A Scientific Autobiography* (Cambridge, MA: MIT Press, 1981), p. 71]. 로시는 건축 프로젝트의 속성을 이해하기 위해 이 구절을 인용했지만, 이는 "익명의" 주체에 대해 생각하는 데에도 유용하다.

49 대상으로뿐만 아니라 매체로 건축을 보는 필자의 시각은 두 가지 연구 흐름의 도움을 받았다. 한편 르 코르뷔지에에 대한 콜린 로, 클라우스 허르데크, 베아트리스 콜로미나의 통찰력 있는 분석, 다른 한편 소크라티스 게오르기아디스, 데틀레프 메르틴스의 기디온 연구에서 영감을 얻었다. 로와 슬러츠키의 유명한 투명성 분석, 그리고 이를 최근에 논박한 메르틴스의 연구가 보여주듯이, 이 두 개의 흐름의 성격은 이질적이지만 서로 교차하면서 근대 건축 담론의 중요한 이슈들이 제기된다. 필자는 메르틴스의 기디온 연구, 특히 벤야민이 『프랑스의 건축, 철 건축, 철근콘크리트 건축』을 독해했던 방식과 관련해서 메르틴스의 큰 도움을 받았다. 하지만 로와 슬러츠키의 투명성을 "자율적인 자기 사유와 자기 통찰의 건축 오브제에서 나온 미학적 즐거움"으로 보는 해석에는 반대한다[Mertins, *Transparencies Yet to Come: Sigfried Giedion and the Prehistory of Architectural Modernity* (Ph.D. dissertation, Princeton University, 1996), pp. 316-317].

50 Susan Sontag, *On Photography* (New York: Penguin, 1979), p. 87.

51 같은 곳.

52 Walter Benjamin, "The Work of Art in the Age of Mechanical Reproduction," p. 234.

53 같은 곳.

54 Burgin, "Looking at Photographs," p. 191.

55 같은 곳. 버진은 벤야민의 "기계복제 시대의 예술작품"과 비슷한 입장을 취한다. 여기서 벤야민은 다름과 같이 말한다. "독자는 확실한 방법을 찾아야 된다는 것을 직감한다. 동시에 잡지의 사진은 표지판처럼 그에게 다가온다. 표지판이 맞는지 틀린지는 상관없다. 처음으로 사진 설명이 필수가 되었다"(p. 226).

56 Giedion, *Space, Time and Architecture*, pp. 5-6. 기디온의 인용구에서 드러나는 사진에 대한 생각은 엘 리시츠키를 통해서도 읽을 수 있다. 엘 리시츠키는 다음과 같이 주장했다. "(미래파는) 대상 앞에 서는 것이 아니라 그 안에 서고자 한다. 미래파는 투시도의 단일 중심을 부

수고 그림 면 전체에 그 조각들을 흩트려 놓는다. 그러나 그들은 이 과정을 그 논리적 결말까지 이끌지 못했다. 화가의 도구는 이 목적에 적합하지 않다. 카메라를 사용해야 한다[El Lissitzky, "A. and Pangeometry," *Europa Almanach* (1925), translated in Lissitzky, *Russia: An Architecture for World Revolution* (Cambridge, MA: MIT Press, 1970), p. 144]. 이에 관해 Bruno Reichlin, "Interrelations between Concept, Representation and Built Architecture," *Daidalos* 1 (September 1981)을 통해 알게 되었다.

57 Giedion, *Space, Time and Architecture*, p. 581 (필자의 강조).

58 Mumford, *Technics and Civilization* (New York: Harcourt, Brace, 1934), pp. 338-339. 포토 몽타주를 배척했던 멈퍼드의 입장에 관해서는 Sally Stein, "'Good Fences Make Good Neighbors': American Resistance to Photomontage Between the Wars," in Matthew Teitelbaum, ed., *Montage and Modern Life, 1919-1942* (Cambridge, MA: MIT Press, 1992), p. 134를 참조하라.

59 기디온에 대한 평가는 현대 건축의 중요한 이슈다. 기디온에 대한 게오르기아디스의 해석에 특히 주목할 필요가 있다. "기디온은 르 코르뷔지에처럼 건축의 독자성을 설파할 의무감도 없었고, 또 모호이너지처럼 비물질화된 건축을 상상할 필요가 없었으며, 철과 철근콘크리트의 미학을 우상화할 필요가 없었다는 점에서 미래파와 달랐다. 기디온은 이러한 문제들로부터 자유로웠지만, 새로운 어려움에 직면했다. 아마도 기디온이 "시각"(vision)을 설명하는 데 '본능적 충동'이란 미약한 개념에 기대어 이를 명확하게 정의하지 못했기 때문에 이러한 어려움을 겪었을 것이다(Sigfried Giedion, p. 69). 기디온을 르 코르뷔지에, 모호이너지, 그리고 미래파에 견주어 상대적으로 평가하는 게오르기아디스에게 동의하지만, 이런 어려움과 모순을 기디온의 작업에 내재된 "미해결 과제"로 설명하는 메르틴스의 입장이 옳다고 생각한다. "기디온의 투명성은 그와 대립되어 있는 불투명성과의 긴장 관계 속에 예속되어 있다. 완전히 투명한 사회에 아직 도달하지 못했기 때문이며, 이 목표는(주변적이든 최종적이든) 자기극복 과정으로 이루어지는 것이며, 그것이 배제하고 있는 것에 여전히 의존하고 있는 것이다. 기디온의 투명성은 합리성 그 자체와 연관된 것이 아니라 이성과 감성, 합리와 비합리, 의식과 무의식 간의 대립이 승화되는 것이다"(Mertins, "Transparencies Yet to Come," p. 8).

60 새로운 포맷은 건축계의 주목을 받았다. 키슬러의 프로젝트는 페이지마다 "전면 사진을 싣고 사진 설명을 넣을 페이지 하단을 제외하고는 유행따라 여백을 완전히 없앴다"고 머고니글이 폄하했다[H. Van Buren Magonigle, "The Upper Ground 2," *Pencil Points* 15 (July 1934), pp. 344-345].

61 키슬러의 구축술에 관한 필자의 입장과 관련해 William W. Braham, "What's Hecuba to Him? On Kiesler and the Knot," *Assemblage* 36 (August 1998)을 참조할 것. 브래햄은 키슬러가 "건축적 제안과 그 외관이 진정 일치하고, 건축의 진정성과 가면의 표현을 화해시키려고 했다"고 언급했다(p. 13).

62 Rosalind Krauss, "The Photographic Conditions of Surrealism," in *The Originality of the Avant-Garde and Other Modernist Myths* (Cambridge, MA: MIT Press, 1985), p. 96.

63　John Tagg, "The Discontinuous City: Picturing and the Discursive Field"(1992), reprinted in Norman Bryson, Michael Ann Holly, and Keith Moxley, eds., *Visual Culture: Images and Interpretation* (Hanover: Wesleyan University Press, 1994), p. 91.

에필로그

1　Walter Benjamin, "The Work of Art in the Age of Mechanical Reproduction," translated in Benjamin, *Illuminations* (New York: Schocken, 1969), p. 233.

2　같은 책, pp. 221-233. 필자가 벤야민의 주술사와 외과의사 비유가 현대 건축에 반영될 수 있다고 착안한 것은 물론 타푸리 덕분이다. Manfredo Tafuri, *Theories and History of Architecture* (1976; translation, New York: Harper and Row, 1980), pp. 31-33. 이 비유는 마이클 헤이스(하네스 마이어를 다루면서), 베아트리스 콜로미나, 데틀레프 메르틴스의 글을 통해 다시 주목받게 되었다.

3　"The Architect in Action," *Architectural Record* 89 (March 1941), p. 49.

4　"Architect and Educator Work Together," *Architectural Record* 89 (March 1941), p. 67.

5　John Summerson, "The Case for a Theory of Modern Architecture"(1957), reprinted in *The Unromantic Castle and Other Essays* (London: Thames and Hudson, 1990), p. 263.

6　같은 책, pp. 257-263.

7　같은 책, pp. 263-264.

8　같은 책, p. 264.

9　같은 책, p. 266.

10　같은 곳.

11　예를 들어 프루이트 아이고 아파트단지 폭파는 미국의 사회 문제를 수술해주리라 약속했던 근대 건축의 실패를 너무 쉽게 말해 주는 상징물이 되었다. Oscar Newman, *Defensible Spaces* (New York: Macmillan, 1972); Peter Blake, *Form Follows Fiasco: Why Modern Architecture Hasn't Worked* (Boston: Little, Brown, 1974), p. 155; Charles Jencks, *The Language of Post-Modern Architecture* (New York: Rizzoli, 1977), p. 9; Colin Rowe and Fred Koetter, *Collage City* (Cambridge, MA: MIT Press, 1978), p. 7; Tom Wolfe, *From Bauhaus to Our House* (New York: Simon and Schuster, 1981), pp. 80-81. 프루이트 아이고가 모더니즘의 실패라는 신화적인 상징물이 된 과정을 날카롭게 비판한 논문으로 Katherine G. Bristol, "The Pruitt-Igoe Myth," *Journal of Architectural Education* 44 (May 1991)를 보라.

12　Frederick Ackerman, "A Note on the Problem of Site and Unit Planning"(New York City Housing Authority, 1937), p. 8.

13　Summerson, "The Case for a Theory of Modern Architecture," p. 266.

14　컴퓨터를 이용하는 아이젠만의 최근 작업에 관해서는 Luca Galofaro, *Digital Eisenman: An Office of the Electronic Era* (Basel: Birkhäuser, 1999)를 보라.

15 Peter Eisenman, *Investigations in Architecture* (Cambridge, MA: Harvard University Graduate School of Design, 1986), p. 22.

16 Peter Eisenman, *Diagram Diaries* (London: Thames and Hudson, 1999), p. 35 (필자의 강조).

17 Greg Lynn, "Forms of Expression: The Proto-functional Potential of Diagrams in Architectural Design," *Croquis* 72[1] (1995), p. 18.

18 Ben van Berkel and Caroline Bos, "Diagrams," *ANY* 23 (1998), p. 20. 최근의 다이어그램 작업에 관한 에세이 모음으로는 다이어그램 특집호인 *ANY* 23 (1998)과 *Daidalos* 74 (2000)를 참조하라.

19 Toyo Ito, "Diagram Architecture," *Croquis* 77 (1996), p. 19.

20 같은 책, p. 20.

21 같은 책, p. 22.

22 Ben van Berkel and Caroline Bos, *Move* vol. 3 (Amsterdam: UN Studio, 1999), p. 21.

23 예를 들어, 스탠 앨런(Stan Allen)은 다이어그램이 "번역"(translation)의 문제가 아니라 "전위"(transposition)의 문제라고 주장한 프리드리히 키틀러의 미디어 분석을 환기시킨다 [Stan Allen, "Diagrams Matter," *ANY* 23 (1998), p. 17]. 키틀러의 주장이 흥미롭긴 하지만, 건축이 단지 번안의 문제였던 적이 있었는지를 반문하고 싶다. 언급했듯이, 기능주의 담론은 번안을 주장하지만, 건축의 기율에 관한 한 번안과 전위가 진정한 대안인가? 필자가 최근의 다이어그램 건축에 비판적인 입장이기는 하지만, 그 옹호자들이 다이어그램과 기율에 대한 통찰력을 갖고 있다는 것 또한 인정한다. 특히 다이어그램에 관한 스탠 앨런의 글은 흥미롭고 시사하는 바가 많다. 예를 들어 앨런은 "다이어그램은 건축이 건축의 역사와 건축 기율을 파악하는 틀 안에서 작동한다"는 것을 이해하고 있다. 또 "추상 기계"가 작동하는 예로 하네스 마이어의 페터슐레에 관한 마이클 헤이스의 연구를 주목하는 날카로운 역사적 안목도 돋보인다. 이런 명민함에도 불구하고 앨런이 "피로"(exhaustion)라는 새로운 상황을 언급하면서 자신의 다이어그램을 역사 바깥에 위치시키려는 것에 동의할 수는 없다(같은 책, pp. 18-19).

24 Benjamin, "The Work of Art in the Age of Mechanical Reproduction," p. 218. 영화의 경우, 카메라의 개념에 카메라 세트, 장비, 조명 기계류, 보조 스태프뿐만 아니라, 필름을 인화·배급·소비하는 방식까지 포함된다고 벤야민은 생각한다(pp. 232-233).

25 "기계 복제 시대의 예술작품"의 마지막 구절에서 명백히 나타나지만, 카를 크라우스를 인용하는 데에서도 나타난다. 크라우스는 "무엇이 일어났는지 정확하게 상상할 수 없는 시대, 반드시 일어나야 하는 것을 상상할 수 없는 시대, 그리고 상상할 수 있다면 그것이 일어나지 않을 시대"라고 자신의 시대를 표현했다[Walter Benjamin, "Karl Kraus," translated in *Reflections* (New York: Harcourt, Brace, Jovanovich, 1978), pp. 242-243].

26 Benjamin, "The Work of Art in the Age of Mechanical Reproduction," p. 242.

27 Detlef Mertins, "Walter Benjamin's Glimpses of the Unconscious: New Architecture and New Optics," *History of Photography* 22 (Summer 1998), p. 122.

28 Benjamin, "The Work of Art in the Age of Mechanical Reproduction," p. 242.

배형민

건축 역사가, 비평가, 큐레이터이며 서울시립대학교
건축학부에서 교수를 지냈다. MIT 건축 역사, 이론,
비평으로 박사학위를 받았으며 두 차례 풀브라이트
스콜라를 지냈다. 대표적인 저서로 *The Portfolio
and the Diagram*, 『감각의 단면: 승효상의 건축』,
『한국건축개념사전』, 『의심이 힘이다: 배형민과
최문규의 건축 대화』, 『건축 너머 비평 너머』가 있으며,
전시 플랫폼 '집의 체계'(http://assemblage.house)를
총괄기획했다. 목천건축아카이브의 운영위원장으로
아카이빙 활동을 하고 있다. 서울도시건축비엔날레
초대 감독, 제5회 광주폴리 총감독, 베니스비엔날레
한국관 큐레이터를 두 차례 역임했다. 2014년
베니스비엔날레 황금사자상을 수상했으며, 2021년
서울시립미술관 '기후미술관'으로 레드닷 본상을
수상했다.

박정현

건축 잡지 『미로』 편집장, 연세대 겸임교수.
서울시립대학교 건축학과에서 박사학위를 받았다.
『건축은 무엇을 했는가: 발전국가 시기 한국 현대
건축』(2020)을 비롯해 『김정철과 정림건축』(편저),
『전환기의 한국 건축과 4.3그룹』(공저), 『중산층
시대의 디자인 문화: 1989-1997』(공저) 등을 쓰고,
『건축의 고전적 언어』(2016) 등을 번역했다.

포트폴리오와 다이어그램

배형민 지음
박정현 옮김

초판 1쇄 인쇄 2026년 2월 10일
초판 1쇄 발행 2026년 2월 20일
ISBN 979-11-90853-71-2 (93540)

발행처 도서출판 마티
출판등록 2005년 4월 13일
등록번호 제2005-22호
발행인 정희경
편집 서성진, 조은
디자인 슬기와 민

주소 서울시 마포구 잔다리로 101, 2층(04003)
전화 02. 333. 3110
이메일 matibook@naver.com
홈페이지 matibooks.com
인스타그램 instagram.com/matibooks
엑스 x.com/matibook
페이스북 facebook.com/matibooks